軍事政治學
——文武關係理論

洪陸訓 著

　　本書自2002年初版，至今已14年。由於原版仍有少數疏誤，如人名誤置，語意不明，以及圖表標示和用詞遣字或有不妥，有待更正，再因此一領域的實況演變與研發趨勢也有所改變，作者早已有意補正。此次，五南為因應教學與研究市場所需，有意續版，作者擬乘此機會先將初版疏誤之處校正，而新的發展部分預計在下版補遺。

　　本書初版完稿之時，正值世紀交替之際，文武關係的發展受到相當大的衝擊。其原因主要來自政治、社會、軍事三方面：政治方面，來自國際外交政策和國內政治穩定的需求，例如，國家出兵海外從事維和、人道救援和反恐等任務，以武力作為因應區域衝突和外交後盾，以及藉由武力維持其政權等的政治決策；社會方面，由於經濟發展和文化因素所導致的軍人倫理價值觀之轉變，以及自然生態環境帶來的軍隊任務轉型，例如，對於軍事服役的態度和軍人形象及社會地位的認知，以及災害防治等「非戰爭性軍事行動」任務的增加；軍事方面，高科技驅動下的「軍事事務革命」（RMA），以及局部戰爭（如波斯灣戰爭、科索沃戰爭等）和反恐戰爭導致作戰型態的改變。這些改變和衝擊，使各國政府統治者在軍隊的掌控和兵力的運用上都有不同的考量，以至於影響到文武關係現象和理論的探討。

　　至於文武關係的研發，本書初版所論述的，是三種主要政治體制運作下所產生的文武互動模式，即民主政治體制的軍事專業主義模式，黨國體制的以黨領軍模式，以及發展國家中政治體制不穩定中的軍人干政模式。不過，十幾年來，可以看到這三種類型的文武關係已出現不少變化。首先，在民主國家方面，以美國為例，2000年後，先後由小布希和歐巴馬執政，歷經阿富汗、伊拉克反恐戰爭，軍事轉型和因應伊斯蘭國（IS）恐怖攻擊戰爭，使美國長期處於壓力下的文武關係文化隔閡加深，爭端衝突不斷，加上軍隊政治化傾向不減反增，引起文武關係學者重新思考解釋這些現象的方向，並試圖建構新的理論和途徑，例如Peter D. Feaver的「代理理論」（Agency Theory, 2005）、Rebecca L. Schiff的「調和理論」（Concordance

Theory, 2009）以及Eliot A. Cohen（2002）、Charles A. Stevenson（2006）、Dale R. Herspring（2005）和Risa Brooks（2008）等人多元的研究途徑。顯示冷戰後文武關係研究趨勢，基本上仍以杭廷頓所建構的理論為核心，亦即在民主政治軌道上，透過培養軍人專業主義來達成文人統制的目的。至於如何落實文人統制，亦呈現多元的研究途徑和論點。

其次，在發展中國家方面，其政治體制在美、英等西方國家的強力推銷下，選擇民主路線的國家正不斷增加，但是在不穩定的政治生態下，威權體制，甚至是軍事體制，仍然是不少統治者的選項。因此，在不穩定的政治發展中，軍人干政和軍事政變仍然不時出現。2000年以來發生過軍事政變的國家，即有8個國家，共10次之多，包括有：茅利塔尼亞（2005、2008）、泰國（2006、2014）、斐濟（2006）、幾內亞（2008）、宏都拉斯（2009）、尼日（2010）、埃及（2013）和土耳其（2016）。此外，有一特殊現象，即2010「茉莉花革命」（或阿拉伯之春）席捲北非和中東，導致突尼西亞、埃及、利比亞和葉門統治者被推翻或下台。這種政權更替的現象，雖然凸顯網路科技影響下的「人民力量」之展現，形成一種新的政權改變模式，但在實際影響其運動成敗及事後政權鞏固過程中，軍人仍然在其中扮演了舉足輕重的角色。

再次，就共黨國家而言，以中國大陸為例，黨國體制以黨領軍的模式，仍然非常堅持。從胡錦濤到習近平，黨對武裝力量的「絕對領導」始終被認為是強軍強國、具有中國特色的統制方式。在面對西方國家和平演變持續衝擊其黨國體制情勢下，軍方智庫和學者試圖從學術上尋找其理論基礎。因此，軍事政治學的開發因而興起，其積極態度令人印象深刻。大陸學者早在1980年代就提出軍事政治學概念。雖然之後少有人針對此一領域論述，但自2003年後，南京政治學院上海分院以高民政為首的軍中政治學者在中央軍委會贊助下，有計畫的從事研發，不僅設立軍事政治學研究中心，出版《軍事政治學研究》季刊和舉辦學術研討會，並且在2010年後，陸續出版《軍事政治學導論》等五本叢書，為建立以黨領軍為宗旨的軍隊政治工作學建構學術理論基礎。在其研發過程中，可以看到某些大陸學者對我個人一些著作和論點的引徵、和不同意見的討論，以及對於個人提倡軍事政治學科的迴響。

大陸學者主要的論點，仍然站在馬克思主義立場，從階級觀點出發來評論西方的軍事政治思想和詮釋中國傳統的軍政思想。特別引證西方的政黨政治、文人統

制和中國傳統文人主治來說明共黨領軍的合理性和正當性。進而藉此駁斥西方主張軍隊非政治化、非黨化和國家化的論點。不過，亦不乏從正面肯定西方國家某些文武關係論點及其作用，亦多有新穎見解（例如高民政等人對於大國崛起中的軍政關係論述），如果不完全以西方民主體制之軍人政治中立的理想來批評大陸的以黨領軍，而由其政軍關係的實際面來觀察的話，其威權式黨國體制，包括以黨領軍，仍然有其實效性，是觀察今日中國之能崛起值得思考的重要因素。

　　中華民國在台灣地區，自2000年以來，已經過三次政黨輪替，文武關係的發展，因政黨政治理念的不同，在國防、兩岸和外交上採取不盡相同的政策，加上外力影響和自然環境因素的衝擊，軍隊任務轉型，導致文武關係上軍人的價值觀和社會地位有所落差。基本上，軍隊國家化和文人領軍已奠定良好的基礎，但仍然有不少改善的空間。有關軍事政治學科的研發，仍由國防大學政治系推動，持續開設此一課程，獎勵此一領域的博碩士論文撰寫，並且自2009年起，每年舉辦軍事政治學學術研討會，讓軍事政治學成為該系所獨具特色的一門學科。在課程推廣方面，國防大學戰略所和陸官政治系已開設此一課程，部分公私立大學國際事務與戰略研究所的研究取向和課程設計，除了重視國際關係、安全和戰略的研究以外，也已注意到武裝力量、戰爭在國際局勢、外交和國防政策上扮演的角色。

　　總之，以上透過概略的對於文武關係演變現象的觀察和文武關係研究文獻的檢視，明顯地可以發現文武關係或是軍事政治學的發展，近十幾年來雖然有所改變，但基本上，仍不脫杭廷頓主、客觀文人統制的主流思想。這也是筆者考量本書在尚未補充最新發展情況下，仍值得再版的原因。（軍事政治學的較新研究概況，可參考近期出版的，由段複初、郭雪眞主編的《軍事政治學 —— 軍隊、政治與國家》，台北：翰蘆，2014，8）

洪陸訓
2016年8月

　　本書是筆者近些年來持續從事「武裝力量與社會」這一領域的研究與教學過程中，所完成的第二本專著。第一本是《武裝力量與社會》，主要是從社會學面向探討武裝力量與社會的關係，屬於社會學科的一門次學科——軍事社會學。本書則是從政治面向來描述武裝力量與政治、社會的關係，屬於政治學科的一門次學科——軍事政治學。書中內容是由筆者近六年來，在國內學術期刊和研討會上發表過的論文，加以整理、修改、補充而成（詳見各章註釋1）。筆者必須特別指出的是，這兩本書的內容和所提倡的兩門學科，在書中所能闡述的範圍和主題，仍然不足，也不夠周延，還有待進一步補充；筆者的主要用意是在引介這一新興領域，並藉此拋磚引玉，希望對這一領域有興趣者一齊來共同開發。

　　軍事政治學科對於國人還相當陌生，也還沒得到國內學者的重視和普遍接納。筆者有感於這一領域不僅可爲社會、政治科學界增加不同的研究取向和討論主題，甚至可拓寬研究領域，而且對於促進武裝力量在面臨社會變遷和政治轉型、有待「鞏固」民主化成果的過程中，如何適應環境，扮演合法性、正當性的專業角色，更具有現實應用上的意義與價值。書中所引介和選擇的相關文獻，分析歸納的理論重點、研究主題，以及筆者個人的某些觀點，或許見仁見智，仍有許多討論、辯明的空間。

　　本書的主要目的，在於探討文武關係的各種理論和研究途徑，並從文獻和各國大學院校開設相關課程的分析當中，探討文武關係或「武裝力量與社會」領域的研究發展，能否成爲政治學科的一個次領域或次學科——「軍事政治學」。這從第一章「緒論」的探討中，已可獲得相當肯定的佐證。文中也對軍事政治學的研究主題加以歸納，概括列舉出十八項。這些主題在本書中受限於篇幅，並無法一一加以深入探討。其中關於文武關係、文人統制、軍人干政與政變、軍事政權的運作與轉型、共黨國家黨軍關係等主題，在本書中已有專章討論，也作了概要描述。軍隊的政治角色變遷主題包含在第三世界國家軍政關係的探討中。軍事專業主義、軍工複

合體、軍隊與國會等主題，在筆者已出版的《武裝力量與社會》和近期編著的《軍隊與社會關係》二書中都有專章討論。最後六個主題有關國家安全政策、戰略、國防體制、信任建立措施與預防性外交、低強度衝突與反恐行動、戰爭與和平，以及軍事與外交，是屬於安全、戰略和國際政治研究領域，國內外學界已有充分的論述，但是，專從軍事政治學角度來探討的仍然缺乏，這是開發此一學科有待努力的空間。

本書的推出，希望彌補軍事政治研究文獻上的不足，也冀望有助於軍政決策階層和國人對文武關係及文人領軍的深入認識。幾世紀以來，學者對軍隊或武裝力量的研究，在軍事史和軍事技術方面雖已累積了相當豐富的文獻，但是針對軍隊與社會、政治的關係作深入分析的，只是近幾十年來的趨勢。在這一趨勢下，社會學家催生了「軍事社會學」學科，政治學者則深入耕耘文武關係，為政治學科開闢另一次領域。遺憾的是，國內對軍事政治這一領域的態度，早期是意識形態上的禁忌，目前也還沒有受到應有的重視。軍隊在戒嚴時期為了穩定政權、「收復國土」而被誇大了它的安全性功能，但卻忽略了它對人民自由與人權所造成的威脅。解嚴後，特別是在首次「政黨輪替」後，「軍隊國家化」、「文人領軍」立即成為執政者和人民關注的議題。但是，這些議題的真實意涵如何？功能何在？如何落實？一般人似乎尚未深入思考與探討。

出版本書的另一目的，是為了教學上的需要。筆者自1996年起先在政戰學校政研所博、碩士班開授「軍事政治學專題研究」。研討範圍，以筆者陸續發表的相關著作、翻譯與英文資料為主，研討主題與參考資料隨不同對象而調整，並無固定教材。至1999年政治系為配合本校推動軍事社會科學教育目標，而將這一科目列為本科生必修時，編著一本教科書就有其迫切需要了。只不過本書重點仍在於「文武關係」，最適合教授「文武關係」或「文人領軍」等課程，如就「軍事政治學」課程教學需要而言，部分主題還需要授課者自其相關文獻中蒐整補充。上述《武裝力量與社會》與《軍隊與社會關係》二書，以及近年來筆者所主持翻譯的幾本軍事政治學叢書（見本書第二章註釋2），雖嫌粗糙，但應可彌補教學需求上的不足。

能夠順利完成這本書，有賴不少親友的鼓勵和協助。筆者在研究過程中，受惠於幾項專案研究的贊助，也可以說，這本書是這幾項專案研究的成果之一。一是國防部前總政戰部的「軍事社會學專案研究」；二是政戰學校軍事社會科學研究中心

的「軍事政治學專案研究」；三是國防部人力司軍教處「『軍隊與社會』學門的發展」專案研究。這些專案研究之所以能獲得贊助和有效進行，一方面得感謝時任總政戰部副主任的郭年昆將軍、文教處長李東明博士和國防部人力司軍教處長陳膺宇博士，在其業管範圍內對軍事社會科學研究與教學的提倡和支持。另一方面，也感謝本校軍社中心的贊助和政研所行政上的支援，這包括了所助理陳佳吉、莫大華和助教郭雪貞小姐，以及中心林明雪和陳理玲二位女士的協助。在資料的蒐集整理方面，助理教授莫大華、洪松輝、段復初三位博士，黎明教授，王杜江、高青二位女士和筆者的兒子凌峰等人，以及筆者所指導過論文和授過課的博、碩士班研究生，都給予筆者相當大的支援。對於文稿的中文輸入、編排、校對等工作，內人伊玉珍、女兒心怡、鄭梅香女士及蔡貝侖小姐的鼎力幫助，對於本書的最終定稿更是功不可沒。

　　本書第一、六、八章，在先後四次有關軍事社會科學與國防安全的學術研討會中，分別承蒙淡江大學國際與戰略研究所前所長翁明賢博士、政大歷史系陳鴻瑜教授，以及立法委員林濁水先生和林郁方博士的評論，他們的精闢見解，給予筆者不少的啓示。莫博士對於本書第一、八章部分議題的分析，以及台大政治系吳玉山教授對於形成政治學科次學科或次領域的指標界定，也都不吝提供卓見。筆者特別對這些熱誠支持者，致以萬分的謝意。筆者遠在美國的恩師湯普生（John T. Thompson）教授和他的夫人梅可欣（Maxine）女士的持續關懷和鼓勵，筆者也藉這本書的出版，表達感謝之意。

洪陸訓 謹識

2002年9月

于北投

目　錄

第一章 緒 論 [1]

軍隊或武裝力量是國家主權的重要象徵之一，也是政府在面臨國內外明顯或潛在威脅時的主要保衛者。並且，因它具有高度威望、重大職責和完成職責所需的物質資源，使它對政治也具有舉足輕重的影響力。

軍隊的特殊性，在於它是具有合法性的「暴力的管理者和運用者」。它不僅擁有槍炮、坦克、飛機、艦艇和飛彈等最具毀滅性的武器，而且在層級分明、紀律森嚴和團隊凝聚力特強的結合之下，所發揮的軍事力量，更是對國防軍事安全乃至政治社會變遷具有決定性的影響。

人類在自始就為生存而奮鬥的過程中，安全是其首要考量的核心需求，而維護安全的工具和手段，主要靠武力。社會組織──特別是國家組織──形成後，武力更是成為防止內部動亂和抵禦外侮的必要工具。傳統上，各國政權的建立往往依靠武力，一旦取得政權後，深恐再被奪取，即迅速將武裝力量置於文人政府掌控之下。現代的民主國家需要武力作為維護國家安全的工具；共黨國家有鑑於「槍桿子裡面出政權」，因而強調黨對軍隊的絕對控制；第三世界國家的軍人干政和政變頻仍，同樣顯示了軍隊角色的重要性。因此，如何有效掌控軍隊，成為無論任何政治體系的執政者的首要政務。

在國家與政治社會發展過程中，武力是安全的保障，但也是人民自由生活的潛在威脅。武力與自由的抉擇往往使政府處於兩難的窘境。一國政權，往往因面臨國內外威脅，為從事戰備或戰爭需要，使武力過度擴張或受黨派、獨裁者的利用而對社會團體、國家政權、甚至國際秩序構成安全上的威脅。因此，如何使擔負暴力管理者與使用者的武裝力量在既能維護國家安全又不至於威脅到人民自由生活的需求下取得兩全其美的平衡點，幾十世紀以來，一直備受執政者與人民高度的關切。

就我國當代國家發展來觀察，在大陸時期，如不是帝國主義入侵、軍閥割據爭鬥，就是國共長期陷於軍事政治鬥爭中。在台時期，如不是兩岸軍事對峙、衝突，

就是軍事介入政治、社會和經濟活動。如何掌控軍權，也一直是執政者苦心焦慮的要務。

　　因此，我們可以發現，軍事與政治的關係或是軍隊在政治上的角色與功能，向來就是政治學者所關心的議題。以國家外部安全而言，武裝力量的運用就在防止他國的侵犯，以及達成國家的外交政策目標，這正是戰爭研究（war studies）、戰略研究（strategic studies）或安全研究（security studies），以及國際政治（international politics）的範疇。若就國家內部的安全與發展而言，研究武裝力量在國內政治上的角色與功能，特別是文武關係的研究，則是屬於比較政治和政治發展的研究領域。另一方面，就軍事與整體社會的關係而言，政治學者（和社會學者）則是以武裝力量與社會作為研究範疇。這樣的研究發展是否已經足以使軍事政治研究成為政治學科領域中的一門學科（discipline）或次學科（subdiscipline）──軍事政治學？若軍事政治學是一門學科，其意涵和發展過程究竟如何？其研究範圍與主題又有哪些？在學科上如何定位？其研究趨勢究竟如何？中華民國政治學界是否能有本土的研究主題與發展前景？本章的目的，就在於討論這幾個問題。

一、軍事政治的意涵

　　「軍事政治」或「軍事政治學」（military politics）概念，最早出現在1962年杭廷頓（Samuel P. Huntington）所編的《變遷中的軍事政治模式》（*Changing Patterns of Military Politics*）一書中。杭廷頓在導論中，以「新軍事政治」（The New Military Politics）為標題，介紹該書幾篇專論所提出的軍事政治理論（如Lasswell的"garrison state"假設和Rapoport的"nation-in-arms"模型）和描述國際關係中的軍事政治現象。杭廷頓並沒有針對性的對「軍事政治」一詞加以具體地界定其意義。不過，他在該書附錄──〈最近軍事政治文獻〉──的序言中，間接地對軍事政治的意涵和範圍作了概略的詮釋。他認為「軍事政治」「包含、但超過軍事政策，因為軍事政治還包括有關軍事體制本質方面的非政策取向之研究，以及軍事體制與其他社會和政治機構的關係」（1962, 237）。文中可以看出，他所指的軍事政治文獻，是指有關「軍事事務的政治面」（the political aspects of military affairs），是「更廣泛的關於國家安全政策的一部分」（ibid.）。杭廷頓在這一篇文獻分析中，將軍事政治研究文獻分為七大類：(1)戰略與戰略理論；(2)美國軍事政策；(3)軍隊政策過程和文武關係（civil-military relations）；(4)武器、科技和軍事政策；(5)軍事事務理論和準則；(6)戰爭史和戰爭分析；以及(7)各國軍事事務。由此可見，杭廷頓並沒有對軍事政治概念加以界定，也未涉及學科領域的探討。他所稱「軍事政治」或「軍事政治學」，是指從政治面向來研究軍事事務和軍事政策，或者可以概略的解釋作：它是關於軍事政治現象的研究。

　　杭廷頓提出「軍事政治」概念以後，不時有學者加以採用。例如，歐德圖拉（Theophilus O. Odetola）從經濟發展和政治穩定兩方面來解釋奈及利亞的「軍事政治」（1978）；斯都弗（William J. Stover）從政府控制武裝力量的發展面來解釋芬蘭的軍事政治（1981）；以及斯提潘（Alfred Stepan）探討南美洲國家的「軍事政治」（1988）。其中，斯提潘在1988年出版的《軍事政治再思考》（*Rethinking Military Politics: Brazil and the Southern Cone*）一書，主要是探討威權政權的軍事面向；軍隊在威權政治轉向民主政治過程中的角色；軍隊對許多新興民主政權鞏固的抑制；以及民主政體相對於軍隊的策略。簡言之，即在探討軍方在威權政權向民主政權轉型，亦即在自由化和民主化過程中，所扮演的促進和抑制的角色。斯提潘也沒有對軍事政治加以界定，但從他分析巴西、阿根廷、烏拉圭和西班牙的軍政關係或軍人政治角色的方法論取向來看，顯然是從比較政治或政治發展理論的威權政體民主轉型面向來分析的，換言之，他所指的軍事政治，隱含以政治學的觀點和方法來分析軍事政治或文武關係現象。此外，也有學者以「國防政治」（defense politics）為名，從預算觀點來探討軍事政治現象（Kanter 1983; Hobkirk 1983）。或者以「軍事政治科學」（political science of the military）描述波蘭和南斯拉夫的軍事政治社會研究（Bebler 1987）。

　　不少學者在分析第三世界國家的軍政關係或軍人干政現象時，常以「政治中的軍人」（military soldiers in politics）來指稱。例如，諾德林格（Eric A. Nordlinger）的《政治中的軍人：軍事政變與政府》（*Soldiers in Politics: Military Coups and Governments*）一書，即在於從政治社會學觀點探討第三世界國家的軍人在政變和統治過程中所扮演的仲裁者（moderator）、監護者（guardian）和統治者（ruler）的角色（1977）。范納爾（Saumel E. Finer）的《馬背上的人：軍隊在政治上的角色》（*The Man on Horseback: The Role of the Military in Politics*），則從政

治文化面向來分析軍人干政的現象（1988）。斯提潘另一本《政治中的軍隊：變遷中巴西的模式》（*The Military in Politics: Changing Patterns in Brazil*），則是從制度、組織面向來分析巴西在1945-1968年期間軍人政治角色的演變（1974）。

　　從上述杭廷頓對軍事政治的研究文獻分類中可以看出，他將涉及政治面的軍事的理論、戰略、政策、準則、事務，以及戰爭、戰史和武器等的研究都包括在內，所涉範圍相當廣泛，幾乎涵蓋了軍事學研究。不過，如果如他指出的，是從政治面向來研究軍事的話，則軍事政治與軍事學研究是有區隔的，其中最重要的，是有關文武關係的研究主題。文武關係這一主題自1940年代以後，即成為社會學者和政治學者的研究焦點：社會學者從社會學面向來探討文武關係，使文武關係成為「軍事社會學」（Military Sociology）的主題之一；政治學者從政治面向來研究國內外的文武關係，並隨著研究範圍的推廣，已使文武關係研究領域不斷擴大，形成「軍事政治學」，成為政治學的一門次學科或次領域（洪陸訓 民88, 365）。

二、文武關係的意義

　　「文武關係」的研究，在上述杭廷頓的分類中，是軍事政治領域中的一個主題。但自1941年拉斯威爾（Harold D. Lasswell）發表〈衛戍型國家〉一文，開啟了文武關係的研究風潮之後，其研究所涉領域不斷擴大。這會在下一節研究範圍中進一步說明，本節將首先探討文武關係的意義。

　　文武關係的研究呈現各種不同的觀點，其範圍從廣義的包含系統分析、武器研發和預算過程，到狹義的有關個別士兵在地方社區的行為，都或多或少成為學者的探討焦點。文武關係從學科觀點來看，也顯示其多樣性：社會學家研究軍中的種族關係、群體關係和作為社會系統之一的軍事系統；政治學家注意軍事機構對政治運作和政策過程的影響；而心理學家則研究軍人心理和軍人戰鬥行為。文武關係的研究，其複雜性反映在它難以達到一個令人滿意的定義（Sarkesian 1981, 238）。例如，文武關係是指軍事機構和國家元首之間的關係？還是指軍隊和政府其他機構之間，軍事精英和文人精英之間，或是軍事領導精英和政治統治精英之間的關係？是否它也包括軍事系統和社會其他系統之間的關係？或是它意味著專業軍人和民選領袖們之間在價值和態度上的諧調（congruence）程度？

就相關的研究資料顯示，西方學者對文武關係意涵的界說至少有以下幾種：

1. 杭廷頓是最早對文武關係加以有系統分析並建立了理論體系的軍事政治研究先驅，只是並未直接給文武關係下過定義。不過，從他的相關論述中，仍可間接看出他對這一概念的詮釋。首先，在1957年《軍人與國家》一書的緒論中，他指出：「文武關係的主要焦點是軍官團和國家的關係」。根據他的解釋，軍官團是軍事結構的領導團體，負責社會的軍事安全；國家則是社會的領導機構，負責包括軍事安全在內的重要價值的資源分配。軍隊和社會其他團體間的社會、經濟關係，通常反映出軍官團和國家之間的政治關係（p.3）。杭廷頓在此視國家為社會的一部分，掌握資源分配的權力，顯然他所指的國家是掌握公權力的政府。因此，他所指的文武關係也就是軍官團或軍事領導精英與政府之間的關係。

杭廷頓在緒論中並指出，文武關係的核心問題在於任何社會中，基於防範安全威脅所需的功能必要性（imperative）與基於維護社會價值的社會必要性之間，亦即軍事機構與社會之間的互動。這兩種力量本質上是相衝突的，但卻是實際上維持社會安全所必須調整和平衡的文武關係。

杭廷頓在1968年，為《社會科學國際百科全書》解釋「文武關係」主題時，認為「『文武關係』一詞，是指涉武裝力量在社會中的角色」（p.487）。文武關係概念中，「文」字意思僅是「非軍事」（nonmilitary）。文武關係是涉及軍事人員、機構、利益與各式各樣且常相衝突的非軍事人員、機構、利益之間的一種多重（multiplicity）關係。它不是一對一（one-to-one）的關係，而是一種一與多（one-among-many）的關係（p.487）。杭廷頓在這裡擴大了文武關係的指涉範圍，由軍事領導精英與文人政府的關係變成武裝力量及其成員與社會及其成員間的關係。

2. 郭未塔里斯（George A. Kourvetaris）和杜布雷茲（Betty A. Dobratz）在解釋文武關係時，將它和「武裝力量與社會」一詞交替使用。二者均指軍隊和社會其他機構之間的連結（linkages）。他們指出，社會學家的興趣主要在於軍隊和社會機構的關聯，而政治學家則對軍隊和國家之間的關係更感興趣（1977, 22）。

3. 英國學者范多恩（Jacques Van Doorn）在探討1960年代「武裝力量與社會」研究的模式與趨勢時，從廣義面向看，他認為文武關係包含了以下四種關係或模式：(1)軍人與國家；(2)軍隊與人民；(3)軍官團和社會精英；以及(4)武裝力量與經濟利益（1968, 41-51）。不同於其他學者的定義之處，是他特別提出了軍事經濟關

係。

4.薩奇先（Sam C. Sarkesian）從平衡的觀點來解釋，認為：「文武關係是軍隊和社會之間所達成的平衡，這種平衡的出現，是由軍事專家們和重要政治行動者（actors）之間的行為模式和互動，以及作為政治行動者的軍事機構對權力的運作所達成」（1981, 239）。他認為這項定義建立在幾個前提之上：(1)文武關係包含一種多重（multiplicity）關係，這些關係不限於正式的憲法和政治上的權力與過程；(2)軍事系統必須被放在政治─社會系統的網絡裡來分析，這一系統網絡包括價值、道德和倫理；而應特別關注專業主義的政治面向，以及社會與軍隊的連結；(3)軍隊的政治行為者角色和它對政策過程的影響，是研究文武關係上難於避免的議題；(4)文武關係的基本概念是軍事專業主義的特質；軍事專業主義的價值、信念和規範，這些本質塑造成有別於政治體系的軍人心態（military mind）（ibid., 239）。薩奇先在1995年與另二位學者合著的《軍人、社會與國家安全》中，也提到文武關係「包含了在專業軍官團、國家領導者，以及軍隊和它所服務的社會等，各造之間的政治關係」（p.133）。他在此特別之處，是將文武關係看作是一種「政治關係」。由薩奇先的定義和說明來看，他是從政治面向來看軍隊和社會之間，在雙方重要精英互動中所造成的平衡關係。這種平衡關係將在本書第三章中加以詳細討論。

5.范納爾在《布萊克維爾政治制度百科全書》中對文武關係一詞的界說是：「廣義而言，是指關於社會上一般大眾和武裝力量成員相互間所展現的態度和行為；但就狹義和特定的政治意涵而言，是指武裝力量和依法建立的國家公權威之間的領導或從屬關係」（Finer 1987, 101）。[2] 不過，范納爾補充說，「文」和「武」之間，概念上的區分在實際上未必可行。例如，傳統上的一些部落社會、歐洲貴族社會和共黨革命時期，其文與武就難於區分。范納爾對文武關係的廣義界定，相當於艾德蒙（Martin Edmonds）所界定的，是「武裝力量與社會的關係」（1988, 13）。

6.小威爾奇（Claude E. Welch, Jr.）則認為，「廣義的文武關係意涵，是泛指（作為機構的）武裝力量與它所處的社會各部門之間的互動。這些關係的範圍包括從一方對另一方的權力或控制到相對截然不同的實體之間的相互影響」（1993, 507）。他進一步指出，概念上文武關係是預先假定軍隊和市民大眾雙方在領導者、機構、價值和特權各方面的分殊化（differentiation）。這種分化可能導致雙方

的緊張和衝突，但也不排除具有和諧的關係（ibid.）。

7. 英國學者海瑞斯—詹金斯（Gwyn Harries-Jenkins）認為，「文武關係」一詞「總結了存在於軍隊中各機構和民間社會裡各部門之間的政治利益的複雜網絡」（1993, 194）。傳統上，文武關係理念是假定一系列的制衡。武裝力量是暴力的管理者；文人權威掌握了對軍隊的政治統制權力。

由以上幾種含義，已可看出學者對文武關係界說的紛紜。他們的差異主要在兩方面：首先，是「文」（civil）和「武」（military）各自所含的主體（agent）或行為者（actor）層次的不同。「文」指狹義的政治統治者個人？政治領導精英階層？政府整體或政府各部門？或是指廣義的社會整體？社會各團體？或社會大眾？「武」指狹義的軍事最高領導者？軍事精英階層（軍官團）？正規軍整體或軍隊中各機構？或是指廣義的包括非正規編制在內的「武裝力量」及其成員？其次，是「文」和「武」之間所呈現的程度不同的關係。二者之間的關係是衝突和控制？平衡和合作？互動中所呈現出的連續譜（continuum）上的不同層面的關係？或者是二者單一整體之間的關係，還是二者各自所屬或相互交叉的機構之間的錯綜複雜的關係？

顯然地，要為文武關係下定義而能為所有學者樂於接受實非易事。不過，學者因其研究目的和對象的不同，往往對其所用詞語作特定的界說或對眾多不同定義中選擇其所需。例如：社會學家重視軍隊與社會的關係，政治學家對軍隊與政府的互動感興趣，心理學家則注意到軍人的行為對社會價值體系的影響。在此不同研究焦點導引下，對於上述文武的主體和關係程度之紛歧含義的取捨自然不同。然而，難於獲得一致性的定義，並無礙於研究的進行與學科的發展。

筆者在《武裝力量與社會》一書中，曾歸納上述各種定義，從廣義面向，將文武關係的意義解釋作：「武裝力量的組織和成員與社會的組織和成員之間的關係；這種關係表現於武裝力量與社會二者之間，在組織整體、領導者、精英團體和成員，四種不同層次上的關係。在此意義上的『文』（civic），不僅指狹義上的文官或文人政府，而且是指廣義上的平民或民間社會」（洪陸訓 民88, 86）。「武裝力量」（armed forces）（國內也有譯作「武裝部隊」或「軍隊」）在此的意涵，是指「從事暴力之應用的有組織的集團」（Harries-Jonkins 1993, 188）。它包括正規三軍和非正規部隊的民兵、國民兵、海巡單位、武警、後備部隊等（洪陸訓 民88,

16）。就本書探討文武互動關係需要上，武裝力量還意含相對於文人政治權力的軍事權力。武裝力量與「軍隊」（the military）基本上有別，軍隊較常用於指狹義的三軍部隊或各軍種部隊；不過，也有學者對軍隊作廣義的解釋，包括非正規部隊在內（Siebold 2001, 140-141）。本書所指涉的軍隊，兼採二義。

三、文武關係和軍事政治的研究範圍

從以上初步對文武關係意義的探討中，已可約略看出文武關係領域的廣泛性和複雜性。但是究竟其廣泛與複雜程度如何？範圍如何？從軍事政治研究面來看，其範圍又是如何？能否釐清出較為明確的範圍？雖然，從事此一領域研究的政治學者，至今從未直接界定其明確的研究範圍，但是，為了分析與理解方便，我們不妨從現有文獻和學院開課情況中，嘗試對文武關係和軍事政治的研究範圍加以探討。

首先，從學界對文武關係領域的概略分類來看。1952年6月，美國「社會科學研究學會」（Social Science Research Council, SSRC）曾嘗試對文武關係研究進行整合，而成立一個「文武關係研究組」（Committee on Civil-Military Relations Research），就1940-1952年的文武關係研究文獻進行書目（bibliographical）分析，他們關切的是戰後和平時期持續性的高度國家動員所產生的公共政策問題，以及軍事政策、外交政策與工業政策之間的協調。並於1954年出版了《文武關係──1940-1952年的文獻分析》（Civil-Military Relations: An Annotated *Bibliography, 1940-1952*）一書，就當時的文武關係研究作出分析與建議（Fox 1954）。不過，這項研究結果，雖能顯示大量有關軍事事務多面向分析的文獻，但就整體而言，這些著作仍然流於散亂，大多數是第二次世界大戰時期的作品。

至於文武關係的領域，杭廷頓除了以上指出它是國家安全政策的一環以外，在1968年詮釋文武關係主題時並沒有指出具體範圍，但認為它涉及軍事集團和非軍事集團間的關係，表現出傳統、現代化和軍人干政的不同模式。

郭末塔里斯和杜布雷茨在簡述文武關係時所談到的主題，是將文武關係和「武裝力量與社會」看作相同意涵（1977, 22-32）。

范納爾將文武關係區分為三類：軍人干政；滲透式主觀統制；以及自由或客

觀統制（1987, 101）。小威爾奇將文武關係分爲五類：西方或成熟工業社會型；黨機構控制型；革命和全民皆兵型；調和者或平衡者型；以及禁衛軍型。主要的政策議題包括：軍隊政策自主性本質和程度，預算分配和部署（deployment）（1993, 510-511）。

以上這些學者對文武關係的分類，大致上可看出其範圍包括了傳統的文武關係，以及20世紀後半期，因政治體制之不同所形成的民主國家、共黨國家和第三世界國家的文武關係。

英國學者艾德蒙也從廣義面向來看待文武關係，相當於軍隊與社會關係。不過，他在《軍隊與社會》一書中有關文武關係的主題，只從國家安全系統面向，討論到四類：(1)涉及個人自由的良心拒服兵役（conscientious objection）；(2)有關文人統制的公共責任（public accountability）；涉及(3)權力濫用的國防工業；以及(4)涉及權利與責任平衡的政治威權（1988, 136）。上述范多恩對文武關係研究內容的四種關係劃分，也顯示出其範圍的廣泛。

曾任職於上述美國「社會科學學會文武關係研究組」的伍德（Bryce Wood），曾對1953年學界進行研究中的文武關係研究案和著作加以介紹。其涉及的主題可歸納成以下幾項：文武關係、軍事組織、軍事政策、軍隊角色、國家安全政策、國防政策、國防預算、軍隊與外交政策、國家安全經濟學、軍事主義、軍種研究、核能管制等（in Fox 1954, 285-88）。

其次，由大學院校的授課課目和內容來看。由以美國爲主的國外大學政治相關科系所開設的課程就可發現，除了顯示軍事政治研究已受到政治學者的重視以外，如再就其內容來分析，亦將有助於理解文武關係和軍事政治學的研究範圍與主題。

在大學院校開設軍事政治研究相關課程方面，有的直接以「文武關係」爲課程名稱，有的則在文武關係總稱上，作爲不同主題或以與文武關係相關爲主題，來開設課程，有的則討論與國防、經濟和外交相關的政治問題。

首先，就美國民間公私立大學的課程來看：

楊百翰（Brigham Young University）大學政治學系的魯格爾（William Ruger）在2000年冬季班開授一門「文武關係比較觀」（Civil-Military Relations in Comparative Perspective）。討論主題有：(1)文人政府對軍事組織的控制；(2)軍人

和軍事組織的性質；(3)軍人對國內政治的干預；(4)海外軍事干預；(5)各國文武關係；(6)各國文武關係危機；(7)民主政治轉型中的文武關係。課程設計共分五大部分，包括：(1)文武關係研究導論；(2)軍人與軍事組織；(3)軍人干政（對國內政治的干預，包括政變，其他形式的干預，預算；對外交政策的干涉，包括軍事準則和武力使用，軍事顧問和用兵決策）；(4)文武關係理論；(5)各國文武關係的現況（美國，歐洲，俄羅斯，中東，亞、非、拉丁美洲）。[3]

喬治華盛頓大學（George Washington University）政治系開設「文武關係」與「軍事力量與外交政策」（Military Force and Foreign Policy）課程；前者探討有關文武關係的實質主題與理論，後者探討軍事考量因素對外交政策的影響，以及戰略武器、軍事援助與區域安全問題。[4]

密蘇里大學（University of Missouri）的政治系即開設了三學分旳「文武關係」（434），探討各種不同的文武關係形式與其形成的原因。[5]肯薩斯大學（University of Kansas）政治系也於2000年開設「文武關係」（669 Civil-Military Relations）。[6]

北德州大學（University of North Texas）政治系泰德（C. Neal Tate）教授自1980年代起即在博碩士班開授「政治中軍隊」（The Military in Politics）專題研究。從軍人的政治角色或軍人涉及政治面向，探討西方民主國家、第三世界和共黨國家的軍隊與政治關係，包括軍人之取得、掌控政權和退出政權。[7]

約翰霍布金斯大學（The Johns Hopkins University）2000年春季班開設「軍人、政治家和武力運用」（Soldiers, Statesmen, and the Use of Force），研討主題包括：文武官員戰時的分工；衝突根源；軍事效能與領導高層和諧的關聯；以及戰時文武領導高層如何運作的規範性理論，範圍包括民主政體、威權政體和極權體系。[8]

羅德學院（（Rhodes College）國際研究系於1998年開設「國際政治中的軍事力量」（Military Power in International Politics），目的在探討軍事力量在國際關係和國內政治中的角色。主題包括：國際政治中的戰爭；戰爭個案研究；國際政治中的軍事科技；國際政治中的恐怖主義；國內政治中的軍隊；以及當前國際安全議題。[9]

奧克拉荷馬大學（University of Oklahoma）社會學系的斯考特（Wilbur Scott）

教授開設過「武裝力量與社會」或「軍人與社會」和「軍中人權」課程。[10]

美國新校大學（New School University）開設「軍事、政治與社會」（Military, Politics, and Society）課程，探索以下的問題：軍事化；誰加入軍隊；服役的意義與目的；軍人與軍事制度在社會的位置與原因；平民對軍人的看法；軍人退伍問題及其對軍隊整體觀點的影響。[11]

紐約大學（New York University）政治系開設「美國政治中的軍事與國防」（The Military and Defense in American Politics）與「國防政治經濟」（The Political Economy of Defense）課程，前者探討當前美國軍事體制在權力運作與政治上的角色，它與政府行政部門及立法部門的關係，包括決策與預算過程，以及軍工複合體，並運用軍事專業主義與官僚理論分析軍事官員。[12]後者結合政治與經濟課程分析安全主題、軍事戰略與國防支出，強調經濟因素與政治因素之間的相互關係及其對形成國防政策過程的影響。[13]

芝加哥大學（University of Chicago）政治系開設「軍事政策與國際關係」（Military Policy and International Relations）課程，探討軍事政策在處理與引發國際衝突上的角色，重點在嚇阻理論、軍事政策的政治後果、軍備管制等。[14]

耶魯大學（Yale University）政治系開設「國際安全的政治經濟」（Political Economy of International Security）課程，探討國防與國家安全的經濟主題，主題包括武器交易、軍工複合體、以及國防（槍砲）與民生（奶油）的辯論。[15]

麻州理工學院（Massachusetts Institute of Technology）政治系開設「國防政治」（Defense Politics）、「軍事組織創新」（Innovation in Military Organizations）與「比較大戰略與軍事準則」（Comparative Grand Strategy and Military Doctrine）課程，「國防政治」課程探討政治對美國國防政策的影響，包括軍種之間與軍種外部的競爭、文武關係、國防承包商的影響、國會監督、和平運動。「軍事組織創新」課程探討軍事組織、軍事準則與武器的創新起源、速率與影響，並以組織理論途徑比較美國軍事組織與非軍事組織，以及其他國家的軍事組織。「比較大戰略與軍事準則」課程以比較觀點探討歐洲強國（英、法、德、俄）在19世紀末20世紀初的大戰略與軍事準則，檢視兩次世界大戰之前與期間的戰略發展；探討影響國家戰略的重要因素；如何判斷大戰略的品質；不同類型的大戰略有何不同的結果。[16]

　　紐約州立大學水牛城分校威爾奇（Claude E. Welch）教授於1996年秋開設「文武關係」（Pol Sci 646）課，置重點於比較分析，其主題包括：文人統制軍隊方法，軍人干政或參與政治，軍隊脫離政治和社會對軍事的影響。[17]

　　其次，在美國的軍事院校方面，西點軍校社會科學系就開設「軍隊與政治」（The Military and Politics）三學分的課程，其課程範圍是以比較的觀點，檢視專業軍隊在形成與維持國內政治結構的角色。探討文武關係理論、軍事專業主義、軍事社會學、軍人干政、軍事政權、軍隊脫離政治。[18]

　　海軍官校政治系碩士課程開設有「文武關係」（FP355）、「衝突與和平建構」（FP356）、「低強度衝突政治」（FP384, Politics of Low Intensity Conflict）以及「國家安全政策」等。其中的文武關係課程在透過比較研究方法以探討自由民主社會中的文武互動關係。綜合理論、實際、政策、社會學、歷史和政治學以檢證專業軍隊與所處社會的關係。[19]

　　北加州蒙特瑞（Monterey）的海軍研究院（Naval Postgraduate School）1999年「國際安全事務課程」系列，秋季班布魯紐（Thomas Bruneau）教授開授「文武關係與民主轉型」（NS 4225 Civil Military Relations and Transitions to Democracy），置重點於民主轉型與鞏固；文武關係與武力使用；以及武裝力量與轉型的個案研究。[20] 此外，該院的「文武關係研究中心」（The Naval Postgraduate School's Center for Civil-Military Relations），在「國際軍事教育與訓練」（IMET）課程中，特別為國內外高級軍官、文官、立法人員和非政府人員提供一個五天為期的文武關係課程，重點在於解決文武衝突，建立文人統制的機制和民主國家文武雙方涉及重要資源衝突的相關問題之探討。[21]

　　陸軍戰爭學院（The Army War College）課程方面，在核心課程之一的「戰爭、國家政策和戰略」中，有一堂專門討論文武關係，主題包括國家價值、總統與國家安全，國家安全與媒體、國會與國家安全。此外，有些課程涉及影響到文武關係的文人統制、專業主義和倫理，也都受到重視。

　　空軍戰爭學院（The Air Force War College）課程方面，一門必修的「領導與倫理」課程，除了有一節專談文武關係外，在該課程的指揮與倫理兩大部分中也涉及文武關係。此外，兩門選修課──「核心價值」和「指揮與良心」，也涉及文武關係。

海軍戰爭學院（The Naval War College）課程方面，在三個核心課程中的兩個——「國家安全決策」和「戰略與政策」，也關注到文武關係。第三個核心課程「聯合海軍陸戰行動」中的「非戰爭性軍事行動」部分，也涉及文武關係。此外，該院每年各舉辦一次有關媒體和倫理的研討會；該院圖書館也特闢專欄提供文武關係專書和相關政府文獻，供讀者參考。[22]

海軍陸戰隊戰爭學院（The Marine Corps War College）的課程中，也有一堂專門討論文武關係，強調軍人對文人政府和美國憲法的服從。

武裝部隊工業戰爭學院（The Industrial War College of the Armed Forces）的課程設計中，文武關係是其重心。在「價值、倫理和領導」課程中，幾個主題都涵蓋文武關係，如「個人、組織與社會價值」、「文武關係的倫理與狀態」、「倫理與組織文化」、「倫理與不同的國家文化」。[23]

國家戰爭學院（The National War College）是跨軍種的軍事學府，遠比上述三軍戰爭學院更重視政府過程和外交。有兩門選修課程——「軍人與國家」和「軍事專業主義與文人統制」，即在探討文武關係，特別強調文人統制。

美國大學國際事務研究所1995年五月初舉辦一次「拉丁美洲文武關係」研討會，主題包括文武關係與政治體系；文武關係與市民社會；文武關係與經濟；經驗教訓與因應。[24]

值得一提的是，美國CSIS在2001年6月和12月，先後兩次為中華民國開設的「台灣高級軍官國家安全研究專班」，「文武關係」就是其研討的五門課程之一，置重點於「文人統制」的原則與實際問題之討論。

最後，就美國以外其他國家大學的開課情形來看，1990年澳洲新南威爾斯（New South Wales）「國防武力學院」開設「武裝力量與社會」、「中國軍事政治」和「戰後的澳洲國防與安全」等課程。[25]

加拿大皇后大學（Queen's University）的政策學院開設「文武關係」、「國防決策」（Defence Decision Making）、「國防經濟」（Defence Economics）及「國防管理主題」（Topics in Defence Management）。[26]

匈牙利國防部為了發展民事服務與訓練軍官和國防專業人員，以確保和諧的

文武關係，建立更透明、民主的社會，曾於1995年9月成立「布達佩斯軍備管制與民主統制中心」（Budapest Center for Arms Control and Democratic Control）。1997年併入國防大學後，改名為「和平夥伴軍語訓練中心」（Partnership for Peace Military Language Training Center）。其訓練課程和研究主題重點之一，就是有關文武關係、文人統制的現實問題和安全政策。[27]

澳大利亞昆斯蘭大學（The University of Queensland）政府系的蒙羅（Peter Munro）教授在1999年夏開設「軍人與政治」（GT 243 Military and Politics），重點在探討西方和社會主義社會的軍事專業主義與軍工複合體；以及拉丁美洲和亞、非洲的軍人干政。比較分析各國軍隊的功能、角色和意識形態，軍隊合法性，以及是否會退出政壇。

英國蘭開斯特大學（University of Lancaster）政治系艾德蒙（Martin Edmonds）教授在大學部和碩士班開授文武關係（Course 319）課（1988, VIII）。

除了大學開設相關課程之外，「國際政治學會」（International Political Science Association）就承認「武裝力量與社會」（Armed Forces and Society）研究委員會成為常設的研究委員會，以此武裝力量與社會作為研究主題。要成為常設的研究委員會，必須在國際政治學會年會之前召開一次圓桌會議，並在年會期間組織研討會，定期接受評鑑與認可。[28] 根據該委員會現任主席艾爾克爾（Dan Eirker）教授所言，該委員會雖屬國際政治學會，但以跨學科研究軍事政治與文武關係為主，成員來自不同的國家，並依地區分組，多以政治學者為主。[29]

在政治學比較研究領域中，軍事政治相關的一些主題，也出現在部分課程中。例如「比較政府」（Comparative Government）課程中，一般都會涉及軍事政權的型式、統治和轉型等（Finer 1970, 532-573; Hague & Harrop 1982, 201-207; Macridis 1986, 224-239; Blondel 1972, 141-147）；「政治發展」（Political Development）課程中所談，則是軍隊干政、軍人角色與轉型（Finkle & Gable 1971; 馬紹華譯 民80, 137-165；陳鴻瑜 1995, 213-223；呂亞力 民84, 51-56）。

軍事政治也是政治學中國際關係或國際政治領域中的重要議題。例如，軍隊與外交、維和行動、戰爭與和平、軍事科技和武器、反恐怖活動等。上述羅德學院國際系即有開設這一類的課程。

就專業期刊而言，還沒有以軍事政治學為名的專業期刊出現，但許多著名的政治、社會學和戰略專業期刊，都或多或少有文武關係或軍事政治學的專文發表。這些期刊包括有：*American Political Science Review*、*Armed Forces and Society*、*Comparative Politics*、*Comparative Strategy*、*Defense Analysis*、*International Security*、*Journal of Conflict Resolution*、*Journal of Democracy*、*Journal of Interamerican Studies and World Affairs*、*Journal of Political and Military Sociology*、*Journal of Strategic Studies*、*Orbis*、*Security Discourse*、*Survival*、*Journal of the Third World Studies*、*World Politics*等。此外，大多數共黨問題研究的期刊，都涉及黨軍（文武）關係；軍事社會學相關期刊中，文武關係和專業主義等，也是其重要主題。

由以上所舉，學者對文武關係的分類，以及民間大學和軍事院校所開設的文武關係及其相關課程，可以歸納出兩大類，各包括不少的主題。第一類是直接以「文武關係」為研究對象或課程名稱的，其主題包括有：軍隊組織特質、文人統制、軍人干政、軍事政權轉型、軍工複合體、軍事專業主義、軍隊與社會、軍隊與人民、海外軍事干預、軍隊與外交等。第二類是從政治面向來探討與軍事、國防相關的議題，包括：國防政治、國家或國際安全、國防政策、（國際或國家）戰略、軍事準則、軍事科技、國際政治中的軍事力量角色、衝突與和平、低度衝突政治、預防性外交等。這兩大類所包含的研究和教學主題，其範圍大致與杭廷頓對「軍事政治」文獻分類所涉及的主題相近。此外，上述開設這些課程的，幾乎都是大學院校的政治系或相關系所。

進一層分析，還可以發現，文武關係如作較為狹義的界定（著重軍、政關係），它是軍事政治研究領域的主題之一；如以廣義的界定來看，它的範圍不斷擴大，又接近於軍事政治研究領域。

四、軍事政治學的意義與學科定位

本書以軍事政治（military politics）指涉軍隊內部的政治面向（如組織性質、組織文化、專業主義等），以及軍事與政治或軍隊與政府的關係，亦即軍事與政治現象；以「軍事政治學」（Military Politics）作為研究這些現象、關係和規律的學

術知識或一門次學科，並以英文字首的大小寫做區分。軍事政治學是研究軍事政治事務和軍政互動現象的政治學分支，以涉及軍事事務的政治議題或涉及政治事務的軍事議題爲研究取向，即是以武力的政治運用或武力管理的政治層面爲焦點。就此而言，它與傳統的戰略研究或安全研究有其相似之處，即是以國家安全的軍事政治層面爲研究重點。但軍事政治學並不需要以國家安全問題或軍事戰略爲目的，軍事政治學是以軍事體制（institutions）及其所有成員爲研究核心，關注其內部整體和成員與外部整體社會和次團體的政治關係。例如，軍事政治學研究退伍軍人團體的政治角色，特別是涉及非軍事政策的議題，這就不是戰略研究或安全研究所關注的主題。

軍事政治學與軍事社會學（Military Sociology）（Coates & Pellegrin 1965; Segal 1993; 洪陸訓 民88）也不相同。軍事政治學並不似軍事社會學，以軍事體制內部的社會關係（如性別、種族、教育、經濟所得、社會階層等）爲研究主題，除非此社會關係涉及政治議題。例如，軍中的性別比率是社會學者所關注的，政治學者則關注限制女性服役的政策過程。這並不意味著軍事政治學與這些研究之間有著明確的界限，其間仍是存有相互重疊的研究領域。軍事政治學本身也是強調科際整合的研究領域。依杜根（Mattei Dogan）的用語，就是「混合繁殖」（hybridization）的過程（Dogan 1996, 100-102）。

當一門研究知識逐漸傾向專門化（specialized）與專業化（professionalized）時，其研究社群的成員就會嘗試使其成爲一門科學或學科（discipline），這常是學者必須耗費長時間的共同努力，方能達成的目的。就政治學本身而言，其成爲一門學科領域，就是歷經漫長的知識專門化與專業化過程而來的（Almond 1996, 50-89）。即使如此，政治學者對於政治學的範疇或次學科（subdiscipline）的詮釋，仍存有歧見，而且不斷產生新的次學科。古丁（Robert E. Goodin）和克林吉門（Hans-Dieter Klingemann）就認爲，政治學專業成熟爲一門學科的發展過程，一方面，由於越來越多的各次學科內，以及各次學科內的次專長（sub-specialities）精練著作的完成，而增加了政治學的分殊化（differentiation）；另一方面，跨各次學科的整合同時也增加了，這使得跨政治學次學科界限的理論創新更加可能。也由於政治學學科內次學科的整合性增加，使政治學者能立基於某一次學科，並能致力參與其他許多次學科的拓展（Goodin & Klingemann 1996, 3-4）。軍事政治學的形成正可以說明這樣的發展過程。公共政策著名學者內格爾（Stuart S. Nagel）在

2000年主編的《全球國防政策指南》（*Handbook of Global International Policy*）一書中，由席格爾（Glen Segell）主筆的〈從西發里亞至歐盟的文武關係〉（Civil-Military Relations from Westphalia to the European Union）一章（Segell 2000, 251-285），即凸顯了政治學次學科之間的整合，特別是軍事政治學（文武關係）的跨次學科的特色。

包括政治學在內的社會科學廣大領域裡，至今仍無一致性而爲所有學者認可的客觀標準，來評估一門研究知識是否已發展成爲一門學科或次學科。不過，有幾項指標是可以用來衡量的，例如：(1)專業或專屬的研究範疇；(2)從事此一領域研究的專業社群；(3)學術研究活動與成果發表（如研討會、期刊）；(4)已建構一系列理論、研究途徑；(5)代表性作者與著作；(6)被學界認可；(7)在學院開課，甚至設立科系。這些指標也就是構成政治學科的條件；甚至也是其次學科，如公共行政、國際關係等，成爲獨立研究領域（field）的指標。

國際政治或國際關係之成爲一門學科，學界即是以1919年威爾斯大學（University of Wales）設立國際政治系與「威爾遜國際政治講座」（Woodrow Wilson Chair of International Politics）爲其里程碑。[30] 自此國際關係獨立於政治學而成爲一門學科。就軍事政治學的形成而言，這些指標可以由本章上述研究範圍、下一節的研究主題，以及第二章的文獻分析中看出來，雖然這些指標有的並不十分具體、明確。總括看來，軍事政治領域已因文武關係的擴大研究與對國防、軍事的政治面向探索，的確已逐漸可以脫離政治學、比較政治學和國際政治，如同政治社會學、政治經濟學、政治心理學、地緣政治學、政治人類學，而成爲政治學的一門新興的次學科，甚至可成爲範圍更大的一個新興次領域。

筆者曾就文武關係研究領域不斷擴大的趨勢，而主張文武關係研究可獨立爲「軍事政治學」學科。並界定「軍事政治學」意涵是：「運用政治學或相關社會科學的理論和方法，研究武裝力量的組織、性質、活動及其與國內、國際政治系統的互動關係」，其研究範圍則包括：(1)軍隊與文人政府的主從或互動關係；(2)軍事政變或軍人干政；(3)軍事政權；(4)軍隊與現代化或政治發展；(5)軍隊與社會；(6)軍隊國家化；(7)軍隊與外交關係；(8)軍隊與國防安全；(9)戰爭與和平；以及(10)「軍－工複合體」等主題（洪陸訓 民88, 365-366）。以後在政戰學校政研所開授的「軍事政治專題研究」課程，曾加以修正和補充，除第(6)項改爲「文人統制」

以外，並增加「軍事政治學方法論」、「軍事專業主義」、「軍隊脫離政治」、「共黨國家黨軍關係及其轉型」、「軍隊與國會」和「非戰爭性行動與文武關係」幾項。

筆者並非最早和唯一提出「軍事政治學」這一學科名稱。大陸方面在1991年就已注意到此一學科的重要性，視「軍事政治學」為現代軍事學學科之一，惟尚未發現有關的專著。大陸軍事學者對此一學科的界定是：軍事政治學是「探討軍事上保證國家政治利益、政治上維護國家軍事利益的規律性的科學體系」、「是軍事學和政治學之間的一門交叉學科，是政治學的一個分支」。研究的對象，包括「世界上各種制度國家不同歷史時期軍事政治的動態關係，軍事組織在國家政治生活中的地位和作用，以及國際軍事政治格局中各種變化的內在規律」。[31] 研究領域方面，大陸學者認為一般包括（王厚卿 1991, 216）：

1. 在國家的起源、發展和消亡過程中軍隊的伴隨作用，現代軍事組織與國家政權的關係。
2. 軍事組織與黨派組織的關係。
3. 戰爭的本質與性質。
4. 軍事活動與政治變革的關係。
5. 軍事思想與國家大政方針的關係，以及不同國家、民族之間各種形式的軍事行為，所衍生的政治經濟利益等。

以上第1項涉及中共所承襲的馬列主義的軍事政治論點，認為軍隊是統治階級鎮壓被統治階級的工具，將隨國家的「消亡」而消亡。雖然這不一定是一般軍事政治的論述，但在理論上也有其特殊性。大陸對這門學科的簡單定義和研究主題的詮釋，也有其可取之處。

軍事政治學的學科定位，除了以上所述，是政治學的次學科之外，它在社會科學中的定位，可以由下圖的關係網絡看出來。首先，軍事政治學是「軍事社會科學」或「武裝力量與社會」領域中的一個領域或一門學科，而軍事社會科學是介於或橫跨社會科學與軍事科學之間的一個領域。其次，軍事政治學也是社會科學領域中，許多學科之一的政治學科中的一門分支學科，是政治學與軍事學「科際整合」下的交叉性學科。

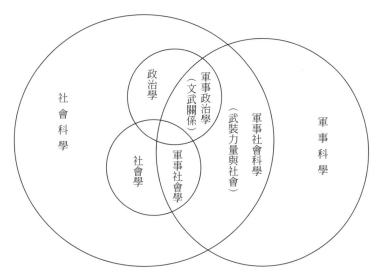

圖1-1　軍事政治學的學科定位

　　「軍事社會科學」（Military Social Science）是1993年《國際軍事與防衛百科全書》所詮釋的主題之一（Johnson 1993, 3445-49），但該書並沒有具體界定它的範圍和所包含的學科。一般的社會科學是專門以「人」為主體而衍生出來的所有學術課題，主要包括法律學、政治學、經濟學、社會學、心理學、人類學、歷史學、地理學和統計學等學科（朱堅章等編　民81；朱榮智等著　民87）。軍事社會科學，也可以解釋為：以「軍人」為主體而衍生出來的所有學術課題，包括軍事法律學、軍事政治學、軍事經濟學、軍事社會學、軍事心理學、軍事地理學、軍事歷史學、軍事統計學等。[32]

　　政治學大致可分為五個次領域或次學科：政治理論、國際關係、公共行政、比較政治和政治制度。[33] 各領域所開發的科目相當廣泛和多元，且不斷成長中。軍事政治學的相關研究內容範圍，除軍事學以外，主要涉及政治科學中的比較政治（主要在政治發展和區域研究方面）和國際關係這兩個次領域，軍事政治學可以說是這兩個領域中的一門跨領域的次學科。換言之，軍事政治學既可以是學院開授的一個科目（course），也可以是一個學術研究的次學科或次領域。當作科目時，它是比較政治、國際政治和軍事學或軍事社會科學各領域中都可以開設的科目之一；擴大為一個次領域時，它可以是政治學科和軍事學科中的一門次學科。

五、軍事政治學研究主題

　　軍事政治學的研究主題範圍相當廣泛，而且與軍事社會學或「武裝力量與社會」研究領域諸多重疊之處，難以明確釐定出所有的研究主題。本節特別從相關文獻中，提出幾項重要的研究主題，加以說明。各主題間，其界限並不十分明顯，且範圍也相當大，事實上，大部分主題也可以看作是軍事政治學的次領域。

(一) 文武關係

　　文武關係是軍事政治研究中最重要的主題或次領域，也是「武裝力量與社會」或軍事社會學研究中的主題之一。這一主題在第二次世界大戰期間即受到關注，拉斯威爾於1941年發表〈衛戍型國家〉一文，因而引起學界的重視。戰後，在1950、60年代期間，第三世界國家的軍人干政和政變頻繁，軍人角色和干政成為政治學者的研究興趣焦點，一直持續至今（Finer 1962; Gutteridge 1962, 1965, 1969; Janowitz 1964, 1977; Nordlinger 1977; Van Doorn 1968; Welch, Jr. 1970, 1976; Perlmutter 1977, 1981; Huntington 1968, 1991; Stepan 1988），同時也有學者關注到現代工業國家的文武關係（Huntington 1957; Janowitz 1962）。

　　1960年代期間，特別是到了1970年代，學者對文武關係的研究興趣，同時投注在對共黨國家的黨軍關係，特別是蘇聯和中共黨軍關係的研究（Kolkowicz 1967; Colton 1979; Herspring & Volgyes 1978; Albright 1980; Joffe 1987），發展出不同於西方國家文人統制的「以黨領軍」或「黨控制」模式，杭廷頓文人統制模式在解釋上的侷限性因而受到討論。自70年代到80年代，部分學者試圖對民主國家、第三世界國家和共黨國家三種明顯不同的文武關係模式加以綜合性地比較分析（洪陸訓民88, 117-18）。

　　研究新興國家文武關係的大部分學者以探討軍事干政或政變的原因為主，甚至嘗試建立軍事干政的指數（index）解釋（Putnan 1967, 87-106）。至1970年代中期從探討軍人干政的原因，轉而研究軍人統治的表現和干政的結果。學者研究新興發展中國家時，也注意到軍隊所扮演的現代化角色。

　　有關軍隊與現代化的關係，存在著兩種相對的觀點。一種視軍隊為現代化的動力，另一種強調軍隊無法創造能適應經濟和社會發展情勢的政治制度。這兩種觀點的差異，在於前者認為軍隊是中產階級利益需求的代表和因應社會變遷的有效機

構，後者則是視軍隊為無效率和分裂的力量。在1960年代早期，許多社會科學家頌揚和看重非西方國家中軍隊的現代化能力，但在1970年代初期，這種觀點失去了它的吸引力。它表現在大量關於軍隊作為第三世界國家的一種有效現代化變遷角色的觀點，但缺乏經驗事實的支持。

對文武關係未來的發展，海瑞斯·詹金斯的看法值得重視。他認為，傳統上，武裝力量對外防止外來侵略、促進政治利益和對維持其他的角色與功能，與時推移，已受到相當程度的修正。首先，軍隊對內的功能已經擴充，包括武裝力量作為現代化代理人的責任。武裝力量在自然整合和政治組織制度化的政治成長過程中扮演主要的角色。其次，未來發展的另一特徵，是武裝力量在核子僵局時代的角色改變以及此一改變對武裝力量和社會之間的關係的傳統解釋所衍生的影響。對使用武力作為外交政策的工具的觀念，改變為軍隊的未來角色可以視同保安警察的概念（Janowitz 1960）。換言之，軍事體制被視為警察部隊，隨時待命並保證最少使用武力（Harries-Jenkins 1993, 195）。

文武關係的特質是否會影響到國家的區域安全與經濟政策，也是學者感興趣的主題。根據梅爾斯（David R. Mares）的研究，從拉丁美洲、南亞與中歐幾國的例證發現，國家的文武關係特質並未決定國家的區域安全與經濟政策是競爭或合作，它既不是民主鞏固與區域合作的充分條件，也不是必要條件；是一個中介變數而不是決定變數（1998, 238-57）。

在文武關係的比較或跨國研究方面，也持續受到重視。除了個別國家的個案研究不斷出現在相關刊物或專著出版以外，1990年創立於中美洲哥斯大黎加（Costa Rica）的「和平與調停中心」（The Center for Peace and Reconciliation），即曾經在1996年召開一次國際性「比較文武關係：小型民主國家文人統制機制」學術研討會，邀請二十個小型民主政治國家，透過「歷史與文化網絡」、「法律與憲法架構」、「軍事紀律」和「文武關係現況」四個變項，比較各國的去軍事化過程中的文人統制軍隊的機制（The Center for Peace and Reconciliation 1996）。

(二) 軍事專業主義（military professionalism）

軍事政治學者對於軍事專業主義的研究，深受杭廷頓和簡諾維茲著作的影響（洪陸訓 民85）。這一問題焦點之一，是探討軍事專業主義或軍事專業化對於文武關係的影響，即專業化的軍隊是否較能保持政治中立？較不會干政？若是如

此，如何使軍隊專業化？這是杭廷頓所主張的「客觀文人統制」觀點（Huntington 1957, 84）。然而，在拉丁美洲和亞、非洲國家的多數個案研究中發現，軍事專業化實難於使軍隊政治中立化，而是更加政治化地積極參與政治，軍事專業化並不能確保軍隊服從文人統制（Wiarda & Kline, 1900; Kamrava 2000）。尤其在這些國家民主化過程中，原已政治化的軍隊面臨不安全的狀態，即使專業化也無法使軍隊不介入政治（Conteh-Morgan 2000）。

即使在美國文武關係的研究中，學者就指出在21世紀的文武關係中，軍事專業主義是不能中立或被摒除於政治系統之外，而是要參與建設性的政治交往。軍事專業人士必須能夠運用常識（common sense）判斷，並要能理解軍人與文人優先性，以及綜合政治與軍事專業，以此為基礎而建立其正確的價值觀。軍事專業是一種政治工具的概念必須被接受；而且必須政治化，但並不是出自於黨派的目的或巧妙提議，而是來自軍方深思熟慮的軍事專業觀點。因此，軍方觀點必須清楚呈現給三軍統帥、國會議員、國家安全體系、大眾媒體、美國民眾；反之，這些文人的個人與體制也應更務實地理解軍事專業人士的關切重點與軍事文化。軍隊與社會的關係必須是信任與理解，軍隊必須在社會的軌道之內運作，但也不能因而削弱軍隊的作戰士氣與效率。服從文人決策是軍事專業的職責，但軍事專業對於錯誤的戰略與政策不能緘默與容忍，以致削弱軍隊能力與增加軍事成本（Sarkesian & Connor 1999, 159-170）。

(三) 文人統制（civilian control）

文人統制也就是文人政府對武裝力量的掌控或領導（Huntington 1956, 380）。在西方社會中，這是一個被共同接受的概念和基本原則。這一概念的界定並被賦予理論意涵，是來自杭廷頓。他在1956年的一篇〈軍隊的文人統制──一項理論陳述〉短論中，首次提出他建構以文人統制為核心的文武關係理論的構想，在次年出版的《軍人與國家》一書中，他進一步完整地加以闡述和論證。這一理論架構至今仍然被廣為引證和討論。文人統制之所以持續成為文武關係和政治發展研究者的關注焦點，不僅因為它是工業化民主國家促進文武互動關係的平衡，維持政治運作順遂的機制，而且，更因為它是第三世界發展中國家，包括共黨瓦解後蘇聯和東歐國家，在民主化轉型過程中，「鞏固」成功與否的策略和指標。學者對這一主題的研究興趣，有些從民主政治體制的有效運作來探討文人統制的意義和理論基

礎（Huntington 1956, 1957; Kemp & Hudlin 1992），有的探討文人統制的制度設計（如三權分立的監督機制）（Kohn 1997），有的興趣則轉移到對俄羅斯和東歐新政權的文人統制的探討（Betz 2000）。我國解嚴後，「軍隊國家化」和「文人領軍」的議題同樣引起學者和政治人物的重視，是一個亟待開發的研究領域。

文人統制的方式和指涉對象，並不限於民主體制的國家，尚包括其他政體的文武關係，如杭廷頓的主觀文人統制。小威爾奇對於文人統制，也稱「政治統制」（political control）。他認為武裝力量的政治統制指涉「政府、優勢政治團體、領導社會團體和（或）國家領導者，為確保軍隊的忠誠、效率和服從所採取的手段」（Welch 1993, 2166）。主要的統制手段包括憲法形式、先賦（ascription）因素（如階級、民族性和種族）、黨監督（party surveillance）和軍事專業主義（1993, 1976）。

(四) 軍人干政、軍事政變

1950年代期間，有關開發中國家軍隊的研究著作，在學術界並未引起多大注意。當時的比較政治研究，並沒有一個包括第二次大戰後新興國家在內的比較分析架構。研究者單純地以為軍人干政或政變（coup d'etat）的現象是民主制度的失敗所造成。1960年代開始，對文武關係的研究轉換了一個新的方向，並導引出新的分析方法，在軍隊與社會的研究領域中有了新的地位。此一新趨勢，就是對軍人介入政治的研究，置重點於開發中國家，並推出一種新的軍人類型，即「穿便服的軍人」（soldiers in mufti）或稱「禁衛軍式的軍人」（praetorian soldiers）。

學者對亞、非、拉丁美洲地區，曾經歷過軍事統治的開發中國家，有關軍人干政過程的研究，其主題涵蓋軍隊干政或政變的原因和動機，軍事政府的類型和角色運作，以及軍人統治的後果。就其研究興趣的趨向而言，大致上已從集中於軍人干政的原因和角色，轉移到兼顧對軍事政權的運作及其後果的評估。杭廷頓在其近著《第三波》一書中，很大部分即在討論軍事政權的民主化問題（1991）。儘管有此趨勢，但因發展中國家軍事政變和軍人干政現象始終存在，這一主題仍然是許多軍事政治學者頗感興趣的研究選項。本書第五章將作深入探討。

(五) 軍事政權的運作與轉型

軍事政治學者質疑，1980、90年代不少軍事政權何以會沒落（Danopoulos

1988）？並從政治中撤回到軍營（Welch 1987）？而不是像1960、70年代的許多軍事政權之反轉掌權（Farcau 1996）？這些實際狀況，促使軍事政權民主轉型取代軍事政權統治，而成為軍事政治學者研究的主題，從事探討促使軍事政權轉型的國內外環境、結構、社會與文武精英互動的因素，以及軍事政權民主化與自由化的過程。學者研究軍隊退出政治的原因、條件、目標、結果與挑戰，指出軍事政權轉型並不意味著民主政治的到來（洪陸訓 民87）。但也有學者認為民主政治的鞏固，並不是軍隊特權（prerogatives）增減的問題，而是整體民主化轉型的問題（Linz & Stepan 1996; 1997）。更重要的是建立制度化的民主文人統制是這些國家民主化過程的成敗（the only game in town）關鍵（Linz & Stepan 1996）。費奇（J. Samuel Fitch）認為，拉丁美洲的民主轉型和鞏固，部分要靠軍隊改變其傳統上對民主政治的態度，特別是軍隊在政治上的角色，要瞭解軍隊這種態度傾向，必須注意軍官團內部各種不同意識形態的派系，其態度上是否接受民主的文人統制（Fitch 1998）。法寇（Bruce W. Farcau）則認為，軍隊內部各派系的利益才是支持或反對民主化的主要原因，而不是它對民主政治的意識形態（1996）。

(六) 軍工複合體（military-industrial complex）、國防預算、國防工業轉型

　　國防預算是國家資源的分配。國防預算分配本身就是一種政治過程，反映出國內外政治經濟的情勢。冷戰時期，因意識形態的對立及美國圍堵蘇聯所形成的武器競賽，促成了軍方、國會與民間國防工業間錯綜複雜的關係，對美國的文武關係和自由民主傳統造成相當大的衝擊。因而使艾森豪提出「軍工複合體」的概念，以警告美國人民。

　　軍工複合體涉及軍事體制、民間軍事工業和國會間的「鐵三角」（The Iron Triangle）關係（Adams 1981）。軍事政治學者對於軍工複合體的研究著作，論題集中在軍事機構與文人（利益團體和政府）機構之間的關聯性的探討（Rosen 1973; Pursell 1972）。它的結合規模和起因是爭論中的主要問題。軍工複合體可以追溯到精英論和多元論觀點的爭論。這種爭論涉及軍隊在美國和其他先進社會中，在國家的決策和政策制定上所扮演的角色。就軍事體制而言，為了作戰或戰備，它需要武器研製或採購，要求政府和國會增加國防預算。而軍方在直接與國防工業廠商接觸中，難免涉及利益輸送，為了個人政治前途或為退伍求職而造成弊端。此外，國防部之聘請國防工業界人員擔任顧問，則常導致廠商插手國防工業的政策與運作。

軍事體制之對於國會，則可透過其武器之採購、研發、外售以及軍事基地之增撤等決定權，對議員施惠或給予壓力。

就國防工業廠商而言，爲了取得武器研製或採購的合約，需要向國會和軍方遊說，藉機向國會議員捐款、助選或將合約利益分包給選區廠商，以獲取議員支援。廠商之受聘於軍方擔任顧問，提供了他們直接獲取生意、採購的優先利益。就國會而言，它掌握國防預算的審查，透過聽證、監督和撥款方式，制衡軍方的過度需求，但也可藉此獲得軍方和廠商的支援，使議員個人因滿足選區經濟利益需求而有助於其政治前途。不過，這些議員也可能在與軍、工互動中，使用不正當的手段和程序，而違背、威脅到民主的政治文化。

美國軍工複合體對其社會所造成的衝擊，在1950、60年代達到高峰。70、80年代仍處於冷戰期間，加上越戰與持續不斷的地區性衝突，軍工複合體持續產生它的影響力，在研究上，則始終受到學者專家的重視。1988年10月奧立岡州大學特別舉辦一場「美國軍工複合體與艾森豪告別演說警訊」學術研究會。與會學者共同發現艾森豪當時的警告，至今仍受到重視，雖然需要從廣義角度來詮釋（Walker et al 1992）。

冷戰結束後，由於國際環境的轉變，各國的國防工業已無法如同冷戰時期一般擴張，而必須將原有因應軍事需求的生產轉型爲因應民間需求的生產。國防軍事科技要能兩用（dual-use），既能符合軍事用途也能符合民間用途（Gansler 1998; Gholz & Sapolky 1999/2000）。原有的軍工複合體權力已經日趨減弱（Weber 2001），即使是中共的軍辦企業也必須轉型（Mulvenon 2001）。國防經濟的轉型是會有助於建立國際和平，因爲非軍事化的外交政策，以及軍事生產轉爲民生生產而活絡經濟（Cassidy & Bischak 1993）。由於國防工業常是科技創新體系的動力之一，各國在冷戰結束之後，依然必須重視國防工業的發展（Reppy 2000）。

國防預算過程的分析，也是瞭解文人政府控制軍隊機制的重要途徑之一，特別是總統行政部門對國防預算的管制和國會對國防預算過程的監督。例如，坎特爾（Arnold Kanter）所著《國防政治——一項預算觀點》一書，就是從預算觀點分析美國的國家安全政策過程；文武關係的組織控制的機制和結果，特別是從預算角度來分析參謀首長聯席會決策、戰略準則發展、資源分配演變和職業軍官晉升機率的趨勢（1983）。

(七) 軍事干預（海外出兵）與維和行動（peacekeeping operation）

　　武力在外交政策上的運用，常是國際政治和軍事政治學者關注的研究主題，[34]
尤其涉及海外出兵進行軍事干預（military intervention）時，就涉及到國家的文武
關係。在民主政體的文武關係中，不論是在海外或國內用兵，文人政府總是掌握
軍事力量運用的最終決定權。由於國家利益和國際外交任務的需要，文人政治精
英派遣軍隊前往衝突或戰亂的地區，或國家擔任維持和平的任務時，軍事精英與
文人精英之間對此任務派遣，以及在當地狀況處置的協調問題上，容易產生不同
的觀點（Haoss 1994; O'Hanlon 1997; Williams 1998; Snow 2000; Brands 2000）。這
類任務的執行，促使軍事精英必須參與政治決策與協調，表達軍事體制的軍事文
化與觀點。以美國為例，前參謀首長聯席會議主席（現任國務卿）鮑威爾（Colin
L. Powell）就與柯林頓（William Clinton）總統發生過意見衝突。鮑威爾認為海外
維和行動違背軍人的專業任務而持不同意見，而被學者稱為是美國文武關係的危
機，引發一場美國文武關係是否發生危機的辯論（Snider & Carlton-Carew 1995; 洪
陸訓 民89）。即使後來接任的夏利可西維利（John Shalikashvili）也不太願意接
受國際維和任務（Goldstein 2000）。海外出兵擔任維和任務，常發生「任務不明
確、多重權威結構、缺乏聯合訓練和變幻無常」的問題（Elron, Shamir & Ben-Ari
1999）；除涉及高階軍事領導的決策角色外（Garofano 2000），也影響到軍人與
軍校學生的認同及價值觀（Avant & Lebovic 2000; Franke 1999）。但誠如美國政治
學者范艾勒（Christopher D. Van Aller）所言，不管文人與軍人的目標經常衝突的事
實，美國的安全紀錄顯示，當雙方相互合作與理解時，在戰爭與和平期間都有改善
的希望（Van Aller 2001, 157）。不僅如此，對美國而言，文人統制至上的文武關
係也涉及到對核子武器的運用與管制（Feaver 1992）。總統在海外出兵政策的決定
權上（Meernik 1994），以其與國會之間的爭議（Crabb & Holt 1992），並涉及合
法性的議題（趙國材 民90），在後冷戰時期，更為國際政治學者所關注。

(八) 軍事主義與軍事化社會

　　有些政治學者從較大的國內整體社會環境來分析軍隊的角色，探索整體社會的
意識形態基礎——軍事主義或軍國主義（militarism），[35] 觀察整體社會對於軍隊
或武裝力量運用的態度與思維，進而對於戰爭的態度，也就是整體社會軍事化的問
題加以分析（Berghohn 1989; Johnson 1964; Wallensteen et al.1985）。但軍事化的社

會不一定是禁衛軍主義（praetorianism）的社會，例如以色列是個「全民皆兵的國家」（a nation-in-arms），但其民主的體制藉由區分平常時期與社會動亂時期，而使軍事主義與禁衛軍主義受到節制。由於其精英之間的相互關係、政府權力與國家形成等因素，而使其社會能夠迅速且有效地在這兩個不同時期之間的轉換中，得到適度的調適。因此，它是非禁衛軍主義的軍事主義社會（Ben-Eliezer 1997）。傅岳（Monte Bullard）就以中華民國（台灣）50與60年代的社會為例，說明軍隊在當時社會軍事化發展中的角色（Bullard 1997; 洪陸訓等 2000）。【36】

隨著冷戰時期結束，美蘇超強在世界各地的對抗不再出現，大規模戰爭的可能性降低，而使整個世界的軍事主義思想逐漸消退，產生去軍事化的潮流（Shaw 1991）。

(九) 軍隊與國會

民主政治是人民主權的政體，國會是代表民意藉由立法權、預算權、質詢權與任命權等機制監督行政部門。軍隊是行政部門之一，自當接受國會的監督。國會通過的各種有關國防與軍事的法律，更是影響軍事體制的發展與變遷。特別是在美國，立法權專屬於國會，而且高階軍事將領的任命與退伍給付是要經過參議院認可，國會議員的影響力就更大了。此外，軍政軍令部門之間與軍種之間，對於國防預算爭取與分配的爭議，乃至國防工業合約承包，國會都是主要的關係人，其間的政治過程是學者關注的研究主題（Huntington 1961; Mintz 1992; Derouen & Heo 2000）。

美國國會對於國防預算的監督隨著冷戰的結束而有不同。後冷戰時期由於沒有明顯的強敵對抗，而使國會過分重視管理細節（micromanagement），既難於有效監督強大的軍事體制，也增加了軍事體制的困擾（Stockton 1995）。對軍方而言，為了爭取國防預算、執行國防政策和接受國會監督與質詢，不僅需要重視並加強與國會的連絡，也需要瞭解國會運作的民主遊戲規則，和培養與國會打交道的連絡精英。史克絡葛斯（Stephen K. Scroggs）曾觀察過美國陸軍與國會的關係，發現美國陸軍對國會的連絡工作不如海空軍的積極與有效率，只以傳統軍種老大心態，不夠重視並被動地與國會接觸，使用「重甲、鈍劍、駑馬」，因而難於取得國會的大力支持（Scroggs 2000）。

(十) 軍隊的政治角色變遷

學者探討軍隊的政治角色，在1960及1970年代時，注重探討軍人干政的原因；1980年代關注軍事政權的性質與表現；1990年代起，則是以軍人脫離政治（disengagement）與軍人在民主化轉型過程的政治角色為重點，特別是拉丁美洲、前蘇聯及東歐共黨國家（洪陸訓 民86a; 86b; 87）。小威爾奇（Claude E. Welch, Jr）和史密斯（Arthur K. Smith）的《軍人角色與統治》（*Military Role and Rule*）（1974）和波爾穆特（Amos Perlmutter）的《政治角色和軍人統治者》（*Political Roles and Military Rulers*）（1981），就是涉及軍人政治角色頗具代表性的重要著作。

隨著冷戰結束，發生世界大戰的可能性極低，世界的安全威脅改變，各國的軍隊都面臨不同的國際與國內變遷，而轉變成「適應的軍隊」（the adaptive military）或「後現代軍隊」（the postmodern military）（Burk 1998; Moskos & Segal 2000）。當然，這主要是指歐美民主國家的軍隊，對許多拉丁美洲、亞、非洲與中、東歐的國家軍隊而言，則是面臨民主化的浪潮，軍隊要如何面臨這波浪潮？不僅國內要求軍隊政治中立化、去政治化或脫離政治，更要求軍隊能配合社會要求，減少國防經費預算的支出而能轉為社會經濟福利所用。在此過程中，軍隊原有特權是否會受到影響？是否會影響到國內政治？乃至區域的安全？

冷戰後，隨著第三波的民主化研究，軍事政治現象，包括上述議題，再度成為熱門的研究主題。研究重點在民主轉型過程中，軍人的政治角色，特別是去軍事化（demilitarization）與文武關係主題，軍人退出政治，以及建立文人統制機制。不論是亞洲、非洲、中南美洲、中東或東（中）歐等區域，轉型中產生的這些軍政現象，都是學者關注的焦點（Danopoulos 1992; Diamond & Plattner 1996; Williams & Walter 1997; Lowell 1997; Farcau 1996; Fitch 1998; Hunter 1996）。尤其是東（中）歐前共黨國家的軍隊轉型，在共黨極權瓦解之後，後續的政權即運用去政治化、公正化（departization）、民主化與專業化四種策略維持原有的文人統制（Danopoulos 1996）。但軍隊對於文人政治領導者的態度也是研究的重點，以俄羅斯為例，學者比較戈巴契夫與葉爾辛時期的文武關係，認為軍隊深度介入兩人的政治鬥爭，但較能接受戈巴契夫的領導風格，葉爾辛的領導風格不符合高階軍事專業人員的思考習慣及專業紀律價值；軍隊的專業主義能符合歐美國家的文人統制

要求，但文人政治領導者則不符合標準（Barylski 1998）。歐美國家也特別爲中歐與東歐國家的軍隊進行教育訓練，使其能理解民主政治的文人統制機制（Caparini 1997），但成效不一，俄羅斯的成效就不及捷克（Ulrich 2000）。德卡羅（Samuel Decalo）則是從非洲少數穩定國家的經驗中，指出使軍隊服從文人統制的三種策略：使安全部隊中立化、以利益與軍隊交換政治忠誠、將文人統制至上的觀念合法化（1998）。

丹諾波羅斯（Constantine P. Danopoulos）和華森（Cynthia Watson）在1996年合編一本《軍隊的政治角色：國際指南》（*The Political Role of the Military: An International Handbook*）的工具書，邀集30餘位學者就27國軍隊的政治角色加以研究。他們界定政治角色是指武裝力量實質且有目的介入國家財富與社會價值及政治價值的獲得與分配，包括國家安全。藉此定義來分析各國文武關係的歷史背景，指出與分析各國軍隊運用政治影響力的過程，評估各國軍隊政治角色的成敗與結果，以及預測未來的發展。他們認爲影響軍隊政治角色的因素有階級、軍事組織規模、招募模式、軍官團社會背景、專業主義與地緣政治。此外，諸如貿易、預算、依賴和經濟發展程度等經濟因素，也應列入考量（pp.xii-xv）。

(十一) 共黨國家的黨軍關係

共黨國家的黨軍關係是其軍事政治現象的一部分，它所表現的軍隊與政治、社會關係與非共黨國家的文武關係，儘管因其意識形態、政治體制和政治操作上的差異而有不同，但都同樣是政治領導者必須面對和掌握、學者極有興趣從事研究的議題。共黨國家的黨軍關係，因其政治體制的特殊性、政權統治的神祕性，以及資訊處理的封閉性，使得自由世界國家對它能夠有所瞭解的，僅限於官方的軍情單位和少數「共黨問題專家」。早期對這一主題的研究，偏重蘇聯和中共，且未納入比較政治領域文武關係的分析架構中。1960年代以後，相對於第三世界國家的政變頻仍，共黨國家的黨軍雖然時有衝突，但始終都能有效地掌握軍隊，穩定住政權。這種現象頗能引起學者探索的興趣。學者對於蘇聯黨軍關係理論的建構，即在此情勢下取得進展。對於中共和其他共黨國家黨軍關係的分析也受到重視。蘇聯和東歐共黨政權瓦解後，共黨黨軍現象的研究偏重在中共。而對後冷戰時期軍隊任務的轉型，以及軍隊現代化和專業化的提升，是否會給解放軍角色和黨軍關係帶來質變？前蘇聯黨軍關係解釋模式可否用在演變中的中共黨軍關係？這些議題逐漸地成爲文

武關係或軍事政治學者所關切。

(十二) 國家安全 (國防) 政策

「國家安全政策」（national security policy）這一概念，也有學者稱它爲「國防政策」（defense policy）（Ore 1993; Murray & Viotti 1994）。這是一個不明確、因人而異的概念。首先，就國家安全政策概念來看，紐曼（Stephanic G. Neuman）認爲，「國家安全是指涉國家的整體利益和目標，以及將使用於促進和保護這些利益、目標的各種手段（軍事、經濟、社會和政治）」（In Lissak 1993, 56）。特瑞格和塞蒙（Frank Trager & Frank Simon）則認爲它是「政府政策的一部分，其目標在於爲保護和擴大重大國家價值，以及抵抗現存和潛在敵對者而創造有利的國家和國際政治條件」（1973, 36, in Kaufman et al 1985, 4）。

根據高曼（Daniel J. Kaufman）等人關於國家安全政策的分析架構來解釋，國家安全政策的目標（objective）是保護和擴大國家的價值（如國家的生存、自由、繁榮等）。國家價值與國內外環境的互動結果，產生了國家利益，進而成爲國家戰略的目標。國家戰略經由國家安全系統（national security system）轉化成國家安全政策──包括經濟、外交和軍事政策三個面向。其中軍事政策包含武力結構和軍事戰略兩部分，二者構成國家安全態勢（posture）（指影響國家安全之軍事部署、兵力和戰備情況等）（Kaufman, McKitrich & Leney 1985, 5）。[37]

其次，就國防政策而言，它是「一個國家爲達成抵抗平時和戰時外來軍事威脅與防制國內暴亂的安全目的所採取的計畫、方案和行動之集合體（aggregate）」，是由「防衛文化」（defense culture）、戰略架構和各種經濟因素形塑而成（Oer 1993, 2156）。國防政策研究的議題包括：國防環境、國家的目標、國家戰略和軍事準則、國防決策過程、文武關係、武器需求、軍事態勢（military posture）、武器管制和武力的使用等（Murray & Vioti 1994, xxi-xxiii）。其中國防與文武關係的議題，特指軍隊在社會中的角色和正當性，以及軍隊的政治干預或專業角色。

軍事政策是國家政策的一環。它受國家政策、國家目標和國家戰略所決定；本身則決定了軍事目標和軍事戰略，提供針對國家問題擬訂作戰計畫、命令和戰術的理性途徑（Watson 1993, 2161）。國家的政策、目標、戰略之決定權在文人領導階層，軍事領導階層則負責執行，根據國家政策、目標、戰略來決定其軍事政策、目標和戰略。這一基本原則來自克勞塞維茲（Karl von Clausewitz）政治指導軍事

的概念。在政府的國家政策決定過程中，軍方扮演重要的參與角色，其參與或介入的程度影響到文人決策的方向和結果，往往成為文武關係實際互動和學術分析的焦點。

　　國家安全政策在冷戰時期即受到關係，甚至因美蘇對峙而使學者延伸其注意力到「國際安全」的研究，而創設了專屬的《國際安全》（International Security）季刊（Miller 2001）。

(十三) 國家（國際）戰略

　　戰略（strategy）一詞起源於希臘之「將軍」（strategos），最初意涵是指將帥的知識或智慧（Luttwak 1987, 239），亦即指軍事領導統御的藝術。以後隨著不少戰略學家的深入研究，使這一概念的意涵不斷擴大，除軍事以外，並涵蓋了政治、外交、經濟、社會、心理、地緣和科技等各領域，甚至應用到商業管理上（Clausewitz 1943; Liddell Hart 1942; Beaufre 1963; Kissinger 1961; Schmidt 1986; Sokolowski 1975; in Sude 1993）。其層次也由軍事層次提升至國家層次甚至國際層次。國家層次上稱為「國家戰略」（national strategy）、「大戰略」（grand strategy）、「國家安全戰略」（national security strategy）（Deibel 1993, 2577）。中共崛起後，則提出「大國戰略」（胡鞍鋼等 1999；高恆主編 2000）。國際層次上的戰略劃分，在西方的席米特（Helmut Schmidt）也視大戰略為超越國家架構之上，以經濟和安全為重心的政策（1986）。隨著區域整合和全球化趨勢的發展，「區域戰略」和「全球戰略」概念也因此出現（Cerami & Holeomb 2001）。台灣稱為「大戰略」（孔令晟 民84；莫大華 民86），大陸稱為「國際戰略」（余起芬 1998；高金鈿 2001）、「國際安全戰略」（席來旺 1996）、「全球戰略」、「聯盟戰略」等（呂敬正等 1994），不一而足。

　　戰略的一般性意涵，是指「一種為綜合運用資源以達到某些目標的構想（concept）之規劃和施行」（Sude 1993, 2573）。根據美國國防部的界定，戰略是「和平及戰爭期間所需發展與使用政治、經濟、心理和軍事力量的藝術與科學，以提供各項政策的最大支持，增進勝利的機率和有利的結果，並減少失敗的可能性」（U. S. Department of Defense 1987）。

　　戰略研究之所以受到政治學者，特別是國際政治學者的關注，主要理由在於它的政治和政軍關係意涵。例如，克勞塞維茲基於「戰爭只是政策以另一種方式的持

續」這一基本論點，認為政治階層應負戰爭的責任；戰爭是政策的工具，作為迫使敵人依從我方意志而行的軍事行動；因此，戰爭成為政治階層的工具（1984）。李德哈特（Basil H. Liddell Hart）首次提出「大戰略」概念，認為戰略是佈署和運用軍事手段以達成政策目的的藝術。大戰略是一種執行政策，決定戰爭的指導。軍事戰略以軍事為目的，大戰略以政治為目的（1942）。博富爾（Andre Beaufre）也主張政策決定戰略目標，並決定達到此一目標所需手段的評量和採用的方法。他的論點確立了政策對於戰略的優越性（1963）。季辛吉（Henry H. Kissinger）的戰略是基於這一理念：政策是政治領導者在外交關係上謀求國家利益的藝術；政策也是國家在力量平衡的系統中追求保護國家安全的目的（1961; 1979）。前蘇聯元帥索可洛斯基（V. D. Sokolowski）秉持馬列主義戰略觀，認為政治意涵上，戰略是資源、時間、空間和方法的整合，作為形成最有利政治行動的指導方針（1975）。

(十四) 國防體制與軍事體制

國防體制和軍事體制（military institution）都是軍事政治活動或文武互動的行為者，也是軍事政治現象或文武關係的分析單位，自然成為學者在這一領域的研究主題之一。一國政治體制的結構形式和本質會影響到其運作表現和文武關係，而國防（軍事）體制為政治體制的一環，同樣地其活動也會受到本身結構和本質的影響。例如，工業化民主國家強調文人統制的理念，其政治體制與國防體制的設計，即重視文人統制機制的建置，設法使國防或軍事安全功能的發揮與文人領導、監督機制的運用取得平衡；共黨國家強調以黨領軍的原則，其體制規劃則重視黨對軍隊的嚴密監控，如政工系統的設置；第三世界國家的大部分威權體制則往往導致軍人的干政或統治者對軍隊的擅權私用。

軍事體制是國防體制的一部分，但在二者互動上存在某些不同的關係。軍事政策上，軍事體制接受國防體制的指導；軍事戰略或軍事事務上，軍事體制有其自主空間。另一方面，軍事體制本身的結構特性，如典型的威權式官僚體制（bureaucrecy），不僅制約了它本身內部的組織文化和功能運作，也影響到它與外部文人政府和民間社會互動的態度和形象。

體制在此意含制度與組織。因此，這一主題的研究對象，包括了國防體系或國家安全系統的研究，也包括了軍事制度和軍事組織的探討。軍事組織早自古希臘即受到重視（Skinner 1993），至19世紀初，已逐漸走向專業化（Huntington 1957,

30）；但是對它作有系統的分析，則是在20世紀以後。早期偏重其軍事功能的探討（Schellendorf 1905; Foster 1913），特別從社會、政治面向來作分析的，則是在第二次大戰之後。例如，安德瑞斯基（Stanislav Andreski）探討軍事組織形式對社會和政治團體的影響（1968）；簡諾維茲從戰爭科技的發展對軍事組織及其運作的影響進行分析（1959; 1969; 1971）；寇茨（Charles H. Coates）和佩里格林（Roland J. Pellegrin）從官僚體制角度描述軍事機構（1965）；莫斯考斯（Clarles C. Moskos）從社會學角度觀察，認為軍事組織已從以規範性價值為正當性的機構（institution）取向轉型為以市場經濟為正當性的職業（occupation）取向（1977, 1986）。

大陸和台灣對國防體制與軍事制度的研究也相當重視。大陸方面，不僅引介各國國防制度（鍾慶安、高培譯 1987），從事軍事組織體制研究（姚延進、賴銘傳 1997；王志毅 1991）和「軍制學」建構（唐炎 1987；軍事科學院軍制研究部 1987），而且納入軍科院研究生教材系列（蘇志榮 1999；胡光正 1999）。台灣方面也出現過蔣緯國的《國防體制概論》（民70）、施治的《中外軍制和指揮參謀體系的演進》（民79）和國防部編的《軍制學》（民80）。以「軍政、軍令一元化」指揮系統及文人領導軍隊的國防體制議題也不時成為學者探討的焦點。

(十五)「信任建立措施」、「預防性外交」

「信任建立措施」（Confidence-Building Measures, CBMs）是冷戰時期出現的概念，首次正式使用是在1975年「歐洲安全與合作會議」（簡稱歐安會議）（CSCE）所簽訂的「赫爾辛基最後決議書」（Helsinki Final Act）中。其意涵是「加強雙方彼此在心理上和信念上更加瞭解的種種措施，主要目的在於增進軍事活動的可預測性，使軍事活動有其正常的規範，並可藉此確定雙方的意圖」（Holst 1983, 1）。換言之，也就是國與國間透過接觸、溝通和資訊交流等措施，增加對彼此軍事活動的瞭解，以避免雙方因誤判、誤解而引起衝突，甚至導致戰爭的風險（洪陸訓 民91）。

「信任建立措施」的實施，早自1962年古巴飛彈危機期間，美蘇為處理危機所設置的「熱線」（hotline），經過上述歐安會議「最後決議書」及後來1986年「斯德哥爾摩會議文件」（The Document of the Stockholm Conference）和1994年「維也納文件」（Vienna Document on CSBMs）的簽訂，已成為國際間促進地區

性安全的重要機制。並拓展到亞太地區，為「東協區域論壇」（ASEAN Regional Forum）各成員國及中共與周邊國家所採行，建立了單邊、雙邊或多邊的互信機制。不僅為各國領導人所重視與採行，也成為學者和智庫研究的主題。在具體主張上，主要劃分為宣示性（declaratory）、溝通性（communication）、透明化（transparency）、限制性（constraint）和查證性（verification）等幾類措施（The Henry Stimson Center 2002），分階段（Krepon 1995, 4-9）逐漸實施。

大部分學者主張「建立信任措施」應從政治、外交、經濟、軍事各方面來作綜合性考量（Pederson & Weeks 1995; 林正義 民99），有的則認為可置重點於軍事安全方面，因而有「建立軍事信任措施」的研議（Allen 1999; Johnson 1999）。後者在近年來，且成為「亨利史汀生研究中心」（The Henry Stimson Center）在亞太地區，包括台海兩岸，積極推動的政策建議（ibid.），營造和平與安全的主張，也成為台灣學者和智庫提供安全政策建言的議題之一（張哲銘、李鐵生 民89；莫大華 民88；王振軒 民89；洪陸訓 民91）。

與建立信任措施相關的議題是範圍更廣泛的「預防性外交」（preventive diplomacy）。這一概念，首次由聯合國前祕書長哈馬紹（Dag Hammarskjold）提出，給它明確定義的是聯合國另一位祕書長蓋利（Boutros Boutros-Ghali）。他在《和平議題》（An Agenda for Peace）一書中指出這一概念的意涵是：「採取行動防止發生在各政黨之間的爭議，防止已有的爭議升高為衝突，以及當發生衝突時限制其擴大」（Boutros-Ghali 1992）。阿查亞（Amitav Acharya）將預防性外交分為平時與危機時期兩大類，而將建立信任措施、建立制度和行為規範、預警，以及預防性人道主義行動等歸類為和平時期預防性外交範疇（1996, 5-6）。

蓋利提出這一構想以後，引起廣泛的討論，特別在亞太地區（Ball & Acharya 1999）。美國總統柯林頓在1996年6月間國會所提出的國家安全戰略報告中，特別提到美國參與國際事務的原則之一是預防外交（Clinton 1996）。台灣台研院戰略與國際研究所即曾於2000年7月舉辦「預防性外交與區域安全」研討會，研討亞太地區的預防外交經驗。

(十六)「低度衝突」與「反恐行動」

「低度衝突」（low intensity conflict）意指「敵對國家或團體間，低於傳統戰爭和高於例行性、和平性競爭之間的一種政治──軍事抗爭。它經常涉及原則和意

識形態的延伸鬥爭，其範圍從顛覆到武裝力量使用，綜合運用政治、經濟、資訊和軍事工具等各種手段來實施」（U.S. Department of Defense 1989; Deparment of the Army & the Air Force 1990, 1-1）。這一概念在戰略上的運用，是指一種有限的政治軍事鬥爭，以求達到政治、社會、經濟、或心理的目標。通常在地區、武器、戰術和暴力程度各方面都受到限制（U. S. Army Training and Doctrine Command 1986, 2）。

低度衝突的鬥爭形態，主要具有「支援叛亂和反叛亂」、「打擊恐怖主義」（Combatting Terrorism）、「維和行動」和「平時臨機性行動」（Peacetime Contingency Operations）。所謂「恐怖主義」，根據美國國防部的界定，它是「非法使用（或威脅使用）武力或暴力，罔顧個人生命和財產安全，逼迫或恐嚇政府或社會，以達成其政治、宗教或意識形態上的目標」（In U.S. Department of the Army & the Air Force 1990, 3-0）。恐怖份子採取的手段包括了劫持人質、劫機、破壞、暗殺、縱火、詐騙、爆炸和武裝攻擊或威脅等。

低度衝突通常指第三世界地區所發生的，可能影響到地區甚至全球安全的事件。不僅涉及他國內政主權問題，也涉及國際法和國內法，對內對外，都必須取得「出師有名」的正當性和合法性。這一主題的研究，自1980年代起頗受美國官方和軍方的重視（洪秀菊 民84）。

2001年9月11日，受阿富汗所庇護的賓拉登（Osama bin Laden）恐怖集團，在美國發動對紐約世貿大樓和五角大廈攻擊事件（簡稱「911事件」），迫使美國發動打擊恐怖主義戰爭，也成為民間學者和官方智庫研究的重要主題。從軍事政治面向來看，它涉及到國家安全上，國防安全概念界定、威脅來源認知、國防安全網建構、海外出兵及其合法性等議題的重新思考和調整，使一國國防和軍事安全也融入「全球化」安全網絡之中。

「911事件」發生之後，國際關係學者或軍事政治學者對於恐怖主義重新進行研究。不同於70、90年代的恐怖主義研究的是，21世紀初的恐怖主義研究是以防制宗教狂熱式的恐怖主義，以及其背後所蘊含的文化衝突觀點──文明斷層的戰爭，論述事件的發生原因是西方文明與伊斯蘭文明之間的衝突。隨著事件後續的發展，學者重新探索防制恐怖主義，並將反恐怖主義提升至大戰略、國家戰略層次（Posen 2001/02）。將恐怖主義視為是一種新型態的戰爭，必須結合軍事與非軍事

的手段，運用國際合作的方式進行反恐作戰。學者也探索美國外交政策的轉變，並運用國際間各國力量來防制全球恐怖主義的威脅（Walt 2001-02），或是關注國防軍事政策的焦點，例如尋求軍事援助盟國與友邦對抗恐怖主義、國防預算的增加、反制核生化武器的攻擊、全國飛彈防禦（National Missile Defense）的加速進行、情治單位對於恐怖主義情報的掌握等等。目前歐美學者正結合此趨勢，運用政府所提供的資源進行反恐怖主義的研究，尤其是智庫的研究人員更以此作為研究主題，例如藍德公司、戰略與國際研究中心（CSIS）、大西洋理事會等等，藉以提出研究計畫與成果，獲取政府與民間的資源及聲譽。

(十七) 戰爭與和平

「戰爭與和平」問題是軍事科學與國際關係兩個領域共同關注的議題。軍事學著重研究國家之間的戰爭問題，國際關係學則著重研究國家之間，例如，如何避免戰爭的「非戰爭狀態」問題。

「戰爭與和平」問題，無論中外，自古就備受重視。只是早期的軍事學家們，像東方的孫子，西方的拿破崙、約米尼（A. H. Jomini）和克勞塞維茲等人，較偏重對戰爭（起因、過程、結果與影響）的探討。近代以來，國際關係學出現後，其先驅者如馬基維里（Niccolo Machiavelli）、格勞秀斯（Hugo Grotius）和普芬道夫（Samuel von Pufendorf）等，即相當程度地涉及戰爭與和平的問題。20世紀經過兩次世界大戰，此一議題更成為多門學科——軍事學、國際關係學、歷史學、社會學、法學和未來學等交叉研究的焦點。當然，也因涉及面太廣，其研究範疇的界定就相當困難。就軍事政治學角度來看，應是從政治面向來分析戰爭與和平。例如，探討文人政府對戰爭的決定、終結和媾和權與監督機制的運作，以及對和平與發展的研究。所謂和平的研究是指：探討戰爭與衝突的根源；探討避免或消滅戰爭與衝突的途徑；研究和平與發展的關係；研究維護與締造和平的條件（李巨慶 1999, 372）。因此，和平研究可說是戰爭與和平的研究。

在和平研究方面，英國物理學家理查森（Lewis Richardson）、俄國社會學家索羅金（Pitirim Sorokin）和美國政治學者萊特（Quincy Wright）被稱為是此一領域的先驅者。理查森（1960）透過統計和數學方法探討戰爭根源與軍備競賽原因，發現軍備競賽一出現即難於停止，只有不謀求威脅對方及和平相處才有和平。索羅金則發現戰爭與動亂是由於文化類型轉型過程中，文化平衡遭受嚴重破壞所引起

（引自李巨廉 1999, 345-347）。萊特在《戰爭研究》（1942）一書中強調戰爭起因的多元性，並認為和平的獲得在於建立超國家的整合體系。

和平研究在先驅者的推動下，歐美學者陸續成立了研究機構並出版刊物，包括了以「解決衝突」（Conflict Resolution）為名的機構與刊物。1984年的相關研究機構即多達313個，分布於44個國家。在理論建構上，由傳統的「無戰爭狀態即為和平」概念，到1960年代末至70年代初轉變為只有在無直接暴力的同時，也消除間接的「結構暴力」才有積極和平的「和平與暴力」新概念（Johan Galtung）。1970年代末至80年代初，主流的研究重點回歸傳統的戰爭與裁軍問題。並與「和平運動」（Peace Movement）相結合，由假設「全球軍事化」而進一步探討如何實現「非軍事化」，其途徑包括夏普（Gene Sharp）和勞伯特（Adam Robert）的「群眾性防衛」（Civilian-Based Defense）和「非暴力行動」（Nonviolent Action）（Sharp 1973; Roberts 1991）。[38] 1990年代以後，和平與發展更成為研究的焦點，海峽兩岸並且同時在探索「國家發展」的策略。

(十八) 軍事與外交

軍事在外交上扮演的角色，一直是國際關係中的一個相當重要的議題，也是軍事政治研究領域中不可忽視的主題。克勞塞維茲所稱，軍事是政治以另一種手段的延續，即在外交上指軍事是一國進行外交活動中的一種手段。軍事不僅是一國在國際上的實力表現，也是外交談判的後盾（Reynolds 1971, 147-154），更是軍事上實施「嚇阻」或「威懾」的基本國力。國家對外的軍售、軍購、軍援，國際間的武器管制和軍備裁減，包括核生化武器的禁止與擴散，軍事締約、結盟以及軍事科技、人員交流等（許江瑞、方寧 2000, 477-484），都是涉及軍事與外交的議題。此外，前面提過的海外出兵或維和行動、建立信任措施或預防性外交，以及安全與戰略研究等，也都間接涉及軍事與外交的問題。從軍事政治學觀點來看這一主題，這幾個問題是值得探討的：武裝力量在外交事務上扮演何種角色？文人政府如何利用軍事力量達成其外交政治目的？在決策過程中如何有效掌控和監督軍方的行動？在國家面臨安全威脅或外交困境時，是否會因需要或過度依賴軍隊而導致軍人干政？一些對外交與軍事相關的活動，諸如軍售、軍購、軍備管制與裁減、軍事交流、締約結盟、建構地區戰略飛彈防禦網等等，如何與外交任務相結合？文武如何互動？

六、軍事政治研究的發展趨勢 —— 兼談我國軍事政治學的開發

軍事政治研究的發展如自其起源來看，傳統上大多依附於戰略與安全研究，前已約略提到；至於涉及軍隊團體與軍人個人議題，則早為社會學家所關注。1940年代，即第二次世界大戰以後，軍事社會學形成一門學科，軍事政治研究的一些主題，如文武關係與專業主義等也同時成為在軍事社會學或更廣泛的「武裝力量與社會」研究領域中重要的研究主題。文武關係研究由拉斯威爾的〈衛戍型國家〉一文首開風氣之先。1950年代比較政治學興起，隨著頻繁發生於60至70年代第三世界國家的軍事政變，遂引起更多政治學者參與探討軍事政治現象或文武關係。從文武關係文獻的分析中，可以清楚地發現，它已可從軍事社會學或武裝力量與社會領域中獨立出來，成為政治學的一門次學科。主要的理由，除了本文指出不少大學院校開課教學；由研究主題可看出其專業領域的專門化和特殊化；以及部分學術研究機構和所發行的期刊，從事相關研究以外，還可發現這一領域業已建構相當出色的理論和研究途徑（洪陸訓 民83；民80），在這本書下一章文獻探討中，也可清楚地顯示出來。

軍事政治研究文獻的回顧，不僅顯示有興趣的研究者日益增加和研究文獻的更加豐富，由其主題的日趨廣泛和多樣化，也可看出其發展的趨勢。由軍事社會、政治學最具代表性的《武裝力量與社會》（*Armed Forces and Society*）季刊來作分析，以1990年代為例，屬於軍事政治學範圍的主題，如文武關係、軍事專業主義、軍工複合體和和平維持等，以篇數計算即占43%；而在內容方面，以文武關係最多，占26%（洪陸訓 民88）。和平維持和跨國研究等，則是波灣戰爭後增加較多的主題。

以美國「大學校際武裝力量與社會研討會」（Inter-University Seminar on Armed Forces and Society）以及國際政治學會的「武裝力量與社會」研究委員會的學術活動來作觀察，也可以看出軍事政治學的發展趨勢。「大學校際武裝力量與社會研討會」是軍事社會科學相關學科的科際整合學會，從它2001年的兩年一度的國際研討會論文主題來分析，約略可看出研究的發展取向。該年會議論文的主題有25項之多：[39]

1. 武裝力量的女性人員
2. 非傳統性作戰的挑戰
3. 軍官的領導
4. 加拿大國防
5. 民主政治與武裝力量
6. 國家（公民）青年服役
7. 安全部門改革；文武關係界限的改變
8. 軍事服役對家庭的影響
9. 後現代文武關係的價值傳播與變遷
10. 波士尼亞和科索沃的教訓
11. 新世紀退伍軍人政策的改變
12. 法律與武裝力量
13. 歐洲防衛：公衆、政治和軍事專業的發展
14. 陸軍專業的未來：軍事科技
15. 文武關係跨國觀點
16. 法國的武裝力量與社會
17. 21世紀的美國陸軍專業
18. 軍事服役的心理觀
19. 歐洲文人統制的重塑
20. 科技與任務的改變
21. 非戰爭性軍事行動中的專業議題
22. 部隊的教育與發展
23. 武裝力量的結構與文化
24. 武裝力量的多樣化
25. 維和議題

　　這些主題大多數涉及軍事政治學領域，可約略區分爲文武關係，專業主義，文人統制，維和任務，軍隊結構與文化，法律、民主與軍隊，軍事領導，國防、戰爭研究等。此外，國際政治學會「武裝力量與社會」研究委員會預計於2002年召開三年一次的年會，也以文武關係理論與個案，以及各國軍事政治爲論文主題。[40] 由這兩個專業學會的年會論文主題來看，文武關係和軍事政治現象仍是軍事社會科學的主要研究取向。

　　關於我國軍事政治學的開發方面，「軍事政治學」一詞尚未在國內學術界經過充分討論並獲得共識，但研究軍事政治的相關著作則已或多或少出現在部分政治學和戰略研究的專業刊物上，或是以專書或譯著方式出版。研究的學者也以政治學者爲主，並且仍是以戰略研究或安全研究稱述此類著作，而少以軍事政治學稱述。民間大學方面，也只有淡江大學國際事務與戰略研究所（民國71年3月成立）與政治大學外交研究所戰略與國際安全組（民國87年成立）性質較屬於軍事政治學範圍。但就各大學政治系所開設的課程來看，以台灣大學與政治大學政治系所課程爲例，政大政治系並無開設相關課程，台大政治系也只開設戰略與國際安全、中共國防政策等課程。此外，與軍事政治學相關，但較傾向軍事社會學的課程之開設，目前有中研院近史所研究員張瑞德在師大三研所開授「現代中國的戰爭與社會」專題，台大社會系鄭爲元教授開授「軍事與社會」，以及東吳大學全校性選修課程中，安豐

雄開授「軍事社會學」。可見軍事政治學研究尚未受到國內政治系所的重視。不過，值得一提的是，軍事院校近幾年來對軍事社會科學的提倡，如軍事社會學、軍事政治學、軍事心理學、軍中社會工作、軍事管理學和軍事倫理學等，已初見成效。這方面，政戰學校扮演了推動的角色。就軍事政治研究方面，該校政治系、科即開設「軍事政治學」課程2學分，列為必修；政研所博、碩士班，也分別開設不同層次的「軍事政治專題研究」課程（洪陸訓等 民90）。在軍事社會學方面，政戰學校列為大學部校必修，軍事社會行為科學研究所社工組必修，政研所博、碩士班選修。各軍事院校的分科教育也開設「軍隊與社會關係」課程。

　　軍事政治學各種議題的研究，對於任何政治體制的國家都非常重要，這是由於軍人在政治上的角色實在無法被文人政府和社會大眾所忽視。我國政黨輪替後，大眾所關注的「文人領軍」、「軍隊國家化」議題，就是軍事政治學中文武關係所涉及的核心。因此，這一學科不僅是軍方所需推動的教學課程，應該也是民間大學政治、外交和社會等相關系所值得重視的領域。民間大學的研究與授課，既可拓寬其領域與視野，更有助於培養文人領軍所需的國防人才和增進文人對國防和軍事的認識。軍方的重視與研究、教學，更是培養軍人服從文人領導的倫理、塑造軍人行為模式與扮演正確角色所需的教育內容。綜合本章以上的分析，筆者嘗試提出以下有關我國軍事政治學的研究主題，供國內對此一領域有興趣的學者參考。

　　一、中國傳統的文武關係
　　　　(一)文人統制的歷史遺緒
　　　　(二)軍事（兵役）制度
　　　　(三)軍事政變與兵變
　　　　(四)軍閥政治
　　二、中華民國的文武關係
　　　　(一)文武關係理論（文人領軍）
　　　　(二)總統與軍隊
　　　　(三)國會與軍隊
　　　　(四)軍隊與社會（媒體、政黨、地方政府與民間團體）
　　三、國軍的專業主義與政治角色
　　　　(一)軍事專業主義
　　　　(二)軍人的政治權利

(三)軍事領導者的決策角色

(四)軍隊在民主化過程中的角色

(五)軍隊的政治社會教育

四、中華民國的國家、國際戰略

(一)國際戰略、大戰略

(二)國家戰略

(三)國家安全（國防）政策

(四)外交與兩岸關係的軍事因素

五、中華民國的國防體制、軍事政策

(一)國防體制（國防法、軍政軍令）

(二)軍事制度（兵役、教育、退輔、政戰）

(三)軍事組織（管理、分析、規劃、再造、文化）

(四)軍事交流與外交政策

六、中華民國的政戰制度

(一)政戰思想史

(二)政戰制度、組織及其運作

(三)政戰制度與文武關係

(四)政戰制度的轉型與前景

(五)兩岸政戰（政工）制度的政治角色比較

(六)各國政戰工作比較

七、戰爭與和平研究

(一)戰爭的性質、型態與歷史角色

(二)戰爭與和平、發展

(三)戰爭與政治

(四)戰爭與防衛動員

(五)非戰爭性軍事行動與維和行動

八、國防預算與國防經濟

(一)軍工複合體

(二)國防預算分配

(三)國防預算的政治過程

(四)國防工業轉型

九、武裝力量在國際關係中的角色
　　(一)軍事與外交
　　(二)建立兩岸信任措施
　　(三)低度衝突與反恐行動
十、軍事政治（文武關係）比較研究
　　(一)民主國家
　　(二)第三世界國家
　　(三)共黨國家

　　總之，我國軍事政治學的研究方向，除了從事各種不同政治體制下的軍政比較研究，以獲取國外理論成果與實際經驗以外，應置重點於我國軍事政治發展經驗的探討和理論建構。不僅我國傳統上文人至上的統制原則和軍閥政治值得研究，來台後國軍在台灣政治發展和民主化過程中，成功扮演的穩定與推動角色（洪陸訓等民90），更值得總結經驗，並據以建構「具有中華民國特色」的軍事政治學。

註　釋

＊本書文內引註與參考書目格式，係採用「美國政治學會」（APSA）1985年所訂（1993修訂）政治學科學術著作規格（Style Manual for Political Science）。

【1】本章是根據筆者在以下兩次學術研討會發表的論文初稿修改而成：(1)洪陸訓、莫大華，民90，〈軍事政治學的發展與研究主題〉，政戰學校「第四屆國軍軍事社會科學學術研討會」論文；(2)洪陸訓，民91，〈911事件後的軍事政治研究〉，淡江大學國際事務與戰略研究所與北京中國社會科學院世界經濟與政治研究所合辦「911事件後的國際局勢與國際安全研討會」論文。

【2】范納爾對文武關係的廣義界定，是引自以下兩位學者的觀點：R. Girardet (*La Societe Militaire Dans La France Contemporations*. Paris: Plon. 1953) 和A. R. A. Luckham ("A Comparative Typology of Civil-Military Relations." *Government and Opposition*. 6.1, 1971)。

【3】http://fhss.byu.edu/POLSCI/courses/WINTEROO/379R-001.HTM

【4】George Washington University, "149 Military Force and Foreign Policy, 251 Civil-Military Relations." URL>http://www.gwu.edu/ ~bulletin/ugrad/psc.html

【5】http://www.umkc.edu/pol-sc

〔6〕http://raven.cc.ukans.edu/~kups/courses.html

〔7〕筆者曾在北德州大學1986年夏選修過這門課。課程名稱爲Political Science 463: The Military in Politics，由Neal Tate教授主講。

〔8〕http://www.sais-jhu.edu/depts/strategic/courses/ssuof/ssuof-syllabus.htm

〔9〕http://www.is.rhodes.edu/Syllabi/373.html

〔10〕http://www.occe.ou.edu/ap/webct/citae/scott.htm

〔11〕New York, "Military, Politics, and Society." URL>http://www.newschool.edu/gf/soc/facult/davis/milit97.htm

〔12〕New York University, "V53.0353 The Military and Defense in American Politics." URL>http: // www.nyu.edu/cas/dept/bulletin/dept/politics.htm

〔13〕New York University, "G53.2772-The Political Economy of Defense." URL>http://www.nyu.edu/gsas/dept/politics/grad/grad_list.shtml

〔14〕University of Chicago, "337 Military Policy and International Relations." URL>http://political-science.uchicago.edu/courses/descriptions.html

〔15〕Yale University, "PLSC 159a Political Economy of International Security." URL>http://www.yale. edu/ycpo/ycps/M-P/polscicourses.html

〔16〕Massachusetts Institute Technology. URL>http://cis-server.mit. edu/DACS/courses.html

〔17〕（http://Wings.buffalo.edu/soc-sci/pol-sci/psc 646.html）

〔18〕U.S. Military Academy, "SS472 The Military and Politics." URL>http://www.dean.usma.edu/socs/ Social Sciences/SS472.htm

〔19〕http://www.usna.edu/Political Science/cources/masterlist.htm

〔20〕http://nsa.nps.navy.mil/Syllabi/ns-4225.htm

〔21〕http://www.ciponline.org/facts/p309070.htm

〔22〕www.nwc.navy.mil/library/publications/Eccles%20Library/LibNotes/libcivmil.htm

〔23〕Judith Hicls Stiehm, C-MR IN War College Curricula, *Armed Forces & Society* 2001, 27(2): 273-294.

〔24〕http://www.American.edu/academic.depts./sis/prozects/dem/confs/rapprpt.htm

〔25〕www.publications.unsw.edu.au/handbooks/adfa/13203310.htm

〔26〕Queen's University, http://qsilver.queensu.ca/sps/teaching/teach-oursedes.shtml

〔27〕http://www.lckkk.hu/english/adat.htm

〔28〕International Political Sciences Association, "IPSA Research Committees." URL>http://www.ucd.ie/ ~ipsa/rcsg.html

〔29〕Interview with Dr. Dan Zirker by e-mail at Feb.27-March 8 2001.

〔30〕University of Wales, "History of the Department of International Politics." http://www.aber.ac.uk/~inpwww/history_brief.html 有關國際關係（政治）成爲一門學科的發展史，參閱Brian C.

Schmidt, *The Political Discourse of Anarchy: A History of International Relations* (Albany: State University of New York, 1998)。

【31】洪陸訓，政研所博、碩士班「軍事政治專題研究」講授大綱（修正案），民國90年1-6月。

【32】大陸國防大學教育長王厚卿教授在1991年主編的《現代軍事學學科手冊》，將這些軍事社會學科歸納在它所介紹的178門軍事學科中。《手冊》將軍事社會科學的學科歸類在軍事科學範疇內，所涉學科相當多，編者特別指出，這些學科並非全部已為學界所認同。

【33】國內外政治學者對於政治學範圍的劃分向無一致性見解。不過，如以美國政治學會的分類（Greenstein & Polsby 1975, "Preface" & Waldo's article）與美國各大學政治系所的主修領域來作歸納，大致上是以這五大領域為主。其中的「政治制度」，美國院校多數以「美國政府」為研究對象，偏重聯邦的憲政體制及其運作的分析。國內政治學者如台大政治系教授吳玉山，則以國內政治研究與教學生態，將政治學劃分成上述五個領域中的前四個（吳玉山 2000）。

【34】論述此主題的最著名書籍是Robert J. Art和Kenneth N. Waltz在1971年合編的*The Use of Force: International Politics and Foreign Policy* (Boston: Little, Brown, 1971)；後歷經1983、1988、1993、1999年改版由Lanham的University Press of America出版。

【35】根據德國歷史學者Werner Conze的研究，'militarism'一詞第一次出現於1816-1818年間的Memoirs of Madame de Chastenay中，Volker R. Berghahn，有關此詞成為政治語言的歷史經過，參閱*Militarism: The History of an International Debate, 1861-1979* (New York: St. Martin's Press, 1982)。

【36】我國在戒嚴時期威權體制下，也是一個軍事化社會，但卻未發生軍人嚴重干政或政變的現象。見洪陸訓、莫大華、段復初。2000。〈國軍與社會關係的演變〉。

【37】高曼的分析架構層次上是這樣：價值（國家生存、自由、繁榮）→國內、外環境→國家利益→（國家目標）→國家戰略→國家安全系統→國家安全政策（經濟、外交、軍事）→軍事政策（武力結構、軍事戰略）→軍事態勢（軍事部署、兵力、戰備）（Kauman 1985, 5）。美國海軍戰爭學院所提供的一個評估兵力規劃架構中，其分析層次和項目略有不同：國家利益→國家目標（經濟、安全、政治）→國家戰略（經濟、政治、軍事）→國家軍事戰略→（以下省略）。在此架構中，國家目標（national objectives）單獨列出，但未提國家政策（*Fundamentals of Force Planning, Vol. I: Concepts*, New Port: Naval War College Press, 1990, p.107）。

【38】我國在2001年5月由前立委林哲夫組成「台灣國家和平安全研究協會」，提倡「群眾性防衛」的研究，並於9月中舉辦了「全民國防與國家安全學術研討會」，探討相關議題。

【39】Inter-University Seminar on Armed Forces and Society. URL>http://www.bsos.umd.edu/ius/news.htm

【40】Research Committee on Armed Forces and Society Newsletter. www.msubillings.edu/dzirker/Armed Forces Newsletter.htm

第 二 章　文武關係文獻探討 [1]

　　人類幾世紀以來對於武裝力量或軍隊的研究，雖已累積了廣泛而豐富的軍事歷史和軍事科學文獻，但是特別針對武裝力量與社會、政治的關係進行深入分析，則只是近幾十年來的趨勢。第二次世界大戰期間，軍事政治的研究開始受到學者的重視（Huntington 1962, 263-239）。其中的文武關係、軍事專業主義、軍工複合體、戰爭與和平和軍事制度等，也成為當時正形成的軍事社會學領域中的重要研究主題（洪陸訓 民88）。

　　武裝力量與社會，這一領域發展至今，已累積豐富的文獻，相關的理論建構和途徑探討也如雨後春筍，蓬勃發展。在科際整合趨勢的助長下，不僅已產生了軍事社會學這一社會學次學科，而且也已逐漸形成政治學的次學科——軍事政治學。這兩門學科在國內雖已引起關注，但對其重要研究文獻作較為詳細介紹，卻仍然有限。國內在威權時期，政府因安全政策上需要，官方的安全和軍情單位及少數學者對中共的黨軍關係曾經相當程度的重視與研究。其論點，基本上從黨軍領導精英的權力鬥爭角度來作分析（郭華倫 民58；俞雨霖 民74）。當然，也有不同的看法，認為中共黨軍互動是一種共生關係，既有衝突，也有合作，而其衝突也只是政策面的衝突（齊茂吉 民86）。此外，對於黨控制軍隊的工具——政工制度，也相當受到重視（金凱達 民70）。林長盛於1992年所編的《解放軍的現狀與未來》一書所收集的十幾篇專論，大半也談到中共的黨軍關係和解放軍的政治角色。大致上，是認同中共黨軍一體化的黨軍關係本質。另外，有些學者則從多因素途徑來分析中共的黨軍關係（洪陸訓 民84；民84a； Hung 1991；沈明室 民84）。

　　對於我國軍政關係的探討，傳統歷史學者當評論各朝代政治得失時，多少會涉及文人統制及其文治與武功配合度對政治統治與國勢興衰的影響，不過針對文武關係或軍政關係從事研究的卻是罕見。國內中研院近史所資深研究員張瑞德有鑑於此，曾於民國77年策劃《歷史上的軍隊與社會》專輯，邀請五位學者，分別從政治、歷史、社會、科技等面向，概略分析比較中西傳統的文武關係，雖嫌簡略，知

識介紹意涵大於學術探討功能，但頗具參考價值。鄭曉時關於我國威權時期文武關係的分析架構、春秋時期政軍關係和兩岸黨軍關係比較頗具代表性（民81；民83；1990）。此外，也有學者從我國憲政體制上探討國防體制與軍隊角色（李承訓 民82），國會與軍隊之關係（朱文德 民82），以及從歷史事例中紀錄政變（張秀楓 張惠誠 民83）和綜論政變（王聖寶 民83），也頗具見地。

　　國內政治學者對西方和第三世界國家文武關係的研究則相當有限。在比較政治和政治發展理論方面，學者對軍人的角色及其與政治發展的關係之探討也少有涉及。除了少數對個別國家的個案研究略有涉及以外（陳鴻瑜 民82；民84；陳佩修 民87），綜合性的研究更少。較早注意到新興國家軍人雖然干政，但也對社會現代化作出貢獻的，是江炳倫在民國64年發表的〈談軍人與政治發展〉一文。他認為軍事政權的表現固然良莠不齊，但因軍隊教育訓練有素，吸收新技能，投入工業建設，在落後國家往往是現代化的動力。此後，其他學者中較具代表性的著作《政治發展理論》（陳鴻瑜 民81）一書中，陳鴻瑜除簡單地涉及軍人的特性、對現代的作用、干政的方式和干政的結果以外，他將軍人干政原因歸納成八項：軍事力量易於干政；制度化低；軍人利益受侵害；軍人升遷受阻；文人執政失敗；文武間價值觀之衝突；文人政爭；缺乏軍人專業精神（pp.213-221）。李鴻禧在〈軍隊之「動態憲法」底法理分析──現代「國家白血球症」生理與病理〉（1985）一文中，從「文官統制」的法理觀點和實際運作面，評論軍事政權的形成、運作和抑制，文內亦簡略涉及軍人干政原因，特別強調殖民帝國對殖民地的統治所造成的後遺症（p.165）。另一位學者孫哲也提到軍人干政的方式和軍隊在政治中的作用（1995, 365-379）。最近有兩本探討地區性的相關著作，一本是金榮勇的《東南亞國家的軍方轉型》，從印尼、泰國和緬甸軍政府的個案研究中，試圖建構東南亞軍政府轉型的理論架構（民89）。另一本則是探討拉丁美洲的軍人政權，對軍人政權產生的因素，有較為詳盡的分析。該書分別從經濟、社會、軍事、歷史、政治和國際等各方面的因素進行分析（湯世鑄 民85），頗具參考價值。以上幾項著作有助於瞭解軍人干政與政治發展的關係，對於軍人干政可能因素（如經濟、社會方面的環境因素）之探討，卻顯然不足。在國際政治研究領域，武裝力量在國際間的角色，以往也是被忽略。直到民國80年代以後，才逐漸受到重視。例如，從戰略觀點來分析國際情勢，有淡江大學「國際事務與戰略研究所」的設立，以及台綜院《戰略與國際研究》專刊的出版。最近也發現已有學者將國防安全與軍事納入國際政治研究範

疇（趙明義　民87）。在法學研究領域方面，陳新民從軍事憲法面向探討德國文人統帥權、國會監督和軍人權利等議題，都有助於對文人領軍的理解（民 83）。此外，在有關文武關係外文文獻的譯介方面，也逐漸受到注意[2]。

　　本章目的，即在彌補國內政治學研究方面，這一不足之處，針對軍事政治學這一領域，並置重點於文武關係，進行文獻分析，提供對這一領域有興趣的研究者參考。介紹的方式，第一部分有關民主國家與第三世界國家部分，採按年代方式，依文獻發表先後，選擇具有代表性著作加以簡析，並歸納其重要論點；第二部分有關共黨國家部分則以既有的文武關係模型或途徑方式來作分析。所採分析方式之不同於第一部分，原因在於現有共黨國家文武關係文獻之分析多以這種方式進行，也由於中共部分在理論建構上較為薄弱之故。在整體分類上，大致包括民主國家、第三世界發展中國家和共黨國家三大類的武裝力量與社會、政治關係，或是稱為廣義的文武關係或軍事政治研究的文獻。這三大類型的區隔性特徵，主要是因研究對象（國家）的不同政體性質使然。不過，這些文獻中，部分是綜合性的論述，涵蓋不同類型的比較分析或理論、途徑、類型論的建構。這些文獻多數雖以「文武關係」為論述主題，但所涉範圍常廣泛地涉及軍事政治領域，以及武裝力量與社會的關係。

一、民主國家和第三世界國家的文武關係文獻

(一) 第二次世界大戰期間（1930-1940年代）

　　第二次世界大戰及其前夕，是「武裝力量與社會」這一領域的研究開始受到關注的時期，也是軍事社會學和軍事政治學形成的初期。此一時期的研究社群，社會學家多於政治學家，特別看重軍人心理行為和小團體的研究，其中以司托弗（Samuel A. Stouffer）所領導的研究團隊最具代表性。研究對象主要是大戰中的軍隊團體及其成員。

　　1930年代的兩項著作，對於這一領域的研究提供了一種多學科的途徑。第一項重要著作，是德米特爾（Karl Demeter）完成於1935年的開拓性研究──《德國軍隊與軍官》（*Das Deutsche Heer und Seine Offiziere*）。這是第一部大量汲取歷史

學和社會學的方法論，對軍事人員這一特定群體所做的廣泛和重要的歷史學—社會學研究。德米特爾使用社會學理論來研究武裝力量與社會的關係，是他對這一領域研究的重大貢獻。他的著作不僅是對韋伯（Max Weber）關於軍事機構的精闢而深入分析的一項發展，也是對伏格特（Alfred Vagts）於1937完成的《軍事主義史》（*The History of Militarism*）一書的寶貴評論。該書也為「軍事主義」和「軍事方式」（military way）提供了清晰和值得重視的區別，為後來有關軍事組織和軍事專業的社會分析，提供頗有參考價值的模型（Harries-Jenkins 1993, 189）。德米特爾對德國軍官團的經典研究，奠定了後來對這一精英團體的社會背景、教育和生涯發展的研究架構。他的研究稱得上是當代對專業軍人、專業主義和專業化，更詳盡、清晰的社會學分析的原型（prototype）。同時，他也發現到，專業軍人也是工作於結構嚴密的組織內的武裝官僚。把組織理論更系統地運用於這一領域正日益受到重視，反映了武裝力量與社會研究最發達的，關於軍事專業和軍事組織的分析的演變。

第二項著作，是拉斯威爾（Harold D. Lasswell）發表於1941年的經典文章——〈衛戍型國家〉（或譯為〈警備國家〉）（The Garrison State），一般稱之為文武關係研究的始創者。拉斯威爾根據他早先的概念陳述，重新修正他對持續處於戰爭威脅的先進工業化社會的軍事主義危險的分析。他的基本假設完全摒棄早期的軍事獨裁的觀念，因他認為在這些先進社會中的軍事化和軍事主義，不可能、也不應會表現為軍事精英的直接統治，而是顯現為軍人進入傳統上由文人精英扮演的政治角色。他認為時代的趨勢是離開討價還價專家——企業家——的支配，朝向由暴力專家的軍人占統治地位的方面發展。

拉斯威爾發現到社會中專家角色的擴張，對社會產生廣泛的影響。他指出，安全危機的強度和戰爭的威脅將影響這些專家精英的利益，並激勵他們，特別是激勵那些具有安全利益的專家，使他們越來越涉及政策制定和政府運作。國家遭受威脅越大，所感到的不安全感越強，特定精英（暴力專家）的干預就越多。最後，國內外政治將由暴力專家統治；也就是說，軍隊、警察和情報機構將擴張他們的影響力，世界將變成被衛戍國家所統治。

拉斯威爾在二十年後檢視他先前的論點，認為他提出的關鍵性假設——政治舞台日益受到暴力專家們的支配，仍然適合於解釋當時的情況，甚至未來的發展

（1962, 67）。從某一角度來看，拉斯威爾是以美國的政治文化爲出發點，旨在以傳統的自由民主標準，警告美國未來的文武關係發展。米爾斯（C. Wright Mills 1956）在他的《權力精英》（*The Power Elite*）一書中也有類似的觀點。他認爲美國權威正逐漸地集中於由鉅商們和高層軍事領導們所支配的國家官僚精英手中。前述艾森豪總統對於出現「軍工複合體」的警告，也是有鑑於冷戰時期軍事力量的擴張對社會和政治所造成的影響。

這種對社會和社會制度的一般性研究在1940年代初，尤其是在美國，可說發展迅速。第二次世界大戰和戰後初期，社會科學家開始對軍事制度進行批判性檢驗。司托弗和他的同僚對戰鬥行爲、士氣和壓力下的同伴關係進行經典的研究，這對其他著眼於初級團體（primary group）對維持軍隊凝聚力的作用之研究是一項補充。這一類研究和社會科學家們基於其經驗，把軍隊看作一種理想型的官僚組織的概念所表現出來的興趣是並行不悖的。

司托弗等人的部分研究成果發表於1949年出版的《美國士兵》（*The American Soldier*）一書中。該書致力於分析對陸軍生活的適應和對戰鬥與停戰的反應。涵蓋的主題範圍包括種族關係、凝聚力、士氣、溝通和說服力等。該書的許多調查研究還涉及陸軍和陸軍航空隊的官兵，有關對軍中生活、工作派任和滿意度、晉升、領導統御、軍事部隊、戰鬥與戰爭本身等問題的態度與觀點。該書的出版，影響了許多著名的社會學家，成爲他們1950年所著《社會研究之持續：〈美國士兵〉的研究範圍和方法》（Merton 1950）一書的基礎。這些作者討論到這些研究發現對社會學學科的重要性，並強調對群體、組織、理論、方法和應用的研究，對於社會學理論的建構和軍隊人事政策的策訂與執行貢獻很大。

(二) 冷戰前期（韓、越戰）（1950-1970年代）

第二次世界大戰後，美蘇對抗形成冷戰局面，其間的韓戰和越戰使軍人個體心理、部隊士氣和初級團體持續受到關注以外，第三世界新興國家的政局不穩，軍人干政和軍事政變頻繁發生，引起許多政治學者的研究興趣，特別是在60-70年代，相關文獻的出爐，例如杭廷頓、簡諾維茲、范納爾、諾德林格、威爾奇和斯提潘等人的著作，極具代表性。他們所提出的理論或觀點，都具有相當深入的開創性和導引性。

社會學家安德瑞斯基（Stanislav Andereski）1954年完成的《軍事組織與社會》

（*Military Organization and Society*）一書，對武裝力量與社會關係的一般性分析，是一項重要的貢獻。這是第二次世界大戰後第一本從一種宏觀的視角，來解釋武裝力量與社會的關係，並在研究過程中提出一系列假設，具有深遠意義的研究著作。安德瑞斯基所提出的基本問題是軍事組織（武裝部隊）對於社會結構和發展的影響，他認為由於潛在的烏托邦思想，社會學界對這一領域沒有給予足夠的關注。他這本書的主要貢獻在於強調這項不言而喻的事實：「軍事組織主要透過赤裸裸權力分配的決定，或換言之，使用暴力的能力，影響了社會結構」（p.1）。

安德瑞斯基建構了一種具有多項變量的複雜模式，呈現軍事力量對社會結構的影響。在這些顯著的變量中，他加以檢證的有政治單位的規模、戰爭的影響、科技、政府權威和規章的範圍、社會中軍事化的程度、以及經濟發展的水平。安德瑞斯基特別強調社會結構，認為呈金字塔型的社會，是由少數掌握權力、財富和地位的精英高居頂端，他們依賴武力支持來應付對他們權威和優勢地位的挑戰。安德瑞斯基用來評估這種依賴程度的指標，是軍隊的參與率（military participation ratio, MPR）──參與軍事人員在整個人口中的比率（p.33）。戰時，這種比率自動上升，並且參與和支持者可以從戰爭中獲得特許（concessions），正如馬維奇（Arthur Marwich）在《戰爭中婦女》一書所指的，婦女爭取權利和解放的目標是透過第一、二次世界大戰而獲得進展；美國黑人的權利也是經過越戰，才受到社會關注。

作為一般命題來看，安德瑞斯基認為，這種比率越高，社會分層（stratification）程度就越低。同樣地，精英和大眾之間在財富、地位、權利方面的不一致越少，大眾參與保衛國土、擁護政治領袖、反對外來侵略的人就越多。最適當的比率是在現有的軍事技術條件下實現一種平衡，即國家及其領導層在不浪費資源的情況下能夠有效保護自己；在任何一個時期，軍隊實際的比率是由於許多因素的相互作用，重要的是領導自身的素質、政權的合法性和主流政治文化。

儘管有司托弗和安德瑞斯基的前導性研究成果，對武裝力量與社會關係或文武關係作進一步分析的特定興趣，要到1950年代末才得到真正的發展。最重要的發展表現在兩部經典著作，一部是杭廷頓（Samuel P. Huntington）1957年完成的《軍人與國家》（*The Soldier and the State*），另一部是簡諾維茲（Morris Janowitz）1960年寫成的《專業軍人》（*The Professional Soldier*）。兩項研究共同的一個宏觀面觀點，強調了軍官職業是一種專業，具有某些增進效率和責任感的特質。不過，這兩

位學者之間的差異，也凸顯了文武關係研究所產生的概念上和理論上的問題。

在《軍人與國家》一書中，杭廷頓認爲軍官階層是一項充分發展了的專業，因爲它相當程度的顯示出理想型專業模式的三個主要特徵：專業知識、責任感和團隊意識（1957, 8-10）。不過，軍隊是在一個無視於政治、道德或其他非軍事性考慮的政治環境裡實現它的目的，所以它的專業主義可以總結爲是對致命性暴力的專門知識，自我認同的團體意識，以及對更大團體的最終責任感。

根據杭廷頓的看法，只有涉及和致力於暴力管理的重要知識和技術的軍官才是軍事專業人員。這意味著，像被派任的律師和醫生，以及招募來的士兵，都不能被分類爲軍事專業人員。而且，後者的特徵來自、並且是由軍事任務的內容和功能所造成的。因此，專業軍官尤其應服從和效忠於國家的權威，增長軍事知識與技術，致力於運用其技術保障國家的安全，並且在政治上和道德上保持中立。他的專業承諾意識是由反映了一套精心灌輸的價值、態度，亦即軍事倫理，所塑造成的。這些被認爲構成了一種獨特的專業觀或軍人心態（military mind），其特徵是「悲觀、集體主義、歷史傾向、權力取向、國家主義、軍事主義、和平主義和工具主義──簡言之，是現實主義和保守主義」（1957, 79）。杭廷頓從利益團體政治觀點建構他對文武關係的分析途徑，文武關係成爲多元政治系統的次系統；因此，文武關係最多問題的核心就是武裝力量與社會中其他團體之間相對權力的問題。杭廷頓主張，軍官團越專業化，就越可能是執行國家政策的有效率和政治上保持中立的工具。優勢的政治信念影響了這種關係的本質。杭廷頓認爲，保守的意識形態（而非自由主義、法西斯主義或馬克思主義的意識形態）與軍事倫理和專業主義最能兼容並蓄。

杭廷頓對武裝力量對於美國社會民主政治的影響倍加關注。他在《軍人與國家》一書中，不僅對軍隊與政府關係的重要性進行分析，同時還建構了這種關係的理論。一則爲美國處於主導地位的文武關係提出解釋，再則也爲同樣關注軍隊影響力上升的其他國家提供指導原則。杭廷頓的特殊理論貢獻，在於對有關外部與內部防衛的國家安全政策的制度層面和運作層面加以區分。制度面著重處理「運作政策的制定和執行的方式」（1957, 1）。國家安全決策包括政府制度、軍隊本身，以及政治實施過程。國家安全的目標是在不犧牲其他社會價值的情況下獲得確保，這一目標的達成，有賴於軍隊功能需求與公眾的普遍社會價值之間取得一種適切的平衡。

　　杭廷頓試圖找出防止武裝力量干預民主政治運作和人民自由生活的途徑。他的核心概念就是透過軍事專業主義來達到文人統制。根據他的看法，專業主義是達到文人統制軍隊的關鍵。在客觀的（objective）和主觀的（subjective）兩種文人統制方法中（1957, 80-84），前者是儘可能地培養軍人的專業主義，服從文人領導，以達到文人對軍隊的統制，後者則是最大限度地擴張文人權威，嚴密掌控軍隊。杭廷頓認為，以專業主義為核心的客觀統制方法遠比主觀方法可取。與其將文人的價值觀和指令強加給軍隊，因而對軍隊的效率和國家安全造成傷害，不如激勵軍隊認清自身從屬於國家的身分，從而提高軍隊的效率。

　　杭廷頓的理論顯示，美國對軍隊與社會關係的態度的變化，反映在戰後由19世紀的自由主義向「新保守主義」（new conservatism）的轉變。自由主義哲學對於軍隊一直抱持敵意，總體上著重主觀統制方法和軍人的文人化（civilianization），而新保守主義則認為，如果國家安全要得到保證的話，擁有高度專業技能的軍隊是必要的。作為軍人倫理的專業主義，在實際保障安全需要和適當文人統制之間的平衡，提供了某些保證。因為倫理是一種責任理想，意味著軍隊負有最高標準的防衛和戰備的承諾，而更重要的是，他們的義務不是去實行或採取與其服務的社會價值、社會選擇相牴觸的政策與行動。

　　不過，杭廷頓以擴大專業主義來達到文人統制的理論也有其侷限性。問題在於他所依賴的是美國軍隊自身對於專業主義的界定，而這種界定又是以軍隊認為自己對文人政府事務不感興趣為前提。他忽略了許多國家的主流意識形態與西方的專業化概念是格格不入的。他所描述的理想的意識形態是保守主義（1957, 93）；這與馬克思主義、社會主義和早期自由主義的意識形態並不相同。要使杭廷頓的理論適當可行，以及在軍隊需求和尊重國家安全政策的社會價值之間取得平衡，不僅必須使理想的情況普及，而且必須對社會面臨的安全威脅有一清晰理解的鑑別，但這種理想條件顯然不存在。因此，他所建議的以客觀軍事專業主義作為促進文人對軍隊的統制，應該更加審慎地評估（Edmonds 1988, 80）。此外，范納爾（Samuel E. Finer）也認為杭廷頓對於專業主義的假定有問題。他指出，在某些情況下，一個國家的軍隊可能基於法律、憲法的要求或國家訴諸最後手段，而需要干預政府，承擔社會統治責任。在這些情況之下所作的回應，應是一種專業責任，因此，只依靠專業主義並不足以保證軍人不會干政（1962）。

簡諾維茲的《專業軍人》一書，是杭廷頓理論的補充。兩人同樣關注軍隊對正當程序產生的政府的服從這一重要議題。不過，簡諾維茲是從社會面向來分析軍隊，把軍隊作為一種社會系統來處理，在這一系統中，軍官團的專業特徵是隨時間而改變的，他們的可變性，在於他們包容準則和技術，包括但也超越對暴力的直接管理。當他在具體說明使軍官職成為一項專業的特徵——專門知識、長期教育、團體認同、倫理、行為標準——時，不是把專業認同看作一種靜態模型，而是看作一種動態的官僚組織，隨著它對變遷情況的反應而隨時改變。這說明了自世紀之交以來，現存軍事組織和專業化軍官團的型態，在廣泛的社會轉變衝擊下被形塑的程度。這意味著武裝力量正經歷著朝向與文人結構和準則匯聚的長期轉變。可以假設，由於廣泛的社會變遷的結果，武裝力量中的權威基礎和紀律，已經轉向操縱和共識；軍事技術變得更具社會代表性；精英的成員資格變得更加開放，專業意識形態則變得更帶政治性。其結果，傳統的英雄式武士角色被一種上昇的管理—技術性角色所取代。簡言之，整個軍事專業變得類似龐大、官僚式的非軍事機構。實際上，它已經變得「文人化」（civilianized）了（Janowitz 1960, 8-13）。

簡諾維茲也同樣關注到戰後美國軍隊的膨脹是否會導致他們更加介入國內政治，拉大他們與社會其他成員在社會、知識上的距離，以及缺乏對軍事權力適當用途的鑑別力。簡諾維茲透過對美國專業軍官團的觀察發現到，儘管在軍隊的組織風格、與文人團體技能的差異、兵員徵募形式和政治意識程度上都產生了變化，美國軍隊的確仍保留著他們的專業特徵和整體性。他結論指出，這種專業倫理適於維持「文人政治至上而不會破壞到所需要的專業自主」（p.440）。

1950年代末，學者已注意到文武關係類型學（typology）的建構。費爾德（Maury Feld）在1958年發表的〈軍事組織類型學〉一文中提出一項重要的論點：特定的軍隊宣稱它在社會結構中的角色和地位，此宣稱透過一些信念的形式得以表達。他的假設是：這些宣稱和信念（構成所謂「軍人心態」的各種形式）決定了軍隊的態度，進而決定了軍隊的使用和組織。換言之，軍隊被要求扮演的角色，不僅揭示軍隊的某些性質，也揭示了軍隊作為社會及其意識形態的一部分（p.6）。

費爾德基於這一假設，根據軍隊的結構及其政治系統，將軍隊劃分為五種類型：(1)外部主宰—帝國型（External Dominance-Imperial），軍隊領導精英以外國軍隊身分統治被占領的社會，扮演帝國主義者角色；(2)內部主宰—封建型

（Internal Dominance-Feudal），軍事領導精英分散於被征服的社會，將自身整合於本土社區，構成實質上的封建社會；(3)封閉性平等─民族型（Closed Equality-National），軍事領導精英自視為所屬社會的成員和政治上的特權階層，而取得社會地位；(4)開放性平等─代表型（Open Equality-Representative），軍事領導精英是在代表制社會中扮演具有特殊（專業的）知識和技能的角色的軍隊；(5)意識形態性平等─極權型（Ideological Equality-Totalitarian），軍事領導精英是全民皆兵國家整體權力結構或權威體制中的重要部分，扮演著主流政治意識形態所詮釋的角色（Feld 1958, 7）。

費爾德認為其中每一類型都反映出社會─軍隊關係，軍隊的角色在於反映了所屬社會所界定的利益。第一和最後一種代表了社會─軍隊關係的兩極，前者反映了絕對的軍人優勢，後者則是完全的共有（communal）統治。他指出，當既定軍人集團扮演的角色和社會賦予軍隊的價值發生變化時，軍隊和社會之間就會產生矛盾衝突。軍隊和政治精英的一致性程度越高，政治系統的穩定性也就越強。在文武兩極之間，這種穩定性可以透過高壓統治或意識形態的高度統一而取得。費爾德類型學的缺點，在於對一些社會何以從一種類型轉變到另一種類型，並未作出解釋，或清楚地指出軍隊作為變遷工具時究竟發揮了什麼作用（Fdmonds 1988, 87）。

1950年代末期以後，第三世界國家軍人干政甚至發動政變的頻繁，引起學者們的重視和研究。首先，對這個具有普遍性的問題從事深度分析的是范納爾。他的代表著作是1962年的《馬背上的人》（The Man on Horseback）一書。范納爾的假定是，軍隊不應干預那些不屬於自己領域的事務。哪些是軍隊的責任和行動範圍，哪些不是，應有清楚的區別。在任何自由民主政治體制中，軍隊應服從文人政府並對其負責。依據范納爾的看法，文武之間的區別，或更確切地說，軍隊和社會其他部分的差別，是一種結構性差別。所有重要差別的底線，來自於軍隊是國家的一個機構，如同其他的文人機構一樣，具有明確清晰的制度性界限。

范納爾的途徑之所以吸引人，是它建立在什麼是軍隊適當的行為取向、什麼是政府的權力和權威這兩者清楚無誤的結構性區分的前提之上。軍隊和社會的關係是由權力的法律界定和軍隊的責任範圍來明確規定的；如果要使政治系統獲得保存、民主得到確認，軍隊就不能冒犯、超越、或滲透這些界限。因此，范納爾的論述焦點，一方面是軍隊的制度化，另一方面是國家制度與政府和決策的正式立法過程，

對於不同社會的重要性程度有何不同。他提出的論題是，對於國家制度和立法程序，不同的社會具有不同程度的重要性；這種重要性越低，使軍隊不去干預公眾事務的社會限制也就越少。

政府結構和法律規章的重要性，使范納爾能夠根據不同政治文化（political culture）來對社會進行分類。所謂政治文化，是反映在與人民對政府制度和程序相符的尊敬、支持和重要性的水平上（p.78）。他發現，在一個尊敬度低或極低的社會，軍隊就較有可能干預或介入政治。他認爲這是由於軍隊不受流行習俗、傳統、意識形態或政治倫理的限制的緣故。因此，他假設，軍隊干政是一個社會缺乏較成熟政治文化的表現。他認爲1950年代的政變就是一些國家政治文化程度低落，民主制度和政府運作機制沒有受到尊敬，或沒有建立和發展起來的反映。

麥克威廉斯（Wilson MacWilliams）在《衛戍部隊與政府》（*Garrisons and Governments*）（1967）一書中所持的立場和前景，與范納爾一樣，都特別強調不同社會人民對其政府制度的尊敬。所不同的是，在表達的方式上，麥克威廉斯所強調的是軍隊而不是人民整體擁護政府制度的重要性。他認爲軍隊的一項基本職責是防衛政府制度；在缺乏對這些制度的尊敬的情況下，軍隊不僅不太可能履行這一項職責，而且不管民意如何，都應該對政府的頻繁更迭負責。

范納爾認爲論及軍人干政時，複雜性（complexity）必須納入考量範圍。政治文化成熟的社會，不僅歷史悠久，具有完備的政治傳統，而且更加複雜，經濟發達，社會整合；相反地，政治文化低的國家，往往歷史短，社會貧窮，規模也比較小。杰曼尼（Gino Germani）和席維特（Kalman Silvert）也持相同看法。他們在研究1950年代的拉丁美洲軍人干政現象時，發現多數軍人獨裁是發生在那些社會結構簡單、政府需求和大眾期望相當有限的社會（1967）。

拉波帕爾特（David Rappaport）是繼費爾德之後探討文武關係類型學的學者。他認爲軍隊與社會關係對於社會類型的形成具有決定性的影響。他的論點的前提基於兩個因素：(1)軍隊擁有的自行支配的權力；(2)軍隊被徵集或被期待履行特殊的功能。根據這一前提，拉波帕爾特將社會分成三個廣泛的類型。第一種也是最普遍存在的社會，是軍隊爲政府或政治領導階層所用，主要在履行內部安全和治安責任。實際上這些軍隊更常用來保衛某個或某些享有權力和權威者，而不是用來維持內部的法律和秩序。這類國家稱爲「禁衛軍」（praetorian）國家。軍事政

權就是禁衛軍國家的一種形式。第二類型的社會，稱作「文武政體」（the civil and military polity）。包括這樣一些國家：其軍隊存在的基本功能是防禦外敵入侵，支持國家的外交政策。軍隊使用在國內，將構成「國家的威脅系統，破壞政治穩定」，這種制度的一個特徵是軍隊的專業主義和社會大眾的需求。第三種類型是「全民皆兵型國家」（nation-in-arms）。軍隊和每個公民的主要功能是公共責任。服兵役是全體公民直接的個人義務。這一類型包括黨軍一體、單一意識形態和政黨的共黨國家，以及面臨威脅而需全民團結備戰的國家，如以色列（1962）。

拉波帕爾特可視為對「全民皆兵國家」此一類型最有研究的學者。他對這一類型國家的定義是：「……把軍事訓練作為主要的公民保證（civic bond）」（1962, 77-98）。杭廷頓對於此一類型並未特別加以界定，但他指出，他所創立的主觀文人統制體系中最典型的例證就是全民皆兵型國家（Huntington 1956, 380）。拉克翰（A. R. Luckham）對於這一類型的構想則是一整套強有力的文人機構加上一個較小的軍事組織。軍事組織的運行主要依靠大量的徵兵和後備軍人（1971, 24）。他們三人都一致認為，全民皆兵型國家最關鍵的特點是軍事部門和文職部門已深度整合。政治、社會化和服兵役都融合成為獨特的混合物。這種整合性特徵以及它所產生的途徑和方法，也許就是全民皆兵型國家的決定性標誌。

拉波帕爾特對全民皆兵型國家的卓越分析中，列舉了許多這種模式的特徵。他認為，在這種國家中，軍隊是對公民進行教育的最重要學校，「占主導地位的道德觀念……是為國效力，……其最佳表現形式是服兵役」，只有當過兵的人才能獲得完全的公民資格。這種國家的政府如不是完全民主化，就是徹底獨裁化，但通常都相當穩定。貧富懸殊和社會特權都被盡力避免。這一類國家一般都把大部分人口投入戰爭，而且，「……其軍事力量亦相當可觀」。公民的準軍事（paramilitary）訓練從年輕時即開始。國家要求人民無私地奉獻其時間。衝突傾向於全面化，也就是說，這種國家特別熱衷於「焦土化」和「無條件投降」政策。大部分人要接受極其緊張的軍事訓練，「軍事機構和政治機構難分彼此……」（Rapoport 1962, 97-98）。在各個歷史時期和各種文化中，這類全民皆兵型國家倒是屢見不鮮。其中包括希臘的城邦國家，奧圖曼（Ottman）的土耳其，州郡制的瑞士（13-16世紀），耶穌會統治下的巴拉圭瓜拉尼（Guarani）印地安族，東條英機（Tokugawa）的日本，現代的以色列，以及第二次世界大戰後的蘇聯。

　　美國人在傳統上將大規模常備軍看作是對民主和和平的一種威脅。歐洲早期的英國陸軍和海軍所從事的殖民統治經驗，深刻地影響了美國憲法的起草者，使他們確信一個社會中武裝力量的真實存在，對民主政治不僅是一種潛在的威脅，更是一種非常現實的威脅。因此，不僅在制度上設計三權分立與制衡，並且在憲法條文上防止軍隊擁有過分的權力和影響力，如規定民選的文人總統擔任三軍統帥，國會擁有宣戰權等。政府所持有的兵力，除了戰時需要才加以補充，並且戰後立即遣散以外，平時是由民兵、後備機構和其他非軍事力量代替。不過，第二次世界大戰之後，這一情況徹底改變。由於冷戰持續，為因應蘇聯集團威脅的需要，美國不得不保留大規模常備部隊，這樣一來，戰爭的陰影和軍隊干預民主生活的疑慮，再度受到公眾和學者的關注。這在米利思（Walter Millis）的《武器與人》一書中，就有詳細的論述。他並且指出，第二次世界大戰的經驗和核子武器的出現，以及面對東方共產主義國家的威脅，導致了美國人對於軍隊與社會關注的傳統態度的改變。米爾斯（C. Wrights Mills）在其著作《權力精英》中作了更詳盡的論述。艾森豪總統在1960年的告別演說中，更提出警告，美國人民正面臨著軍隊影響力的增加，以及「軍工複合體」的出現。上述杭廷頓和簡諾維茲的著作，就是關於武裝力量對美國社會民主政治的影響，倍加關注的顯示。

　　阿布拉罕森（Bengt Abrahamsson）1972年發表的《軍事專業化與政治權力》（*Military Professionalization and Political Power*）一書，是繼杭廷頓和簡諾維茲闡述軍事專業主義之後，對作為文武關係基礎的專業主義作出最詳盡批評的著作。他認為僅靠軍事專業主義並無法為文武關係或這種關係的基礎提供答案。他的論點是，軍隊像所有其他的組織一樣，都在追求組織目標，主要關心組織的成長、改善，以及最後的組織自身的生存。他認為軍隊基於純粹的專業基礎而從屬於政府或文人的指令，這種看法是不正確的。他認為，本質上軍隊對大多數社會和政治議題的取向及態度是保守的，有時候這一點是絕對的；他們的訓練直接集中在組織的目標上，不僅期待他們從事針對敵人的戰鬥，並且也期待在政治領域中與文人集團競手。阿布拉罕森指出，軍隊不應遠離社會，而是應在現實中，被視為政治化、高度活躍和動力十足的利益團體，一種並不是沒有強烈政治見解的群體。

　　小威爾奇（Claude E. Welch, Jr.）和史密斯（Arthur K.Smith）寫於1974年的《軍人角色和軍事統治》（*Military Role and Rule*）一書，目的在透過對泰國、奈及利亞、祕魯、埃及和法國等五個國家軍隊涉及政治的個案研究，來建構一個分析

武裝力量的政治角色的一般性理論架構。這一架構，試圖解釋不同國家，從軍人依法影響政治、參與政治，到軍人控制政治，各種不同的軍人政治角色。兩位作者先提出幾點基本陳述：(1)沒有任何國家的武裝力量能遠離政治；(2)幾乎每一個國家都有一支常備軍和補助性軍事力量。武裝力量對資源的需求和他們的職責，使他們成爲強大的政治行動者；(3)武裝力量爲了履行其防衛任務，必須採取凝聚力強和層級制的組織，有著顯著的結構分化、功能殊化，且具有專業認同感和機構自主性；(4)軍隊對重要政策決定的影響力隨不同社會而有不同的表現，軍隊政治角色的關鍵問題不是「是否」有，而是「多大」和「何種類型」（pp.5-6）。

小威爾奇和史密斯從社會、經濟、政治網絡，由內部和外部兩個面向探討軍人干政的原因。內部的有任務、組織特徵（凝聚力、自主性、專業主義）和政治覺悟；外部的有社會、經濟和政治的因素。他們將這些因素歸納成二十個命題，再將它們綜成四個主要變項：(1)大衆政治參與的程度和本質；(2)文人機構的勢力；(3)軍人勢力；以及(4)軍事機構界限的本質。前兩個變項概括了文人領域的社會政治特性，第三項描述軍方掌控的政治資源，第四項顯示文、武機構間的關係。根據它們整合界限（integral boundaries）[3]的分離程度，或分裂（fragmented）界限的重疊程度來表述，前者反映了杭廷頓客觀統制軍隊的理想狀態或拉波帕爾特的文武政權理想型，後者則表現出現代統合政府的融合主義理論，以及全民皆兵型國家。在相當大的程度上，他們所建立的模型與拉克翰（Robin Luckham）在《政府與反對黨》一書中所提出的有關軍人干政的模型十分相似（1971）。

有關第三世界國家軍人干政與軍事政權表現的研究，除了上述學者以外，最具代表性的，要推諾德林格（Eric A. Nordlinger）於1977年所著《政治中的軍人：軍事政變和政府》（Soldier in Politics: Military Coups and Government）一書。他將禁衛軍主義或軍人干政主義（praetorianism）界定爲：「在某種情況下，軍人藉實際運用武力或威脅使用武力而成爲主要的或優勢的政治力量的一種情況」（p.2）。全書圍繞著軍人政權的取得和軍人政府權力的運作。除了探討軍人干政的實際外，並試圖在理論上建立一套描述和解釋軍事政變和軍人政府的一般規律或通則。作者首先將文人統制概括爲三種模型（pp.12-19）。

第一種是傳統模型（the traditonal model）。是以17、18世紀君主封建制度的貴族爲例。貴族既爲武裝騎士，也是政府或地方文官，文人統制就是建立在文武界

線不明的基礎上，因爲文武間沒有分野，彼此間沒有嚴重衝突，因而談不上軍人干政。

第二種是自由主義模型（the liberal model）。文人統制的基礎，是文武兩大精英集團在專業知識和專業職責方面的分工。透過選舉、任命或教會授權產生的最高權力文人政府，其責任和知識都在於確定國內外目標，監督法律的實施。軍官所受的訓練和他們累積的經驗，主要是對暴力的管理和運用。軍人應當服從文人領導。自由主義模型意味著軍隊最大程度的非政治化。自由主義模型的另一基礎，是文人必須對軍人的意願表示足夠的重視，政府應當尊重軍隊的榮譽、專長、自立和政治中立。軍人對文人的服從，有賴於一套強烈的信仰和價值觀念，亦即文人倫理觀，使軍人在思想上眞正接受領導，從而使軍人在與政府意見相左時，仍保持中立和非政治化。

第三種是滲透模型（the penetration model）。文人領導者藉政治思想教育和政工人員（political officers）滲透軍隊，以獲取忠誠和服從，進而達到控制的目的。文人爲確保其控制，除自上而下的思想灌輸外，同時廣泛使用監控和懲罰手段。文人透過軍中各級政工人員對部隊實施監控，並運用祕密警察和密探加強此一控制網。諾德林格指出，此一模型在共黨統治的中國、北韓、北越和古巴得到充分的運用。在非洲的部分國家，如幾內亞和坦桑尼亞也得到相當程度的實施。

以上爲文人政權的三種文人統制模型。至於禁衛軍主義、軍人政權，除了禁衛軍主義者之間具有某些共同特徵，如態度上反對群眾性政治運動，對政客無好感，在行爲上大力捍衛軍隊集團利益，以及建立獨裁統治結構的政權，卻因禁衛軍主義者干政程度的不同，亦即因其執政權力大小和制度目標高低，而有區別。諾德林格據此將他們劃分爲仲裁者（moderator）、監護者（guardians）和統治者（ruler）三類。

軍人干政和政變的動機，諾德林格認爲主要在於維護和增進軍人的集團利益，如預算分配、軍隊自主權和避免職務上對手的存在；而干政時機大都發生於文人政府的統治失敗而喪失合法性時，例如國家處於經濟衰退、社會動亂和暴力犯罪頻仍時。

諾德林格進一層探討軍人成爲統治者的執政情形和軍事政權的轉型問題。他認爲軍事政權多屬威權主權結構，人民自由受限，缺乏政治參與和政治競爭。軍人以

非法政變取得政權，與他們所詬病的前文人政府同樣失去合法性，因此一般軍事政權較不穩定。干政的軍人常宣稱爲維護民主政治，保障社會安定而不得不推翻前文人政府，掌政初期也確能令人耳目一新，但不久又染上文人政府惡習，再度陷入惡性循環（Nordlinger 1977, 189-210）。

波爾穆特（Amos Perlmutter）的《現代的軍事與政治》（1977）一書，除了與前述幾位學者一樣地特別關切專業主義以外，也論及禁衛軍主義。他特別強調現代國家的軍隊與社會之間存在著廣泛的重疊之處。這種重疊的程度是基於決定國家安全政策方面的軍隊和其他社會制度的共生性關係（symbiotic relationship），依據普遍的意識形態、取向和組織結構而有所不同。爲了尋找對這些關係何以有不同的解釋，他提出了「融合主義」（fusionist）理論，這一理論主張，官僚體制和政治也包括政府和行政系統，都以共生的方式相聯繫。從軍隊的觀點來看，他們的軍事專業、特有的專門技能和團隊意識的發展，與參與整體防衛和安全管理的官僚結構功能相互關聯。換言之，波爾穆特認爲僅靠專業主義不足以解釋文武關係。在現代國家中社會權力是分散的，基本功能是由複雜、殊化和互賴的組織與機構來履行，不論是發達或不發達的國家，軍隊無可避免地會涉及政治的決策過程。

透過採用這種融合主義，或是分擔政府責任的方式，波爾穆特提供了研究基本上是禁衛軍性質的軍隊與社會關係的途徑。他認爲所有國家都或多或少具有禁衛軍特質，政府和官僚機構的統合（corporate）本質[4]使軍隊涉及國家事務。政府和軍隊之間舊有的垂直關係，已被水平的關係取代，文武之間發生的衝突，是在於國家政策方向、資源分配和政治取向的爭論上。軍方的優勢在於它在安全事務上所持有的專業技能。

波爾穆特認爲，軍隊對社會和政治干預的程度，一項決定因素是組織類型。他認爲現代的軍隊，其特徵是統合的專業主義，軍隊的專業性質，使它能決定其成員的技能和行爲的標準；統合性質則使它能致力於維持自己的存在和保護自己獨特的地位，這在現代多元社會中是一件困難的事。強調軍隊統合意識或獨特性，會影響到軍隊在面對現代國家社會、經濟、政治和意識形態的變遷時，對政治的干預程度。軍隊組織的這種統合意識或獨特性使軍隊成爲可以防止干政，也會促進干政的一股力量。波爾穆特總結：當軍隊的統合或官僚管理的角色受威脅時，軍隊將會進行干政，或多方面地超越直接專業關注的領域。不管占主導地位的政權或意識形態

是什麼，軍隊都會涉及國家的政治事務。

波爾穆特根據軍隊涉及政治的本質，將現代民族國家的軍隊分成三大類：嚴格的專業軍、禁衛軍和革命軍。每一類都與一種文人權威體制類型相對應。專業統合軍隊大部分存在於西方自由民主國家；禁衛軍存在軍事獨裁和那些文人權威薄弱的國家；革命軍則存在於那些整體社會充滿強烈意識形態的國家。前兩種類型的軍隊希望保持統合獨特性的願望十分強烈，兩者唯一的差別是採取獨立政治行動的程度不同。革命軍作爲一種具有意識形態意涵的統合較不可能存在。波爾穆特進一步對杭廷頓和拉波帕爾特的理論加以綜合，將國家劃分爲三種類型，每一種都與拉波帕爾特的類型相似，並使之與現代的統合專業軍隊相聯繫。然而，令人遺憾的是，他的融合主義理論並沒有提供解釋：何以一些特定國家經歷了改變，或革命變遷？他的理論所能做的，只表明了發生過變遷，以及結果在軍隊受統合的獨立和整合意願驅動下，軍隊的特徵和他們對國家事務的參與也在改變（Edmonds 1988, 86）。

(三) 冷戰後期（1980年代）

早在1970年代末期開始，第三世界掀起「第三波」民主化浪潮（Huntington 1991）。一方面，軍人干政和政變不斷發生，另一方面，也有不少的軍事政權在朝自由化和民主化方向轉型，而轉型後的新政權要採取何種統制模式等等，都是文武關係學者研究的焦點。此外，學者也不斷地在嘗試建構綜合性文武關係分析模式。

有鑑於對杭廷頓和簡諾維茲關於軍人對政治態度立場上的不同看法，以及兩人的軍事專業主義和文武關係理論都難於完全解釋越戰後美國的文武關係，薩奇先（Sam C. Sarkesian）在《超越戰場——新軍事專業主義》（*Beyond the Battlefield: The New Military Professionalism*）一書中，因而嘗試建構一種替代模型，稱爲「均衡模型」（equilibrium model）。主張軍隊和社會並非分離的兩個團體，而是同一個「政治—社會系統」（political-social system）中的一個整合部分；軍人與文人的關係，是建立在他們的政治權力和目的的適當平衡。

薩奇先認爲均衡模型中還有一些其他因素需要考量：(1)此一模型是基於一種友善對抗的概念，相似於法制系統的特徵；(2)軍隊和社會之間是一種共生的關係；(3)在均衡模型中的關係是不對稱的（asymmetrical）；(4)軍人和文人的機構與系統彼此平行，他們雖然不相同，但透過各種的關係、價值和規範相互連結；(5)均衡蘊含著一種具有動力、互動和自我調適的關係。薩奇先此一模型的內容，在本

書第三章中將較爲深入地探討。

　　波爾穆特（Amos Perlmutter）和列奧格蘭德（William M. LeoGrande）在1982年合寫的一篇文章中，嘗試建構一項研究共黨體制文武關係的比較性理論架構。他們認爲，「文武關係就像共黨政治體系中所有基本的動力一樣，都是從一個霸權的列寧主義黨和其他政治機構的結構關係中衍生出來。雖然，黨指導和監督所有其他機構，但是它的政治至上權力卻必定受到各個機構中分工的限制。軍隊相對的自治與黨和它的關係因國而異，可以用聯合（coalitional）、共生（symbiotic）和融合（fused）來描述。這些關係是動態的，在各國中隨著時間的推移和環境的變遷而變化。軍人在政治上扮演的角色是複雜而多變的：在意識形態問題上，黨軍之間一般少有衝突；在『常態政治』（normal politics）問題上，軍人是從事討價還價以維護本機構利益的功能性特殊精英；在危機政治中，軍隊是各黨派勢力爭取用來反擊對手的政治資源」（p.778）。

　　斯提潘（Alfred Stepan）在1988完成的《軍事政治再思考》一書中，將新興民主政權的文人統制分爲兩個面向——軍事抗爭（military contestation）（或文武衝突）和軍事特權（military prerogatives）。先就軍事抗爭面向而言，在民主化政權中，軍方明示抗爭的程度，深受軍隊和新任政府之間，在一些關鍵議題上，其激烈爭論或眞實用意的程度之影響。導致潛在衝突重大的議題有三：新政權如何處理前威權政權摧殘人權的遺緒；軍方對民主政府開始採取的組織任務、結構和控制軍隊措施的反彈；軍事預算的增減。

　　次就軍事特權面向而言，如以高、中、低三層次來劃分軍事特權的話，「低」表示民主政權中的官員、程序和機構，在法律上和實質上有效地控制了軍方的特權。「中」表示軍方在法律上無特權，但新立民主政府由於軍方不服而無法有效地運用這項特權。

　　經驗上每一項軍事特權都可能引起爭論。如果軍方堅拒新民主政府削減軍事特權意圖，則這種軍方抗拒必反映在衡突面向上。不過在分析上，由於民主政體中，這兩個面向可能存在很大的差異，將它們加以區別是必要的。在一個沒有爭議的文人控制軍隊模式中，軍事特權和軍事抗爭是低度的。如由圖2-1來作觀察：

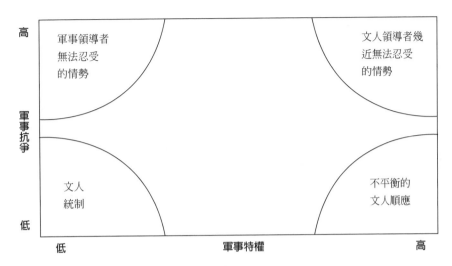

圖2-1　抗爭、特權及民主型的文武關係

資料來源：Stepan 1988, 100.

　　圖左下角是在低軍事抗爭和低軍事特權同時存在時，稱為「文人統制」（civilian control）。在這種情勢之下，並不表示在發展過程中，不會出現削弱文人統制和威脅民主政治的情況。文武關係不是靜態而是動態的。世界上沒有民主政府在理論上或經驗上能免除文人統制可能發生的危機。

　　圖右下角是低軍事抗爭和高軍事特權，可以稱作「不平衡的文人順應」（unequal civilian accommodation）。從政治理論觀點來看，一個政體處於軍方因享有許多特權而握有潛在結構權力時，常存在嚴重的脆弱性。一是政策過程可能起衝突，軍方在市民社會和政治社會聯合支持下，運用其特權左右民主政府的一系列政策結果。二是一個政體可能因軍方在體制的特權受到行政部門剝削而轉變成一個非民主的文人領導的「衛戍國家」。

　　新民主政府嘗試削弱軍事特權，即可能引發尖銳的軍人反抗，造成危機，這表示文武關係必定導致一種「高衝突—高特權」的情勢，如圖右上角所顯示的。在這種情勢之下的民主鞏固，即充滿了危機性。依賴權力平衡，將導致民主政治的崩潰，或是經過一陣持續的鬥爭之後，使民主政府形成文武同盟，以便減少特權和降低衝突。

　　圖左上角是第四種極端情勢，低軍事特權和高衝突。這種情勢具有分析上的意義，但經驗上較少出現。如果到達這種情勢，則可能發生得相當快，文人政府可居於有利的權力地位，藉由變更軍事領導者來消除衝突（Stepan 1988, 100-102）。

　　斯提潘認為，由這兩個面向構成的網絡內，圖中「特性空間」（property space）所出現的任何情勢，在民主政權中都有可能。能從圖中指出新立民主政權的問題，即有助於我們瞭解政權初期所面對的文武關係問題的型式。也有助於決策者瞭解存在的權力關係，以便於研訂策略，強化他們以民主方式處理文武關係的能力（Stepan 1988, 102）。

　　英國學者艾德蒙（Martin Edmonds）在1988年完成的《軍隊與社會》（*Armed Services and Society*）一書中，嘗試利用伊斯頓（David Easton）的系統理論（systems theory）來建構一個能從宏觀面解釋文武關係的綜合性理論。系統理論的抽象建構，來自於一整套關於系統的本質、運作和它與環境的關係；系統與環境的互賴和互動，使系統的變遷帶來環境變遷；構成系統的各部分也互動互賴，意味著變遷也是系統內部各要素或它們之間關係改變的後果。

　　艾德蒙從國防安全系統與環境變遷的互動來說明文武關係。依他的解釋，國家安全系統包括軍隊和所屬社會整體。換言之，國家安全包括具體的軍隊與法律、秩序所具有的功能和責任，以及一般的社會整體的期待與需求。對於安全的概念，艾德蒙引用貝維里奇（Lord Beveridge 1943）和沃爾夫（Arnold Wolfers 1962）的界定而加以引伸。前者認為安全是國家能保障人民的基本需求，使人民「沒有匱乏、疾病、無知、悲慘和懶散」（In Edmonds, 116）。強調安全在某種程度上是給予個人或社會以應付不可預料事件的手段。後者認為安全概念是主觀的、先驗自明的，是「對於內部價值的保護」（In Edmonds, 117）。艾德蒙認為以上概念的價值在於可以推理出，安全既是一種手段，也是一種目的。作為手段而言，因為它是物質和文化的涵義上保護社會價值的一種方法。安全可以採取兩種形式，一種是消極的，為貝維里奇所強調的，在這種表達形式中，環境被改變，個人和社會能處理困擾他們的問題；另一種是積極的，在這種形式中，個人和社會採取行動，防止侵害他們生活的環境產生。在後一種形式中，警察和軍隊的作用就會凸顯出來。

　　就安全作為目的而言，國家安全是在國家的或社會的價值體系中，同樣可以將安全看作自身價值的一部分。換言之，安全既是手段也是目的。所有組織都傾

向於自我保存、自我評價和自我本位；作為一種保護內在價值的手段，這些機構和組織──主要是軍隊和警察──是保護社會安全的象徵，他們的形象（being around）來自社會的價值認知，軍隊與他們和社會的關係，影響這種認知。具體而言，安全作為一種手段和目的，意味著軍隊存在兩種場景或環境中，一個是現實的世界，他們採取有效步驟，保衛社會的價值和利益免受掠奪者侵害；另一個是純粹的認知環境，一種態度和信念的世界中，社會在總體上因軍隊的存在而或多或少地感到安全。「安全成為滿足消除內部與外部威脅的手段；同時也成為一個目的，亦即成為社會明確意識到的一種價值」（Edmonds 1988, 122）。

　　軍隊同時存在於兩種分開，但又相互關聯的環境中。它負有維護安全的重要責任，但不能獨立作出關於社會安全問題的決定。這種決定通常由政府和相關行政部門負責，在民主政體中，軍隊是政府的執行工具。不過，軍隊的掌握武力，運行上也可能成為干政的禁衛軍。軍隊的角色和功能隨環境的變遷而改變。由圖2-2可以看出艾德蒙從國家安全系統的手段與目的來解釋文武關係，而描繪出文武關係的輪廓。

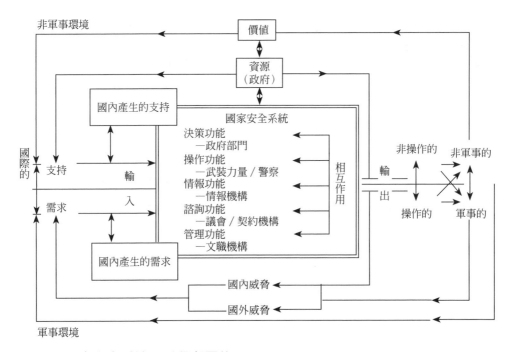

圖2-2　國家安全系統：手段與目的

資料來源：Edmonds 1988, 131.

(四) 後冷戰時期（1990年代）

後冷戰時期，一方面，是發展中國家和共黨瓦解後國家，持續民主化並致力於「鞏固民主成果」的時期；另一方面，是波灣戰爭後，戰爭型態改變導致軍隊新任務──維和行動──的產生，使民主國家重新檢討本身的文人統制機制，並將此一機制推銷給發展中國家的時期，文武關係的跨國研究和整合理論、途徑的建構，更受到學者的關注。

文武關係主題的跨國或比較研究方面，塞基爾（Glen Segell）2000年發表的一篇文章值得一提。根據他對歐洲各國的文武關係發展趨勢的分析。顯示1998年歐盟成立以後，歐洲各國的文武關係已產生了大不同於自西發利亞（Westphalia）條約（1648）以後，維持了350年的傳統型態，塞基爾稱之為「歐盟模型」（The European Union Model）。首先，他認為，西發利亞模型中各國的文武關係只存在於國界內，即使和其他國家組成聯盟；軍隊只對國家政治精英負責（如1939年的英國）；國防事務對於每個國家都是神聖的。其次，他描述歐盟模型文武關係的主要特徵是：文武關係的行為者和精英傾向於跨國界的互動，雖然歐盟還不是一個聯邦或邦聯，但各國邊界似已不存在；每個國家的文人政府和軍隊因此就會影響到其他國家的政府和軍隊；各國國內事務不再考慮到主權。不過，塞基爾認為，歐盟模型的文武關係還包括一個國際同盟的過渡期，如北約（NATO）軍事同盟，就是各國文武關係傾向於逐漸脫離以民族國家境內為唯一活動場域，在超國家組織內的各國軍事，其決策並不完全出自於各國政治精英的直接參與，各國在同盟共識中仍維持其主權（Segell 2000, 252-261）。

後冷戰時期裡，文武關係和政府如何控制武裝力量的議題再度受到重視。其原因在於：東歐和中歐民主政治的出現；美國人向世界傳播民主理念的訴求；多數國家持續出現的文人統制問題；以及最近美國人，對其文人統制效能的質疑。主要的問題在於：文人權威如何確實統制軍隊？什麼政策和結構有助於文人統制？何種文武關係有利於民主政治的長期運作？但是，令許多學者遺憾的是，這些問題的答案並不明確；甚至難於找到回答這些問題的理論基礎，因而期望致力於探索一項綜合性的（comprehensive）文武關係理論，作為未來瞭解問題、研訂政策和管理武裝力量的基礎（Bland 1999, 7-8）。

總的來說，一些學者批評現存和新的文武關係理論時，顯示出兩項主要缺失：

一，視野或提出的構想太狹窄和缺乏對問題核心的掌握；二，受限於研究者的文化和國家政治因素（Finer 1962; Sarkesian 1981; Kemp & Hudlin 1992; Schiff 1995; Snider & Carleton-Carew 1995; Feaver 1996; Kohn 1997）。這些理論的缺陷不在其過於重視軍人對政治的干預，而是傾向於忽略了其他社會和武裝力量所面臨的文武關係的問題。

部分學者提出過針對文人政府如何獲得軍人合作的幾種不同的途徑。例如，根據布南德（Douglas L. Bland）的分析歸納，第一種是所謂「任務模型」（mission model），主張面對外來威脅的軍隊，將會比面對內部威脅的軍隊更能順從文人的領導（Desch 1996）。第二種是「機構模型」（institutional model），它主張以促進堅固的文人領導的機構作爲確保文人統制的途徑（Diamond & Plattner 1996; Simon 1996）。第三種是「文人至上模型」（civilian supremacy model），它呼應了那些相信文人統制需要政治領導者積極介入各層次政治過程的理念（Cilliers 1996; Simon 1996）。最後一種是「人道主義者模型」（humanitarian model），郝華德（Michael Howard）即認爲：「機構和人都無法達到他們的目的……除非是軍人和文人之間處於一種免於失信和緊張的氣氛中」。他的結論即呼籲在國防精英間培養高度的和諧關係（1957, 22, in Bland 1999, 8）。

布蘭德有鑑於這些不同模型只能個別解釋某種現象而無法宏觀瞭解文人統制軍隊的全貌，因此嘗試提出一種文武關係的「統一理論」（a unified theory），他稱之爲「責任分擔理論」（the theory of shared responsibility）（1999）。這一理論基於兩項假定：(1)「文人統制」意味著軍隊指揮和行動的唯一合法資源是來自軍事／國防建制外的文人。這一定義隱含軍隊沒有自己行動的合法權利，同時，它也假定文、武兩個實體的區別是引起文武關係衝突的必要條件；(2)文人統制是一種動態過程，容易受到理念、價值、環境、議題和性格的改變，以及危機和戰爭的壓力，而顯現其脆弱性。這一理論的主要論點是，文人統制軍隊的管理和維持是透過文人領導者們和軍官們之間的共同負責和分工來進行。共同責任的關係和安排，受一國政權中文武「行爲者所秉持的原則、規範、規則和決策程序的制約」。政權則可能因價值、議題、利益、個性和「威脅」這些基本因素的改變而改變。價值和決策程序的改變說明文武關係的動態本質，規範和原則的改變則說明文武關係的衝突。

　　早在布蘭德之前，西芙（Rebecca L. Schiff）也嘗試建構一項綜合性理論，她稱之為「調和理論」（a theory of concordance）。根據她的論點，當前的文武關係理論主張文人機構和軍事機構的分離以及文人對軍人的統制權威，以防止國內的軍人干政，其缺點在分離，歷史上和文化上受限於美國個案，未考慮到文人社會和文化（價值、態度和象徵）的重要影響。「調和理論」正好相反，它強調軍隊、政治精英和社會這三個夥伴之間的對話、調和和共享價值或目標。中心論點是：如果軍事、政治精英和社會三者，在軍官團的組成、政治決策過程、甄補方法和軍人風格（military style）這四項指標上達到調和一致時，則國內軍事干預的可能性就會減少（1995, 12）。

　　不過，威爾斯（Richard S. Wells）認為西芙的文章並無新意，也談不上是一種新的理論。其問題在於既未駁倒舊有理論，新提出的統一概念——調和，比起舊理論的概念也少有不同（1996, 273）。

二、共黨國家的文武（黨軍）關係

　　對共黨國家文武關係或黨軍關係的研究，特別是對前蘇聯的研究，其變化不在學者的興趣，而在於對文武關係研究的途徑。基本上，他們將注意力集中在「共黨國家中的黨軍關係是否具有衝突性」。較早的部分學者，專注於黨對軍實行控制，而假定共黨和軍隊是兩個相互對立的機構（Kolkowicz 1967; Goldhamer 1975; Deane 1977; Garthoff 1966; Wolfe 1964, 1970; Fainsod 1963）。稍後，另有些學者注意力集中於黨軍的互動，而認為黨軍之間的關係不是衝突而是和諧的（Odom 1973; Colton 1979; Warner 1977; Herspring 1978）。早期研究共黨國家黨軍關係的學者主要分析對象是蘇聯和中共。其原因在於這兩個共黨大國先後都是西方（尤其是美國）的抗爭對手。在官方基於戰略與情報需求而主導研究，以及媒體報導和社會大眾求知的需求情勢下，自然成為學者研究的主要對象。

(一) 前蘇聯的文武（黨軍）關係研究

　　一般研究共黨國家黨軍關係的文獻中，對蘇聯黨軍關係的研究，最具有理論義涵的，包括有「利益集團途徑」（interest group approach）、「機構諧調途徑」

（institutional congruence approach）和「參與模型」（participatory model）。利益集團途徑也稱作「機構衝突模型」（institutional-conflict model），是建立在集團理論的兩個假定之上：一是蘇聯軍事政治上有兩個主要行為者——共黨和蘇軍，彼此在態度、目標和社會取向方面各不相同。二是黨和軍之間長期和多面的衝突，來自他們價值和利益的不同。科考維茲指出，黨軍關係「本質上是衝突的，並且因此給蘇聯的政治穩定帶來長期的威脅」（1967, 11）。

在1967年出版的《蘇軍和共黨》（*The Soviet Military and the Communist Party*）一書中，科考維茲認為，軍隊的主要目標是獲得和維持「自主性」或「專業自主」。另一方面，黨期望得到的，不僅是一種有效的軍事工具，而且也是一個具有「霸權」的防衛體制。他進一步舉出五項相對的特徵，顯示軍隊自然具有的，但卻與黨所要求的相衝突的特質。第一，軍隊被認為是「精英主義者」，黨卻希望它是「平等主義者」；第二，軍隊看重「專業自主」，黨卻要求軍隊「服從意識形態」；第三，軍隊具有強烈的民族主義意識，黨卻宣揚「無產階級國際主義」；第四，軍隊傾向「脫離社會」，黨則強調「投入社會」；第五，軍隊偏好「英雄象徵主義」，黨卻喜歡他們隱身匿名（1967, 21）。

此外，科考維茲提到蘇聯軍事政治中可能引起衝突的地方。其中之一是，軍隊往往可以在微妙的平衡的權力關係體系中，因其支持與否而會改變黨內至關緊要的內部平衡。他還數次提到，軍人懷著超越其專業自主範圍的政治企圖，亦即扮演了超越其軍事專業以外的政治、社會角色（1967, 322）。

「機構諧調途徑」以歐登姆（William E. Odom）1978年發表的〈黨軍關聯：評述〉一文為代表。他在文中完全摒棄科考維茲的觀點，所採用的研究途徑是歷史方法和基於官僚體制模式。他考察了1920年代蘇聯的黨軍關係，並且把黨軍諧調途徑追溯到革命前的俄國歷史。

歐登姆把蘇聯的黨軍關係放在官僚機構模型的架構中來觀察。根據他的看法，「……蘇軍的行為被看成基本上是一種官僚政治事件；官僚政治本質上是上層領導將其價值偏好強加給低層官僚的鬥爭」（1978, 37）。

在歐登姆看來，科考維茲所指黨軍之間的異化並沒有經驗基礎。他提出一項新概念架構來詮釋蘇聯黨軍關係的時代性質。這項概念架構包含五個特徵：(1)軍隊是黨的一隻「行政手臂」，無法與黨分開，也不與它競爭；(2)黨軍關係在國內政

治上具有共生面向；(3)軍隊最初就是一個重要的政治機構；(4)軍人的政治生活在特質上是官僚體制的，而不是議會的和說客（lobbyist）式的；(5)機制要素在於使上層軍事決策與下層決策區分開來（1978, 41-45）。

依歐姆登的觀點，軍官正如黨領導幹部一樣是執行者。他們的決策影響是官僚體制的，而不是與黨競爭。衝突主要是在機構內部的，低層官僚對高層官僚的抗拒。而且，在主要政策議題上，軍隊不太可能表達其團隊單獨的觀點，各部門各有其立場。軍中的黨機構也沒有離異和功能不彰的情形，政治軍官正和其他正規的戰鬥軍官一樣，都是軍事結構中的一部分。

「參與模型」是由科爾騰（Timothy J. Colton 1978; 1979）所建構。他指出，科考維茲和歐登姆的研究途徑過分強調黨控制的過程。他認為更適當的途徑，是採取軍人參與政治而非文人控制軍隊的分析取向。他認為使用軍人的概念來分析黨軍關係，其有利之處在於：(1)不必假定黨和軍這兩個主要行為者是不同類；(2)保有分析上的彈性；(3)帶給分析上不止一個層次的複雜性（1978, 63）。

科爾騰把主要精力用於研究蘇聯的總政治部（Main Political Administration, MPA），這一機構是黨軍之間的主要接觸點，且被認為是黨控制軍事指揮的主要工具。根據他的發現，第一，總政治部與軍隊指揮部門的密切整合更勝於與文人黨機構的整合；第二，總政治部作為對軍事指揮部的外部政治控制和監督的功能之一，轉而擔任可以被稱作「軍事行政部門」（military administration）的角色；第三，軍中的黨機構少有有效監督組織應當有的屬性；第四，總政治部軍官在所參與的大部分政治議題上，表現出是他們共事的軍事指揮官們的盟友，而不是對立者（1979, 9-112）。科爾騰認為，由此看來，軍隊是一個機構，有它自己的利益。黨透過允許軍方解決本身內部的問題，以滿足軍隊的需求，亦即：允許軍方參與決策過程，提出專業諮詢，以及採用軍方一般所同意的國內外目標。

賀斯普林（Dale R. Herspring）和伏格伊斯（Ivan Volgyes）根據東歐的經驗，提出一種「發展模型」（developmental model）（1977, 249-69）。這一模型基於兩個前提：第一，黨和軍是截然不同的機構，軍隊對黨最高權威具有最大的潛在威脅；第二，黨軍關係的本質隨時間而改變，改變的主要動力是黨使軍官團接受其價值系統的社會化程度。

賀斯普林和伏格伊斯假設這種發展觀點容許文武關係的衝突與非衝突的不同觀

點之間，在矛盾的研究發現和解釋方面得到綜合。他們認為蘇聯和其他共黨社會的黨軍關係，經過一系列的發展階段：轉型、鞏固和系統維持。因此，他們認為，科考維茲和歐登姆可能都受到時間的限制：科考維茲的衝突模型適合於文武關係的轉型和鞏固階段，歐登姆的機構諧調模型則適用於解釋系統維持時期。

賀斯普林另外在〈杭廷頓與共黨文武關係〉一文中，認為杭廷頓主觀文人統制模式，只適合於解釋前蘇聯在1930年代以前的黨軍關係。因為當時在舊軍隊與新政權價值間存在一種衝突關係，正符合杭廷頓所認為的主觀文人統制是由於黨軍之間的利益衝突這一觀點；但隨後，一批新軍官出現，其價值觀逐漸與黨精英接近，已變得更具「共生」特徵，特別自第二次世界大戰以後，他們開始視黨軍為一體（1999, 568），這就不是杭廷頓典範（paradigm）中所指的主觀統制了。

賀斯普林認為，基本上杭廷頓將西方經驗投射在蘇聯並假定他在西方所看到的文武關係也可適應於東方（1999, 557）。但他認為，從分析蘇聯和東德經驗中，顯示正與杭廷頓所主張的相反。建立在主觀統制機制基礎之上的政治體系，不必然會有衝突出現。以前蘇聯而言，軍中這些統制機制一直存在，但其角色與時改變，實際上有利於軍事效力的增進。簡言之，紅軍內的主觀統制措施轉變成了客觀統制措施。再以東德而言，這些機制從未扮演主觀統制措施的角色。從東德建軍到1990年解散，政治軍官從未居於「統制」正規軍官行動的地位；反而是用於促進鼓舞士氣和維持高度戰力和政治正統。蘇聯和東德兩個案例也顯示主觀統制機制與高度的機構自主性並不相容（p.559）。

(二) 中共文武關係文獻

關於中共的文武關係研究方面，從對蘇聯文武關係研究的同一時期所呈現的文獻加以比較，在概念上和方法論上，都是在初起階段。1970年以前，大部分西方的文武關係研究學者，並未將中共個案納入他們的類型學中。他們認為中共的黨軍關係模式獨特，不適合於任何文武或黨軍關係的類型（Feld 1958; Shils 1962; Janowitz 1964）。

1970年以後，文武關係研究文獻中，已可發現部分學者將中共個案包括在他們的概念架構中。例如，小威爾奇和史密斯即認為中共個案可以使用杭廷頓的主觀文人統制模型來解釋。他們指出「……軍事機構在這些系統中缺乏自主性。這可能由於文人當局不承認軍隊存在獨立活動的範圍，並且因此力圖使軍人的價值和利益

從屬於整體社會的價值和利益。中共文革後的一般狀況似乎就是如此」（Welch & Smith 1974, 48）。小威爾奇在1976年的《文人統制軍隊》一書中，將文人統制軍隊的方式分為五種，中共的情形即屬其中的第三種：「透過建立（黨軍）平行的指揮系統達到黨對軍隊的控制」（Welch 1976, 5-6）。

拉克翰（A. R. Luckham）提出一種「革命的全民皆兵型」（the revolutionary nations-in-arms）文武關係，將中共納入這一類型。他認為這一類型文武關係出現在「革命軍隊的戰略和政治功能受到非常強烈的政治鬥爭所塑造的環境中」（1971, 25）。波爾穆特在《現代的軍隊與政治》一書中所主張的「專業革命軍」，也包含了中共的類型。

同時，一些研究中共軍事政治的學者，如懷桑（William W. Whitson 1973）、約菲（Ellis Joffe 1965）、季丁斯（John Giltings 1967）、包威爾（Ralph Powell 1963）、納而森（Harvey W. Nelsen 1981）、張旭成（Parris H. Chang 1972）、杜姆斯（Jrgen Domes 1970）和謝（Alice L. Hsieh 1962）等，對於中共黨軍關係的研究，傾向於描述性的歷史分析，並未建立一種像蘇聯黨軍關係研究一樣的概念性模型。根據他們的觀察，從1927到1949年，不管黨如何尋求對軍隊的控制，黨軍之間並沒有衝突。這種和諧關係來自於三個主要因素：(1)中共對抗國民黨和日本（1937-1945）主要是運用游擊戰，它需要共軍扮演政治性角色；(2)黨、軍的主要目標是擊敗他們的敵人，在中國建立共產主義社會；(3)在這段長期鬥爭中，大部分黨領導者同時也是軍事領導者。

從1949年至1953年，人民解放軍力量增強。這由於當時的中國面臨許多困難問題，如行政紊亂、經濟膨脹和社會脫序，黨領導當局在所有新解放地區，授權給所有地方軍事指揮官執行軍隊對地方和省政府的控制。並且，當中共參加韓戰時，在「一切為前線」的口號下，解放軍不僅享有相當程度的自主權，而且積極地影響了黨的決策。

1954至1965年的中共黨軍關係，研究中共軍事政治的學者傾向於強調黨軍關係的衝突面，而非合作面，認為黨成功地維持了對軍隊的優勢控制。他們假定，在建設一支能夠在現代世界中有力量負擔精良防衛的現代化軍隊的需要，與確保這支軍隊保持其革命的特質和接受黨的政治控制的需要之間，在中共軍事政策中，仍存在著重大的、無法解決的衝突。這種衝突基本上是「革命化」和「專業化」之間的

衝突，或者是以著重軍隊士氣和效率的一元領導，與以要求軍隊穩定為主的絕對政治控制二者之間的指揮與控制的衝突。

這種觀點可以總結如下：共軍的現代化和專業化的需求，一旦中共在中國大陸建立政權後就產生。韓戰加劇了這一問題，促使共軍疏離了革命軍模式。徵兵制和軍銜制因而引進，提供了專業軍的必要性。這一來引發了對專業化和日益接受蘇聯模式的反動勢力，導致1959年國防部長彭德懷被罷黜。之後，中共嘗試恢復解放軍的革命軍本質，特別是政治控制結構。這在1964年當全中國投入「學習解放軍」運動時，達到高潮（Joffe 1965; Gittings 1967; Johnson 1966; Hsieh 1962; Powell 1963）。

1966年以後至1970年代，有關研究中共黨軍關係的著作，幾乎都將注意力集中於解放軍在中共政治上的角色和行為。共軍一時成為研究當代中國的焦點。主要探討的議題，是文革期間，解放軍在國內政治上大幅擴張的政治參與：(1)解放軍干預政治的原因、過程和影響；(2)解放軍演變中的權力、政治角色和取向、政治地位；(3)軍事領導者對諸如中央委員會、政治局和省黨委會等這類重要的黨委會的參與程度；(4)軍事體系的改組和民兵的重建；(5)解放軍和紅衛兵之間，中央軍隊和地方軍隊領導者之間，以及高層軍事領導者間的衝突；(6)鄧小平和華國鋒的起落，「四人幫」，以及周恩來和毛澤東逝世的後果；(7)解放軍在毛、周死後，黨內衝突中的角色；以及解放軍的現代化問題。多數著作在強調解放軍不同於蘇聯的獨立、權力和獨特性，以及對於重建政治秩序的決定性貢獻（Chang 1972; Domes 1970; Godwin 1978; Powell 1979; Nelsen 1981; Whitson 1973）。

1980年代，也就是鄧小平主張改革開放的新時期，有關文武關係研究領域中，最基本的問題是：毛以後出現的是何種軍隊？它的角色如何界定？學者在中共文武關係研究論辯上，根據畢克福特（Thomas J. Bickford）的文獻分析，認為可以歸納為兩個基本途徑：派系模型（factional model）和專業化模型（professionalization model）或稱利益集團模型（interest group model）（Bickford 1999）。前者包括所謂「野戰軍途徑」（field army approach），後者也被稱為「黨控制途徑」（party-in-control），亦即「機構衝突途徑」（interinstitutional-conflict approach），或稱為「黨軍關係途徑」（Sandschneider 1989; PLA Watcher 1990）。

派系模型文武關係的主要焦點，在於強調解放軍中存在私人和派系網絡關係。假定私人網絡的高度政治化決定了個人起伏、政策制定和黨軍互動。此一模型呈

現出多樣性。例如，有的派系模型建立在地區性軍隊與主要部隊的對立上（Nelson 1981）；有的則以世代（generation）經驗的差異為取向（Whitson & Huang 1973; Parish 1973; Mills 1983; Chang 1981; Domes 1985）。共軍派系關係的形成，主要因素在於四個野戰軍（field army）的分野。這些野戰軍早自毛時代即已存在（Whitson 1969）。對文革期間1971年林彪政變意圖的分析，可以由林彪所屬的四野派系切入。1980年代，鄧小平的二野派系網絡，也是黨軍關係分析的焦點（Yu 1990）。野戰軍派系不僅存在於軍中，也出現在黨政階層，派系鬥爭可以看作「派系間政治聯盟的過程」（Dreyer 1985, 28）。不過，野戰軍途徑在解釋中共文革前軍事領導人的政治行為時，有其適用性，但文革期間由於軍隊大規模跨地區調動以維持社會秩序，以及一些軍事領導人遭到整肅，個人關係網絡也被破壞，更何況許多野戰軍改變建制，被安插不少調至其他地區人員，因此要用這一途徑來解釋文革後解放軍的政治行為模式，其效力已大為降低（Joffe 1985, 169）。而派系分析對於低度制度化和高度政治不確定時期的文武關係較有價值，在1980年代鄧小平主張改革開放和現代化時期，也就不太適合了（Bickford 1999, 16）。

　　持專業化途徑的主要作者，有季丁斯（1967）、約菲（Joffe 1965, 1987）、詹克斯（Harlan W. Jencks 1982）、塞格爾（Gerald Segal 1984）和高德文（Paul H.B. Godwin 1983, 1988）等人。這一途徑的基本論點，來自杭廷頓對於文人統制和軍事專業主義的理論。一方面，從軍人的專門知識和技術、社會責任感和團體意識三項特徵來描述軍隊專業化程度，另一方面，從主觀或客觀文人統制來分析文人或黨對軍隊的控制。不過，由於杭廷頓的專業主義和客觀文人統制觀點來自對先進民主國家政體文武關係的分析，而中共體制上是屬於列寧主義或專制式的政治體制，加上解放軍的獨特性，因此，在途徑或模型的操作性解釋上即需有所修正。例如，中共的軍隊不可能達到政治中立，完全自主的軍隊有違列寧式政體的軍隊必須服從於黨和對黨效忠的原則（Perlmutter & LeoGrande 1982）。詹克斯就認為共軍的專業化並非去政治化，而是趨向「政治緘默」（political quiescence），意味著專業軍官是在接受由政治灌輸和其他黨控制所強化的文人統制的原則下，去追求脫離政治和專注於軍隊事務。由此看來，中共的文人統制是主觀統制而非客觀統制了。范杜恩（Jacques van Doorn 1969）即認為主觀統制通常意含政治思想灌輸，使軍人同享統治精英的理念與價值。奧布來特（David E. Albright）也稱主觀文人統制依賴的是「一種共同的觀點和思想方式」（1980, 554）。

　　詹克斯承認並非所有解放軍軍官都是專業者，而且多數革命戰爭時代的退伍軍人仍然是高度的政治化。不過，根據他的觀察，當中共軍隊越現代化時，就越朝向專業化發展。亦即當軍隊越專業化時，將會尋求制度上較大的自主性和較少的政治活動力，雖然，還不會達到與黨分離的地步。詹克斯強調專業化和現代化關係密切，同意科考維茲分析蘇聯黨軍關係的觀點，認為中共的科技發展也將帶來軍隊的專業化（1982, 25-31）。

　　「黨控制」途徑或稱「黨－軍關係」（party-army relations）途徑（PLA Watcher 1990; Sandschneider 1989），約菲（Joffe 1965; 1979; 1987）是此一途徑的先驅者。其他如高德文（Godwin 1983）、詹克斯（Jencks 1982）、高英茂（Kau 1973）和納爾森（Harrey W. Nelsen 1981）等在其有關中共文武關係的著作中，也均直接間接地持此觀點。毛澤東的「黨指揮槍」原則即為此一途徑的出自於中共的教條根源。此一途徑基於以下的假定：共黨政治統治上並存著組織體制界線分明並截然分開的兩個部分；此二部分具有高度的同質性；共黨制度中的「軍隊」和「政治」關係，本質上充滿衝突，並各自因具有組織上的不同利益而引起政治上的緊張與磨擦。換言之，這些假定，視黨和軍為具有競爭的、有時是敵對的關係的兩個機構或兩種價值系統；先天的衝突出自於對團體利益的競爭。在這些前提之下，大部分對共軍政治角色的研究即以黨和軍機構之間的衝突的設想為根據，並視衝突的解決為通常以居領導角色的黨占上風而告一段落。

　　在解釋軍隊的政治緘默時，大多數觀察家將焦點集中於共黨從政治、意識形態、制度和個人的諸項功能機制，對軍隊所實施的有效控制。政治控制的概念幾乎在所有關於共軍政治角色的研究中特別顯著。桑青耐德（Eberhard Sandschneider）認為此一機構間的衝突途徑（interinstitutional-conflict approach），亦即「黨控制」途徑，正如科考維茲所稱的可以用「零和遊戲」來作說明，也就是黨精英視軍隊的特權和權威的增加即為黨本身在這方面的損失和挑戰（Kolkowicz 1967, 104-105）。

　　由於強調對軍隊的政治控制，因而導致對控制機構（特別是中共中央軍委）頂端的個人角色的高估，以致有些學者提出「毛統治」（Mao-in-command）的模式，並一直沿用到1967年（Oksenberg 1971; Teiwes 1974）。1978年起，則成為「鄧統治」（Deng-in-command）模式。國內部分學者如俞雨霖、林長盛和王心揚

等，在其有關中共黨軍關係專文中，即認為領導人的權威程度（或鐵腕強人）影響著中共的黨軍關係。

政治控制的概念在意識形態上一直有效，但在政治現實中，卻從未被清楚地界定過或持續地貫徹過。例如，作為黨控制軍隊的總政治部在文革期間並未發揮功效，反而成為派系鬥爭的焦點而被停頓過兩年三個月。顯然對軍隊的機構控制機制從未適切運作過（Sandschneider 1989, 335; Cheng 1990; Nelson 1972, 444-74）。

「黨控制」研究途徑之遭受批評，還在於它不能說明中共黨軍之間的「共生」（symbiotic）或雙重角色精英關係（Perlmutter & LeoGrande 1982）。中共軍事領導幹部幾乎全部是黨員也是軍人，因而形成「軍中有黨」和「黨中有軍」的情形（Nelsen 1981; 鄭曉時，民81）。高德文（Paul M. B. Godwin）和布拉德（傅岳）（Monte R. Bullard）在研究中共領導階層錯綜複雜的關係時，也排斥了黨控制軍隊的傳統概念（Godwin 1978; Bullard 1985）。

1989年和1991年期間，學者對於中共文武關係的研究，焦點在「天安門事件」的影響。在這一事件中，解放軍的行動和黨軍高層的互動，提供了學者檢證現存文武關係理論的機會（Jencks 1989, 1991; Joffe 1991; Hicks 1990; Jane's Information Group 1989; Feigon 1990）。在某種程度上，「天安門事件」證明了解放軍的專業化正逐漸降低了派系意識。軍隊並沒有如預期的發生像1960年代文革期間的派系分裂（Jencks 1991）。解放軍內部雖有部分不滿或不情願介入，但整體而言，最終仍服從上層命令而行動。這顯示軍人服從文人領導的專業化軍隊的特性（Jencks 1990, 1991, 37）。不過，派系現象還是存在，除了事件中，決策高層的權力鬥爭迫使趙紫陽下台以外，事件隨後，楊尚昆和楊白冰兄弟所形成的「楊家幫」勢力之興衰，都可看得到派系衝突的痕跡。

主張專業模型的學者並不放棄他們的專業化取向，只不過「天安門事件」後，中共重新加強政治化的一連串措施，如加強思想教育、重提「雷鋒精神」和增加中委和政治局委員的軍方代表等，使他們擔心中共的現代化和專業化並無絕對的保證（Jencks 1991; Joffe 1991）。

1989至1991年期間的文武關係文獻，凸顯了對解放軍走向的疑慮。多數推測解放軍不會安靜地回到軍營（Dreyer 1989, 46）。有些推測解放軍可能因黨領導失敗而推翻它（Jenck 1990, 38; Scobell 1992, 207）。有些認為共軍服從黨並不能被看

作是專業主義的屬性，而是共軍扮演黨的捍衛者或武裝工具，共軍並不符合西方的專業主義概念（Dreyer 1989; Latham 1991; Sandschneider 1990）。

1992年，亦即「天安門事件」以後的文武關係研究與80年代比較起來，顯得較多樣化。首先，就派系分析途徑來看，一些學者的焦點在於黨或軍隊高層政治的持續高度私人關係化（personalized）；「天安門事件」以後，派系角色持續是個爭論點。反映軍官的晉升、正常輪調和其他政策的地區性派系主義較少被討論到，顯示地區派系的基礎已大為削弱（Dreyer 1996; Mulvenon 1997）。派系政治的討論幾乎只限於高層。野戰軍派系除了台、港兩地學者還在談論以外，西方學者已很少當作主題。當談到野戰軍派系時，是關於楊家幫後繼者的背景等。派系因素的重要性被認為是在人事晉升（Dreyer 1996）或政治繼承危機時的「潛在人事關係」（Li & White 1993）。

最強調用派系因素研究後天安門時代黨軍關係的學者是史瓦恩（Michael Swaine），他的研究途徑是探討中共政治體制中那些影響派系政治的因素，包括缺乏決定領導階層繼承的制度化結構，對社會、經濟高度不滿的不穩定國內環境，以及由尚存的老革命世代向缺乏革命經驗但更專業的年輕世代轉型的不確定性。在此情況下，黨領導者只能依靠軍中的支持網絡來鞏固其地位，軍事人員只能靠維持與文人的關係來影響決策。當文武領導者在危機時期強烈依賴他們的親信關係時，這些因素更顯得重要（1992, 122-139）。

另一種探討影響後鄧繼承問題的私人關係不同途徑主張，在現代過程中，中共精英變得越傾向技術官僚，以私人關係為基礎的派系網絡越加重要，而以派系行為為基礎的野戰軍關係則相對減弱（Li & White 1993, 761）。不過，這一觀點忽略了教育水準日益提高、越專業化的軍官團可能削弱派系關係的負面影響。

鄧死後，江澤民由於解放軍對黨的忠誠而順利接班，顯示派系似乎並未影響到政權繼承問題，不過派系和私人關係之仍然存在，如「上海幫」、「山東幫」之不時被提起，也顯示了雖然中共政治體制已朝後革命精英轉型，但是沒有足夠的制度化來終止私人化關係政治（Joffe 1996, 300）。

就專業主義模型而言，1992年以後，基本論調仍然不變，持續認為解放軍基本上是列寧主義國家中的專業軍。1991年的波灣戰爭和1999年北約轟炸南斯拉夫科索沃，顯示中共的國家安全繫於發展現代高技術武裝力量。因此，中共將因持續

培養軍官團的專業知識和技術而強化了它專業化的趨勢。緊隨著「天安門事件」結束後展開的政治運動已淡化，現在被看作是在朝向回歸到1950年代過程中，發生在專業軍隊和黨欲維持掌握權之間一種常態緊張的暫時現象。理論上，向後革命精英（post-revolutionary elite）轉型應該會進一步促進專業主義的趨勢。文人和軍事精英將會區隔分明，新一代軍事精英應該是內向取向地專注於專業化而較少涉及政治事務（Joffe 1996, 310）。

這一時期不少有關軍官教育的著作即顯示共軍更專業化的趨勢（Henley 1987; Dreyer 1996; Mulvenon 1997）。不過，這不僅顯示軍官團比以前接受到更好的教育，而且也顯示其教育內容變得強調專業科技知識和軍事理論勝過黨意識形態議題。這可看出解放軍內部技術專門化在不斷增強中（Mulvenon 1996, 11-25），與外國的軍事接觸和對西方軍事專業思想的吸收也在穩定地增進中。此外，由1990年代的其他的發展也可看出軍官教育的發展趨勢。例如，加速正規化步伐，修訂軍事條例，晉升比以前更重視專業素質（Li & White 1993），退休制比80年代更有效能（Mulvenon 1996, 33-43）。除了經濟活動以外，介入國內事務也在減少中（Shambaugh 1996a, 272）。

不過，在多數學者強調共軍已向專業化發展之際，也有些學者看出一種相反的趨勢在發展。一是共軍因自營企業而增加的商業活動，二是共軍在外交政策領域的活動也在增加中。就商業活動而言，儘管看準共軍的現代化有助於專業化，但約菲也發現共軍近年來的大量介入經濟活動卻可能沖沒其願景。他認為，解放軍在十年中已建立了一個涵蓋各項重要經濟活動帝國。如果不加以制止的話，這種介入很可能對解放軍的效能產生反效果。首先，最立即的效果就是普遍的腐化。這可能腐蝕軍事專業主義核心的責任倫理以及使部隊喪失士氣。另一影響，即可能由於從事謀利活動，因荒廢軍事任務而傷害了戰備整備。其次，介入經濟活動也會犧牲軍事專業主義；干預專門化，削弱團隊精神，以及腐蝕軍紀。最後，軍隊介入經濟活動也可能威脅到黨的控制（Joffe 1997, 47）。

再就國家安全政策而言，逐漸增加的證據顯示，軍隊在政策領域上的重要角色，解放軍的介入正在增加中（Swaine 1996ab; Garver 1996）。新一代獨立的文人和軍事精英的出現，助長了這一趨勢。不僅新文人精英缺乏成熟度和軍事經驗來參加安全政策制定，而且新軍事精英更加專業化且有解放軍以集團利益參與安全政策

的強烈意識。就杭廷頓的專業主義觀點來看，軍人提供專業諮詢是專業軍人的責任之一，無礙於專業化。但問題在於超過諮詢範圍時，即可能打開了討價還價、文武集團間的聯合作為、政治影響、甚至軍人指揮文人之門，所有這些行為類型對軍隊在政治上保持緘默的形象，無疑提出了難題。

後天安門時期，也可看出研究解放軍學者關於他們研究主題的一些新趨勢和發展。在諸多不同著述中，至少可以發現其共同面：(1)在天安門事件以及隨後解放軍展開的熱烈政治運動後，許多學者開始探索專業主義以外的另類概念途徑；(2)1990年代一些研究解放軍學者開始對其他列寧主義政權的文武關係文獻更感興趣；(3)許多解放軍研究者開始嚴肅思考後鄧文武關係之可能不同於以往（Bickford 1999, 37）。

1990年代早期，兩位學者引用蘇聯著作來分析解放軍的政工制度，例如鄭曉時（Cheng Hsiao-shih）同意歐登姆的觀點（Odom 1978），認為在列寧式政權中，文武的區分只是表面的，黨軍應該被視為整體，文武關係實際上只是黨內的關係（Cheng 1990, 7）。另一位學者黎南（Nan Li，譯音）則參考科爾騰的觀點（Colton 1979; Colton & Gustafson 1990），對共軍政工制度提出另類論點（Li 1993）。他的著作對何以當政治體系官僚化時，派系途徑將會減少其解釋效用，有些不錯的論述，不過，對於他所認為的政工制度的改變將使解放軍成為專業的利益集團的假定失效，說服力不足（Bickford 1999, 38）。

另一篇探討共軍政工制度對中共黨軍關係的影響，是沈大偉（David Shambaugh）1991年發表的〈中國的軍人與國家：中華人民共和國的政工制度〉一文，他以歐登姆（1978, 1998）與波爾穆特和列奧格蘭德（Perlmutter & LeoGrande 1982）的著述為基礎，闡發他所稱的「共生模型」（symbiosis model）。沈大偉接受這一論點：解放軍展現專業軍隊的許多面向，特別是專業技術、知識和對文人（黨）的服從。不同詹克斯和約菲的專業主義途徑之處是，沈大偉認為解放軍在歷史上就是與黨國「無法分開的結合」（inextricably intertwined），因此與專業一樣的，也非常政治（1991, 527-533）。這種明顯的矛盾，是靠黨和軍在一種共生的關係中一起奮鬥的相互理解，來加以解決。這種長期的革命經驗和感情確保了中共建政後，長期存在的共生本質。不過，這種共生不是靜態的。事實上，這一觀點並不新穎。幾位學者早在1980年代就指出中共黨軍具有「雙重精英」（dual elite）的特

徵（Bullard 1985; Dreyer 1985）。沈大偉論點不同之處，在於強調解放軍的專業方面和共生能夠演化的觀念。

根據畢克福特的文獻分析，他認為沈大偉的途徑的優點，是它調和了專業軍人行為（效忠黨）與解放軍雖居於從屬角色卻實際參與政治的明顯事實所產生的問題。共生途徑在許多方面比專業主義途徑更適合解釋文革時期和鄧早期的黨軍關係。沈大偉的論點提供了解釋從共生演變到專業主義的可能性。改革前的雙重精英共生關係反映了中共的革命傳統。專業主義在1980年代前是部分現象，但自1979年以後，解放軍即出現相當程度的專業化，顯示逐漸脫離共生特徵，共生和專業主義並非取代而是互補作用（Bickford 1999, 40）。

最近，沈大偉和保帝爾（Jeremy Paltiel 1995）看到中共的黨、國（state）、軍之間的關係發生一種微妙的變化，顯示國家未來可能在黨允許解放軍擁有相當的自主權之後較能控制武裝力量。如果有這種可能，就是朝向專業主義發展的邏輯結果（In Bickford 1999, 41）。

穆維倫（James Mulvenon）對於後鄧時期解放軍的走向持不同看法。他認為中共現在的文武關係基本上是文武領導者之間，就政策和資源分配議題激烈討價還價的一種權力平衡（In Bickford 1999, 41）。他也認為中共的文武關係已從共生走向專業主義。不過，他也指出，在一個列寧主義政體中，杭廷頓的專門技術、責任感和團體意識的理念並不能使軍隊達到政治緘默，而是會導致政治介入。

約菲提出與畢克福特不同的分類，他將中共黨軍關係的研究，概略區分為三大途徑，即黨控制、共生和專業主義。他將這三個廣泛的途徑加以綜合，成為六個主要模式（patterns）。這些模式中有些互補，有些相互矛盾，顯示出黨軍關係的複雜性和不一致性（Joffe 1997）。

第一種是「高層整合」（integration at the top）。這一最重要的模式是指決策高層軍政領袖的緊密整合，能夠解釋何以解放軍具有一種關鍵性的政治角色。這種整合的基礎在於長期革命中，黨軍的結合一體和共黨領袖職掌政治和軍事功能。1949年建政後，龐大權力結構中雖已發展出相互競爭的機制，但高層黨軍領導者角色之間的區隔仍不清楚。這是因為他們的權威仍然高度私人化，並且基本上不是來自制度上的關聯，而是來自他們長期建立的個人關係。因此儘管出現了功能殊化，黨軍領導者仍然自視為超越地區性的國家人物。這些領導者，特別是在黨高層

的，認爲跨越黨軍之間的界限，是自然和正當的。他們不認爲這是一種不當的干預；畢竟他們都是黨軍的締造者。黨軍高層的整合（如毛、鄧、江的集黨政軍大權於一身）使中共軍隊領導高層能有效掌握軍隊，介入政治，平息黨內外爭鬥，如文革、反四人幫和天安門鎮壓事件中，對軍隊的直接、間接的掌控（Joffe 1997, 36-37）。

第二種模式是「低層分離」（separetion at the bottom）。約菲認爲，當高層黨軍領導們仍然整合的同時，低層卻在層級、功能和職責上呈現一種分離的現象。雖然黨一直致力於控制解放軍，但卻無法防止受特定利益支配的龐大軍事組織的成長。那些利益有時與黨的利益是相衝突的。這種分離已成爲解放軍有脫離政治傾向的主要理由。約菲所舉的例證是1950年代中，彭德懷受蘇聯影響的現代化，和後毛時代鄧小平的現代化，使軍隊更重視單位團體利益而疏離黨的政治影響（Joffe 1997, 38-39）。

第三種是「現代化和專業主義」（modernization and professionalism）。約菲認爲，黨軍分開的基礎是軍官團的專業主義。解放軍的現代化促進了軍官團的專業化和專業主義的成長。這一過程所塑造出來的軍官團需要具備對日益複雜的軍事體制之指揮、管理的專門技術。軍官團在服從黨領導的同時，主要取向是執行他們的專業任務。政權所賦予的特權和象徵強化了這一取向，且產生了階級意識和團隊精神（Joffe 1997, 39-40）。約菲認爲這一模式也適於解釋1980年代鄧主政時期和波灣戰後的強調軍事專業而淡化政治角色的現象。即使是在天安門事件中，解放軍服從黨命令鎮壓學生，他也認爲這是專業軍人紀律的表現，造成事件悲劇的根本原因是政權的本質而非解放軍的本質（ibid., 40-41）。

第四種模式是「對解放軍的政治控制」（political control of the PLA）。促進軍隊對黨的服從性的另一基本理由，是黨對軍隊的政治控制系統。這項政治控制的制度架構，理論上，自1950年代初期以來就沒改變過，它是包括黨委會、政委和政治機關的政工體系。它與軍事指揮系統平行，貫穿整個組織體系，擔負監督、教育和運動的功能。武裝力量的領導，除了緊急狀況以外，理想上是根據這一原則，即軍事單位的政策由黨委會決定，再交由軍、政首長依其各別專業職能來執行。

這一理想原則沒有完全實現過。例如，1950年代第一次現代化時期被淡化；文革期間總政治部停擺兩年；1969年淪爲派系鬥爭工具；鄧改革時期，以軍事專業

為主流，政工被視為為軍事需求服務。但自鄧以後，黨對軍隊的政治控制已建立起可為軍方接受的原則，即軍隊的思想教化和組織監督被認為非常重要，但是不應該干預到軍事指揮官的專業特權（Joffe 1997, 42）。

第五種模式是「對解放軍的指揮和統制」（command and control of the PLA）。這一模式強調軍隊對最高指揮的服從。其特徵，第一，表現在集權的體系，由中央軍委會，經過總參謀部、軍區、集團軍到基層，層層節制，保證命令的貫徹。第二，除了少數例外（如文革和天安門事件），沒有發生過大規模解放軍未奉命或抗命行動的案例。只要中央領導穩固，解放軍都能遵守紀律；第三，中央政權能有效掌握軍區指揮官的人事調動，藉以控制軍隊，顯示解放軍是一支正規化、有紀律的軍隊。

第六種模式是「非干預軍」（a non-interventionist army）。這一種模式是其他模式累積的結果。約菲認為，當中共的政─軍領導者的確涉及解放軍介入政治時，軍事領導者並未試圖利用它來謀取軍隊的集團利益。更重要的是，解放軍從未自動介入政治領域，只有來自軍外的指示。軍隊干政的傾向主要有兩種，一是當政府執政失敗和喪失正當性時，二是當軍隊的集團利益無法從文人政府獲得滿足時。中共政權都未發生過這些案例，即使像文革或天安門事件的軍人干預，也都是在毛和鄧的命令下行動（Jofe 1997, 43-44）。

約菲認為以上三種途徑或其所分開的六種模式，各自都能解釋中共黨軍關係的某一主要面向，但也都無法適當地解釋黨軍關係的複雜性。究其原因，他認為是由於中共黨軍關係存在著矛盾的特徵。詳細而言，解放軍受共黨控制，但其軍官團已具有基本的專業主義特徵，導致與黨之間持續的衝突。政、軍領導階層在高層權力結構中，一直存在共生關係網絡裡，其在底層結構，由於武裝力量的現代化和專業化，已產生一種功能性分離。解放軍受到派系主義的影響和離心傾向的威脅，但是它的整體結構的指揮、管制系統仍然完整無損。總之，解放軍是一支具專業特徵的黨軍，一方面，它不是西方意識上的專業軍，因其發展環境和中共政權本質有其獨特性。另一方面它不是黨的配角，因為軍官的專業主義促使他們對於與他們觀點相左的黨政策，產生質疑，甚至抗拒（Joffe 1997, 36）。

總結上述，明顯地可以發現，迄今對中共文武關係的研究，很難有一種途徑可以完全解釋其實際的本質和現象，任何一種途徑都有其侷限性，甚至有的還存在相

互矛盾的因素（Albright 1980; 洪陸訓 民88, 343-352）。因此，一種比較性的研究或多途徑多因素的分析架構，不失為另尋出路的研究取向。以比較研究而言，對前蘇聯文武關係的研究模型，如科考維茲、歐登姆、科爾騰，以及波爾穆特和列奧格蘭德等人所建構的對列寧主義政權黨軍關係研究途徑，能否借用或修正後用於分析中共後鄧時期的文武關係，實值得思考和嘗試。

結　語

　　本章透過文獻探討，對於文武關係的研究情況，可以獲得以下幾點認識。

　　一、文武關係研究的範圍日漸擴大，且形成一門科際整合的次學科。文武關係是第二次世界大戰以後興起的，學界和軍方所推動的「武裝力量與社會」研究領域中，為社會學家、政治學家和軍事學家所重視的主要研究主題之一。它是社會學家如簡諾維茲、莫斯考斯等人所開拓的「軍事社會學」中的重要主題，也是政治學家如杭廷頓、范納爾等人，在比較政治學領域中所關注的重要議題。而從軍隊的角色和功能來看，它也是軍方政治教育上無法忽略的議題。

　　後冷戰時期，在軍事科技所帶動的「軍事事務革命」（RMA）趨勢下，戰爭型態的改變也使武裝力量的角色和任務隨之轉型。因應「非戰爭性軍事行動」或「低強度衝突」的任務，特別是配合聯合國「和平維持」任務的增加，美國頻繁的海外軍事干預，這使得文武關係也日漸受到國際關係學者和外交界的重視。

　　從這些不同學科領域學者的興起與參與，以及迄今所研發出來的成果，明顯可以看出，一方面，文武關係研究領域在擴大，另一方面，它已成為一門科際整合的學科。

　　二、文武關係的研究主題更趨多元化。文武關係研究議題原就相當廣泛，後冷戰時期更隨持續的社會變遷和政治發展而呈現多元風貌。由文武關係的研究文獻中，可以發現其主題包括了軍隊與政府的互動關係性質、軍事專業主義、文人統制、軍人政治角色、軍人干預、政變、軍事政權轉型、軍隊組織特性、軍工複合體、維和行動、軍事組織文化、軍隊與國會、軍隊與外交、軍隊與國防、軍民關係、軍人政治教育、跨國文武關係研究、研究方法（模型、途徑）的探討、文武關

係綜合理論的建構等。在這些廣泛的主題中波灣戰爭後在國內外環境的變遷和軍隊任務的轉型中幾項主題顯得特別突出，例如國內政府對軍隊的民主統制機制；軍隊與社會互動中，軍人態度、價值觀或「軍人心態」的重塑；國外的維和行動和美國的海外出兵；俄羅斯和東歐國家前共黨政權的文武關係轉型之檢討，以及「911事件」以後，反恐怖主義活動的全球化。

　　三、嘗試建構綜合性理論，研究途徑不斷翻新。從文獻分析中，可以發現許多學者一方面針對不同研究對象、地區，提出各種不同的解釋途徑、模型、類型和建構理論，另一方面，又有感於個別的途徑、模型不足以解釋不同的或整體的文武關係現象，而嘗試建構綜合性途徑或整合性理論，使文武關係研究方法論和理論方面，既豐富多元，卻又始終難於令大多數學者滿意，因而促進學者們更加不懈地進一步探索。

　　在眾說紛紜的探索過程中，杭廷頓所建構的文人統制理論或途徑一直備受批評，但至今仍看不到有哪一種理論或途徑可以取代它，基本上，大部分學者仍直接、間接地深受其影響。不過，整體而言，文武關係這一領域在眾多學者努力嘗試突破的活動中，不斷有創新的成果，在總體知識的積累上，是值得肯定的。

　　四、文武關係研究基本上仍可分為民主國家、第三世界國家和共黨國家三大類型傳統上，世界各國文武關係呈現三種不同的類型，民主國家強調以民意為依歸的文人政府對軍隊的統制；共黨國家強調黨的絕對領導；發展中國家，軍人干政反覆出現。不同政治體制產生不同的文武關係特質。時至今日，基本上仍然存在這三種類型，學者的研究也圍繞著這三大類型，然而，逐漸的變化在出現中：第三世界國家的軍事政變在減少、軍事政權民主化轉型在增加；共黨國家在減少，一黨專政正面臨民主浪潮的衝擊；民主國家的軍隊和軍事行動越來越需要社會民意、媒體和國會的支持。這一切變化有個共同的方向：往民主政治型態的文人統制機制的建立方向發展。

註　釋

【1】有關文武關係文獻，筆者在已發表過的著作中曾作過簡要的分析（Hung 1991b; 洪陸訓 民

88）。本章除加以補充以外，並受惠於愛德蒙（Edmonds 1988）、畢克福特（Bickford 1999）和約菲（Joffe 1997）有關這一領域文獻的卓越分析。本文已發表於民91年《復興崗學報》第74期（頁73-111）。

【2】田弘茂、朱雲漢、Larry Diamond、Marc F. Plattner等主編。民86。《鞏固第三波民主》（*Consolidating the Third Wave Democracies*）。台北：業強出版社。

江炳倫、張世賢、陳鴻瑜合譯。Samuel P. Huntington（1968）著。民70。《轉變中社會的政治秩序》（*Political Order in Changing Societies*）。台北：黎明文化事業公司。本書並由晶振雄等人於民83年再譯。書名改爲：《變動社會的政治秩序》。台北：時報文化。

李化成、莫大華譯。Jurgen Kuhlmann（1989）著。民88。《軍事社會學研究概況》（*Military Related Social Research: An International Review*）。台北：政戰學校。

洪陸訓等譯。Stephen K. Scroggs（2000）著。民90。《軍隊與國會關係》（*Army Relations with Congress: Thick Armor, Dull Sword, Slow Horse*）。台北：政戰學校。

洪陸訓譯。Eric A. Nordlinger（1977）著。民84。《政治中的軍人——軍事政變與政府》（*Soldiers in Politics: Military Coups and Governments*）。台北：政戰學校。

洪陸訓、洪松輝、莫大華等譯。Morris Janowitz（1960）著。《專業軍人——社會與政治的描述》（*The Professional Soldier: A Social and Political Portrait*）。台北：黎明文化事業公司。

洪松輝譯。Paul A. C. Koistinen（1980）著。民87。《軍工複合體——一項歷史的觀點》（*The Military-Industrial Complex: A Historical Perspective*）。台北：政戰學校。

洪陸訓等譯。Martin Shaw（1991）著。民89。《後軍事社會——軍事主義、非軍事化與二十世紀末戰爭》（*Post-Military Society: Militarism, Demilitarization and War at the End of the Twentieth Century*）。台北：政戰學校。

洪松輝、莫大華譯。Samuel E. Finer（1988）著。民86。《馬背上的人——軍人在政治中的角色》（*The Man on Horsebock: The Role of the Military in Politics*）。台北：政戰學校。

段復初、莫大華、洪松輝等譯。Sam C. Sarkesian, John A. Williams & Fred B. Bryant（1995）著。民89。《軍人、社會與國家安全》（*Soldiers, Society, and National Security*）。台北：政戰學校。

高一中譯。Don M. Snider and Miranda A. Carlton-Carew（1995）著。民89。《美國的文武關係：危機或轉機？》（*U.S. Civil-Military Relations: In Crisis or Transition？*）。台北：國防部史政編譯局。

高其清譯。Samuel P. Huntington（1957）著。《軍人與國家——文武關係的理論與政治》（*The Soldier and the State: The Theory and Politics of Civil-Military Relations*）。台北：政戰學校。

國防部史政編譯局譯。民85。《軍事社會學論文彙輯》。台北：譯者印。

翟國瑾譯。Stanislar Andreski（1968）著。民63。《軍隊與社會》（*Military Organization and Society*）。台北：政戰學校。

孫武彥譯。Morris Janowitz（1974）著。民78。《社會學與軍事機構》（*Sociology and Military Establishment*）。台北：政戰學校。

常香圻、梁純錚譯。Henry E. Eccles著。民61。《軍事概念與哲學》。台北：政戰學校。

陳膺宇譯。Malham M. Wakin（1986）編。民86。《軍事倫理與軍事專業》（*War, Morality, and the Military Profession*）。台北：政戰學校。

陳東波譯。National Defense University著。民88。《軍事倫理》（*Military Ethics*）。台北：政戰學校。

劉寧軍譯。Samuel P. Huntington（1991）著。民83。《第三波——二十世紀末的民主化浪潮》（*The Third Wavs: Democratization in the Last Twentieth Century*）。台北：五南。

【3】「整合界限」（integral boundary）是指武裝力量組織高度制度化，其角色和結構明顯不同於其他社會組織。意味著具有高度的凝聚力和自主性，跨整合界限的交替作用（interchange）受限制，且受既定規則和程序的限制。「分裂界限」（fragmented boundary）的涵義則正好相反（Welch & Smith 1974, 40）。小威爾奇和史密斯根據政治參與、文人機構勢力、軍隊的政治勢力、以及軍隊—制度界限四個變項所建構的軍人政治角色的比較架構，是由表2-1來表示：

表2-1　軍人政治角色和政權的比較

政治參與程度	軍隊的政治勢力	文人政體		禁衛軍政體	
		界　限		界　限	
		整合	分裂	整合	分裂
高	高	美國	蘇聯	希臘	法國（第四共和晚期）
	中	瑞典	以色列	土耳其（1954-63）	阿根廷
	低	日本	芬蘭	德國（c.1920）	奧地利（c.1934）
中	高	印度	古巴	巴西	埃及
	中	智利（1926-72）	墨西哥	祕魯	迦納
	低	哥斯大黎加	蓋牙那	緬甸（c.1957）	多明尼加（c.1965）

表2-1　軍人政治角色和政權的比較（續）

政治參與程度	軍隊的政治勢力	文人政體		禁衛軍政體	
		界　限		界　限	
		整合	分裂	整合	分裂
低	高	塞內加爾	伊朗	薩爾瓦多	泰國
	中	象牙海岸	伊索比亞	馬拉加西	奈及利亞
	低	尚比亞	尼泊爾	海地	剛果
		客觀文人統制	主觀文人統制	軍隊作為獨立政治	軍隊作為聯合行為

資料來源：Welch, Jr. & Smith 1974, 43.

【4】有關「統合主義」（corporatism）的解釋，可參考丁仁方著，《威權統合主義：理論、發展、與轉型》（台北：時英出版社，1995年5月）。Corporatism一詞，也有譯為「組合主義」、「社團主義」或「社會合作主義」。後二者為大陸譯稱；見《布萊克維爾政治學百科全書》（*The Blackwell Encyclopedia of Political Science*, 1987）。

　　文武關係的研究途徑和類型呈現了多樣性（洪陸訓 民83）。但就現代國家的文武關係形態來看，主要有四種：(1)西方民主國家的軍事專業主義模型或民主模型；(2)共黨國家的黨控制模型或共黨模型；(3)第三世界國家的「禁衛軍主義」模型；以及(4)「全民皆兵」模型或「衛戍型」（Janowitz 1964; 1971; Perlmutter 1977; 1982; 1986; Nordlinger 1977; Welch, Jr. 1991; 1993）。[2]國內學者除了對中共的黨軍關係研究相當深入以外，對於其他國家的文武關係的研究則非常缺乏。本章特就第一種模型加以較爲深入的探討。

　　長久以來，杭廷頓的文武關係理想模型主導著學者對西方民主國家文武關係的研究取向。但是，至今是否仍有其適用性或解釋力？同一研究領域的學者有何批評、修正或提出替代模型？爲回答這些問題，本章除探討杭廷頓著名的文人統制模型外，並分析另兩位具有代表性的學者——簡諾維茲和薩奇先——某些不同的論點以及他們所建構的模型。

　　相關文獻的分析，是以這三位學者的主要代表著作爲主，各人其他部分相關著作爲輔。這三人的代表作是本書第二章文獻分析已提到的杭廷頓1957年的《軍人與國家——文武關係的理論和政治》，簡諾維茲1960年的《專業軍人——社會、政治的側寫》以及薩奇先1981年的《超越戰場——新軍事專業主義》。三位學者的著作皆以美國的文武關係爲論述的對象和範圍，杭廷頓的文人統制模型則試圖解釋各種政體的文人統制。

一、杭廷頓的「文人統制」理論

　　「文武關係」一詞，杭廷頓認爲它原指武裝力量在社會中的角色，隱含軍人和

文人之間的關係，猶如勞資關係、立法與行政的關係或美蘇關係，是兩個具體、有組織的團體為著相互衝突的利益而你爭我奪、討價還價；他因此表示，文人和軍人的觀點，基本上是截然不同和相互對立的。不過，他認為這種對立並不符合實際情況（a false opposition）（1968b, 487）。第一，在許多社會中，軍隊內部在利益、技術或觀點上，並沒有高度的一致性。第二，即使在有些社會中，軍人具有明確可辨的觀點、利益和機構，但沒有任何社會的文人當中具有可以與之比較的高度一致性。文武關係中的「文」（civil）字，意思僅是「非軍事」（nonmilitary）。文人機構之間在利益和態度方面的差異，甚至遠比其中任何一個文人機構與軍隊在這些方面的差異還大。因此，「文武關係涉及的是多重關係，它一方面是軍人、機構和利益的關係，另一方面是多樣且相衝突的非軍人、非軍事機構和非軍隊利益的關係」（ibid.）。

(一) 文人統制的多樣性

傳統上，「文人統制」（civilian control）一詞常被學者用於討論軍人在政治社會中的角色，但是，學者們對此一概念並未給予令人滿意的界定，杭廷頓是首次對它明確界定的權威學者。他假定，文人統制涉及文人和軍人集團的相對權力。也假定文人統制在一定程度上是由於文人集團權力的增強及軍人集團權力的削弱而得到的。但是，同樣也可假定，文人統制不需要所有文人集團具有比所有軍人集團更大的權力。重要的是，軍人集團的權力和文人政府領導階層的權力之間的關係。對軍隊的文人統制是對軍隊的政府統制。因此，文人統制的標準，就是軍人領導集團，以及通過他們，武裝力量整體對政府文人領導方向作出反應的程度（1956, 380）。簡言之，界定文人統制的基本問題是：如何能使軍人權力減至最小程度？這一目標可以藉由兩種全然不同而互相對立的方法達到，杭廷頓稱之為「主觀文人統制」（subjective civilian control）和「客觀文人統制」（objective civilian control）。[3] 也就是最大限度擴張文人的權力和最大程度提高軍事專業主義（1957, 80）。任何實際社會的文武關係都兼有這兩種類型的成分。但是，理論上，這兩種類型顯然有別。它們的差異表現在文武關係的三個層次上：(1)軍隊整體和社會整體之間；(2)軍官團和其他精英集團之間；以及(3)最高軍事指揮官和文人政府領導階層之間（1956, 380; 1968, 487）。

1. 主觀文人統制：最大限度地擴張文人權力

　　根據杭廷頓的論點，削減軍人統制權力至最低程度的最簡單方法，就是極力擴大文人集團相對於軍人集團的權力。也就是最大限度地擴張某些特定文人集團的權力。文人統制的一般概念被視爲一個或多數文人集團的特殊利益，主觀文人統制，因而涉及文人集團間的權力關係。它成爲一個文人集團以犧牲其他文人集團作爲加強本身權力的手段。「它變成一種像『國家的權利』的工具性口號而非目的本身」（1957, 80）。文人統制此一口號被無法掌控軍事權力的文人集團，用於和其他擁有掌握軍權的文人集團進行鬥爭。

　　主觀文人統制模式的本質，是軍人和文人集團之間，或軍人和文人價值觀之間，缺乏任何明顯的界限。軍事力量是社會的一個整合部分，反映並體現了社會占主導地位的社會力量和政治意識形態。軍隊秩序傾向於與社會相一致。每個公民對於國防都有同等的責任，就如同他有同等的責任去付稅、遵守法律，以及在民主社會中參與政治領導人的選擇（1956, 380）。

　　主觀文人統制因而以反映不同文人集團利益衝突的多種形式存在，而客觀文人統制只以反映軍人集團自主要求的單一形式存在。主觀文人統制在其歷史上各種表現形式中，被認爲將特定的政府機構、特定的社會階級和特定的憲法形式的權力擴大到最大限度，亦即顯示出主觀文人統制的多樣性（1956, 380; 1957, 81-82）。

　　第一，政府機構的文人統制。在17、18世紀的英國和美國，軍事力量一般在國王統制之下，「文人統制」的口號被議會團體用於增強他們相對於國王權力的手段。議會統制被用作削弱國王的權力，而非削減軍隊權力的手段。在1950年代的美國，國會與總統從事權力競爭中，「行政部門認爲文人統制即總統統制——國會組織過於龐大而鬆散，無法有效統制軍事力量。國會則認爲文人統制即國會統制——國會比總統更接近人民，總統似已成爲軍事顧問的囚犯」（1957, 81）。不過，國會和總統基本上均關切到行政和立法之間而非文人和軍人之間的權力分配。

　　第二，社會階級的文人統制。18、19世紀的歐洲，貴族和中產階級爭奪對軍事力量的統制，各階級視文人統制乃爲本身利益著想。不過，由於貴族階級通常獨占軍事力量，中產階級集團視貴族統制爲軍事統制，兩個階級在當時遍及整個社會的鬥爭中，軍事機構只是他們的戰場之一，爭鬥的問題是誰能在軍隊中占據優勢。

第三，憲法形式的文人統制。杭廷頓認為，一種較被廣泛應用的主觀文人統制方式（即為特定文人集團利益所進行的文人統制），是以明確的憲法形式──通常是民主政治──保證文人對軍隊的統制。文人統制被視為民主政府，軍人統制則視同獨裁或極權政府。在民主國家中，政策由說服和妥協形成；在獨裁主義者國家中，政策則由武力和高壓決定。因此，有人爭辯說，掌握最大暴力工具的軍隊，在極權國家中比在民主國家中更具勢力。實際上，此一論點，不一定真實。在民主國家，軍隊可能通過正當程序和民主政府的機構與政治的運作逐漸削弱文人統制和獲取重大政治權力（如第二次世界大戰中的美國）。在極權政府中，軍隊的權力可能因軍官團分裂成互相競爭的單位、建立黨軍和特殊軍事力量（如德國黑衫軍和蘇聯的祕密警察；Waffen-SS and MVD）、以獨立的指揮系統滲透軍隊層級制（政治委員）和類似技巧，而被削弱。恐怖、陰謀、監視和武力是極權國家政府統制武裝力量的手段，如果無情地充分運用這些手段，同樣可以消除軍人的政治權力（如二次世界大戰中的德國）。因此，主觀文人統制不是任何特定憲法體系所獨有（1957, 82）。

2. 客觀文人統制：最大程度提高軍事專業主義

杭廷頓主張，「文人統制在客觀意義上，是最大程度的培養軍事專業主義，更正確地說，它是關於軍人和文人集團之間的權力分配，最有助於軍官團成員間專業態度和行為的展現」（1957, 83）。客觀文人統制因此直接反對主觀文人統制方式。主觀文人統制透過使軍人文人化（civilianizing）並成為國家的模範以達到統制目的；客觀文人統制則藉由使軍人軍事化（militarizing）並成為國家工具以達到統制的目的。主觀文人統制存在多樣的形式，客觀文人統制只有一種。客觀文人統制的相反面是軍人參與政治：當軍人逐漸地介入有關政治的制度、階級和憲法時，文人統制就減弱了。主觀文人統制則預設這種介入。「客觀文人統制的本質是承認自主性的軍事專業主義；主觀文人統制的本質是否認一個獨立的軍事領域。歷史上，客觀統制的需求來自軍事專業，主觀文人統制則來自各種各樣的文人集團之極力擴大他們在軍事事務中的權力」（1957, 83-84）。

杭廷頓認為，任何文人統制系統的主要本質是將軍事力量限制在最低程度。客觀文人統制之達到此一減少軍事力量的目的，是透過使軍人專業化並在政治上保持無為（sterile）和中立。這一作法可使軍人關於所有文人集團的政治權力降至可

能的最低程度，同時它又能保持軍事專業的存在所必須的基本權力要素。他指出，「一個高度專業的軍官團隨時準備將任何文人集團爲保證國內合法權威的願望付諸實行……最能促進軍事專業主義的政治權力分配，因而也是能使軍事力量減至最低點而不會圖利任何文人集團……文人統制的客觀定義使文人統制從一個掩飾集團利益的政治口號提升爲獨立於集團觀點之外的分析概念」（1957, 84）。

主觀的文人統制定義預先假定文人統制和軍事安全需求之間存在著衝突。認爲軍事安全威脅的增加導致軍隊力量的增強，文人統制即難於達成。客觀的文人統制不僅能將相對於所有文人集團的軍事力量減至最低可能程度，也能使達到軍事安全的可能性增至最高程度。

客觀文人統制的達成只有出現軍事專業時才有可能。在任何社會裡，當勞力分工已導致暴力管理專家階級的產生時，主觀文人統制基本上已不存在。然而，由於仍然有許多文人集團認同主觀文人統制的趨勢，要達成客觀文人統制仍受到阻礙。因此，甚至在現代西方社會中，高度的客觀文人統制現象仍然罕見（1957, 84-85）。

(二) 文武關係的兩個層次

最大限度地擴大軍事專業主義和客觀文人統制的條件，有賴文武關係兩個層次之間的關係。第一，權力層次。其關鍵問題是相對於社會中文人集團的軍官團的權力。第二，意識形態層次。關鍵問題是社會中盛行的專業軍人倫理和盛行於社會中的政治意識形態的適合性。一方面，需要衡量軍人與文人權力的標準，另一方面，需要某些專業軍人倫理符合政治觀點光譜的觀念。

1. 權力層次：軍官團和政治權力

杭廷頓認爲，權力是統制他人行爲的能力，它具有兩種形式：正式的權威和非正式的影響力。二者都可以經由權力的程度和範圍加以衡量（1957, 86-88）。

(1) 權威：正式的權威涉及一個人基於社會結構中各別的職位對另一人所進行的統制。權威不是個人先天具有，而是身分和地位所賦予。因此，權威是命令性的、結構性的或合法性的權力。它是一種經由個人在關係網中的持續改變所形成的相當穩定的持續關係模式。它的運作獲得憲法、法規、條例、判決或風俗習慣的認可。分析文武關係中權威模式的重要準據，是軍人和文人集團在權威上的相對的層

次、統一性和範圍。一個集團的權威層次越高，結構的統一性越強以及權威範圍越廣，則其權力將越大。

第一，就權威的層次而言，它涉及集團在政府權威的層級制中所占的職位。對軍人的垂直統制是使他們的權威降低到臣屬層次的程度。這種臣屬層次呈現為一種連續譜（continuum）的不同臣屬程度。首先，軍官團如果位居層級制的頂峰以及其他政府機構從屬於它，則它的權威層次提至最高，換言之，軍官團或它的領導者掌握了軍官主權。其次，如果軍人未擁有對其他機構的權威以及其他機構也無對軍人的權威，則軍人的權威層次較低。在此情況之下，軍人和文人兩個平行的權威結構並存著。再次，軍官團也許只從屬於一個擁有有效的最後權威的機構，換言之，軍官團以直接管道接近元首，並進一步從屬於政府機構。不過，這種從屬關係通常保持不久而且只是存在於軍官團和元首之間的一個權威層次。由於這一層次正常地是一種文人部會首長的形式，所以這一軍事權威層次可稱為部會的統制（ministerial control）。

第二，就權威的統一性而言，它涉及一個集團與其他集團的關係在結構上統一的程度。一個在結構上統一的集團比一個結構上分裂的集團更為有利。同樣，軍官團最初區分為陸海空三軍，然後統一在一個單一、全面的參謀和軍事指揮官的領導之下，將會增加軍官團相對於其他政府機構的權威。它將會以一種而非三種聲音發言。其他的集團將不可能挑撥軍官團的一部分以對抗另一部分。

第三，就權威的範圍而言，它涉及獲得正式授權運用權力的集團，關於其價值觀的種類和類型。例如，軍事集團的權威通常被限制在軍隊事務，如果參謀長也被授權向政府建議有關農業津貼，他們的權威範圍就被明顯地擴大了。橫向的文人統制是政府中大致居於同一權威層次的文人組織或團體的平行作為，用於抗衡軍隊，使其在限制範圍內活動。

(2) 影響力：非正式關係存在於個人或群體對他人行為的統制，不是由於他們在一個正式的結構中占據特殊的職位，而是因他們掌握對其他人的懲罰與獎賞。這種影響力來自人格、財富、知識、特權、友誼、血親或各種其他的來源。它的明顯特徵是內在於特殊的個人或群體，而非來自他們所占的角色或地位（1957, 86-87）。

一個集團和它的領導者的政治影響力甚至比他們正式的權威更難以判斷。不

過,有四項概略指標可用以評估軍官團的影響力(1957, 88-89)。

第一,軍官團和它的領導者的集體關係或團體歸屬感。測試一個團體的影響力,可以從它與其他有權力的集團和個人之間的關係上,就其程度和性質方面著手。軍官團的集團關係有三種類型。首先,役前關係(preservice affiliations)來自軍官進入軍官團以前的活動。如果大多數軍官來自一個特定社會階級或地區,這可以假定增強了軍官團與這一階級或地區的影響力。其次,是軍官在履行軍事義務時所發展出的役中關係(inservice affiliations)。例如,與國會委員會或與從事生產武裝部隊軍需品的企業之間的特殊關係。最後,是役後關係(postservice affiliations),它反映了離開軍官團後軍官活動的一般模式。例如,如果軍官退休後通常進入某種特殊類型工作或定居在國家某一特定地區,則可假定增加了軍官團對社會這些部分的影響力。

第二,從屬於軍官團與其領導者之權威的經濟資源與人力資源。致力於軍事目的的國民生產比例越大和以平民或軍事能力服役於武裝部隊的個人數量越多,則軍官團與它的領導者的影響力將會更大。不過,從屬於軍事權威的資源之增減,並不涉及權威本身的任何改變。在從屬於軍事統制的資源的改變過程中軍事權威的層次、統一性和範圍也許維持不變。

第三,軍官團和其集團的層級制的相互滲透。如果軍官團的成員在非軍事權力結構中占據權威地位,則軍人影響力即增強。如非軍人個人滲入正式編制軍官團而取得職位,則顯示軍人影響力減弱。

第四,軍官團和它的領導者的聲望和眾望。軍官團和它的領導者對公眾輿論的立場以及社會中部分團體對軍人的態度,顯然是決定軍人影響力的關鍵因素。

這四個因素將可作爲衡量軍隊政治影響的指標。這些關係或多或少的量化程度顯示了軍人政治影響力的程度。例如,軍人在正式文人政府機機所占權威職位的總數之增加,即顯示軍事影響程度的增強。

2. 意識形態層次:專業倫理和政治意識

軍人倫理是具體的、永久的和普遍的,可單一地視爲「軍人心態」(military mind),但文人倫理則多元而複雜,難於形成單一的「文人心態」(civilian mind)。因此,軍人倫理只能與特定的文人倫理相比較。有鑑於此,杭廷頓特就

文人倫理之一的政治意識形態中，選擇四種以與軍人倫理比較。所謂「政治意識形態是對國家問題所持的一套價值和態度取向」。杭廷頓所選的四種政治意識形態是西方文化中最重要的自由主義、保守主義、法西斯主義和馬克思主義。他從一般和抽象的角度，並視意識形態為一種觀念系統，比較這些意識形態與軍人倫理的相容或敵對。以下分別就這四種政治意識形態加以簡述，以顯示它們與軍人專業主義的關係（1957, 90-94）。

(1) 自由主義：杭廷頓認為，自由主義（Liberalism）是以個人主義為中心，強調理性和個人的道德尊嚴，反對加諸於個人自由的政治、經濟、社會限制；軍人倫理則認為人是邪惡、軟弱、無理性，必須服從團體。自由主義主張人類自然關係是衝突的；軍人倫理則認為人類自然關係是和平的。自由主義者強調任何事業的成功依賴個人精力的最大量釋放；軍人則強調事業成功有賴於服從和專業化。自由主義者讚揚自我表現；軍人觀念則強調服從。自由主義者反對社會的機械理論，主張人性的可塑性，可藉教育和適當的社會機構加以改善。它通常相信進步和減低歷史的重要性，藉理性而非憑經驗以解決政治問題。

自由主義通常不是否認權力的存在，減少它的重要性，就是苛評它是先天性的邪惡；軍人則強調權力在人類關係中的重要性。自由主義傾向於假設國家安全的存在；軍人則認為國家安全持續受到威脅。自由主義非常關心經濟和經濟福利，反對大規模軍事力量、外交權力平衡和軍事聯盟，相信通過制度設計（如國際法、國際法庭和國際機構）可達到和平。自由主義者傾向和平主義，但通常會支持為自由理念而戰的戰爭。戰爭作為國家政策的工具是不道德的，但為普遍的正義和自由的原則而戰則否。因此，自由主義者反對一般性的戰爭，但支持特定的戰爭；軍人接納抽象性的戰爭，但反對特殊意義的戰爭。

此外，自由主義通常對軍備和常備部隊持敵對態度，認為它對和平和憲政都是一種威脅，如果需要軍事組織，則必須能反映自由原則。對於自由主義者，文人統制表示自由理念在軍事機構中的體現，軍事專業被視為是落後、無能和忽略經濟、道德和意識形態的重要性。自由主義視國防是全民而非少數人的責任，如果必須作戰，國家必須依賴大眾民兵和平民軍隊，以「全民皆兵」作戰。

(2) 法西斯主義：軍人倫理和法西斯主義（Fascism）在許多方面相似，但有一項基本上的差異。軍人接受存在的事實，並儘可能有效地為它搏鬥，法西斯主義者

讚美存在的無上價值。軍人視鬥爭先天存在於人類關係中，法西斯主義者則視鬥爭為人類最高的行動而備加讚揚。軍人倫理接受民族國家是一獨立單位，法西斯主義則將國家或政黨看做是道德的化身，道德的最終來源。軍人思維接納戰爭，法西斯主義思維則浪漫化了戰爭和暴力。軍人承認權力的必要和使用，法西斯主義則強調領導者的最高權力和能力，以及服從他的意志的絕對職責。

法西斯主義和軍人對於人的本質和歷史的看法極為不同。軍人強調人類特質的普遍性，法西斯主義者相信特定民族或種族的自然優越性，以及領導者先天的才能和高超的品德。軍人思維對任何人懷疑。軍人吸取歷史教訓，自由主義者重理性，法西斯主義者強調制度。

不像自由主義，法西斯主義願意支持維持強大的軍事力量。自由主義者為理念而戰，軍人為國家安全而戰，而法西斯主義者為作戰而作戰，戰爭是目的而非政治的工具。相反於軍人謹慎、不好戰的外交政策，法西斯主義者主張一種強力、侵略性、革命性的政策，聲稱以衝突為目的，將國家權力的擴張無限上綱。法西斯主義者相信國內所有社會機構臣屬於國家或政黨，軍事專業本身必須有適當的意識形態色彩。法西斯主義並不像自由主義一樣，將外在形式強加於軍事機構上，它甚至更坐視任何除了國家以外的潛在權力資源的存在。像自由主義一樣，法西斯主義相信總體戰，大規模軍備，以及每個市民服兵役的職責。

(3) 馬克思主義：馬克思主義（Marxism）者對人的看法基本上與軍人對人的看法相反。對於馬克思主義來說，人基本上是善良和理性的；他的腐化是由於惡質的制度。認為人類在史前和未來的烏托邦社會裡都能和平相處。歷史是辯證發展過程，經濟力量決定一切，階級鬥爭貫穿其間，無產階級是最進步的階級。馬克思主義者視歷史是一元的，而軍人則認為是多元的。

馬克思主義和軍人倫理都承認人類事務中權力和群體的重要性。只是，馬克思主義者強調經濟權力的重要，而軍人則與馬基維利（Niccolo Machiavelli）持同一觀點，強調武力的優越性。馬克思主義者認為基本群體是階級；軍人則認為基本群體是民族國家。馬克思主義者否認國家是群體一致性的反映的事實，認為它只是一種階級作戰的工具；而軍人倫理承認國家將會為了許多理由而作戰，它強調對權力和安全的關注。對馬克思主義者來說，經濟帝國主義是國際戰爭的基礎。唯一的戰爭只是階級戰爭，唯一的武裝力量，只是階級的工具。他不承認普遍的軍事價值和

原則；軍事力量的特性為它所奮戰的階級利益所決定。他偏好依無產階級路線和反對資本家利益所組成的軍事力量。因此，馬克思主義與自由主義同樣堅持以非軍事的理念來形塑軍事機構（pp.92-93）。

（4）保守主義：保守主義（Conservatism）基本上相似於軍人倫理，是保守的現實主義之一。保守主義不同於自由主義、馬克思主義和法西斯主義。它與軍人倫理相同之處，在於它有關人、社會和歷史的理論；認知權力在人類關係中的角色；對現存制度的接受；有限的目標；不信任大規模的設計。更重要的是，保守主義不像其他三種意識形態，它不是一元論和全體主義者。它不試圖去運用相同的理念於所有問題和所有人類機構。它允許各種各樣的目標和價值。因此，保守主義不會為其內在邏輯導致不可避免的衝突，此衝突係因軍事功能的需求而衍生的各種軍事價值觀。它不將政治—意識形態的模式強加於軍事機構上。雖然先天的對立和衝突存在於軍人倫理和自由主義、馬克思主義以及法西斯主義之間，但軍人倫理和保守主義卻存有先天的相似性和相容性（1957, 93-94）。

(三) 客觀文人統制的平衡

杭廷頓進一步主張，客觀文人統制的實現，有賴於軍人權力和社會意識形態之間達成一種適度的平衡。他認為，能夠增強軍事專業主義和客觀文人統制的文人和軍人集團之間的權力分配，因存在社會中的盛行的意識形態和專業軍人倫理之間的相容性而有所不同。如果意識形態是先天的反軍事（antimilitary）（如自由主義、法西斯主義或馬克思主義），則軍隊只能藉犧牲他們的專業主義和執著於社會中占優勢的價值和態度，以獲取實質的政治權力。在如此的一個反軍事社會中，如要最大程度地擴張軍事專業主義和文人統制，可經由軍人放棄權威和影響力，並以一種弱勢、孤立的姿態存在，遠離社會的一般生活。另一方面，在一個偏愛軍人觀點的意識形態占優勢的社會中，軍事權力可以增加到最大程度而不至於變成與高層次專業主義不相容（1957, 94）。

在一個對軍人未寄予同情贊許的多元社會中，軍人仍要堅持明確、獨斷和嚴格的價值系統，必會被排除在權力之外。只有在軍人能保有彈性、有意調適和準備妥協時，才能獲得廣泛支持：權力的取得總是要付出代價。軍人為權力所必須付出的代價，依賴於軍人倫理和社會盛行的意識形態之間裂縫的程度。

杭廷頓認為，在多數社會中，權力、專業主義和意識形態間是一種動力的關

係，它反映出團體間相對權力的轉換，改變了意見和思想潮流並影響了國家安全的威脅程度。維持構成客觀文人統制的權力和意識形態之間的平衡，顯然地即使在最佳情況下也很困難。任何專業都經歷到一種在它的先天專業熱望和它所涉及外來政治之間的緊張狀態。軍人專業由於它對社會的重要意義，以及國家面臨威脅時它必須掌握的極大權力，顯示這種緊張程度遠比其他專業團體要高。追求專業能力和服從價值的專業人員，與追求以權力為本身目的的政治人物是兩種顯著的類型。二者的因素存在於大多數人類和每一個團體之中。因此，二者之間的緊張永遠不能消除；只能加以統制到多少可以忍受的地步（1957, 95）。

(四) 文武關係的模式

杭廷頓認為，權力、專業主義和意識形態間的一般關係使文武關係可以區分為五種不同理想類型。這些類型是理想型和極端性，在實際運作上，任何社會的文武關係混合了兩種和多種的因素。在杭廷頓所假設的，以下五種模式中，後三種具有高度的專業主義和客觀文人統制；前兩種則被假設為較低的專業主義和主觀文人統制（Huntington 1957, 96-107）。

1. 反軍事意識形態、高軍事政治權力和低軍事專業主義。

這類文武關係通常出現在軍事專業主義發展遲緩的較不發達的國家中，或存在於當安全威脅突然加大和軍隊政治權力急速增長的較先進的國家。在近東、亞洲和拉丁美洲，這類文武關係即易於流行。只有像土耳其這種國家才很難使軍隊脫離政治和培養專業行為與專業觀念。日本是唯一能長久維持這種文武關係模式的國家。不過，第一次世界大戰的德國和第二次世界大戰的美國也都具有這種模式的特徵。

2. 反軍事意識形態、低軍事政治權力和低軍事專業主義。

這種模式的文武關係只出現在強烈追求社會意識形態的國家，軍隊無論如何減低它們的政治權力，都無法逃避它的影響力。現代極權主義國家的文武關係可能傾向於此一模式，最接近此一類型的國家是二次世界大戰期間的德國。

3. 反軍事意識形態、低軍事政治權力和高軍事專業主義。

一個安全上很少遭受威脅的社會可能有這一類型的文武關係。歷史上，美國從內戰後興起軍事專業主義到二次大戰開始，即盛行此一模式。

4. 親軍事意識形態、高軍事政治權力和高軍事專業主義。

在一個安全持續受到威脅並且意識形態上同情軍事價值的社會，可能允許一種高層的軍事政治權力，並且仍能維持軍事專業主義和客觀文人統制。或許體現這種多樣的文武關係卓有成效的國家，是俾斯麥金－莫特肯（Bismarckian-Moltkean）時代（1860-1890）的普魯士和日耳曼。

5. 親軍事意識形態、低軍事政治權力和高軍事專業主義。

這一類型可以發現在一個沒有受到安全威脅以及受到保守主義或其他同情軍事觀點的意識形態所支配的社會中。20世紀的英國在某種程度上傾向於這類文武關係。

(五) 分析文武關係分化的三個層次

杭廷頓認為，在任何一個社會中，文武關係反映這個社會和它的政治系統的全面本質和發展水平。其關鍵的問題是，軍人及其利益與非軍人及其利益分化到何種程度。這種分殊化（differentiation）可以在三個層次上發生：(1)武裝力量整體和社會整體之間的關係；(2)武裝力量（軍官團體）作為精英團體和其他各精英團體的領導階層之間的關係；(3)武裝力量的指揮官和社會上層政治領導人之間的關係。杭廷頓解釋，在社會這一層次，武裝力量也可以是社會的一個整合部分，反映並體現這個社會占主導地位的力量和意識形態。

軍隊體制和社會是一體的（coextensive），社會所有成員也履行軍事角色。在另一極端情況中，軍隊體制則可以高度分化，它的成員除軍事職能外，不扮演任何重要角色。在第二層之上，軍官們和社會其他領導團體之間的關係可以非常密切；軍事、經濟和政治領導者可能是同一批人。在連續譜的另一端，軍官階層可以是一種高度排外的專業生涯，與其他角色並不相容。最後，在最高層次上，同一批人可能身兼政治和軍事雙重領導角色，或者這些角色截然不同（1957, 487）。

一般而言，某一層次的高度分化，與其他層次的分化有關，但絕非一成不變。例如，在17和18世紀的歐洲軍隊，君主個人集社會、經濟、政治和軍事的領導職能於一身。同樣地，軍官頭銜通常也是貴族階層的特權。然而，歐洲軍隊的士兵都來自社會下層，他們長期服役，與文人社會關係十分疏遠。到了19世紀，這些關係倒轉過來，政治和軍事領導階層逐漸分化。首相和閣員從議會和政黨中出現；軍

事指揮將領和參謀首長是軍事官僚制度的產物。同樣，軍事階層變爲專業化；進入軍隊一般都從最低階級開始，並且需要專門訓練。軍人與社會的關係反而更加接近（1968, 487-488）。

　　杭廷頓並且從軍事團體與非軍事團體在技能、價值觀和機構三方面的差異，來說明文武關係每一層次的分化。首先，從技能上講，軍人與非軍人的區別在於擅長使用暴力和對暴力進行管理。在一個開發中的社會，例如18世紀的美國，這種分化相對較少，一般農民都具有普通士兵的作戰能力，社會和政經領導人易於具有指揮部隊的能力。到19世紀和20世紀初期，軍事技能開始變得與非軍事技能明顯分化。20世紀中期，在一些發達的社會裡，軍事技能和其他技能的差異則有逐漸縮小的趨勢（Janowitz 1960）。其次，就軍人和文人在態度和價值觀念方面而言，在大多數社會裡，軍人的觀點被認爲通常與某些文人團體的觀點接近，但與另一些文人團體的觀點疏遠。在西方歷史上，軍人的價值觀念常與貴族和保守信仰相聯繫。20世紀後半葉，在許多現代化國家裡，武裝力量中占主導地位團體的價值觀，相當接近於向上發展的（upward mobile）、民族主義的、主張改革的中產階級文人的價值觀。專業化軍官的發展，通常會刺激軍隊形成自己的態度和價值觀。即稱爲軍人心態，以不同於社會中占主導地位的態度和價值觀。專業軍人倫理本質上傾向保守。如果社會的基本價值觀是由自由派的、法西斯的或社會主義的，軍隊與政治領導人之間的關係就可能緊張。最後，軍事機構也可以在不同程度上從文人機構分化。如以連續譜來說明，在一個極端，軍隊可以完全與社會分化，成爲「國中之國」（state within a state），軍人相對獨立於立法和行政部門的統制（如1945年以前的日本和1933年後的德國）。在一些社會中，如緬甸和一些拉丁美洲國家，軍隊不但可以成爲國中之國，還可以變成「社會中的社會」（society within a society），軍隊執行許多經濟和社會功能，並且具有很高程度的自給自足（self-sufficiency）。在另一極端，一些具有「全民皆兵」模式文武關係的社會中，軍事機構與其他機構的分化程度可以很低，軍隊與社會可以是同一的（identical）（Rapaport 1962, in Huntington 1968, 488）。

　　總結以上所述，杭廷頓所建構的文武關係模型是一種理想類型的文人統制模型。此一模型以軍人專業主義爲機制。在杭廷頓概念中，軍人團體是一個專業團體，具有專業技術、責任感和團體意識。所謂專業技術，是指對暴力工具的管理能力。此外，專業軍官團有一重要的內在特質，即在軍事體系實行按能力或技術水準

高低而晉升的制度。因此，軍官團致力於軍事專業技術的精進，並要求軍隊內部的自主，也因此使得專業主義與政治化格格不入。軍隊一旦被政治化，就成為政治組織，不再強調專業技術和依能力晉升。文人政府在與軍隊這種封閉的組織打交道時，就需採取不同的方式，這就是主觀文人統制和客觀文人統制的區別之根本所在。

　　在文人主觀統制的模式中，文人領導者在軍隊中建立文人統制機構，以最大限度地擴大其權力或統制能力。文人統制的要求與專業主義的要求根本對立，文人政府不僅不允許軍隊依能力晉升和軍事自主，而且以政治滲透軍隊各層級，牢牢掌控軍隊。

　　相對的，文人客觀統制模式中，軍隊充分實施專業主義，在政治上保持中立，使用暴力以禦敵的專業領域中具有實質的自主權，軍隊的職能在於擔負國家的軍事安全任務，而不介入與軍隊無直接關係的政治事務。軍隊與文人政治分開，服從政府的領導。杭廷頓對於客觀文人統制模式的論點，可以解釋為下列幾項：軍隊內部具有官僚政治的組織和層級制的威權關係結構；軍隊壟斷致命性武力；軍事專業者具有獨特的專業知識和專門技能；軍隊能產生團結一致的認同；軍隊人事晉升依據專業技術能力的高低；軍隊和文人政府存在著僱傭關係；軍隊在文人社會中具有自主角色；專業軍官團的社會化（軍人心態）。

二、簡諾維茲的專業軍人理論

　　簡諾維茲的《專業軍人》一書，重點在於檢討軍事專業和它發展成「保安警察」（constabulary）力量的可能性，使其能履行國家安全責任並提供文人政治統制新的理論根據。他發現專業軍隊面臨著如何能組織自己以肆應戰略嚇阻、有限戰爭和擴大的政治─軍事責任這些多重功能的危機。他認為，首先，須促使軍事機構適應持續的技術變遷；其次，需重新界定戰略、準則和專業的自我思考。只有新的軍事專業主義思維，才足於應付科技進步所帶來的環境的變遷和衝擊。在此情況之下，軍事領導者的思維和決策過程深受影響。專業軍人雖仍保有其英雄心態和為大眾服務的傳統，最重要的，它必須在政治統制之下運作。

(一) 軍事專業的特徵和趨勢

簡諾維茲認為，戰爭導致大規模軍事組織的演變，更促進科技的迅速發展，並進而改變了專業軍隊的層級制（hierarchy）。在理論上，軍事層級體制是一個層次分明、由上而下直接貫徹命令的金字塔形組織。在實踐上，由於專業技術人員的加入，此一層級制不復為金字塔結構（1960, 65）。在軍事體制產生組織性革命情況之下，不僅軍事技術人員受到重用，軍事管理者也更受重視。不過，簡諾維茲特別強調，軍事體制中的問題和管理已不單是技術問題，也是政治問題。因此，傳統上英雄式的領導，特別是對戰鬥意志的堅持和士氣的鼓舞，仍不可忽視。現代專業化的軍事體制仍需將英雄式領導者、軍事管理者和軍事技術人員三種角色加以調和，取得平衡（1960, 21）。

簡諾維茲認為軍事專業不是一個完整統一的權力集團，內部各階層普遍存在著有關準則和外交觀點的歧異，反映出文人的爭端。軍事專業與軍事機構類似行政壓力團體的模式，但因它擁有龐大資源和涉及國家安全問題，所以是一個特殊的壓力團體。此一集團累積相當大的權力，深入當代社會的政治網絡中。

簡諾維茲特別提出五項基本假設，作為分析美國的軍事專業，以瞭解美國軍人政治行為的變遷，這些假設也是技術變遷下，所形成的軍事專業的特徵，並成為軍事專業的發展趨勢。

第一，變遷中的組織權威。軍事機構的權威和紀律的基礎已經改變，使威權性的優勢統治轉為較依賴操縱（manipulation）、說服和團體意識。普及於當代社會的，以說服、解釋和專門知識為管理方式的組織革新，也發生在軍中。簡諾維茲認為，有關軍事紀律和權威之從威權式掌控，變成較為依賴操縱、說服和集團共識，代表人類開始以一種比較理性的、管理的途徑解決戰鬥組織管理問題。所謂操縱，是「透過強調團體目標和使用間接的統制技術以命令和影響人類行為」（1960, 42），而非傳統的掌控（domination）方式，不需解釋追求的目標或所涉目的而下達命令強制執行。

這一假定旨在說明軍事指揮上，軍事精英的政治行為的實況。不僅適於解釋軍事機構對研究、發展和後勤問題的處理，甚至適合解釋有關作戰和戰備。「事實上，指揮官最關心的不再是貫徹嚴格紀律，而是維持高度的主動精神和士氣」（1960, 9）。此外，可見的事實是，「現代作戰的技術特性需要具有高度的技術

和動機的軍人……。因此，軍隊編制越機械化，對組織團體觀念的依賴也越大」（ibid.）。

第二，軍人和文人精英之間的技術差異逐漸縮小。軍隊不斷徵召技術專家和新任務的需要，使專業軍官需要不斷發展與文人精英相同的技術和取向。以美國而言，「純粹」的軍事專長人員，陸軍已從南北戰爭時期的93.2%降到韓戰後的28.8%。海、空軍甚至更低。

為配合軍人精英的社會、政治行為的改變，軍事指揮官為完成他的職責，對於組織技巧和士氣與協商的處理必須更感興趣和更為純熟。此外，軍事指揮官為了向他的參謀和部屬解釋軍事活動的目標，必須提升他的政治素養；為了向其他的軍事組織、文人領袖和大眾解釋和建立關係，必須培養公共關係的能力。

第三，軍官甄補（recruitment）的轉變。本世紀以來，軍官招募對象已自狹窄而相當高的社會地位的基礎，轉變為更廣泛的基礎和更能代表人口整體。

甄補基礎的擴大，反映了軍事機構的成長和大量訓練有素的專家的需求。擴大軍事領導者甄補的社會基礎，是否意味著伴隨著軍人外觀和行為的民主化，服從文人權威的意願提高了？美國軍事機構的新階層是否較不受傳統民主政治統制的影響？當軍官團變得更具社會代表性和更具異質性時，是否變得更難於維持組織效率，並同時強化了文人的政治統制？（ibid., 10-11）

第四，生涯模式的意義。生涯發展上具有高能力者容易成為專業精英，達到軍事層級的最高點，以履行技術性的和例行性的功能。相對的，必須具有改革眼光、無條件的責任感和政治技巧才能進入精英核心的小團體。

所有類型的精英都必須擅長於處理人際關係、戰略決策和政治協商，而非擅長技術性工作的履行。

第五，政治教化（political indoctrination）的趨勢。軍事機構已發展成具有加大政治責任的龐大管理企業，給傳統的軍人自我形象和榮譽觀念帶來壓力。軍官不只視自己為一個軍事技術人員，在其專業領域中，特別是戰略領導階層，業已形成更清晰的政治風氣。軍隊政治包括兩方面，對內的政治涉及軍事機構對有關國家安全政策的事務的立法與行政決定之影響，對外的政治包含軍事行為對國際權力平衡和外國行為的影響。

美國武裝力量的政治教化目的，在消除文人對「軍人心態」的輕蔑。灌輸軍官具有主動、革新的精神，不囿於民族優越感，以及以「人群關係」（human relations）思想處理大規模組織中的人的因素（ibid., 13）。

(二) 專業軍人的政治、社會取向

軍官團之日益涉及政治的現象，根據簡諾維茲的觀察，可以由二次大戰後軍中勞力分工所呈現的功能上改變看出來。軍官團角色的發展，主要在於涉及處理國際安全和國際政軍事務的責任。由於每項軍事任務最終都會影響到國際政治，因此一些執行任務的軍官都會直接涉及政治性計畫和政治性交涉（1960, 70）。

美國和歐洲軍官團的社會背景之漸趨平民化和異質化，有助於軍隊的專業化，當軍人的社會基礎轉變，它的政治行為越受社會背景制約和越傾向專業性考量。例如，越來越多出生於本土、鄉村和中低階層，以及持有主流派（Episcopalian）宗教信仰的專業軍人與精英，即對國家具有高度認同感和強烈的民族情感。「軍事專業社會代表性的增進不僅有助於軍事管理者的發展，也有助於軍事專業體制各種社會和政治前景的發展。專業軍人的政治學已變成一種組織—壓力團體的政治學，而非只是表達一種社會階層的利益」（ibid., 101）。

1. 軍人榮譽——超越政治

軍人榮譽感被認為是約束整個軍事專業，確保軍官特質和生涯過程的重要因素，它的提升有助於軍人對國家的忠誠。軍人榮譽至少含有四個基本要素：(1)軍官以紳士自許；(2)對軍事指揮官和三軍統帥的忠誠；(3)軍官團以同志情感和自治的兄弟會員為基礎；(4)軍官為保護和增強傳統榮耀而戰（ibid., 17）。不過，在民主社會中，榮譽不宜成為專業軍事幹部的唯一或主導的價值，而應依賴公共聲望和大眾認知並與其相結合（ibid., 225）。

根據軍人榮譽的定義，專業軍人在國內事務上是「超越政治的」（above politics）。在民主政治論中，「超越政治」的原則是將領們本身不參加政黨或公開顯示黨派行為；軍人是人民的僕人，所以軍隊應對民選領導者保證黨派中立（ibid., 233）。

不過，黨派中立並不表示「超越政治」到非政治程度。分析專業軍人信仰，並不利於假定他們能夠或應該是非政治的。美國文人至上的運作，是因為軍官在減少

或消除他們對競選國家政治領導的影響力的原則下，發揮其功能。文人至上也需要軍事領導者在既定規則下運作，就關於國防政策提供建議和表達不同意見。當代政治機構的緊張，源於政府對治理軍隊以「壓力團體」影響立法和行政部門有關外交事務決策方面，缺乏明確的相關規則（ibid., 234）。

2. 認同保守主義

軍官團在政治信仰方面，各軍種在保守主義和自由主義的政治取向上略有不同，但基本上傾向於認同保守主義（ibid., 236）。所謂保守主義，就它最普遍的政治用法，是指支持維持現狀的道德需求的信念。不過在軍事網絡中，政治保守主義必須以與科技的改變和隱含人類行為其他方面的改變相調和為第一要務。保守主義也意含人類本性不是高度完美的。對於專業軍人，保守主義的這一方面，主張暴力是人類關係的最後仲裁者，並且在事實上，訴諸暴力是不可避免的。這一取向不容易與成長中的現代武器的毀滅性相調和，事實是，它增加了其他規範國際關係的方法的重要性（ibid., 242）。

隨著經濟和社會環境的急遽改變，正式的保守主義也需相應調整其內涵。在經濟假定上，軍人保守主義認定以私有財產作為穩定的政治秩序的基礎是不可缺少的。軍人保守主義不贊成自由放任的經濟。在社會關係方面，軍人保守主義並不同意這種信念，即：當代社會關係表現出最令人滿意的標準。軍人意識形態持有責難缺乏秩序和尊敬具有文人社會特徵的權威。軍人相信美國文化的唯物主義和快樂主義阻礙了愛國主義、職責和自我犧牲的基本軍人美德（ibid., 248）。

在政治概念方面，軍人保守主義的基本意義在於它純粹的政治內涵。以戰爭的邏輯或理論而言，簡諾維茲認為，軍官團的專業行為的邏輯是軍事準則（military doctrine），它是科學知識和專門技能的綜合，以及傳統和政治的假定。每個國家的軍隊專業都發展出反映它的社會環境的軍事準則。美國是個多元化的社會，雖然深受政治保守主義特定形式的影響，但軍隊專業並非受單一的哲學指導。美國的軍事準則表現在「作戰規則」（operational code），它提供領導者評估一套特別政策是否適於作為達到政治目標的指導方針（1960, 257）。

3. 「絕對─實用」分析途徑

如何以戰爭達到政治目的（如外交政策目標）的理論，主要有兩種：「絕對」

（absolute）思想和「實用」（pragmatic）思想，或稱保守的和自由的思想。前者指涉戰爭是國際關係最重要的基礎，戰爭的政治目標可以由勝利獲得。越能取得勝利，達成目標的可能性越大，「總體勝利（total victory）是無可取代的」。後者認為戰爭只是國際關係的一種工具，其他還有意識形態的和經濟的鬥爭手段。戰爭的政治目標之達成，是經由使用或威脅使用暴力手段，使用的過與不及都會弄巧成拙（1960, 264-265）。

「絕對─實用」或「保守─自由」的意義，可以透過戰爭不可避免和軍事行動的政治目標問題加以釐清。首先，就戰爭不可避免的問題而言，隨著毀滅性核子武器的發展，軍事作戰準則不再以總體戰爭不可避免為信念，而是認為戰爭將成為有限度的。根據實證調查，持「絕對」觀點的軍官比「實用」觀點的軍官更傾向於相信核子戰爭的可能性。因此，戰爭不可避免的信念轉變為具有強烈意識形態的政治事件（ibid., 267）。

其次，以戰爭行為的政治目標而言，作戰準則已逐漸從戰爭的懲罰性概念轉變為追求政治目標；軍事精英逐漸地傾向於視勝利不在於追求總體的軍事征服；逐漸瞭解到軍事行動的目標不必將美國的道德標準和經濟制度強加於人（ibid., 267）。在這種觀念的轉變過程中，可以發現，第一次世界大戰中，美國是在「絕對論」準則主導下，進行懲罰性的遠征。第二次世界大戰期間，美國之介入對日戰爭雖然是受絕對論者的懲罰性理念的影響，但最後仍在實用論者的堅持下，採取政治性解決方案，促使日本無條件投降並維持日本戰後的政治體制。

絕對論者和實用論者的軍事政治觀點之不同，可以由註[4]附表明顯看出。

4. 政治作戰的重要性

簡諾維茲特別提到「政治作戰」（political warfare）的重要性。他認為在「不戰─不和」（no war-no peace）時期，幾乎各種類型的軍事運作都離不開政治面向。專業軍人的心態如過於傾向技術性，則不利於外交政策的推動；他們需要對政治影響力具有適當的敏感度（Janowitz 1971, 342）。

簡諾維茲認為，當代「政治作戰」一詞，源自英國。它「只是傳統上說服的使用的現代措辭，這種說服的使用，是當實際或被威脅涉及軍事力量的政治環境時」（1971, 322）。政治作戰置焦點於軍事戰略的象徵性方面。亦即如何管理軍事運作

的戰略和戰術，以最大程度擴大其政治影響；如何能使軍事運作與外交和群眾說服的技巧有效地調和（p.323）。

　　蘇聯因共黨掌控了武裝力量、外交和宣傳的人事，比民主國家更易於從事政治作戰。美國在二次世界大戰中，使用「宣傳」或「心理作戰」（psychological warfare）以摧毀敵人的戰鬥意志也是政治作戰的運用。不過，當時只狹義的意謂宣傳而未注意到軍事作戰與外交和大眾說服的技巧之統合。當軍隊的主要功能逐漸變成嚇阻戰爭而非製造敵對時，「心理作戰」一詞已逐漸陳腐。為了統合外交和軍事力量，焦點少在削弱戰時潛在敵人的抵抗意志，而更多在增強同盟和中立國家的士氣。據此，在軍事範圍內的政治作戰和心理作戰已被諸如「國家戰略」、「國際安全」和「政軍事務」詞語所取代。軍隊的主要政治任務，是向同盟國和中立國表明，軍事同盟政策是適合他們本身的利益（1971, 324）。

　　簡諾維茲所提到的政治作戰的作為，包括：戰俘處理、透過媒體（如廣告）影響輿論、宣示政府的意圖、展示軍事和意志力以達嚇阻目的、停火談判、軍事政府的統治、軍隊參與統治地社區活動、軍事援助、反叛亂等。這些作為偏重在外交和國外地區的非純軍事活動（1971, 325-341）。

5. 軍民關係

　　軍隊作為壓力團體能否產生效用，依賴它與民間的結盟網絡和契約關係。軍官與文人領導集團和機構的關聯越緊密，其影響潛力越大。專業軍官和文人的關聯主要有三：民間僱用退伍軍官；專業協會活動；以及直接參與政黨政治。軍事將領為回應文人統制的壓力，會利用其管道表達需求。因此，這三種文人結盟的類型是軍人在美國社會中權力地位的主要面向（1960, 372）。

　　首先，文人社會僱用退役軍官的範圍相當廣泛，大致上以民營企業最多，政府機構居次。僱用的主要原因在於藉助退伍軍人的行政技術和經驗。退伍軍官在企業公司的國防合約工業中人數最多，也顯示工業和軍事體制之間的連鎖經營（interlocking directorate）新類型。在此新行業中的退伍軍官雖對軍事採購頗多貢獻，但也造成很大弊端，因而國會在1959年春即要求修改國防歲出預算，限制軍官退伍五年以後，才可任職於訂有國防合約的企業公司（ibid., 377）。在政府機構方面，戰後幾年由於機構擴充，人員短缺，外交和國防單位曾招募一些退伍專業軍人，但數量並不多。美國高級文官制度且嚴格限制軍人轉入文人機構或派任軍職至

政治單位。

其次，軍人專業協會的建立，目的在於爭取退伍軍人的利益，也在於回應文人統制的壓力。這類協會具有互助性質，是一種壓力團體，有些且獲得軍官的贊助。例如，各軍種均成立協會向國會遊說或提供資訊；出版刊物，舉行研討會，以宣傳政策或理念，並試圖透過影響公共輿論，以影響立法和行政的過程。具體的組織如空軍協會（Air Fore Association）、海軍聯盟（Novy League）和陸軍協會（The Army Association）。

最後，有關退役軍官之政治參與。美國在傳統上和專業軍人倫理方面，都不鼓勵甚至限制軍官直接參與政黨政治。早期少數退伍將領參加總統選舉，只是個人的行為。曾經重現過的，由退伍軍人組成的政治性團體，如「親美國」（Pro American）運動和「美國愛國團體聯盟」（The Coalition of Patriotic Societies of America）即運作不久而告終。這與英國不一樣，英國並不認為退伍的專業軍人進入國會將危及民主制度，英國的正規軍官即為保守黨重要的人力資源。

總之，作為壓力團體的軍事專業，因其重要的專業功能，得以與國會和總統維持獨特的關係。但是常因軍種間和軍官間的競爭而顯得力量分散。上述的三種民間文人結盟方式，均無法將軍方整合成一股統一的政治勢力。軍事專業由於軍種間和軍官間的衝突而形成派系，各自尋求大眾和政治支持。例如，空軍利用企業合約廠商的支持；陸軍藉新聞評論和特別意見領袖以表達其務實的觀點；海軍則與關鍵性國會領袖建立特別關係。

6. 新型公共關係

第二次世界大戰後，美軍發展並維持了廣泛的新型公共關係（new public relations）或稱「公共新聞計畫」（public information program）。軍事體制透過軍事事務或軍中生活的報導、新式武器的展示、軍人英雄的表揚等，有助於爭取軍人利益，並塑造軍人形象，提升軍人社會地位，促進國內政治上軍人壓力團體的活動。三軍有計畫和組織地運用國內大眾媒體並以直接面對面的接觸影響「意見領袖」（opinion leaders），以達到加強公共關係的效果。美軍從上到下各階層，都有公共新聞軍官的編制。工作範圍包括，從為電視台準備全長的影片到為家鄉報紙撰寫有關士兵在營生活的新聞稿，相當廣泛。因此，公共新聞成為一種專門的軍事生涯。各軍種運用各自內部的訓練計畫和設有新聞學與公共關係學系的民間學校，

培養公共新聞專業人才。新公共關係要求軍事體制所有人員都成為非正式發言人，軍事管理者瞭解到軍人的行為和態度是各軍種公共印象的根源（1960, 397-400）。

值得進一步探討的是，新型公共關係是否需要尋求一種意識形態或「哲學」以發展公共關係的形象和路線？第二次世界大戰期間，美軍為同化大量來自民間新兵，曾注意到意識形態教化，向官兵解釋「我們為何作戰」和宣揚盟軍的道德優越性。擔任這項工作的就是新聞和教育軍官（Information and Education officers）（ibid., 403）。

韓戰期間，美軍俘擄在共黨戰俘營的行為，使意識形態教化更受重視。當時，受俘美軍在共黨思想灌輸和壓力下，產生通敵行為，使美軍體認到軍事專業應具有強化意識形態及軍法常識的功能。美國在1950年代中，即曾嘗試執行一項名為「戰鬥自由」（militant liberty）的評估自由的計畫，除強調意識形態的必要性以外，並提出以紀律、宗教、公民、教育、社會秩序和經濟秩序為基礎，以個人良心為依歸的意識形態內涵，對抗共黨滅絕個人良心的意識形態。然而，儘管探尋一套綜合的意識形態以作為指導軍事專業和公共關係，成為軍事戰略和信條的重要議題，卻因一直受爭議而未能貫徹實施（ibid., 406）。

此後，各軍種繼續嘗試加強官兵的宗教信仰、倫理道德觀念和愛國心，以提升部隊士氣。參謀首長聯席會議也體認到加強武裝部隊的教育，與擴大其社區關係、軍事援助、海外駐軍和許多其他具有政治內容的政軍功能。這些後來的作法遠比稍早粗略的「戰鬥自由」要有深度。意識形態的積極面，是在宣揚自由、民主的價值觀和官兵的兄弟情誼，並且也強調美國人的卓越及其強壯和吸引力（ibid., 412）。

(三) 文武關係─文人統制的方式和壓力

簡諾維茲（1964; 1971）將西方民主國家的文武關係界定為「民主模型」（democratic model）。他認為民主模型是一種歷史事實和政治精英透過一套正式的規則進行對軍隊的統制。這些規則詳列了軍隊的功能和軍隊行使權力的條件，並特別排除軍人涉入國內黨派政治。在國家社會各行職業中，軍隊是專業者，他們自成一個小集團，其職業不同於文人職業，事實上，一位專業軍人和任何其他重要的社會角色或政治角色是不相容的。軍隊領導者服從政府是因他們相信這是他們的職責和作戰專業。專業倫理和民主議會保證了文人的政治至上。軍官之勇於作戰，是由於他對職業的承諾。

　　民主模型的要素只有在某些西方工業化國家才能達成，因爲它需要非常可行的議會機構和對於政府目的持有廣泛的社會的一致意見。民主模型假定軍事領導者能藉由專業的行爲典則以及團體忠誠加以有效激勵（Janowitz 1964, 2-4; 1971, 24-25）。

　　就美國的文武關係而言，簡諾維茲認爲，第二次世界大戰後軍事專業的規模與功能之擴增，對文人統制的機制產生了組織性的變革。政府的立法和行政兩部門持續尋求強化對武裝力量的政治統制機構。例如，國會涉及軍事的委員會中的委員和職員增加；國防部長辦公室的活動擴展，1958年的國防部長即有超過12人的主要助理和千位以上的專業參謀；總統擁有一個擴大的個人參謀群，並以國家安全會議作爲對軍事體制之政治指導的中心機構（1960, 347 -348）。

　　簡諾維茲指出，文人統制受到的壓力主要來自三方面：不可預期、不減反增和軍隊專業以壓力團體形態介入國內政治領域（1960, 349）。首先，立法和行政機關的文人管理，雖關切行政效率，但對軍事體制並未能促進有效的眞實統一，相反的，1945年以後，長期受文人統制的影響，導致軍種之間和軍官之間競爭的激烈化。

　　就文人政府的責任而言，總希望各軍種之間能摒除己見，協調合作，因而支持並鼓勵軍官具有「開闊的超軍種」（broad non-service）的一種「聯合價值觀」（joint values）取向（1960, 350-352）。並透過軍事教育，以減弱軍種間的對抗，這也是文人統制的方向之一，但事實上，根據調查，除了高層單位如國防部和參謀首長聯席會議的軍官，較能具有這種開闊的胸襟以外，各軍種以下的軍官，仍以個人的理念和所屬軍種本位爲取向。高層單位的軍官之所以較能持有宏觀的超軍種的立場，一則由於需從整體考量，與各軍種保持同等服務態度，並需要與文人機構打交道；再則由於高層單位組織龐大，軍官的表現，不易爲所屬軍種總部及其首長立刻瞭解（ibid., 352）。

　　其次，政府的立法部門行使文人對軍隊的統制方法之一，是國會對預算的控制。國會議員慣於對軍事預算抱持懷疑態度，來自武裝部隊的作證者，總被假定軍方犯錯而受到質問。也就是國會對於軍事預算常持「否定論」（negativism）。研究顯示，國會對軍事預算的年度審查，顯得技術過時，效果有限。在運作上，國會預算審查的基本目標置焦點於減少浪費而非評估軍事運作，其結果反而對專業軍隊

造成敵對和緊張，達不到有效的政治統制（1960, 354）。

否定論也顯示在國會對軍事組織問題的態度上。如國會即表露過反對武裝力量的統一，因它覺得過度的統一會削弱政府行政和立法部門間的平衡。國會擔心軍事權力的過度集中，而仰賴軍種間的競爭以提供其資訊來源和作爲文人干預軍事事務的基礎（ibid., 356）。

大部分國會議員會抑制涉及戰略性軍事事務。但對於軍隊人事政策則常持否定態度或只關切細微末節。另外，國會議員之涉入軍隊事務，部分原因在於爲其選民提供涉及軍方的服務，如獲得國防合約、採購事務、土地取得、甚至士兵的急事請假。相應的，各軍種需維持許多國會聯絡參謀，不僅處理主要立法事務，也協助議員以滿足其對軍方的需求。1958年的美國空軍總部國會聯絡辦公室，由一位少將負責，成員多達137人（其中82人爲文職），超過國會用於文人統制的職員人數（ibid., 358）。

簡諾維茲的這一段話指出了文人統制的精義：

國會和軍事專業之間的一項有效而積極的聯繫，是參謀首長們在國會委員會前的證詞。軍事體制支持國會所堅持的，各軍種參謀首長須直接面對國會，亦有權表達對行政政策的異議。當爲預算項目作詳細證言時，「首長」出席國會山莊是一件非常重要的事。爲此，參謀首長們須表現相當的政治責任，以尋求發展一種對國會表達他們意見的模式；同時，也表明他們對國防部長和政府行政部門的忠誠（ibid., 359）。

第三，由於文人統制的主要機構在政府的行政部門，以及文人統制的結構更爲複雜化，促使軍人對行政統制的反應，表現在強烈爭奪接近高層的管道——行政首長和國家安全會議（1960, 350）。

行政部門對軍隊的統制，主要集中在各軍種上層；1950年代以後的趨勢，則集中在國防部的文人上層結構。在此之下的階層，則少有或無直接的文人政治統制組織。文人雖垂直地分布在各軍事單位，但他們只是僱用的科技專家或助理人員，並非行政和政治統制組織的一部分。例如，美國並無相似於英國的政治軍官（political officer），賦予他們對作戰單位相當的權力，以處理戰場上的政治事務

（ibid., 362）。

　　美國在1959年進行的軍事體制重組，加強了軍事領導權力集中的趨勢。根據新的立法，總統雖仍受國會監督，但對於軍事體制的廢除、併編和功能轉換的權力則獲得加強。總統之下，從事戰略計畫和設定作戰目標的聯合參謀的規模，以及國防部在主導研究和發展方面的角色，也因而擴大和強化。三軍參謀首長雖仍然得以接近國會，但國防部長的地位加強。參謀首長聯席會在國防部長直接領導下，統一指揮各軍總部。各軍總部部長的權力則限制在訓練和後勤功能的行使（1960, 362-363）。

　　文人行政機構的統制方法主要有三種（1960, 363-367）：第一種是類似國會監督的預算統制機制，但行政機構的決定比國會的重要，因為行政機構具有足夠的知識和更大的彈性，其決定且產生立即性的影響。國防支出就是一項行政決策，涉及政治和技術調適的持續過程。文人行政統制意味著文人主導了對各軍種的經費分配。

　　第二種方法，是文人透過對各軍種審慎之任務分配和責任劃分的行政決策以統制軍隊。任務和責任的分割是發展和執行軍事戰略的機制，其概要雖由國會界定，但主要是行政部門的決策。例如，二次大戰後，海、空軍之間有關戰略性原子報復的責任劃分，決策權即屬國防部長。不過，此一方法，有時因為文人的軍事專業知識不足，特別是在武器的研發方面，以致不得不仰賴與民間企業的合作而造成軍火商的干預。

　　第三種文人統制方法，是軍事體制中的文職權威者有責任向總統和國務院就國際關係軍事方面提出建議，以及執行涉及政軍事務的指令。派任軍事高層的文人似傾向於企業管理者。

　　專業軍官因而需要擔負管理武裝力量的政軍事務的責任，代表武裝部隊與各部會協調聯繫。理論上，所有涉及軍方與國務院的相關活動，需要透過國家安全會議的指導，但實際上，政治上的協調（如與國務院）可經由非正式管道進行。因此，在許多情況下，專業軍官不是在嚴格慎密的文人統制之中，而是必須相當主動地有所作為。基本上，文人至上之有效性，在於專業軍人相信他的政治上司有誠意採納其建議。簡諾維茲指出，「高層軍官在制定國家安全政策時，所以能像壓力團體一樣發揮影響力，部分原因即基於美國人對專業者的尊敬。軍事專業的一些傳統信

條，諸如榮譽、公衆服務和奉獻軍旅，使軍官傾向於保持超黨派立場並限制其壓力
團體活動的範圍」（ibid., 367）。

另一方面，由於軍人對文人首長的專業認同，文人行政首長必須對軍人爭取政
治管道的壓力有效地回應。例如，羅斯福總統提供軍事體制與其辦公室的半正式溝
通管道，以及艾森豪總統之另設軍事參謀組織作爲個人統制的方法，一則有助於掌
握軍事將領和軍事動態，再則以行爲保證了專業軍官愼密的專業建議被納入戰略體
系之中，相對地使軍事專業獲得尊重（ibid., 369）。

(四) 軍事專業的新形態──「保安警察力量」

軍事專業的發展前途，有賴於在組織的穩定和對技術與政治的急速變遷的適應
之間取得平衡。軍事領導者必須設法解決以下幾項兩難問題：(1)在傳統武器和現
代武器之間取得適當平衡；(2)協助正確地評估威脅或使用武力而抗拒說服和解決
衝突之可能性的後果；(3)軍事領袖必須管理一支有效能的軍事武力，使之適合未
來可能出現的，參與對軍備之監督和統制的政治和行政的計畫（1960, 417-418）。

面臨這些持續的兩難問題，軍官團一直在尋求重新界定專業要件，並需要一
套新的自我概念。這就是簡諾維茲所提出的保安警察力量。他認爲國際關係中對武
力的使用，已由軍事力量（military forces）變爲保安警察力量，其不同之處，在於
警察力量使用最少的武力，尋求良好的國際關係而非追求勝利。此一概念基於務實
論信條並加以擴充，它源自過去軍事經驗和傳統，也爲軍事專業的徹底調適提供基
礎。

1. 「保安警察力量」的意涵

保安警察力量概念包含軍事力量和組織的全部範疇。上自戰略性大規模毀滅性
武器，下至那些具有彈性的和特殊的能力，包括軍事援助計畫、輔助正規軍作戰以
及游擊戰和反游擊戰的專家，都包括在內，亦即各個範疇的目的，都有其戰略和戰
術面向。保安警察力量概念兼顧戰略嚇阻和有限戰爭。

保安警察武力概念不涉及傳統的警察（police）功能。美國陸軍在早期是一支
國內警察武力，用於強化中央政府的權威。現代的陸軍，除非獲得最高當局授權，
並不願意涉及罷工和種族衝突事件。軍隊介入政治衝突，被視爲減損其保衛國家的
執行能力。軍隊以作爲國內保安警察力量而擴大介入，被視爲有礙警察概念在國際

關係中的發展（1960, 419-420）。

　　保安警察部隊中的軍官特別經得起持續警戒和緊張的壓力，他能敏銳地體會到軍事體制對國際安全事務所產生的政治和社會的影響；他之所以接受文人統制，不僅是因「法律原則」和傳統，也是由於自願接受的專業標準和整合了文人價值的價值觀。此外，文人對軍隊的統制，當朝保安警察力量方向發展時，即不能基於過時的假定，認為只須促進軍隊現代化或防止波拿帕特主義者（Bonapartist）的興起（ibid., 420）。

　　反而是，文人統制問題包含各種管理的和政治的工作作為適當的文人統制的要件。立法、行政機構必須有他們的標準和資訊，用於判斷軍事體制扮演警察角色時的敏捷和有效程度。研訂期望軍隊達到的運作標準，是文人的責任，雖然這些標準不能單從專業軍事判斷中構想出來。

　　為了因應對保安警察力量的文人統制，在兵役制度上也需適當配合。因此，不論採行有限徵選制、自願應徵制或普遍公眾制（類似社會役，用於民間防衛、社區服務和資源保護），主要必須走向專業化。傳統的平民軍人（citizen-soldier）概念在面對現代作戰對高科技的需要，已不適用。軍事力量的發展趨勢是以軍事專業為生涯的取向。保安警察力量的軍官團必須具有受過高級訓練的人員，才足以應付立即作戰。

2. 保安警察力量的特徵

　　簡諾維茲先前所提出的五項基本假設（1960, 423-427）：軍事權威、技術結構、生涯（職業）模式、軍官甄補和政治教化，是用以彰顯軍事專業獨特的特徵。每一面向對於評估軍隊自我修正的可能性，都很重要。

　　第一，軍事權威的問題。長期以來，植基於權勢支配的軍事權威已趨向於較依賴團體統制和共識的技巧。

　　簡諾維茲指出，軍事體制雖然可以吸取其他組織的經驗，但必須尋找它本身的權威平衡。例如，大學商學院所提供的強調成本會計、預算和「人群關係」的管理方式，在軍事活動範圍中相當流行，也許不適合保安警察部隊的戰鬥組織，但是卻有可能用於評估軍隊是否發展出一種「兄弟情誼式的權威」（fraternal authority）——承認不同等的平等，它在理論上可允許在一個層級制指揮結構中具

有主動性和創造性，這種權威形式具有兩項特徵：正式的長官和部屬角色，很少或不會試圖隱藏權力和權威的事實；由上至下，科技的和人際的技巧加上團體忠誠，有效增加部屬的效率，但限制了對決策過程的參與。

顯然地，軍事權威已變為能與單調技術成就、理性和務實性倫理的文人社會價值相容。

第二個軍事專業轉換為保安警察力量的問題是它的技術結構。軍事專業的技術改變已縮短軍事和民間職業之間的差距，專業軍人必須發展更多文人行政官員共有的技術和取向。但是，軍事體制的有效性有賴於軍事技術家、英雄式領導者和軍事管理者之間維持一種適度的平衡。

保安警察武力將依賴軍事管理者以維持這種適當的平衡。由於軍事管理者具有良好的軍事教育，以及自日常工作中所發展出來的廣泛行政技巧，使得他擅長於參與處理國際安全事務。另一方面，由於軍事技術家本質上專注於精良武器和它的摧毀力而不關心國際政治問題，英雄式領導者希望維持傳統的軍事學說，並拒絕評估無法取「勝」的有限軍事行為的政治後果。這兩種人的傾向都有礙於保安警察力量概念。軍事管理者將可以防止保安警察力量被這兩種人所支配或限制。英雄式的領導者和軍事管理者之間的隔閡較少，因為軍事體制以管理為取向，需要行政專才。反而是軍事技術者與實際管理者在技術結構上差距最大，前者最關切軍事手段，後者則最重視軍事政策的目的。

第三，專業軍官的甄補已從一種狹窄、特殊和比較高地位的社會基礎拓寬到較為廣泛的低地位和更具社會代表性的社會階層。例如，從士官兵中以及自鄉村地區招募軍官。因此，軍事專業已順應了政治民主的要求。

由於軍官甄補的異質性加大，社會背景已逐漸不如專業經驗和個人提攜重要。以社會門弟作為甄補的評選標準已逐漸減低其重要性。

第四個問題是為因應保安警察力量多重任務而規劃的軍人生涯的內容。軍事專業在傳統上特別強調一種被指定的輪調經歷，透過各種派職以訓練高階領導職務。未來發展趨勢，將對軍事管理者要求更廣泛的通才能力，對軍事技術家要求更專精的科學專業能力。軍事技術家的培養，可以從民間大學獲得，例如，ROTC計畫可以從提供預備軍官為目的，改變為以甄補技術經歷的軍官為取向，或者擴大選派軍

官到民間技術研究所進修。軍事管理者的教育和生涯發展也須重新界定，使之適合保安警察力量所需，一則使其角色與英雄式領導者的角色相融合，再則強化其專業技術能力。

　　未來的專業軍官生涯內容規劃，應使軍官體認到軍事行動所產生的政治、社會影響。所有軍官必須接受訓練，瞭解文人至上的意義。軍官的政治—軍事教育，例如有關國際關係課程等，從甫入軍事院校就應開始，並持續到高等教育和專業經驗。此外，保安警察力量概念下的專業軍官，需要多歷練不同軍兵種的職務和熟悉各種軍事武器系統，並且透過輪調國內外工作，以累積豐富經驗和地理及語言專長。此一生涯規劃與離開軍中後的第二生涯完全相容，有助退伍後的就業。

　　軍事專業的第五個問題是重要性漸增的政治教化。對保安警察力量的軍官，必須給予一種有關政治事務的正直和現實主義的教育。其內容涉及對國際事務最一般性的瞭解。

　　在軍事專業中就像任何專業一樣，自我批評是實行改革的一個基本的必要條件。但是，要使自我批評達到效果，必須具有知識內涵。軍事管理者的崛起，意味著軍官們更致力於自我提升其學術水準。軍事專業強調教育和訓練，一向極尊重知識成就。軍事管理者為尋求對複雜的行政與組織問題的科學解決，也必須運用知識成就。至於軍事指揮官，由於武器的毀滅性能力不允許出錯，故需要使軍事計畫更為有效。在此環境之下，知識份子努力的成果有助於評斷這些武器的實際價值而深受敬重。

　　軍中知識份子（military intellectual）雖然是一位專業軍人，但在心態上傾向於認同知識份子和知識性活動。他通常拒絕或不適於位居指揮高位，基本上，他擔任顧問性職務，而這類職位是制度化、可以接受的（p.431）。美國海軍的奧弗瑞德・馬漢（Alfred T. Mahan）和他陸軍的父親丹尼斯・馬漢（Dannis H. Mahan），以及陸軍的厄普敦（Emory Upton）、拉尼（Charles W. Larned）、布利斯（Tasker H. Bliss）和帕默爾（John MeCauley Palmer）等人，皆是著名的軍中知識份子（1960, 432）。他們自認為，不僅關心行政和指揮，同時也對軍事學說和蘊涵美國人價值觀的作戰典則做出貢獻。不過，以往他們這些貢獻，主要是在務實的專業性方面，對政治內容則相對缺乏。

　　第二次世界大戰以後，軍中知識份子顯現另一種不同類型，軍中的知識活動變

成組織化。首先，打破知識份子與民間大學隔離的傳統，積極與外界保持接觸；其次，軍中知識份子不再是自行指定的代言人，而是有訓練的專業者。各軍種選派優秀軍官到民間大學接受高級專業訓練。部分人且獲得博士學位。第三，軍中知識份子的興趣，從工程學轉向社會科學，特別是國際關係。社會科學應用在龐大而複雜的軍事體制中，不僅有助於管理設計、人員甄補、情報蒐集和內部管理，更有助於國家安全策略的策訂和瞭解戰爭的目的與手段之關係。例如，國際關係理論領域中的博奕理論（game theory）即有助於處理國際衝突（ibid., 434）。

3.保安警察力量專業能力的發揮

　　簡諾維茲指出，在一個多元社會中，軍事專業旳未來不僅是軍人的責任，也有賴於文人的政治領導。保安警察力量概念的設計，在於保障軍隊的專業能力和防止分裂的挫折感的滋長。爲達到這一目的，執政當局必須做到以下幾項（1960, 437-38）：第一，將軍事目的限制在能夠實行和可以實現的目標。例如，文人領導者爲防止專業的挫折感，必須釐清軍人在禁止武器競賽中的新責任。

　　第二，協助闡明軍事信條，使其較能一致性的表達國家政治目標。這一目標的達成須要軍事體制中各競爭派系在作戰典則上少有歧見。在國際關係的現實和壓力之下，較一致性的典則是可能出現的。由於總體核子戰爭難於發生，軍事作戰典則問題的眞實意義在於日常國際安全事務的處理，特別是在加強聯盟的共同安全和傳達保護的軍事意圖方面（p.437）。挫折感的滋長不僅導致軍隊尋求一種綜合性的意識形態，也有助於專業軍人相信他應該是一位自主的政論家。軍事體制在國內外必須扮演積極性的公共資訊角色。

　　第三，在軍中維持一種專業的自尊。這需要文人領導經常注意到軍隊的僱用條件。保安警察力量顯然需要適當的生活水準和一種適合他的工作的生活方式。政治領導者不宜任意批評軍人，並須遵守契約關係。文人只承認軍隊專業是不夠的，還須承認軍人專業生涯的價值和意義。此一認可是軍人自尊的基本要素。

　　在以保安警察概念作爲專業的再界定的基礎上，使新的文人統制方法成爲可行。首先，是國會宜檢視它本身立法監督程序的適當性。對行政部門的改變，宜置重點於大力主張高層文官和政務官（political appointees）較長期任職制。國會和行政部門對於壓力團體活動和武裝力量的國內公共資訊活動所可能接受的限制並非不重要。軍官團政治教育的大膽試驗也需要。專業軍人不可能脫離國內政治生活，專

業人員即使肩負專業之責，如脫離政治教育工作也不可取。政治教育的目標在於發展一種信守民主政治制度並理解它如何運作的價值。即使這項工作必須繫於專業者本身，政黨卻可能視為是超黨派的貢獻（ibid., 439）。

此外，簡諾維茲認為，中央情報局的活動涉及國家安全利益和國際形象，因此，對軍隊的政治統制也不能排除國會對中情局的統制（ibid., 439）。

最後，對軍事專業的政治統制，視軍官為何而開戰此一問題的答案而定。在封建社會中的政治統制是文人統制，只因為貴族集團和軍事領導者之間有著個人和利益的認同，軍官之從事作戰，是因為他覺得他在奉行命令；在極權政治統制下，軍官從事作戰，是因毫無選擇。當他們掌握權力時，極權政治領導者暫時與軍事領導者聯盟，但最後，他們摧毀了軍隊專業的自主性（ibid., 440）。

民主政治假定只靠專業倫理即能有效地激勵軍官。軍官之所以作戰，是因他對職業的承諾。民主政府在長期國際緊張情勢壓力之下，也可能出現衛戍型國家。在這種政治型態中，軍人聯合煽動群眾的文人領袖，支配了空前龐大的政治和行政權力，軍官是為國家的生存和榮耀而戰。簡諾維茲指出：

> 不過保安警察力量的設計，與傳統的民主政治的政治統制目標是相容的。保安警察力量軍官履行他的職務（包括作戰），是因為他是一位具有自尊心和道德價值感的專業者。文人社會允許他維持他的社交禮儀並鼓勵他發展他的專業技術。他順從文人的政治統制，是因他認知到文人鑑賞和瞭解保安警察力量的任務和責任。他被整合到文人社會，因為他與文人社會分享共同價值觀。否認或消除軍隊與文人之間的差異，並不能產生真正的相似點，卻製造了緊張形勢和不可預期的軍國主義（ibid.）。

三、杭廷頓和簡諾維茲兩人論點的比較

杭廷頓從政治學觀點出發，關注文武關係和統制軍隊，亦即有關國家對強制性工具的統制、正當性和政治系統的適當功能，此外，並涉及對專業的政治影響和軍人心態。簡諾維茲則從社會學觀點出發，主要關切軍隊內的政治─社會系統、專業人員的社會─經濟特徵以及這些對專業主義特性的影響，同時也涉及「絕對論─實

用論」途徑和「保安警察力量」概念。

　　兩人從不同的觀點探討專業的狀態，闡釋他們的概念，作爲未來的專業主義基礎。杭廷頓認爲最佳的專業人員是一位對政治冷漠而擅長於特定軍事技術者。簡諾維茲則主張專業人員也須培養政治─社會洞察力，以處理有關政治─軍事問題和性質模糊不明的安全環境。

　　兩人的不同觀點對國際安全環境和美國政治的實況各有其解釋力，也均有其不足之處，薩奇先在這方面，曾作過客觀的分析（1981, 44-52）。首先，在有關國際安全環境方面，韓戰中，有限戰爭（limited war）的概念難於爲大部分軍人所接受。所謂有限戰爭，是指目標的性質和軍事運作的程度受決策者限制。有關麥克阿瑟在韓戰中的角色之爭議，所反映的不僅是關於文人對軍隊的統制，而且更重要的是總統對於軍事運作必須被限制在特定的政治指導之下的態度。一向公認爲戰爭發生之前，由政治家掌控，但在戰場上和對戰爭的指導，則爲軍人支配。多數軍人和學者都認爲這類責任是歷史的正當性。但是，有限戰爭以其所具有的政治─軍事意含，是難於調和這種觀點的。

　　韓戰結束後，許多學者開始檢視有限戰爭的概念。這些評估基於這種觀點：既存的政治限制了軍事運作，並且有限的戰略和戰場戰術難於適合專業目的。因此，戰後研究軍事專業主義的一個重要觀點是，軍事效率在於軍人淡出政治，置重點於發展適當和成功指揮作戰的軍事技術。如此又回復到政治家從事協商而軍人負責作戰的理念。這種心態對於軍人專業者比較容易進行教育和訓練，以及釐清文武關係。

　　根據這種觀點，軍事專業主義對世界抱持悲觀的見解。證諸1950年代末和1960年代初期的世界情勢，這一見解獲得了印證。當時殖民地的爭鬥所造成的動亂和中國大陸引人注目的事件，使國際間持續著對抗和鬥爭；加上蘇聯之擁有核子武器，顯示核子戰爭的可能性，更加強國際情勢的惡化。因此，軍人隨時備戰以履行其專業責任並成爲軍事技術專家，而文人政治家則爲肆應變動且無法預測的國際秩序而奮鬥。杭廷頓有關軍隊疏遠政治和嚴格解釋專業主義的論題，成爲此時最適當的觀點。

　　1960年代初，國際環境的變遷刺激了美國政治─軍事觀點的轉換。殖民帝國的瓦解、蘇聯核武能力的加強，以及中共的興起，提供重新思考政治─軍事事件的

誘因。特別重要的是，中共與國民黨鬥爭中運用非正規的戰略和戰術而獲得勝利。這增進了革命戰略對抗殖民的或威權的體系的適切性，並腐蝕了傳統的戰場專業觀點。

衡諸變遷中的國際安全問題，杭廷頓有關軍事專業主義的建構即顯現有些不足。武力的運用很少是為了戰場的獲勝，而是為了政治與象徵性的目的，如自美國的國家利益角度來看，這一觀點即變得日益重要。最能表達這一論題的，是簡諾維茲的「保安警察力量」概念。所謂「保安警察力量」，不是指傳統意涵上的輔助正規軍的警察力量，而是一種包括考量政治—社會面向和以非戰鬥結構使用武力的專業主義力量。簡諾維茲特別強調專業社會化應包括這一面向。

簡諾維茲並未放棄對軍事專業主義的傳統理念，而是以此為基礎發展一種更為彈性的政治—社會專業觀點。他也瞭解到不斷改變中軍事專業的社會—經濟特性。例如，軍事專業主義不一定被看作是終身職而是多種生涯中的一種選擇。社會已發展出的與軍事專業的關聯，為社會化提供了替代資源。軍隊自我孤立的心態已消退，部分原因是社會變遷的反映，部分則是國際安全環境的需要。

因此，在1960年代初期，杭廷頓和簡諾維茲兩人的觀點顯現其適切性，或者顯示出各以不同理由提供一種理解專業主義的有用架構。一個是自傳統意義上強調軍隊應對政治冷漠而能整體投入軍事訓練和技術。另一個則認為，若要軍隊維持其效率，必須要能有所超越。

越戰經驗給專業主義帶來很大的挑戰。以國際環境而言，越戰顯示傳統意念的專業社會化和專業能力並不適合反革命衝突的需求。此外，美國的越南經驗似乎顯示對軍人干預的既有觀念已經過時。在越戰中更重要的是有背軍事傳統的政治符號、意識形態取向和心理—政治環境。

就此而言，杭廷頓的論點似乎不適於解釋這種環境，而簡諾維茲的觀點對於1960年代國際衝突為政治—社會問題所左右的現象則特別有效。「不過，這並無損於杭廷頓論點的價值。即便在美國介入越戰最不利時期，仍有一批軍人和文人辯稱，如果決策者體認到戰場屬於軍人，則結果一定不一樣；也就是讓專業人員根據他們的專業知識和技能運作，則越共在戰爭初期一定易於擊敗」（Sarkesian 1981, 46）。

　　有趣的是，杭廷頓對專業者具有霍布士世界觀的評估和簡諾維茲的「絕對—實用」途徑描繪的觀點，對於檢視越戰時代的專業主義都有效用。許多專業者不僅覺得共產主義和民族解放戰爭是主要挑戰，而且感覺如此鬥爭在可見的將來一定持續著。為回應這些挑戰，有些專業者認為軍事技術和武器技藝的有效運用（絕對論者）是最佳的方式。另一群專業者（實用論者）則認為需要更富彈性和適切的運用武力以因應政治—社會與軍事的挑戰。

　　其次，就美國國內政治環境方面，杭廷頓和簡諾維茲的理論對於民主政治系統某方面言是適切的，而在另一方面則不適合，其理由則各不相同。杭廷頓的論點強調軍人對政治的冷漠性質和軍人不干預任何政治。他並強調統制軍隊的性質和文人統制的特性。對於軍隊的統制，不僅可透過憲法的安排，並且也可藉由民主價值系統與軍事系統的互動來達成。軍人社會化過程強調文人統制和軍人的服從。根據杭廷頓，專業上政治—社會事件的服從強化了軍人對文人領導的服從。

　　簡諾維茲的論點也強調軍隊對文人決策者的服從，不僅是民主政治系統的結果，也是由於專業價值系統。然而，對於專業主義的政治—社會成分的爭辯和軍人嚴肅地以此問題關切本身的需要，提供了某些批評者的證據。他們認為，在簡諾維茲觀念中的軍官不只是一位「軍事」專業人員，他的涉及政治，開啟了軍人過度影響政治系統之門；無論如何，簡諾維茲論點的主旨，在於主張政治—社會面向應該是外向導引的，武力的運用在於對付外部的偶發事件（Sarkesian 1981, 47）。

　　就這兩位作者的論點，其不適於民主系統之處，是杭廷頓的專業主義和簡諾維茲的保安警察力量概念有可能造成對文人統制的傷害。根據薩奇先的分析，杭廷頓所主張的專業人員應對政治冷漠的觀點，可能發展出一種對民主價值觀與民主過程甚至民主政治整體沒有感應的軍事專業主義。期待一個軍事系統對它所屬的政治—社會系統無動於衷是不切實際的，特別是在文人社會化和民主價值系統方面。同樣地，就簡諾維茲而言，專業人員涉及政治—社會事件不能藉由規範武力的運用加以限制。政治理念和政治分析的灌輸會導致對國內社會作政治評價和隱然涉及各種非正式政治聯盟。沒有堅強的知識基礎和清晰的政治面向，這樣的一種心態可能導致民主和政治過於簡單化的一些政治活動和觀念。在這兩人的案例中，軍人專業的運作正與民主系統的價值觀和理念相左。最後，杭廷頓所認為的專業對世界抱持霍布士觀點，也會誤導專業軍人對他的民主社會持有這種觀點（Sarkesian 1981, 47-48）。

　　1960年代，美國部分人民因反對介入越戰而引起有關民權的國內動亂。這類政治衝突的結果之一，反映在軍人專業身分的受到沾污。此一否定的觀點在志願役時期持續到相當程度。更重要的是，志願役概念提供了檢視杭廷頓和簡諾維茲的影響之另一項有用的指標。就杭廷頓而言，他的論點支持了志願役概念，因它假定：人力基礎可使軍隊本身避免文人政治社會態度的時常輸入，和減少軍人的政治關切與政治活動。在這種情況之下，志願役軍隊可以被訓練成一支真正的專業武力，不至於為政治社會系統的影響所腐蝕。由此推論，韓戰期間和越戰後期，美軍出現的軍事效能問題就可以避免如此的一種專業心態。就簡諾維茲的論點而言，如能對戰爭本質和美國與聯合國角色的政治社會面向較能瞭解，當可釐清「我們為何而戰」的信念，以及穩固和加強韓戰與越戰中軍人角色的正當性與可信度。

　　這兩人論點的差異，是用於對越戰時期軍事專業的解釋。前面提到，兩人的觀點可為軍官團用於為他們在越戰中的專業角色辯護，並且也可作為後越戰時期的指導。如就國內政治環境而言，當美國介入越戰時，杭廷頓論點即令人質疑。依據他的論點，專業者可以辯稱，戰場是屬於軍隊的，在任何戰場衝突中，為獲得勝利成功所需的武器特性和戰略戰術，必須掌握在專業者手中。戰爭的失敗，不是由於軍事專業，而是由於政治的拘束和文人對正當戰爭指導的干預。簡言之，杭廷頓的論點，有關軍人應該對政治保持冷漠並置重點於追求戰場成功的目的，直接間接地，可被視為解釋反革命衝突的失敗原因。

　　如以簡諾維茲的論點而言，軍事專業者則可以辯稱，美國人最終軍事失敗的根本原因，在於缺乏對越戰的政治社會性質的真正理解，傳統舊有的觀點不能對抗越南革命的高度政治社會特性。這會導致不當的戰略和戰術。文人和軍事領導者也可能有此錯誤觀點，即不允許政治社會的專業觀點用於指導戰爭。同樣重要的是，政治－社會面向有助於軍隊對1960年代中、後期國內動亂和軍隊普遍發生的社會問題之反應。吸毒、種族歧視、異議和反抗，空前地令許多軍事專業者驚訝。然而，有人辯稱，政治警覺性和對社會之政治社會變遷的理解，已使軍事專業者警覺到維持軍事系統的紀律、道德和作戰精神的問題。簡諾維茲的論點可以解釋作：軍事專業者必須也是一位社會科學家，關切軍隊問題的解決，這些軍中問題來自社會，包括文盲、種族、藥物濫用、異議和工作不如意等（Sarkesian 1981, 49）。

　　最後，在軍人心態方面，杭廷頓和簡諾維茲兩人著作在哲學上的區別，明顯地

可以從他們對軍人心態的影響上看出來。軍人心態的定義包含從武力結構到國防預算的多種考量。它主要涉及軍事機構的最可能使用、教育宗旨、專業訓練和培養世界觀。

　　根據杭廷頓觀點，霍布士的世界觀，是專業知識面向的基礎。軍人本身是否實際認同霍布士觀點並不重要。重要的是，事實上軍人對世界的認知：這是一個國家必須在敵對環境中運作和軍事衝突頻繁發生的世界。因此，任何國家為了生存，它必須擁有一支有能力保衛它的政治體系的軍事力量。

　　保守主義的取向補充了霍布士的觀點。專業者的特質是，視人類生而自私，只能透過強力領導者加以統制，軍人接納以「法律和秩序」作為任何政治體系的主要目標和所要追求的先天的「善」。這種觀點使軍人本身難以完全與自由民主系統一般的動力、變遷和明顯不穩定的特徵相互調和。軍人認為現存制度中應具有忠誠和信諾的美德。因此，大部分軍人難以接受對美國政治制度的批評。例如，在越戰期間，軍人覺得大眾媒體是罪人，扭曲了對越戰和軍隊體制的觀點。

　　無論如何，軍事專業基本上是建立在視軍事體制不涉政治的此一哲學前提上。根據杭廷頓的看法，如果軍事專業為履行其軍事角色而不為政治影響所腐蝕，則軍人對政治的冷漠是必要的。介入政治會使專業的精力從它的主要工作轉移到惡化的政治本質。軍隊越專業化越遠離政治。因此，軍事教育和訓練必須集中在贏得戰場和戰爭勝利所需要的專門技術上。政治社會現象的研究也許是一種求知的享樂，但卻不適合專業的主要工作。

　　杭廷頓認為，這種專業心態最適合以文人統制軍隊為傲的自由民主政治。各種民主統制、體制、價值系統以及教誨軍人致力於獲取軍事技術等，提供了「客觀的」和「主觀的」統制的價值體系和倫理考量。杭廷頓的觀點顯現了當前專業主義的主要脈絡。不僅能用於解釋越戰的潰敗，也提供未來專業訓練和社會化的參考。

　　簡諾維茲的保安警察概念，其專業取向大於哲學意涵，不僅從某種政治角度看待專業主義，而且，將軍事體制看作傳統意涵上的政治工具。軍隊不應用作黨派政治工具，也不應被解釋為主要的「政治」工具，而是，根據這種觀點，軍人必須理解戰場勝利只是專業主義的一方面。具有全部政治一社會特徵的有限戰爭必須是軍事專業內容的一部分。

　　保安警察觀點不排除傳統上認爲軍事專業主義主要基於軍事技術和執行能力的這種觀念，它反而增加了越戰特徵的政治—社會面向。此一面向並爲軍隊在扮演諸如武器統制、衝突限制和國際和平維持等非傳統臨機事件的角色時所強化。

　　根據簡諾維茲觀點，軍人的世界觀不是單一的，它基本上反映兩種觀點：「絕對主義者」和「實用主義者」。前者以「善」和「惡」的角度看待世界，後者接受黑白連續譜上的灰色部分，認爲善和惡有時無法辨別。對於絕對主義者，武力用於因應世界事端類似杭廷頓的政治冷漠的專業者，它的最單純的形式是表示運用所有軍事手段以獲得勝利。但是，對於實用主義者，武力的運用是一件需要經過政治考量的相當複雜的事，許多例證顯示，軍人必須限制他們的武力使用，並且軍人可能變成涉及本質上爲非軍事的隨機事件。

　　包括軍事教育在內的專業社會化過程，反映出保安警察力量更複雜的面向，軍人需要做的，比瞭解純軍事技術還要多。軍事學校，特別是高級軍事學校，必須學習許多諸如武器管制、衝突限制、政治和社會變遷等政治問題，以及國家安全的經濟狀態。最後，簡諾維茲的專業主義需要有軍事能力和政治—社會敏感度。因此，必須能夠嚴格地限制政治干預和個人專業者的活動。

　　總而言之，檢視杭廷頓和簡諾維茲的論著，必須從認識他們的學科觀點上加以調和。杭廷頓的政治學使他置重點於政治系統的運作，和軍隊在此一系統中的正當角色；簡諾維茲則主要關心專業的政治—社會特性及其對軍事體制的影響。兩位學者都從有關軍事專業和政治系統的需要的學科基礎上得到結論。因此，可以說，專業主義的本質因兩位學者在許多方面的互補而更爲精進。這並不否認杭廷頓的政治冷漠軍人和簡諾維茲的保安警察武力概念之間的基本不一致。然而，如只強調他們的不一致而不承認他們的互補性，則可能誤解兩人的學術貢獻（Sarkesian 1981, 52）。

四、薩奇先的文武關係「均衡模型」

　　薩奇先有鑑於杭廷頓和簡諾維茲的軍事專業主義和文武關係理論難於完全解釋越戰後美國的文武關係，因而嘗試建構一種替代模型，稱爲「均衡模型」

（equilibrium model）。[5] 此一模型基於一種強調「平衡」（balance）、「平行」（parallelism）和「友善對抗」（friendly adversary）的「均衡」（equilibrium），主張軍隊和社會並非分離的兩個團體，而是同一個「政治—社會系統」（political-social system）中的一個整合部分。此外，軍事專業主義被視為廣義的用語，包括軍隊是在自由民主政治中的政治行為者（actor）這一面向。因此，他對文武關係一詞的定義是：「文武關係是由軍隊和社會之間所形成的平衡，這種平衡的出現，是由軍人專業者和重要的政治行為者之間的互動和行為模式，以及作為政治行為者的軍事機構之行使權力所促成」（Sarkesian 1981a, 239）。

這項定義依據幾項前提：(1)文武關係包含多重關係，並且不限於正式的憲法和政治的權力與過程；(2)軍事系統必須在它所屬的政治—社會系統網絡中加以分析，包括價值觀、道德和倫理；(3)很少文武關係研究能避免探討作為政治行為者的軍隊的角色問題，以及它對政策過程的影響；(4)文武關係的基本概念是軍事專業主義的特性，包括價值、信念和規範（ibid., 239）。

薩奇先的均衡模型主張軍人與文人的關係，是建立在他們的政治權力和目的的適當平衡。這一模型假定「各種次級系統持有相同價值觀和同意某些行為規範。就軍隊和社會而言，它們各自維持本身的完整性和同一性，但在政治—心理上支持所有個人，不論他們是否軍人或文人，這種支持個人的精神來自政治—道德的秩序」（ibid., 258）。這一概念為此一事實所強化：軍隊的存在是以支持民主政治的政治—社會秩序為唯一目的。要適度的做到這一點，軍隊必須執著於這一系統，理解它並反映它在軍事機構內的基本價值結構。

薩奇先認為均衡模型中還有一些其他因素需要考量（ibid., 258-260）：

第一，此一模型是基於一種友善對抗的概念，相似於法制系統的特徵。它假定對抗者有時彼此意見不一致，並且運用他們的政治權力，在共同遵守民主「遊戲規則」既有行為規範和民主政治意識形態的道德與倫理基礎上，追求他們的優先利益。

第二，軍隊和社會之間是一種共生的（symbiotic）關係。自由民主政治系統的永久性基於軍隊和社會之間的合作，其有效性不只限於高層決策者，而且及於各層面各社會，如軍人精英和文人精英。這種合作關係主要反映出一種教育的和社會化的混合，在其間，軍人和文人的價值、道德和倫理是一致的。此外，軍事系統和其

他政治行為者之間的合夥，雖然有時對抗，但在追求目標和永久保持政治系統方面，則是有其共同利益。

第三，在均衡模型中的關係是不對稱的（asymmetrical）。軍隊雖然致力於保衛國家、民主價值和既存政治系統，但在決定政治行為者政治權力的規範或界限時，並不具有主要角色。這項重要決策權力，主要在於能允許合法進行公開對話的文人機構。此外，關於限制對話和異議的政策，主要是由文人機構和民選官員決定，而非由專業軍隊。專業倫理必須接受此一事實：文人決策者在政治體系的方向把握上，甚至有關軍隊事務方面，都是卓越的。

第四，軍人和文人的機構與系統彼此平行；他們雖然不相同，但透過各種的關係、價值和規範相互連結。這種平行發生在軍事機構的每一層次和各精英之間。這是一種多樣性關係，但每一個政治行為者都維持它本身的認同和完整。但是，這是在一個價值系統和意識形態網絡中完成，並提供每一次級系統存在和運作的方向及正當性。就此意義而言，任何次級系統沒有完全的自主性。每一次級系統雖然不同，但皆源自相同的政治—社會系統和價值基礎。

第五，均衡蘊涵著一種具有動力、互動和自我調適的關係。社會和軍隊被視為追求相同的目標——增強和永持民主政治系統。雖然追求這些目標的過程和方式或有不同，但一旦其差異性超過可接受的民主政治標準，各種政治行為者就會受到壓力，促使其恢復到一種理性的以民主為軸心的一致性。

然而，如何才能達到上述均衡狀態的文武關係呢？換句話說，如何由傳統的強調衝突與統制的模型，轉換成現代的均衡模型？與杭廷頓和簡諾維茲一樣地視培養軍事專業主義和提升軍人專業倫理以建立良好的文武關係，薩奇先也認為，如果沒有改變對軍事專業主義在知識上的解釋和拓寬文人對軍事精英的觀感，要轉換成均衡模式的文武關係是無法達成的。

薩奇先認為，首先需要減少理想和現實之間的差距。理想上，假定軍隊在最單純意涵上是一個專業組織；也就是不受政治影響，與政治—社會體系沒有關聯。現實上，顯示出的是民主政治體系和所有次級體系的運作並不完善；軍隊尤其是一個政治機構，並通過各種正式和非正式的管道以參與政治過程和發揮影響力。唯有體認這些現實，才能瞭解何種軍事專業和文人環境為民主政治體系的有效運作所必需。薩奇先主張軍人應培養一種開明的支持心態（an enlightened advocacy posture）。國內政治─社會體系和改變了的國際秩序，需要一種不受傳統侷限而富有廣泛的知識好奇心，以及政治─社會知識的軍人心態和專業主義（1981, 261）。

　　就軍人心態而言，軍事專業人員在政治系統的運作上，不能再停留在一種被動和中立的角色（cog）。專業人員必須能夠基於對民主社會網絡中軍人和文人的優先權之瞭解，從事知識性判斷並表達他們的觀點。此外，專業人員必須體認，軍隊是系統的一部分，置身於民主政治中的軍事專業人員必須理解和培養支持民主政治體系的價值觀。這種專業觀點將能塑造一種足以調和民主體系的需要和迎接國際環境挑戰的軍人心態。

　　就軍事專業而言，要拓展適當的軍事專業視野，必須也能開展所需的教育和社會化過程，以培養對政治─社會體系的深刻理解。專業人員必須承認對專業具有合法性的政治面向，此一面向不僅整合政治和軍事觀點，而且格外地認識和理解到軍事專業和機構是政治性的。

　　對於文人精英和決策者，軍隊必須被視為是一種真正的專業，不被偏狹的知識觀點所阻撓。軍事專業人員應被合理地期待能瞭解軍事決定對政治─社會體系的影響，並發展出對民主政治要件的深刻理解。文人決策者還必須摒棄「無條件的國家僕人」（unconditional servants of state）的概念，這種概念看待軍人像機械人，嚴格而毫無疑問地接受甚至最不適當的政策和計畫。文人同樣要拋棄視軍人只為錢勞動而不思考的觀念（Sarkesian 1981, 261-262）。

　　政治過程的參與和合法性的維持，需要培養次級體系之內和之間的價值，持續地以一致性的政策模式，發展民主倫理和軍隊之間的一種專業的軍人─文人的平衡。「文武關係不只是參謀首長聯席會、總統、國防部長、軍種部長以及國會議員之間關係的反映，它尤其是軍事專業人員和文人在各個層次和各種能力與功能的各類接觸與涉入的結果」（ibid., 262）。

結　語

　　杭廷頓的文武關係理論，是一種以文人統制為機制的理想模型。文人統制的主要本質，在於將軍事力量限制在最小程度。限制軍事力量的方法有兩種，一種是最

大限度地擴張文人的權力，稱爲主觀文人統制；另一種是最大程度地提高軍人專業主義，稱爲客觀文人統制。前者用於解釋法西斯和共黨極權政體的文武關係，後者用於解釋西方民主國家的文武關係。二者固然都是由歷史事實中加以歸納而概念化爲通則，從相對角度看，也是不同現象的反映，但二者截然不同。在杭廷頓看來，客觀模式顯然優於主觀模式，並成爲先進民主國家所應追求的理想模式。

客觀文人統制模式中，軍事專業主義的培養是文人政府有效統制武裝力量的必要條件。培養軍人的專業主義之途徑，在於建立正確的「軍人心態」，亦即培養高度的軍人專業倫理。

此一倫理特別強調服從和忠誠爲軍人最高德行；視戰爭爲政治的工具；軍人爲政治家的僕人。軍人專業主義不僅僅強調軍人的專業軍事知識和專門軍事技能，還重視軍人對保國衛民的軍事安全的表現，以及以團體認同、以軍人爲榮的專業軍人精神。軍人服從文人的政治領導，文人尊重軍人的專業自主性。

杭廷頓的客觀文人統制模式是以民主政治體制的社會爲背景，只有當軍事專業出現時，文人統制才有可能實現。雖然可用於解釋西方民主國家的文武關係，但是它終歸是理想形態，在實際上，杭廷頓也承認甚至在現代西方社會中，高度的客觀文人統制仍是罕見的現象。杭廷頓的此一軍事專業主義模型，其缺陷在於過分強調軍人對政治的冷漠，和忽略科技發展與社會變遷所形成的國內外環境對文武關係的影響。就這兩方面的缺陷，在簡諾維茲的專業軍人理論中獲得了彌補。

就國際安全環境的變遷而言，武裝力量的運用已不完全爲了獲取戰場上的軍事勝利，反而是常爲達到政治性與象徵性的目的。前述簡諾維茲所提出的「保安警察力量」概念，就是一種包括考量到政治─社會面向和以非戰鬥結構使用武力的專業主義武力。其次，他對政治作戰的重要性之強調，指出各種軍事運作都離不開政治面向，專業軍人的心態如過於傾向技術性，則不利於外交政策的推動；軍人需要對政治影響保持適當的敏感度。就以戰後出現的「低度衝突」（low intensity conflict）中的軍事作戰類型所顯示的政治作戰意涵（HDAA 1990, Appendixes）來看，簡諾維茲的論點實具有深刻的洞察力。

再就國內政治環境而言，杭廷頓所主張的專業軍人應對政治冷漠的觀點，可能發展出一種對民主價值觀與民主過程甚至民主政治沒有感應的軍事專業主義。簡諾維茲針對杭廷頓的此一不足之處，從政治─社會面向來詮釋專業軍人。不過，此一

解釋卻遭到不同的批評，即前述薩奇先所指出的，有的學者認爲簡諾維茲觀念中的軍官不只是一位軍事專業人員，他的涉及政治開啓了軍人過度影響政治系統之門。

范納爾和波爾穆特也曾經挑戰杭廷頓有關軍人專業化可以避免軍人介入政治的論點。范納爾認爲，僅以專業化還不能阻止軍人干政，甚至可能助長其干政，軍人可能視自己爲國家的而非當權政府的僕人；軍人可能會因專注於軍事安全需要，以致採取壓抑其他價值的行動；軍人可能會反對被利用來維持國內秩序（Finer 1976, 239-242）。波爾穆特別指出，導致軍人干政的主要原因並非專業化的制度，而是統合主義，也就是爲了集團利益而團結一致的團體意識，軍隊的專業化僅是軍人不干政的一項保證而已（Perlmutter 1981, xv-xvi）。

薩奇先的「均衡模型」建立在對杭廷頓和簡諾維茲兩人理論的比較研究，和對美國越戰後文武關係現象的觀察之基礎上，試圖彌補這兩人的不足之處。他的論點最大的特色，在於視軍隊既爲社會的一部分，也是政治體系的一部分，因而強調軍隊的價值觀應與政治—社會體系相一致，果如此，必能使文武之間取得「均衡」，以維持社會的和諧和政治的穩定。

所謂一致的價值觀，是民主政治社會的價值觀，這同樣有賴軍事專業主義的培養。

薩奇先的此一模型以美國民主政治社會爲背景，試圖爲美國的文武關係探索另一種可行的替代形態，不同於杭廷頓，但同樣地具有濃厚的理想色彩。就西方民主國家文武關係的研究領域中，薩奇先的嘗試，可以說是杭廷頓和簡諾維茲的軍事專業主義模型的發展。

註　釋

【1】本章是由作者發表於《復興崗論文集》第18期（民85, 1-38）的〈文武關係理論——西方民主國家的「軍事專業主義模型」〉一文修改補充而成。

【2】簡諾維茲（Morris Janowitz 1964; 1971）將西方工業化的文武關係區分爲四種模型：(1)貴族—封建模型（aristocratic-feudual model）；(2)民主模型（democratic model）；(3)極權模型（totalitarian model）；和(4)衛戍國家模型（garrison state model）。亞、非、拉丁美洲

新興國家則區分爲五種：(1)威權個人統制（authoritarian personal control）；(2)威權群衆政黨統制（authoritarian-mass party control）；(3)民主競爭性或半競爭性體系（democratic-competitive system or semi-competitive system）；(4)文武聯盟（civil-military coalition）；和(5)軍事寡頭（military oligarchy）。波爾穆特（Amos Perlmutter 1982）將當代文武關係歸納爲三種：(1)古典模型（classical model）；(2)共黨模型（communist model）；(3)禁衛軍模型（praetorian model）。或區分爲（1986）：(1)民主—議會政治體系（democratic-parliamentary political system）；(2)禁衛軍發展體系（praetorian developmental system）；和(3)社會主義—共產主義政權（socialist-communist regimes）。小威爾奇（Welch, Jr., 1993）歸類爲五種：(1)西方或成熟工業化型（Western/mature industrialized）；(2)共黨組織統制型（apparat control）；(3)革命和全民皆兵型（revolutionary and nation-in-arms）；(4)仲裁者或平衡者型（moderator equilibrator）；和(5)禁衛軍型（praetorian）。諾德林格（Eric A. Nordlinger 1977）將之分類爲：(1)傳統模型（traditional model）；(2)自由模型（liberal model）；(3)滲透模型（penetration model）。杭廷頓則概略歸納爲兩大類：主觀文人統制和客觀文人統制（1957）。

【3】杭廷頓自稱，這兩個概念受弗瑞德里奇（Friedrich）有關公共事業中客觀功能性責任和主觀政治性責任之間的一般區別之啓發而來。Carl J. Friedrich, et al. *Problems of the American Public Service*(New York, 1935), pp.36-37. In Huntington 1956, 385.

【4】典範（paradigm）—當代軍事專業中的作戰典則（Janowitz 1960, 273）：

	「絕對」準則	「實用」準則
美國長期政治目標	總體霸權	積極競爭
美國政治—軍事戰略	直布羅陀防禦	共同安全
美國軍事戰略	力量展示（大威力嚇阻）	適度的暴力（漸次性嚇阻）
蘇聯長期政治目標	世界霸權	擴張主義者
中立國家	潛在敵人	潛在聯盟

【5】薩奇先所建構的此一均衡模型，是以成熟民主政治的社會爲背景，此外，他也嘗試建構一種適用於發展中國家和共黨國家的「政治—軍事均衡」（political-military equation）模型（1978; 1993）。這一模型植基於軍隊政治權力的程度和反映在統治集團對軍隊的社會統制的性質兩個前提。下圖顯示這些關係和軍隊專業政治面向的程度。

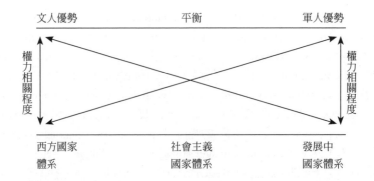

　　人類社會的政治統治中最古老的問題之一，是軍隊對於政治威權的服從，也就是社會統治者如何掌控那些擁有最終強制性權力或物質力量的軍人。在人類社會演變過程中，當這種有組織、有紀律的軍隊出現以後，一旦新政府（特別是共和或民主政府）剛成立，其基礎脆弱而不穩定時，就容易被他們的軍隊所破壞、推翻或顛覆。柏克（Edmund Burke）就曾指出：「一個武裝的、有紀律的團體，其本質上，對於自由是有危險性的」（in Kemp & Hudlin 1992, 8）。因此，任何形態的政府，從最純粹的民主政體到最殘暴的獨裁體制，必須找到能保障軍隊服從整個政府體系和權力機制的方法，使軍隊專注於對外抵禦侵略，保衛國家安全，而不至於對內干預政治。20世紀中，前蘇聯和中共的共黨專政，德國和義大利的法西斯獨裁，美國和英、法的民主政體，以及第二次世界大戰以後，亞、非、拉丁美洲許多新興國家的政治體制，都嘗試以不同方式來駕御其軍隊，因此，產生了各種不同類型的文武關係，成為各國政治體制運行中重要的一環。「文人統制」（civilian control）（或譯為「文人控制」或「文人宰制」）正是各類文武關係的核心課題。此處所指「文人」意指具體的文職官吏或文人政府，也指涉抽象的文人統治權力或決策權力；相對於文人的軍人，其意涵亦同（Sarkesian, Williams & Bryant 1995, 134; 洪陸訓 民88a）。

　　文人統制是民主國家維持民主政治體制的根本。英、美等民主國家，其政府體制最重要的基本原則之一是「文人凌駕於軍隊之上」（civil supremacy over the military），簡稱「文人至上」（civil supremacy）。這一原則的落實，有賴於「文人對軍隊的控制」（civil control over the military），上述「文人統制」即此一概念的簡稱，也可說是目前國內習稱的「文人領軍」。這一原則主張：軍隊負責保衛國家，而非統治國家；政策由文人決定，軍人執行；文人決定政府政策的目的，軍人則限定在方法的決定（Kemp & Hudlin 1992, 7-9）；武裝力量必須由民選的文人官員來領導和掌控（Kohn 1997a, 3）。此一根本原則是讓國家將其價值和目標，以及

其制度和實踐，建立在人民的意志基礎之上，而非來自職司內部秩序和外在安全的軍事領導者的選擇。當前的後冷戰時期，文人統制軍隊更顯示它的重大意義。前蘇聯和東歐共黨國家，已放棄共黨體制，正爲建立民主政府而奮鬥；北約組織且已宣稱文人統制是加入其聯盟的先決條件。爲了促進民主化，美國和其他西方強權即利用是否實施文人統制軍隊來衡量一個國家是否走向民主政治的過程。美國發現波灣戰爭後，軍方影響力大增，文人統制大有「失控」的「危機」，因而紛紛探討其原因而謀求改善之道（Kohn 1994）。

　　文人統制機制隨政治體制的不同，其運作過程與功能也各異。以文人統制作爲穩定文武關係的機制設計，並不只限於民主國家。共黨國家的「以黨領軍」就是文人統制的另一種運作方式。在民主國家中，文人統制也因其政治發展過程的穩定程度之差異而有不同，例如威權政體剛轉化（民主化）成民主政體時，文人統制的方式與結果就不一樣（洪陸訓 民87, 69-70; Diamond & Plattner 1996）。本章置重點於探討成熟的或民主化已「鞏固」成功的民主國家的文人統制，其目的是希望探究民主國家文武關係中，其文人統制的意涵、它的基本條件和運作方式、可能遭受到的威脅，以及其如何達成有效的文人統制。此外，本章亦希望進一步從軍人服從義務與軍隊政治教育的面向，來探討民主國家文武關係中，其文人統制的深一層意涵。透過這一主題的分析，對於我國軍隊在面臨社會變遷中，其角色轉型的方向之認知與把握，應有其參考的價值。

一、文人統制的意涵

　　「統制」是文武關係定義的中心，在文武互動關係中，究竟何種機構擁有分配資源的權威和權力？由誰或根據什麼來界定適當的權力範圍和權力的使用？最常見的是，文武關係置重點於一個國家的政府和武裝力量之間的相關權力的分配（Welch, Jr. 1993, 507）。憲法上，軍隊是在政府政策指導下運作；在實際上，軍隊在內部管理和實質權力上，卻可以享有完全的自主權。在文武關係的光譜上，文人統制一向是與軍人干政相對應的兩端，從文武雙方爭奪資源分配權力的過程中，可以顯示出其相對影響力的高低程度。

　　文人統制軍隊的古典意涵，來自克勞塞維茲（Karl von Clausewitz）有關戰爭

與政治關係的闡釋。他在其名著《戰爭論》（*On War*）中指出：「戰爭只是政治交往的一部分，它本身絕不是一件獨立的事物。……戰爭無非是政治交往使用另一種手段的延續。……政治是頭腦，戰爭只不過是工具。因此，軍事觀點服從政治觀點是唯一可能之事」（1943, 16, 598）。換言之，克勞塞維茲主張戰爭只具有工具性的功能，軍隊應隸屬於文人政府的權威；戰爭的目標和武裝力量的任何使用，都必須由文人政府決定，但指揮官在軍隊內部運作上，也必須維持其政策自主性。他的概念深刻地影響至今日對文武關係的研究，並具體地反應在杭廷頓1957年的《軍人與國家》一書中。本書前已提到，杭廷頓將文人統制區分為「主觀文人統制」和「客觀文人統制」兩種模式。前者是以「最大程度地擴張文人的權力」來促成文人對軍人的統制，後者則是以「最大限度地培養軍事專業主義」，來促進軍人對文人的服從。杭廷頓指出，前者這種處理文武關係的傳統方法，犧牲了軍隊的效能，以確保軍隊的服從，並不適合現代的專業化部隊和民主政體，應當用後者來取代它，才能夠使軍隊的效能和它對文人的服從發揮最大的成效。

　　杭廷頓主張，透過培養自主性的「軍事專業主義」才能實現文人至上的理念。他認為，軍隊應保持中立，不介入政治。國家應鼓勵一種獨立的軍事範圍，尊重軍人獨立的行為領域，使各種文人團體不會在政治活動中，藉以介入軍隊而擴大他們在軍事事務上的權力。這些社會文人團體的介入軍事，不僅會削弱軍事武力的效力和國家安全，而且會導致軍隊本身超越國家安全事務，介入政府統治。換言之，干預或介入軍隊事務，即會瓦解軍隊的專業主義，從而瓦解客觀文人統制。杭廷頓認為，軍隊如能專注本身的專業訓練和專業任務，則必能保持政治中立和少有可能介入政治。所謂專注於軍事專業，就是讓軍隊在需要專門技術的軍事領域中賦予有效的獨立的自主權，在從事軍事組織管理和戰爭藝術運用上不會受到文人干預。總之，杭廷頓客觀文人統制的機制是「自治性軍事專業主義的認知」，尊重軍隊獨立的行為領域；他的因果推論則是：自治→專業化→政治中立和自願服從→穩定的文人統制。

　　同樣主張透過軍事專業化以達成文人統制目的的簡諾維茲，並不完全贊同杭廷頓的客觀文人統制模式。杭廷頓所主張的是一種政治中立的軍事專業主義，它使軍隊從社會中孤立出來，沒有顧及非軍事性的考慮，只關心如何獲得有效的勝利。簡諾維茲所提出的是一種具有政治敏感度的與社會整合的軍事專業，其關注點在於謹慎使用武力，獲得有利的國際關係（Larson 1977, 47）。在《專業軍人》一書中，

簡諾維茲首次提出的「保安警察力量」概念。即試圖透過對軍隊生活主要內容的經驗性分析，把軍隊當作一個整體來加以理解，並作為軍隊未來變化的基礎，這些變化將使得軍隊能夠滿足安全和文人控制的要求。簡諾維茲指出，軍隊應轉變為「保安警察力量」，以適應這種要求，即在戰爭與和平之間或軍事行動與政治行動之間沒有明顯區別情況下，以這支力量來支持「蓬勃發展的國際關係」。他指出，保安警察力量不是一般意義上的警察（police）力量，而是在準備戰爭的同時，能夠承諾維持和平。

簡諾維茲進一步指出，保安警察力量概念要求軍隊專業的根本改變。保安警察力量認為，威脅或使用暴力應當謹慎地適應所追求的目標。用這種方法，在任何層面上，都不能對政治與軍事的因素做單獨地考慮。因此，軍事專業對於非軍事考量將變得敏感，並與文人分享政策的制定。對於傳統的一些原則和實踐，如：使用最大限度的武力以獲取勝利，集中在軍事因素而將政治和其他非軍事考量排除在外，戰時條件和平時條件之間的區別，以及政治中立和社會冷漠等，都將會被拋棄。文人對軍隊的控制將關注於發揮管理、政治及技術的功能。文人接受軍人的忠告，將構成軍事專業運作和評估其效能的標準。專業軍官將被廣泛地甄補，使其接受政治和軍事事務教育，既保有「武士精神」（warrior spirit），也具有管理和技術的能力，並培養出一種能文能武、瞭解國內外事務和重視專業的寬廣視野。一位專業軍官由於法律、傳統和專業主義以及他與文人價值和制度的整合，將對文人統制的民主原則作出適當的回應。

杭廷頓以培養軍事專業主義達到文人統制的主張也受到柯恩（Richard H. Kohn）的質疑：「杭廷頓的公式之弔詭處是，軍人的自主性越高，文人統制在實際運作上即越少；『客觀』文人統制或許可減少軍人干政至最低程度，但也可能減低文人對軍隊事務的控制，結果是，軍人與文人的責任範圍如何和從何界定，將難以得到一致的意見。」（1997a, 4）事實上，文人統制正如同文武關係一樣是一種連續譜的存在。文武關係方面，一端是軍人影響政治，另一端是軍人控制政府（Welch, Jr. 1993, 508）。就文人統制而言，一端是那些受軍事體制統治，或週期性經歷軍事政變和軍人的直接、間接干預政治的國家。另一端則是那些甚至沒有常備軍事武力的國家。因此，柯恩認為「瞭解文人統制、測量其存在和評價其效能的最佳方式，是衡量軍人和文人在決定有關戰爭、對內安全、對外防衛，以及軍事事務上（即形式、規模和軍事體制的運作程序）的相對影響力」（Kohn 1997a, 5）。

上面已提到，文人統制是指軍隊由民選的文官來領導和掌控。從理論上和概念上來看，文人統制是指民主政府無論在平時或戰時，每一項政策都是由民選或民選代表指派的文職官員所決定或確認。在原則上，文人統制是絕對的和全方位的；文人負決策成敗之責，軍人除非接受文人領導者委任，否則，不需要參與決策和負責任。所有軍隊事務，從決定戰爭到哨兵值勤打瞌睡的可能嚴罰規定，都由文人權威當局或文人授權所決定，甚至於選擇戰略、發起作戰行動及其時機、運用戰術、領導部隊和內部管理，都出自文人當局。軍事領導者所決定的只是為了武裝力量更大的效率和效能，或由於軍人的經驗和專業技能，或為了方便或傳統起見；換言之，理論上，文人政府掌握軍事體制建構和軍事決策的權力，對誰作戰，何時、何處及如何作戰，都任由文人領導者決定。

然而，在現實層面上，文人並不見得能像上述理論上的制度設計，全方位地掌控軍隊，即使在那些長期有著文人統制機制的國家，軍隊仍然可以藉各種不同理由獲得重要權力和達到相當的自主權。在某些國家中，軍隊實際上掌控大部分人民的生活；有些國家則是政府還沒有發展出用來樹立文人統制武裝力量的最高權威之工具或程序，或是精英影響力或大眾威信。不過，在這種情況之下，軍人自主權和影響力雖然不小，但其自主程度，大部分來自於軍隊管理和戰事專業化的需要。近代由高科技所帶來的戰爭的複雜性，武器裝備的精密度，以及戰略戰術的多樣性，使得部隊管理和作戰指揮，都非付託給高度專業化的軍事精英不可。這使得專業軍人的影響力大為增強，而隨著軍隊的規模和影響力的增加，武裝力量與社會的關係變得更加緊密、更為依賴，軍人也學習到運用民主程序來爭取他們本身的利益。

如何觀察或衡量理論與實際之間的差異？如何理解文人統制與軍人專業化之間的關係？也就是觀察或衡量文人統制的程度。衡量文人統制的程度是在於文人統制軍隊是文武官員施展相對影響力的一種過程。這種相對影響力表現在文武間的平衡，乃因時因地、因所涉及的個人性格，以及軍、政領導者個人的或政治的企圖而有所不同；平衡點也隨環境而改變，提高了軍方在大眾媒體上的聲望和份量。有時，在文人統制薄弱或文人統制不存在時，軍人的影響力即擴展到公共政策與社會生活層面。即使在有著穩固的文人統制優良傳統的民主政治體制中，由於戰爭和安全攸關民族存亡和國家安危，使得軍隊在危機或戰爭期間或之後，能夠運用它的軍事專門技能或公眾支持，來限制文人對軍事事務的影響力，第二次世界大戰期間，美國高級將領即對政府產生非常大的影響力。美國幾乎每次戰爭都會造就一位英

雄般的指揮官，去參選或考慮參選總統，二次大戰後的艾森豪和波灣戰後的鮑威爾（Colin Powell）將軍，就是最顯明例子。

　　文人統制通常依賴所涉及的一些個體：雙方如何看待其角色與功能；特定政治人物、政治機構、軍方官員或武裝力量等所擁有的大眾的尊重或聲望；不同官員的官僚或政治技巧。1951年的杜魯門—麥克阿瑟危機，即發生於麥帥這位傳奇性將軍的聲望勝過杜魯門總統的拒絕處理僵局。麥帥在中共介入韓戰時遭遇挫敗，由於不願意在失敗中結束他傳統的生涯，麥帥持續公開反對國家的政策和戰略。柯林頓在他頭三年總統任內，因他越戰期間逃避兵役和他的不熟悉軍隊事務，違背了軍隊的政治直覺和官僚技巧、軍隊的經驗與友邦和聯盟的關係脈絡，以及忽略了在波灣戰爭中美軍大獲全勝後所獲得的大眾聲望，這些因素在權力平衡中，削弱了總統的威望，但增加了軍方的權力。

　　至於要從哪些面向或事務來著手，除了上述柯恩所提出的，衡量軍人和文人在決定有關戰爭、對內安全、對外防衛，以及軍事事務上（即形式、規模和軍事體制的運作程序）的相對影響力（Kohn 1997a, 5），以瞭解文人統制和測量其存在及評價其效能之外，他也指出文人統制的範圍相當廣泛，它包括了幾個主要領域（ibid., 5-10）。第一，由民主政府文人統制的組織結構上，能提供明確指揮功能的指揮和管制系統，並且將政府首長設置於此一指揮系統的頂端。民主政治發展之前，早自聖經時代，對外戰鬥即由國王或部落首長個人指揮。「將軍」（general）一詞在18世紀英文字典上的定義，就是「君主委任其指揮軍隊的軍事首長」。由政府首長指揮或統制軍隊的制度設計，是基於這樣的假定：政府的行政權力在所有實際情況下，如不能對於在何處、何時及如何使用軍事力量加以掌控，則文人統制力量即極為薄弱。軍事指揮的特質，是講求目標明確、決心果斷、紀律服從和命令貫徹，因此，這項指揮權力必須賦予單一個人，也就是軍令、軍政的一元化，才能發揮功效。

　　第二個領域是確保戰爭決定（結束）權操之於文人，戰爭的進行和後果攸關人民生命、社會生存和國家發展，因此，宣戰和停戰等重大權力，必須由民選的領導階層來掌控。戰爭往往導致軍隊的擴張、政府權力和重要性的增大，以及日益侵犯了人民的生活，包括增稅、限制自由及強制服役，這些決策權必須交付文人手中，以免軍隊意圖或臨機掌握權力而破壞文人統制。

　　第三個文人統制的重要領域是軍事政策，也就是包括：軍隊的規模、形式、組織、特性、武器和軍事體制的內部操作程序；兵役和兵力的結合；動員和復員的適當時間和環境；合法的紀律系統，例如，軍人是否適用民事刑罰，或免除正常民事義務；服役期限和條件；軍官任命和晉升標準、派職、退休；以及薪資、福利和武裝部隊的生活條件。簡言之，這是一種完整而廣泛的決定需要何種軍隊的權力。除了戰時的戰略和作戰，平時的軍事政策極易引起文武官員間的衝突，並給予軍隊發揮其影響力的機會。在平時，如果是由軍官而非民選的官員來決定軍事政策，則軍隊即操控了社會的形態和特質。

二、文人統制的基本條件

　　相較於其他類型的政體，民主國家擁有實行文人統制所需要具備的基本條件。第一，民主政府本身就具備合法的民主統治的制度，也就是政府的施政，需基於法律原則，有穩定的政治繼承方式，自由選舉，以及為精英和全體人民所接受的，具有合法性、正當性的政府和統治過程。文人統制是民主統治的一環，它能夠支持或服從民主統治，是民主制度必要而非充足的條件，缺乏一個穩定、合法的政府體系和統治程序，將可能導致軍隊藉口保護社會免於動亂、內部挑戰或外來攻擊而介入政治，以至干預政治或發動政變。因此，文人統制必須被軍隊、政治領導階層和民眾視為理所當然而欣然接受，並內化為行為準則。軍人服從文人當局的領導還須透過諸如媒體、大學院校、商業性和專業性協會等輿論機構主動積極的大力支持。政府合法性傳統的樹立，不但可嚇阻軍人干政，也有助於反制軍人的干政或威脅干政。美國文武關係歷史之能夠始終維持文人至上，即來自其傳統上始終秉持文人統制的理念和原則，在英語系法制國家及其他像瑞士和北歐各國，則是透過憲法或法律明文規定，使軍隊一直在文人當局掌握之下（Kohn 1997a）。

　　武裝力量之建立和存在的必要性，源自憲法或法律的賦予。換言之，武裝力量只能在法律規範內活動，並接受文人的統制。武裝力量只扮演國家的工具角色，為全體國民的意志所認可。文人統制要發揮其功能，必須在政策的制定和運作上，明定軍隊的角色，使軍隊在軍事事務上既能提供專業的建議，爭取軍人團體的利益，又能不越出軍人應守的規範，服從文人的領導。民主國家的軍隊，主要致力於對外

的防禦（Desch 1996, 12-29; Goodman 1996, 30-43），其功能表現在爲整體社會爭取全國最大的利益。軍人自視爲社會的保護者而非迫害者，因此，除非發生緊急狀況，否則武裝力量不應使用於內部秩序的維持；內部秩序和法律執行是屬於法院、警察、民兵及邊界或安全警衛的權責。而即使在緊急狀況如緊急宣布戒嚴令時，也要依法有據，在審愼規劃下，由文人領導者透過憲法或法律的程序來運作。

第二，民主政體擁有文人統制所需依賴的政府機制（mechanics），即是文人權威統治軍事力量的方法（Kohn 1997a, 7）。也就是統治機制的運作賦予文官決定戰爭與和平、管理和運用軍事力量，以及研訂國家安全政策的權力。政府機制最重要的是行政和政策機構，武裝力量的存在和功能是整體社會意志的表達，因此武裝力量應廣泛地服從整個政府結構，而不單是聽命於總統或首相的個別指揮。如果文人統制權威由各個機構分別掌控軍事力量，則會存在先天的危險性。軍隊可能變成精於玩弄文人權威機構，使其彼此對抗，以高度擴大軍事影響力。在美國和大部分民主國家，掌控軍事體制和軍事事務的權力，分別歸屬於政府的行政、立法和司法部門。透過權力分立制度而不讓單一機構獨占武力，以確保民主政體。

在權力分立制度下，行政部門負責指揮和管理武裝力量，而立法部門則決定廣泛政策。行政部門對民選的議會或立法機構負責即意味著對人民的負責。這促成了公衆對國防事務的討論、軍事預算的審查、政策的公開，以及錯誤和不法行爲的調查。立法方面，議會積極運用監督軍隊的權力，有助於軍事事務的透明化，透過加強軍人和人民的相互認同，而能在實際上強化國防。司法方面，司法機構扮演一種支持且不可或缺的角色，使武裝力量和社會相互獲益。法院透過法制機制以防止軍人干政和讓軍人瞭解一旦破壞法律將受嚴懲，樹立軍人負責態度和守法習性。軍法保障了軍人免遭軍事機構潛在的專橫武斷，不至於被軍事機構以紀律、嚴格和強調命令指揮爲名而使個人受到不公平的對待。如軍法審判不公，還可訴諸司法機構，以獲得人權的確切保障。

民主政體擁有文人統制的第三個條件是適度的抗衡力量（countervailing power），諸如運用民兵、政策制衡或安全武力，受過訓練或武裝的市民，或縮小常備部隊使之不會對社會構成威脅。在第三世界國家的文武關係發展過程中，文人統治者建立由其所控制的非正規武力，如民兵或「職能對手」（functional rivals），對軍隊而言，幾乎和文人對軍隊的操縱一樣，被視爲對自身生存的嚴重

威脅，因為軍方擔心其地位和利益被非正規部隊取代，正規軍形象受損，因而這種抗衡力量的運用反而成為導致軍人干政的原因之一（Nordlinger 1977, 75）。不過，在民主國家中，在容忍相互競爭，利益衝突情況下相互制衡是必要的。在民主國家中，可以從兩方面著手來阻止軍隊之企圖干預或公開掌握權力：第一，運用其他武裝力量（如民兵、警察、預備武力等）；第二，使軍人瞭解到不法行為將不被容忍，並將導致軍人的不名譽。因為「破壞文人統制的行動越不被原諒和越受到有效抗拒，則這種破壞行為越不會發生」（Kohn 1997a, 7）。

英、美歷史上最有效的平衡，一向是依靠「平民軍人」（citizen-soldier）與全職專業軍人的抗衡。早期的歐洲，長期性組織的傭兵常被視為不可靠，他們常遭棄、甚至反抗他們的雇主，常備軍經常難於管理。不過，當瞭解叛亂可能導致危機，為有武裝的人民所反抗，或平民部隊可能不聽命令，則常備軍是一支有效的嚇阻力量。19、20世紀的強國逐漸傾向於發展由專業軍人所領導和由訓練有素的平民所組成的大規模武裝力量。這種體系無法減少文武之間的緊張或強化文人統制的過程，但確能使軍事政變較不會發生。武裝部隊的規模大小影響文武關係很大。常備部隊應該在安全範圍內儘量縮小，如此，將可以使人民同意提供其資源，軍隊全力對外防禦，以及減少文武之間的摩擦。

第四，民主政體更擁有支持文人統制最重要的條件，就是軍隊本身是一支接受文人統制的專業軍隊，其領導者願意接受和支持服從文人領導的專業倫理。要達到文人至上的基本假定，是軍隊能夠自制，避免干涉政府的運作和民主政治生活。文人統制軍隊，需要軍隊訓練有素、重承諾及致力保持政治中立，在任何情況下，避免干預憲法功能運作或政府立法程序，認識到本身是人民和國家的具體化身，需要堅定忠誠於政府體系，服從任何執行合法權力者。要具備這些條件，就有賴於提倡軍事專業主義風氣和培養軍人專業主義倫理。杭廷頓「客觀文人統制」的主觀條件之一，就是要求軍人能培養成服從文人領導的倫理，內化為個人行為準則，因此，專業化越高的軍隊，文人統制越有成效（Huntington 1957）。簡諾維茲（Morris Janowitz）則從社會整合角度，主張用共同的價值和自我約束來表達對共同體的熱愛，以保證文人統制的實施，其方法就是透過教育手段在軍中反覆灌輸這些價值觀念（Janowitz 1960）。

在成熟的民主政治社會中，由於長期的實行文人統制，已不再擔心軍人會越

軌干預到政治，但是，要使文人統制此一民主機制適當地發揮功能，軍事專業主義道德是不可或缺的，軍方必須對文人統制具有深刻的瞭解，並積極地去促進它的實現。在決策過程中，軍事將領必須適度配合文人的決議，避免去干預或不當影響文人執政的整體規劃。由於軍人在保衛國家安全上的重要角色和專長，在民主體制中軍事將領們能夠獲得廣大民眾的信賴，並能夠運用它來限制或削弱文人統制，特別是在戰時或戰備期間。第二次世界大戰及其後的冷戰時期，美國的文武關係並不盡然是和諧的，無論是羅斯福、艾森豪或是甘迺迪，總統與少數高級軍事將領之間的關係，仍免不了有所爭議甚至衝突（Gibson & Snider 1997, 5-8）。即使在波灣戰爭以後，柯林頓政府的文武關係，即被某些學者描述為「失控」或處於「危機」情況之中（Desch 1995; Feaver 1996a; Kohn 1994）。波灣戰爭的勝利，使美軍聲望和影響力提高，因而，其軍事領導階層在政府縮小冷戰軍事體制決策上，對組織編制的選擇方面，就能發揮其影響力，並且在一段時間內，對美國外交政策也深具影響力，也就是對於美國是否能使用軍事力量干預外國事務，有其實質上的否決權力。對於軍隊來說，困難在於如何界定他們的適當角色，以及在原本模糊的界限中如何限定他們在適當範圍內的活動。以色列的文武關係學者本梅爾（Yehuda Ben Meir）相信，軍隊應該作為政府內部文人的「顧問」，並「表達」軍隊的需求，而不是公開「鼓吹」軍人的利益或觀點，以這種方式損害或限制了文人領導權威（In Kohn 1997a, 8）。軍官私人認同某個政治方案或政黨，即可能傷害到他的職責履行。在美國，除了後備軍人，軍人的立法服職是被禁止的；在大部分西方民主國家，這種情況已沒有，甚至在以色列這一個允許軍人積極參與政府和非常尊重統治精英的國家，也禁止現役軍人或將來有意重返軍中服務者擔任公職（Kohn 1997a, 9）。

　　軍事專業主義的關鍵就是杭廷頓所強調的軍人的政治中立。理論上，軍隊不應該參與任何形式的政治活動，如成為政黨黨員、獲選公職，或甚至在地方或中央政府部門擔任公職。如果軍官屬於某一政黨、競選某一公職、代表某一特定團體或選區、公開表達意見（或投票）、攻擊或防護行政領導，也就是像政客的活動，則就難以讓人信任他們能成為保持政治中立的國家的僕人和社會的護衛者。

三、文人統制的運作

　　以上所述，只是文人統制的一些基本原則，要落實在現實的文武互動關係層面，還需要文人領導者的統制智慧和軍方的配合。政府機構在政策的形成上，要能允許軍人和文人的觀點相互包容，雙方都能彼此瞭解和像團隊似的一起工作，否則軍隊無法履行其職責，文人領導者也無法施展其政治權力。軍事機構通常傾向於試圖盡力擴張他們的自主權，獲得他們深信所必需的資源，以及編制、武裝和人員，以便最有效地執行其任務。基於這種利益需求，軍事指揮官和參謀有時會強烈地試圖主導任務取向和訂定執行規則，以先發制人或規避文人政府的領導。因此，民主政府面臨的挑戰是，在為追求國家安全目的，於滿足軍方合法需求之時，如何運用文人的統制權力。

　　前面提到三項廣泛而基本的文人統制的領域（文人掌控的機構與指揮系統；戰爭決策權；軍事政策），幾乎涵蓋國家安全各種可能事項。理論上，每一細節都操之於文人手中，但在實際上，卻非常複雜。文人可能擁有合法的權威和機會去運用他們的影響力，但在實際運用這些權力時，還是有一定的限制。在所有這三類文人統制領域中，文人的決策仍需徵詢軍事專家們，否則文人官員不僅不智，還會受到公開的批評。軍人的建議和合作，對於決策的品質和效率非常重要。對政府政策而言，不管軍人的反對是背後的或是公開的，均有可能破壞政策，毀掉文人的地位和事業。在文人統制過程中，執政黨內的反對派也可能利用軍中輿論，特別是利用那些對各種決策不同的意見，作為妥協爭論和權力鬥爭的籌碼。這種狀況使得文武雙方在互動過程中，會處於衝突甚至相互報復的關係。要改善這種情況，需要多方面的配合，有些依狀況而定，有些則有賴於文人統制的組織機制、實際運作和傳統的作用。最重要的，是文人政府從事軍事決策和管理軍事體制的方式。

　　在從事戰爭和管理軍事力量方面，文人統制如由政府的行政部門負責時，最為有效，但是有關武裝部隊的規模和性質等重大的政策決定，卻需要出自代表人民整體的政府體制，由政府來領導和監督武裝力量。以美國為例，文人統制主要是透過總統和國會的運作和相互制衡。二者都有部分權力掌控或監督軍隊，但也都無法完全掌控軍隊或利用軍隊推翻憲法或作為政爭工具；反之，軍隊也無法控制總統或國會，它必須回應和服從總統和國會的領導與監督。總統和國會要有效統制軍隊，並且使軍隊事務有效運行，二者必須合作和對軍事事務意見一致。「文人統制之日益

強化，是因為沒有單獨的文人能利用軍隊去濫用權力，以及軍隊擁有在有效的一元領導和依法民選代表的正當性認可」（Kohn 1997a, 11）。

行政部門掌控的軍事政策和事務範圍相當廣，除了指揮部隊和從事戰爭以外，還包括研擬國防預算、武裝力量之建立和運作的軍事政策；此外，兵員的徵募和訓練，軍官的任命、晉升和派職，戰略和作戰計畫的擬訂，武器裝備的研發和採購，以及涉及軍事生活各方面事務的決定等。文人統制既然是由文官來領導軍隊，所以每個國家的元首或總理都需要一位文人部長或一個由文人主掌的國防部來掌控軍隊。此一由文人官僚制度所支持的文人部長或大臣，需要對國防政策具有相當的經驗，擁有所需要的技術專家，以及能獲得人民、政治官員和軍方的信任和信心。民主體制中的文武關係，是一種既合作又緊張的關係；顯示出雙方持續的交涉、協商和衝突，也標誌著相互的合作；雙方既不會也不應該完全相信對方。有些問題，例如：戰略、作戰規則、指揮權力、武器類型、軍隊的角色和任務，以及國防預算的幅度，常處於持續爭議和反覆協商中，以收相互監督和制衡的功效。軍隊的一些特性，像信任和忠誠所產生的結合力、自我認同感，以及共同的經驗和專業軍人的觀點，非常地強烈，使軍隊形成一個凝聚力很強的利益團體，對文人團體構成極大壓力，使得政治人物無法完全信賴軍官；甚至退休的軍官，在短時間內都可能被質疑有干政之可能。這也就是美國軍官在到退休未滿七年仍不適合被選為國防部長之故。[2] 即使像第二次世界大戰的總體戰時期，當全國投入戰爭，一切以整備戰備為導向，軍人影響力急速擴大，美、英、德國家，都要特別建立文人機構，用來動員人力和工業控制物價、薪資和經濟，監督宣傳和資訊，以及處理所有將社會人力和物質資源轉化為軍事力量的整合活動與行政工作（Kohn 1997a, 11）。

文人國防官僚制度提供了政治領導階層和武裝力量之間必要的連結，促使政治決策轉化為有效的國防力量。這一官僚系統和程序必須有效運作，即使在戰爭壓力之下或某種程度上的黨派不合和政見歧異，都應視為合法性的過程，否則文人統制的功能即無法發揮。當然，有效的文人統制，除了軍隊的配合和專業意見之外，還須有專業參謀來蒐集資訊和提供中立客觀的建言。國家安全和民主需求本質上存在衝突，如何取得平衡，最終抉擇仍在政治領導階層，而此一決策階層，在民主體制中，必須是交由民選而非武裝領導者或任意委託其他人來擔任。

除了行政部門的統制以外，立法部門更是文人統制運作上重要的一環。立法機

構或議會的角色，是透過授權和撥款等方式，認可軍隊的設立，決定軍事體制的規模和特性，以及監督所有的軍事事務活動。這一過程最重要的，是召開公聽會，在不侵犯軍事機密和干擾軍事運作的情況下，讓所有事件公開討論。就文人統制意義上言，立法機構這項權力的賦予和運作，是獨立於行政機構之外，代表人民監督武裝力量及文人國防官僚體制的有效手段。軍隊方面，也可以在立法機構前的宣誓證詞下，公開舉行說明，軍官們如受到要求也可以表達他們個人的專業意見。

立法機構監督軍隊最有效的權力是在於預算權。美國早期的制憲者即以財政權和軍事權作爲解釋主權和構成政府的基礎。例如美國憲法第1條第8款的第1、12、13項有關供給軍需、撥款的規定，即爲了保證軍隊不能獨立於國會控制之外，以及體現文人至上的信念（Corwin & Peltason 1979; 引自廖天美譯 民81, 117）。文人統制基本上依靠個體行爲，所以人事政策也是一種較爲有效的統制工具，這項權力典型上由行政和立法機構分享。人民中誰來服役和是否採取徵兵制，必須由文人來決定，而這項決定必須基於社會中的一些共識，而非來自軍方的強迫。

立法權的運用也是立法機構對軍隊的有效統制方法之一，大部分必須依賴聽證和監督的程序，使軍方和文人官僚體系都有辯解的機會，各盡其責。立法者爲了政策、決策和監督不法行爲與失誤，須能安全地接觸所需要的資訊，但是屬於機密性的資料必須是爲了監督、立法和政策的需要才能要求提供，並有責任不能披露。立法部門必須能強制官員作證，懲罰錯誤供述，以及特別要求軍官們在決策過程中，表達他們對獨立於政策之外的所有事務的觀點，包括作戰和有關管理與行政的決策。所有這些都是困難和敏感的作爲，過程很少是順利或沒有衝突。對於軍方而言，處於行政與立法兩個負指揮和督導之責的上司，尤其特別爲難和尷尬。立法權之能有效運作，還須國會促使內閣負起責任，財政權的運用就是國會能超越其他政府部門的有力棍棒。

根據魏納爾（Sharon K. Weiner）的分析，國會或是其軍事委員會對行政和國防部門的控制可透過兩種方式：透過決策加以限制；運用監督。首先，在決策限制方面，可藉由在決策時要求特定的程序，或限制政策選擇方案的範圍和細節部分，來減少權力的濫用。例如，程序性條款可能准許代理人（政府部門、局處或其他組織），必須在詢問特定的代理團體，或要求事先公布可能修改的政策後，才能做出決定；而決策限制同樣地也可運用結構上的限制方式，使代理人所獲得的權力，僅

限於部分的政策選擇方案。另一方面，當事人（國會或某委員會）則經由提醒代理人誰是幕後老闆，以降低授權的代價。由於當事人可能發現濫權並加以處分的措施，迫使代理人在獲得授權之初即懂得節制（Weiner 1997, 3）。

因此，身為當事人，國會委員會極少下授未經限制的權力，他們會以組織、預算、決策章程、報告要求項目以及監督的威脅，迫使文武部會的官員們就範，以按照國會的意圖行事。結果，立法的內容，通常不僅僅是政策問題的解決方案而已，還可反映出國會對未定型部門之目的與能力的信任程度。

其次，在監督方式方面，維持軍種間的競爭可以達到監督軍隊的目的。例如，美國國會在1947年至1958年的四次國防部組織重組時，國會軍事委員會均堅持維持各自獨立的軍種，所持理由是：軍種競爭的結果，使得國會得以擷取在國防政策上扮演重要角色所需的資訊，一旦缺乏這種軍種競爭，國會勢將在國防政策上，對行政部門做出許多讓步（Weiner 1997, 2）。國會仰仗軍種間的良性競爭以監督軍方，除了用這種競爭獲取國防決策資訊外，尚可用以發覺整個體系的缺點與疏失，作為督導軍方改善的依據。因此，軍種間的競爭係用來作為一個警報系統，以通知國防委員會在選擇政策與執行時更加審慎。

1986年高華德－尼可斯法（Goldwater-Nichols Act）將各軍種間的競爭，交給了國防部所屬的軍事部門，並由參謀首長聯席會議主席司其責，這使得公開的軍種競爭不再那麼地盛行。該法案的提案人選擇了監督巡察作為國會的監督機制，這種監督方式是讓參、眾兩院國防委員會與國防部官員作非正式的接觸，並利用總會計室（General Accounting Office）、國會預算辦公室（Congressional Budget Office）以及技術評估室（Office of Technology Assessment）等國會支援單位為監督機構。而由於看門者權力（gatekeeping power）的問題，監督巡察因而一躍成為最佳監督方式。它讓國防委員會可親自挑選欲實施調查的範圍，將調查所得資訊回傳至委員會本身，並且讓這些委員再度成為某些問題的專家，進而影響政策，同時限制外界的影響力（Weiner 1997, 22）。

不過，有的學者發現高－尼法案由於連帶提高參謀首長聯席會議主席的影響力，結果反而造成了軍方所形成的決策，很明顯的超過了其法定應有的權責。根據魏納爾的研究，90年代短暫的兵力簡併，凸顯了高－尼法案在文武關係中，兩個有害的影響。第一，該法案使得參謀首長聯席會議主席成為總統與國安局的主要軍

事顧問，使得文人們無法得知有關軍方替代方案的資訊以及國防部內的決策過程；簡言之，文人沒有方法可以驗證，到底所謂「聯合」，是否是利益交換下的產物，而非交相爭利下的結果。第二，在極力撮合國防部長與參謀首長聯席會議主席成爲行政部門團隊中的一員時，該法案容許文人交出其應有的管理責任，以緩和政治方面的顧慮。結果，造成軍方所形成的決策，很明顯地超過了其法定權責（Weiner 1997, 24）。

四、文人統制的威脅

文人統制軍隊的運作在民主體制中不見得就能完全順利，隨時仍存在可能的威脅。民主政治規則可能由於軍隊所引起或因軍隊被利用所引起的，對憲法過程的破壞或腐蝕，或允許軍隊變爲獨立於政治體制之外無法掌控，而受到威脅。對軍隊的控制方式不當，如對軍隊的單一控制，或由個人、部門或權力不平衡的政府部門所控制，即可能導致軍隊變成暴政工具，甚至可能使軍隊成爲暴政的繼承者。缺乏對軍隊的抗衡力量也可能威脅到文人統制，例如在危機或無法預見的情況下，缺乏對軍人干政或軍人統治的抗衡力量就會威脅文人至上的原則。軍隊體制的規模大於實際戰備所需，所負任務和工作遠超過國防安全範圍，則會使得穩定的文人統制體系所依賴的社會和軍方之間的信任感趨於緊張。更嚴重的是，軍人領導階層不當地試圖干預政治和統治，即常威脅到軍人對文人政府的服從，腐蝕了文人權威。

軍隊對文人決策的影響極有可能導致軍人干政而破壞文人統制的後果。在簡諾維茲對軍事專業的描述中，他分析軍隊的任務包括三種功能：代表、顧問和執行（Janowitz 1971, 417-42）。前兩項至少給予軍官們影響政策的餘地。例如，美國「高─尼法案」所賦予參謀首長聯席會議主席的權力，就是導致美國在後冷戰時期軍方權力擴增的主要原因（Johnson 1996）。美國國防大學的詹森（David E. Johnson）上校即指出，美國在溫柏格（Caspar W. Weinberger）和鮑威爾（Colin Powell）兩位將軍以軍事專業爲取向的「軍事典範」（military paradigm）的導引下，使得軍方權力凌駕於文人之上，不僅決定如何作戰，甚至也決定何時作戰的國防軍事政策，因而強調此風不可長，文人仍然應該堅持文人至上的原則與權力（1996）。

　　范納爾間接地拒絕了軍隊企圖影響政治是錯誤的這一原則。他說：在所有文人統治的國家裡，武裝力量可能嘗試將統治者轉換到他們自己的觀點上來。他們有企圖這樣做的權利和義務。文人政府的任何部門也都有權利和義務去說服政府接受他們的觀點，比起這些文人部門而言，在道德地位上，武裝力量不會更好，但也絕不會更壞（Finer 1975, 137）。

　　根據魯瓦克（Edward Luttwak）的觀察，文人權威受到腐蝕的情況，常表現在軍事領導階層對於某些文人決策的有效否決權力或抵制態度，其結果往往使文人決策者不得不遷就軍方的需求。他說：

　　憲法上，唯獨文人當局應具有決定是否、何時、何處，以及如何去介入，雖然，他們需要軍人的顧問。（美國）沒有發生過政變，憲法也沒修訂成使參謀首長聯席會議主席的地位超越總統和他的國防部長，但在美國現實政治中，情況已演變成這兩位文人領導者感覺到他們必須投軍方所好，因爲不如此，將可能在政治上冒著被他們的軍人僕人拔除掉權力的風險（1993, 21）。

　　當國家出現安全危機而嚴重危害到生存時，可能招致軍人在實力假象之下干預政治，如第一次世界大戰的德國；第二次世界大戰之後在亞非洲許多脫離殖民統治而獨立的新興國家，其內部危機也常造成社會脫序或混亂而導致軍人統治（Kohn 1997a, 13）。第三世界許多國家的軍人干政或政變頻繁，所顯示的特殊意義，就是文人統制的失敗；文人統制失敗是軍人干政的原因，也是軍人干政的結果（洪陸訓民86a）。不過，1980年代以來一個值得注意的事實是，軍事政變的頻率減少，軍事政權轉型爲民主國家的比率提高了（Huntington 1991）。

　　另一種對文人統制更不明確且更難於描述的威脅，是因大眾對軍方的諂媚或是對政治與政客的厭惡，經由疏忽、衝突、或軍事力量的擴大而產生的緩慢而不知不覺的惡化。軍方自然地聯合那些擁護軍隊的需求與觀點的盟友，來擴大軍方的影響力和削弱文人統制。因此，如果沒有警覺性高的媒體和對文人統制的重要性與成功運作條件加以廣泛而公開的瞭解，則文人統制將會式微。

　　簡諾維茲在其《專業軍人》一書中，曾指出文人統制可能遭受到某些壓力。這些壓力雖未構成對文人統制的直接威脅，但也間接削弱文人統制的作用。

首先，各軍種間的競爭激烈化，削弱了文人對軍隊的控制。文人統制的著眼之一，是支持和鼓勵軍官能培養成一種「開闊的無軍種本位主義」（broad non-service）的取向，使各軍種能摒除各自為戰的競爭和衝突，達到各軍種聯合一體以利文人領導的目的。但事實上，民主國家的軍隊，以美國為例，各軍種為本身團體利益激烈競爭，已變成專業性壓力團體介入政治活動，給文人統制帶來很大的壓力，簡諾維茲認為，美國無法獎勵和提拔那些較具開闊胸襟而不囿於狹隘軍種或個人利益的軍官，原因在於還未改善晉升制度，使得國防部不願干預高級軍官的選拔，國會則被禁止「玩弄政治」，無法置喙（1971, 353）。

其次，國會的消極或否定心態（negativism）也影響了文人統制的功效。例如，預算的審核是國會控制軍隊的有效方法之一，但在進行對軍事預算審查時，並未能發揮真正的監督作用。簡諾維茲即指出，在許多關於國會審查軍事預算的各種研究中，有一項共同的發現，即國會審查軍事預算的技術過時，效果有限；國會審查預算的基本目標著重於減少浪費而非評估軍事運作，其結果反而造成敵對和緊張，達不到有效的政治控制和政治承諾（1971, 354）。例如，國會經常對軍方保持懷疑態度，本身對軍事專業的知識與技術不足，導致無法客觀和深入的審核；害怕軍事權力的過度集中和視軍種間的競爭為其資訊來源與文人干預軍務的基礎；以及不當介入軍方與產業界的國防工業簽約過程等等（1971, 354-360）。

第三，行政機構對軍方的控制是文人統制最有效的方法之一，但是也有其負作用，即可能導致軍方對行政部門的影響力。例如，軍方的參謀軍官在制定國家安全政策上，其專業技術即優於一般文人，因此，軍官團即可能形成專業取向的壓力團體，向文人政府施加壓力，或為軍官團體利益，特別是在立法與行政機構之間有所爭執時，更增加軍事壓力團體使力的機會。此外，軍官的力爭上游，刻意接近文人權力核心，也會影響文人的決策（Janowitz 1971, 361-369）。

五、強化文人統制的途徑

民主政體中的文人統制要能夠有效發揮它的功能——建立良性、平衡的文武關係，除了需具備以上所提出的一些基本條件和制度設計上的實際運作機制以外，另有一些認知上、作法上和教育上的輔助性條件，也有助於有效文人統制的達成。

　　第一，**文武機構之間的權責宜劃分清楚，且使目標更明確。**文人統制需要的，不僅是單純地減少軍人對政治的干預，還需要在所有政策領域，包括國防政策的制定和實施方面，建立民選文人機構的最高權力，也就是杭廷頓所主張的「客觀文人統制」。這裡所指的文人，是以行政和立法機構為主的文人政府。文人政府首長透過一位文職國防部長的協助，必須有能力決定預算、武力層次，國防戰略與優先、武器需求，以及軍事課程和準則；國家立法部門必須至少有能力審查這些決策和監督其執行。政府所需具備的這些「能力」，所涉不僅是法定的權力，還包括促使這些決策有效運作的知識、見識和經驗。並能在武裝部隊成員中廣獲信任、尊敬和接受。文人應給軍人適度的自主權，其自主範圍包括軍官的晉升（最高層除外）、軍事訓練、戰術等。文人領導者要能有效贏得並維持軍人對文人至上權的接納，也需要允許軍方實質上參與文人有關預算、採購、戰略和政策的最終決策。

　　第二，**要實施有效率的民主統制，政治領導是非常重要的。**軍人角色的擴大和軍事政變的發生往往是政治性導引過程；同樣地，要達到文人對軍隊的統制也必須經由政治上的領導（Stepan 1988, 138-39）。軍人的擴權、干政或政變，往往是由於文人政治官員和政黨處於弱勢和分裂的狀態，以及當其分裂和顯現統治失敗而形成權力真空時。因此，避免軍事政變最重要的，是實施有效的民主統治，以及培養軍人對民主體系的忠誠，這種忠誠包括在政治危機和衝突情境下，能拒絕任何軍方武力支援的要求（Linz 1978, 30; in Diamond & Plattner 1996, xxix）。建立文人至上的機制，有賴於文人政治領導和策略的品質。正如文人統治的懦弱和無能會導致軍人干政一樣，如能使堅強的政治制度和文人政治精英間的民主目的相一致，在廣大而明顯的市民支持下，必能有助於消除軍方的政治特權而不會干政。

　　第三，**減少軍人特權，促進軍人專業化。**民主國家的文武關係常遭遇到一種政治兩難的困境：民主政治體制中文人政治領導者與政治強勢的軍方對立的矛盾本質。一方面，文人至上需要減少軍方特權和將軍方限制在專注於更為狹小、以國防為重心的專業任務上；另一方面，政治穩定需要將文武衝突保持在最低限度。但是，減少軍方特權和權力幾乎不可避免地導致文人和軍方之間的衝突；因此，很難能夠同時達成這些目的（Stepan 1988; Hunter 1994）。後冷戰時期文武關係的民主化需要依賴的過程是交涉、對話、合作及建立共識，以便逐漸地減少軍人特權，以及透過一系列增加的步驟重新界定軍隊的任務並促使其專業化。

這些增加的步驟，有兩個廣義的轉變：(1)使軍方儘可能脫離政治領域，包括諸如鄉村發展、國內情報、決策和直接參與內閣會議的非軍事議題和計畫；(2)使軍方的國防功能接受文人的監督和控制（Diamond & Plattner 1996, xxx）。有些學者認為後冷戰時期的文武關係已有了改變。冷戰結束以來，文武關係研究領域的學者們一直尋求一種關於美國文官與軍事領袖及其所領導的機構之間，其變化的動力的解釋。這種變化表現在軍人對文人領導階層的影響力逐漸增長（Kohn 1994; Luttwak 1994; Desch 1995a）。吉柏森（Christopher P. Gibson）和斯奈德（Don M. Snider）指出，傳統的解釋似乎不再適用於後冷戰研究領域。例如，杭廷頓在《軍人與國家》中所闡發且被廣泛接受的觀點，即透過給予軍隊有限的自主權，一定能增進軍事專業主義，進而強化文人統制的主張，即需要有所修正。但是，在美國不久前發生的波士尼亞和平努力，以及關於「軍隊同性戀」（gays in the military）的爭論，這兩個案例顯示文人統制和軍事專業主義並不能透過增加軍隊自主權而達到相互促進的效果（Schmitt 1995, AI）。

軍人對於文官領域影響力的增長，已成為美國政治界近來爭論的一個焦點（Previdi 1988; Gibson & Snider 1997）。一些證據表明，這一領域的規範可能正在變化，軍隊對於政治領域影響力的增加，可能為更多的美國人所接受（Kaiser Foundation 1996; in Gibson & Snider 1997, 2）。例如，麥卡佛瑞（Barry McCaffrey）將軍之被政府機構任命為全國毒品控制政策委員會主任，就是武裝力量不斷增加的自信和對軍官在政治領域服務認可的一個例子。

第四，實行民主政治需要長期的耐性，達到文人統治的水準，更非一蹴可及。實行民主政治不可避免的，是文人統制軍隊需要得到新政權的直接重視。建立精密而行之有效的文人統制的程序和政策，需要這三個條件：文人領導方面勇於堅持；軍方的默許服從；以及能夠使文武雙方都可獲得鼓勵和達到互助互重關係的大眾支持。

第五，在文人統制的建立和運作過程中，公開的討論是不可或缺的。透過公開討論，才能使全民獲得共識和支持。政治人物必須對文人統制所必要的政策和程序加以辯論，探討何種方式適合於國家的體制，如何調和軍事安全與民主生活的不同需求。公民教育，特別是軍事院校教育，必須將文人統制納入核心課程，建立公民和軍人對文武關係的正確觀念。軍方透過政治教育的社會化過程，可以培養軍官

參與公共政策決策的條件和能力，有助於因應當代國家安全需求下軍人新角色的扮演，也因而增進了軍官對民主政治和社會價值的認識和認同，進而產生對此一價值體系的支持與捍衛決心，服膺文人統制。為強化公開討論和教育，傳播媒體必須對社會和軍隊內部保持適度的關注，並監督文人統制的運作和支持其存在的必要條件。

第六，主導文人統制的文官必須具有卓越的能力、講求效率和勇於任事。文人需要瞭解軍人精神並待之以禮，必要時與其競爭，並維護其專業主義，以避免政治官員濫用領導權力、獲取黨派利益。資深軍官所擔心的是內部政治官員的決策不當而非軍方的錯誤所導致的失敗所受到的責難。文武雙方需要建立某種程度的信心。軍方領袖需要有與文人最高當局直接溝通的管道；他們需要受到尊重、諮商和聆聽。文人領導者必須瞭解軍事事務，關注軍人的專業需求，但在必要時，也能運用文人的權力，敢於與軍方的判斷相抗衡。總統或內閣首相必能指派一位文人國防部長和授予文人官僚權力；選擇幹練、強悍、為軍官團讚賞的無黨派色彩的軍事領導者，願意服從文人的領導和執行軍隊內部某些可能不受歡迎的政策，且不願捲入應屬於政治領導階層負責的政治事務。

第七，議會必須堅持獲得和運用有關軍事事務的立法權，設立委員會和專業參謀來研究國防預算和法律。國會議員和他們的參謀必須成為國防議題專家，參與軍事政策制定，監督軍隊的功能運作，並使文武雙方負起軍事事務責任，但不能干預軍事體制的專業意識和對軍人的尊敬。

第八，對軍官團仔細審查，以建立其對民主的忠貞，不僅願意服從文人統制，而且積極協助文人統制的建立和功能發揮。這種審查可能要求調查每位軍官的觀點和意識形態，特別是那些對於晉升和派職負有重大責任的人。不過，任何調查的進行，必須是在保障對文人統制的信仰，而非對特定政黨和意識形態的忠貞。否則，即易造成對軍官隱私和榮譽感的侵犯（Kohn 1997, 15）。

第九，提高文人的認知。文武關係的互動，是一種相對的認知上、態度上和技巧上的溝通與融和。單方面的期待或要求軍方專業化和實施政治教育以接受文人政府的領導是不夠的，要達到文人統制軍隊的功效，還需文人領導者本身的努力和配合。換言之，文人領導階層必須相當瞭解軍人、軍隊和軍事事務，才足以領導或「統制」軍隊。許多文武關係的觀察家一直建議，應重新強調發展文人

成為軍事專家，以平衡冷戰結束後，軍人在參與決策活動中與日俱增的曝光率和影響力。科技的日新月異，使得任何事務的處理更為複雜，也更加專業化。例如戰爭、和平維持、飢荒救援行動以及其他事務，對文職管理者來說已變得更為複雜，這種變化，使得軍人專業能力和專業地位更加突出，形成「專業特權精英」（a professional-caste elite），日益增加其對外交政策的影響力（Kaplan 1996, 80; in Hahn 1997, 24）。儘管軍方極力強調文人政府對國內人道支援和災難救助行動應有的權力和責任，但軍方災難救援的角色仍不斷地提升（Wright 1995, 69）。民間人士甚至主張將這些救援行動的指揮與管理權，以及救援計畫決定權，由聯邦緊急管理處（Federal Emergency Management Agency, FEMA）轉移給國防部（Miskel 1996, 105-114）。

如果文人領導者缺乏一般軍事活動的知識和技術，則支撐文武關係的信心便容易被腐蝕（Goodman 1996, 41）。古德曼（Louis W. Goodman）以1992年委內瑞拉的政變為例指出，當軍隊為廣義的國家利益效力，但其軍事機構的目標不受尊重時，即可能導致政變。「單獨限制軍方，將無法建立令人滿意的文武關係，而且軍方主要任務的重要性和複雜性，以及世界變遷速度之快，更需要軍官和熟悉彼此制度需求的文人密切合作。……對於文武關係經常失和的國家，增強文人熟悉武裝力量運作所需的技術，將有助於致力鞏固其民主」（1996, 42）。

總而言之，民主政體能成功地維持文人統制，不僅是具備了相關的基本條件，也在認知上與教育上具備了相關的配合條件。當然，民主政體之所以成為民主政體，自當有其建立文人統制的原生（original）基礎，特別是整體社會對民主價值的堅定信念，不論軍人或文人都視文人統制是民主價值之一，這樣的信念奠定了民主政治能否成功地運作的基礎。

六、文人統制與軍人服從義務

上面已提到，文人統制的基本原則，是由文人決定政府政策的目的，軍人則限定在方法的擬訂。換言之，軍隊是政策的執行者，不是決策者。不過，目的和方法有時很難截然分清。由文人領導階層決定目的和由軍方決定方法之間，也就是文人職責和軍人職責之間，其界線應當如何劃分？有兩種軍事行動被認為破壞了此一

原則。第一種行動是顯而易見的軍人可能違抗命令；第二種行動可能較不明顯，但同樣重要，即文人統制的原則不僅要求軍隊不能成為決策者，而且要求他們不能被視為（或自視為）在政策辯論中，其利益需要特別加以考慮的一個分離的組合體（constituency）（Kemp & Hudlin 1992, 8-9）。軍隊很容易被當作這樣的一種特殊組合體，艾森豪總統在他告別演說中所警告的，當時美國社會正浮現的「軍事─工業複合體」，就是這種特殊形態（Koistinen 1980）。

文人統制強調的是軍人對文人政府的服從。服從這個問題涉及兩個基本面：第一，服從或效忠的對象是誰？第二，服從義務的界限是什麼？首先，談服從誰的問題。在一個政府權力分立的國家，以美國為例，代表文人機構的總統、國會和法院，在三權分立制度下，都有領導或監督武裝力量的權力，也就是軍方服從的對象。但是，當總統與國會之間，或此二者與最高法院之間，產生矛盾衝突情況下，或在聯邦主義原則下，聯邦政府與州政府同具有國民兵指揮權而意見不同時，軍隊應服從哪一方？依肯普和胡德林（Kenneth W. Kemp and Charles Hudlin）的看法，最高統帥原則要求的是，「在有疑義的情況下」（in doubtful cases），軍人的義務是服從總統（或非聯邦層次的國民兵的州長）的，而非立法機構或法院的命令。這一原則有利於儘可能長久為軍官保持一種正式的決策程序（即服從來自日常指揮系統的命令），從而避免危險的先例──即要求或甚至允許軍官在考量有關正確釋憲中，各種爭辯的實質價值之基礎上決定他們的行動（1992, 10-11）。這裡所謂「有疑義情況」，是指當一個人對某一行動是獲允許或被禁止感到有疑問時，是否在良心上被要求去避開它。而這一疑問的解答是：一個人在此情況下有權利依照對任何有關可允許行動的合理性想法而行動（Kemp & Hudlin）。此處所指的是，不是軍官在對命令的合法性存疑時，可依據任何看似合理的觀點行事，而是軍官必須有著強烈假定，支持來自他文人上司的命令的合法性。即使只有少數專家相信這些命令是合法的，軍官也必須服從（Connell 1967, 1131-34）。然而，所有前述的核心問題是在於軍人應效忠的適當機構基點（locus）的決定。假定將文人的權力與聯邦分開來，效忠的軍官們應當服從誰？在所有這樣的爭議中，文人統制原則本身是被認為理所當然的。

其次，有關服從義務的界限，一般都承認，服從的義務無論可能多強烈，都不是絕對的。在某些情況下，軍官是可以不服從的，儘管可能導致危險性。各種不服從的種類可以分為兩種：第一種著眼於行動本身，第二種著眼於不服從的理由。行

動本身可能是以下相關的兩類中之一：僅是拒絕服從一項命令和違抗命令的正面行動。後一類又可區分為官方行動和私人行動。官方行動指的是那些只能憑藉掌有官職的軍人所執行的行動（例如，命令其軍隊從事某些事情）；相反的，私人行動指的是任何人都能執行的行動（例如，批評政府政策）。

　　除了考慮行動本身以外，我們還要考量採取行動的理由。一個人違背其上司可能是出於對道德原則、法律原則、政治判斷或私人利益（如經濟利益或個人厭惡某個特定行動）的關注所造成的結果。其中的私人利益理由，究竟如何來判斷其違背命令是否正當，還不清楚。前三種則較易區別，對文人統制的挑戰也較為明顯。基於道德原則不服從者是指那些採取行動不考慮其他人的權利，或忽視最多數人的最大幸福。由於法律原則者，是指那些求助於國家法律或國際法的行動。第三類則是那些由於不同意為社區設定最佳目標，或達到這些目標的最佳方法，所採取的行動（Kemp & Hudlin 1992, 12）。

　　有關基於法律和道德理由而不服從命令方面，有兩個問題需要考慮到。第一，不服從的權利。第二，在採取一項沒有命令（或與命令相反）的行動時，是否真的存在道德上必須履行的責任。首先，就第一類案例而言，有三種限制服從義務的明顯例子──不合法的命令，違背國際法的命令，以及不道德的命令。這三種可以不服從命令的權利是相當明確的。

　　在美國，即使是總司令或最高統帥所發布的命令，有時也會明顯地違法。在美國法律中有一項強固的（即使並非沒有例外）傳統，即軍人不僅可以拒絕服從非法的命令，而且甚至不允許去服從這類命令。例如首席大法官馬歇爾（John Marshall）在1798-1800年的法、美海戰中，即因美軍巡洋艦波士頓號艦長利特爾（George Litlle）執行總統的違法命令──違背「不交往條約」（the Non-Intercoure Act），強押丹麥一艘「長魚號」帆船進港而被判有罪。馬歇爾認為當時總統的命令超越了「不交往條約」授予總統的權力範圍（In Kemp & Hudlin 1992, 13）。根據「陸地作戰法」的規定，遵照軍人或文人上司違背戰爭法的命令這一事實，既不能免除該項行為觸犯戰爭罪的本質，也不能作為被告者在審判中的辯護，除非他不知道或無法預知受命行動是非法的（In Kemp & Hudlin 1992, 14）。按照這些觀點，軍人違背不合法的命令（即使是違背文人當局的命令）可能不完全被認為是違背文人統制原則的案例。在國際法上亦然，軍人被要求不服從違背戰爭國際法的命

令，即使可能忽視了文人統制的原則。

　　不過，服從的義務經常只是一種表面上（prima facie）的責任，對於文人至上原則的尊重需要有道德上的基礎。例如，總不能強迫任何人去從事暴行。道德原則與法律原則個案明顯的不同，在於無法依純粹法律問題的理由來爲文人權威辯護。就前述法律原則案例中，在軍人對於法律性質和法院審判的複雜性並不很瞭解的情況下，要求他判斷所受命令的合法性之是否正確而採取行動，已經是一種負擔，如要他從倫理或道德上來判斷命令的正當性，則更不容易。因此，一位軍人實應給予他執行命令時在道德容許度上的一些彈性空間。不過，道德的中立不像政治中立，必須不能被看作是一種軍人美德（Kemp & Hudlin 1992, 14）。

　　如此看來，如果基於道德上的必要，有時能正當化拒絕服從命令，是否能提供軍官權力，以利用其職位追求他認爲道德上是必要的，而他的文人上司卻拒絕認可的目標呢？這種情況可能存在，但卻難於找到實例。不過，卻可以想像出一種案情，即一位軍官可能運用他所指揮的部隊去阻止鄰國的某項屠殺；在此情況下，即使這位指揮官違抗了他的政府命令，他有這種義務去做嗎？人們可能認爲他有這種義務，因爲幫助遭受不正義的受害者是一件嚴肅的任務，立即採取的軍事行動是避免大規模屠殺的唯一途徑。

　　然而，一位個別指揮官所採取的行動可能產生許多新的問題，不合理地干預他預定要保護的國家，是否將使它未來的問題更糾纏不清？他是否將使他自己的國家原本居於有利的外交關係複雜化？他有權力將自己國家的資源花費在他所選擇的計畫上嗎？即使他和他的士兵有責任去幫助，就可以命令他的士兵去做嗎？假如士兵拒絕服從，指揮官能否懲處他們？這些都是嚴肅而值得探討的問題。

　　肯普和胡德林指出，道德理論的各種不同問題的探討形成一種主張。即：比起違背道德上有異議的命令的義務來看，對因應道德上必要責任所採取的積極行動，其義務較少。他們認爲：「原則是，阻止傷害的義務一般要比提供幫助的義務強烈得多。換言之，雖然我們具有某種責任去阻止發生在他人身上的嚴重傷害，我們更有責任瞭解不能以我們本身的行動引起這種傷害」（1992, 5）。

　　政治性動機引起的軍人違背命令而破壞文人統制原則的案例較容易發現，最有名的是麥克阿瑟將軍（Gen. Douglas MacArthur）因違背杜魯門總統命令而被免職的案件，麥帥拒絕他文人上司的原則很簡單——任何國家的戰爭目標都是追求迅速

而完全的勝利。這種反克勞塞維茲觀點乃主張：戰爭是政治崩潰的結果，而不僅是政治在其他方式下的繼續。麥帥將這種觀點應用在韓戰上，主張支持中華民國的軍隊在中國大陸開闢第二戰線，並要求中共承認失敗以及與聯合國目標達成協議。但相反地，杜魯門總統致力於圍堵戰爭。他相信，一項不受制約的軍事行動只會導致共黨氣焰逐步升高和引發第三次世界大戰的重要危機。麥帥將杜魯門的限制看作是一項對於戰爭缺乏明確目標的指標；他相信華府的政治領導者侵犯了軍人的角色。針對麥帥發表與白宮政策相左的言論，杜魯門特於1950年12月5日下令規定：（軍事領導者）非經國務院核准，不得從事任何有關外交政策之演講、新聞發布及公開聲明。但麥帥不予理會，於次年4月5日致函國會，指稱共黨企圖征服全球的陰謀，亞洲一旦落入共黨手中，歐洲亦將不保，必須戰勝共黨始克維護自由（Millis 1973, 533-34）。麥帥的言論和行動固然是站在軍人的專業立場，也獲得許多人的支持，但是就文武關係的機制來看，顯然是破壞了文人統制的原則，這迫使杜魯門沒有選擇餘地的撤免他的職務。

　　第二個因政治原因而引起的不服從的明顯案例，是越戰期間，空軍拉維爾將軍（Gen. John D. Lavelle）對北越的祕密轟炸。當時美國總統詹森已於1968年10月31日下令停止轟炸北越，但是非武裝的偵察機以及「防禦性反應」（protective reaction）攻擊行動（目的在於保護偵察任務以及為保護攻擊胡志明小徑的運作），仍持續著。但是多數空軍軍官反對這些相對受制約的交戰規則。反對的理由之一是，這些限制防禦性反應攻擊的規則會對美國飛行員產生不必要的危險；其次，他們相信北越在停戰線和寮國邊境廣泛構築工事，代表對服役南越的美軍構成重大威脅（Kemp & Hudlin 1992, 16-17）。結果，空軍第七航空隊指揮官拉維爾在1971年11月至1972年3月間，下令執行28次任務，共出動147架次飛機，攻擊未獲授權轟炸的目標。四星上將的拉維爾因此被降為三星中將並撤職退伍（Toner 1992, 217）。

　　以上兩個案例均顯示，軍官至少違背了文人統制原則中的軍人只負責政策的執行這一部分。兩案的軍官都拒絕接受關於戰爭如何進行的總統限制令；並堅持（至少是間接地），某些決定是屬於軍人的權利，因此相信在這些問題上不必服從文人的指示。不過，有趣的是，如果麥帥和拉維爾不服從命令的行動是不正義的話，則同樣的判斷就很難應用於第二次世界大戰期間的戴高樂將軍和法國軍人在他們的政府投降後仍繼續對納粹作戰的案例。

　　1940年6月中旬，法國政府正面臨絕望的軍事情境：軍隊瀕臨崩潰，巴黎遭受威脅，政府已撤退到波爾多（Bordeaux）。當時力主不惜放棄巴黎退至北非持續作戰的總理瑞諾德（Paul Reynaud）遭受主張停戰的副總理彼泰（Philippe Petain）和總司令韋甘德（Maxine Weygand）的反對而於6月16日辭退。彼泰於次日接任總理職並請求停戰，接受德國要求條件，即：法軍不能在海外持續反抗軸心國。此一決策引起許多法國軍官——特別是在殖民地的軍官——的反對。當時反對彼泰的法軍只在私下表示，惟獨戴高樂（Charles de Gaulla）於6月18日透過英國廣播公司（BBC）公開表明反對態度。他呼籲其他人持續反抗德軍（違背他們政府的命令）。最後，當韋甘德命令戴高樂回國時，戴自己不服從。雖然，透過無線電台的呼籲，本身可被認為是一種私人行為，但因他鼓動了具有指揮權的軍官帶領所屬士兵違背命令，無可推脫地形同官方的抗命行動。然而，戴高樂的抗命何以不像上述兩個案例之受到譴責呢？

　　根據學者的分析，有兩個可能的答案。第一，這一個案代表著，在一種高度緊急狀態（A supremacy emergency）下，關於反對軍人介入文人決策的正常規則可以暫時擱置一邊。首先，戴高樂著名的廣播呼籲或訴求，是與一個準備向敵人投降、喪權辱國而瀕臨崩潰的政府作決裂；其次，戴高樂拒絕追隨其政府的情況之本質很清楚，他並且以榮譽宣誓指出此情況的特殊性；再次，戴高樂可以有理由宣稱他反抗納粹主義的人道義務要高於服從他政府的義務。第二個可以為戴高樂行為辯護的理由在於，親德的法國維琪（Vichy）政府應該被推翻（Kemp & Budlin 1992, 17-18）。

　　麥克阿瑟和拉維爾的兩個案例比起戴高樂案來，顯然不是在緊急狀態之下的抉擇。麥克阿瑟曾說過：「沒有什麼比主張我們武裝力量的成員，把自己的主要忠貞或效忠給予那些暫時在政府行政部門掌權的人，而不是給予國家和他們誓言保護的憲法更危險的事了」。顯然地，麥克阿瑟所呼籲的，軍官效忠於國家而非效忠於政治職位的臨時持有者這一主張，被認為「既離譜也有危險性」。「無疑地，捍衛憲法的誓言也就是承認美國總統的誓言，不論這人是誰，他都是武裝力量的統帥」（Kemp & Hudlin 1992, 19）。

七、文人統制與政治教育

文人統制信念的實踐和功能的發揮，有效的途徑之一，是透過軍中的政治教育（political education）或政治社會化（political socialization），培養專業軍官對文武關係的正確觀念，拳拳服膺文人統制。軍人向以保國衛民為職責，因此，必須隨時作好戰鬥準備和有效地保持高昂的士氣與戰鬥力。而為了建設這樣一支有戰鬥力的部隊，即有賴於軍中社會政治教育的實施。西方的軍事社會學家，曾透過實證研究，對第二次世界大戰的各國軍隊和韓、越戰中的美軍與共軍，進行士氣和戰鬥力的分析。他們發現，部隊中的「初級團體」（primary group）或小團體的團結對士氣影響最大，其關鍵因素在於軍人是否具有愛國主義、政治意識形態和公民意識（civic consciousness）。這些因素之能否提升士氣，轉化為部隊戰力，即有賴於軍中的政治灌輸和公民教育。

公民意識是先進工業社會中一種帶有自我批判性的愛國主義。它兼具個人責任感和相當成分的理智性，在相互依存的世界中，它能夠適應國際責任和義務的要求。公民意識要求對公民進行重要的理性教育和自我利益的啟發教育。意識形態要能成功傳播，須藉由未經辯論和批評的單向式的灌輸，但是，如過分拘泥於意識形態，會導致刻板和僵化，削弱了民主社會共識的形成。而公民意識要能夠成功宣揚，則需要經過思考、實踐經驗和有效的民主政治領導。它提供多元的、各種可能的途徑，幫助學習者瞭解社會和民主的實際狀況。因此，公民意識的教育，也就是公民教育。軍中的公民教育，也就是透過宣教方式，使軍人具備公民意識的教育。

軍隊的公民教育必須不同於廣告式宣傳。其任務不是「兜售」不定或可能受質疑的知識教條，而是透過有助於愛國主義精神之自我修養的歷史經驗教訓，以提高軍人的公民意識。任何公民教育計畫的核心概念，都必須與國家公民的利益和責任相結合。莫斯考斯就曾建議美軍擬定公民教育具體計畫時應把握以下幾項要素：(1)實際瞭解軍隊的運作程序和軍人權利與職責；(2)瞭解美國歷史和政治制度的真相；(3)正確評價提供軍人服役的國家兵役制度；(4)認識軍隊在追求穩定的世界秩序中所扮演的角色：(5)學習到即使在政治問題上或與政治當權者發生紛歧時，如何忠於民主政府的基本原則（Moskos 1983, 320）。莫斯考斯認為，美軍公民教育的理論根據，是在適應當代和當前條件的公民意識架構內，逐漸灌輸軍人的公民權利義務意識，此有助於軍隊戰鬥效能和責任感的積極提升（pp.322-323）。莫斯考

斯的軍中教育內涵，則較能結合軍隊的特性與需要。民主社會要儘量避免把軍隊變成政治灌輸的機構，但服兵役本身，無論如何，會對軍人的公民意識產生某些有限但卻明顯的積極或消極的影響。公民教育基本上是文人機構的基本職責，但軍隊有必要對軍人的公民意識施加積極的影響，或至少儘量減少負面的後果，任何軍中實施的公民教育都必須符合此一要求（Janowitz 1983, 73）。

在美國文武關係史上，直至越戰，「平民軍人」（citizen soldier）概念一直是文人掌控軍隊的一個重要因素。但自1973年停止徵兵制而改爲全志願役後，因其招募的誘因，主要建立在以從軍爲職業取向的經濟刺激的基礎之上，傳統上的平民軍人的涵義已不足以解釋軍政關係和軍民關係。惟有透過有效的公民教育，才能建立新兵制下的軍隊與社會之間的新關係。軍事社會學家即爲此提出三種軍隊公民教育的內涵，以因應美軍在世界軍力平衡狀況下所建立的全志願役部隊提高戰鬥力之需要（Janowitz 1983, 74-75）。

第一，現役軍人需要更加理解國家的軍事政策、準則和實際運作。軍中的公民教育就是向官兵提供簡單的「全局」情況。其教育方式，不只是像目前這樣由部隊提供教材，更需要的，是由各級指揮官與所屬官士兵，就戰略問題作直接的和非正式的溝通。在這方面，正規教育固然需要，但其作用卻是有限的。公民意識的培養在相當程度上，需要主要軍事指揮官日常非正式的領導作用。

軍事指揮官們有責任向部屬說明，軍隊所訂定的計畫和採取的步驟，是執行國家的政策。基層官兵對於服役之所以會產生負面觀感，原因在於感到軍隊將大部分時間用於「沒事找事」或表面工作，而非用於重要的軍事任務之執行。公民教育不能脫離軍隊的日常工作。

第二，軍人的權利和義務包含在大量的法律、司法判例和行政法規中，公民意識教育的任務，即在於將這些法規的內容和基本精神傳達給軍人。

第三，軍中的公民教育，在使軍人能深刻的瞭解國家爲求更穩定的國內秩序所承擔的義務和責任。公民教育雖然不是宣傳個別政黨的政治、經濟和軍事政策，但卻應使各種不同的政策讓人民瞭解。簡諾維茲很早即針對有限戰爭的戰略情勢和美國積極參與國際事務與扮演維護世界和平的角色，提出「保安警察力量」的概念，試圖將國家的政策和軍事組織的特性結合起來。他主張，保安警察力量本質上是一支經常保持警備狀態的部隊，採取一種具體化的防衛姿態，謀求最低限度的使用武

力，以及尋求建立良好的國際關係。此一概念已逐漸爲美國軍方所接受。觀諸美軍在因應「低強度衝突」中的任務需要，就可看出保安警察力量正適於擔任此一角色（Janowitz 1983, 74-77）。

社會學者韋斯布魯克（Stephen O. Wesbrook）指出，各國進行社會政治教育，主要基於以下三種理由（1983, 17）：第一，將社會政治訓練作爲保障文人掌控軍隊的手段。一般來講，文人領導者透過兩種基本方法控制軍隊：說服和強制。社會政治訓練著重說服，也同時作爲辨識出需要施予強制管理的人。第二，以社會政治訓練作爲促進國家整合的方法。武裝力量是國家的象徵，軍隊日常生活即要求士兵將他們對家鄉的關愛，擴大爲對國家的權威和意識形態的接納。軍隊同時也扮演「國家學校」（school for the nation）的角色，從根本上改變全體人民的觀念。第三，軍隊的社會政治訓練可提升部隊戰鬥力。它可以結合灌輸和教育兩種方法，但灌輸較適合於戰時和小部分具有高度國家觀念的軍人。對於一般軍人，無論平時或戰時，在實施戰鬥動員時，教育的方法就有效的多。例如，公民教育和國際時事課程，由於根據事實和說理，不需要訴諸戰爭氣氛的鼓動，就能生效。這種教育內容和方法，能使軍人透過自我認知過程，願意維護本國的社會政治制度和國家的團結，有助於使軍人對國家的要求產生一種正統感，並建立起對國家外交政策和軍事政策目標的信心。特別是在國際情勢改變的時機，軍中政治教育更是傳遞文人政治統制要求的主要工具。

以美國爲例，在進入後冷戰時期以後，其國家安全概念已大幅改變，範圍擴大到包括國內的經濟力、城市犯罪、恐怖活動、掃毒活動和環境重建，國外則涉及非傳統性的活動——即所謂「非戰爭性行動」（operations other than war），包括「低度衝突」（low intensity conflict）與「和平維持」（peacekeeping）等。在此變遷情況之下，軍隊的任務和角色也隨之改變。軍方常需參與政府跨機構或各機構的所有公共政策決策過程，因此，現代專業軍官不僅是政策的執行者，也是政策的制定者和評估者；除具備傳統的戰鬥技術訓練以外，還扮演「軍人兼政治家」（warrior-statesman）的新角色（Hahn 1997）。漢恩（Robert F Hahn II）即指出：今日的軍官，不僅是一位軍人，更像是一位政治家和外交官，而且每一位軍官必須要能像是一位和平經紀人或和平維護者，必要時，甚至要能當一名和平的實施者（1997, 22）。這種角色允許並鼓勵專業軍官積極參與決策，其工作包含了傳統的國家安全議題，以及一直被視爲內政的政策範圍，如以美國爲例，目前軍官所參與

的內政政策辯論，計有反毒、健康醫療、環保、教育、貿易及民權政策等議題。這些領域均包含於1995年柯林頓總統的「接觸與擴大的國家安全戰略」（A Nation Security Strategy of Engagement and Enlargement）中和「新世紀國家安全戰略」（A National Security Strategy for a New Centure）中。

　　為因應這種新角色和任務的逐行，專業軍官，特別是軍事領導者，必須瞭解文人決策的過程和方法，亦即瞭解「文人在決策情形下所界定的整體決策環境、參與的機構、參與決策者的範圍、接踵而至的決策程序，以及『遊戲規則』等實用的知識」（Hahn 1997, 3）。軍事領袖應具有決策的戰略藝術專長，此項專長包含戰略領導者、戰略作業者及戰略理論家，根據契爾寇（Kichard A. Chilcoat）少將的解釋，戰略領導者提供他們所預知的事件並引發靈感；戰略作業者在跨機構和多國環境中發展並執行戰略計畫；而戰略理論家則將相關理論和概念，與那些國家安全和政治等領域內現行的理論和概念加以整合。他指出：「在未來，軍官必須在戰略領域中擁有『互補與多重的專門技術』，以成為一個成功的戰略專家」（1995, 10）。在美國1986年軍售伊朗案中，時任國安會政治事務組副主任的海軍中校諾斯（Oliver North），在其協助處理密售伊朗武器及密援尼加拉瓜游擊隊的過程中，造成他錯誤的背景之一，即在其缺乏外交政策判斷的知識與能力。對伊朗和中美洲的複雜文化與歷史背景之不瞭解，以及不諳該地區語言，使他無法對問題作獨立而正確的評估（Ledeen 1989, 79），導致雷根總統主政時期所犯最大的政治錯誤。

　　在專業軍官應具備的具體知識和技巧方面，美國參謀首長聯席會議主席為聯合「專業軍人教育體系」（professional military education system, PME）所訂的目標之一，即要求「發展軍官的技能，以便在跨軍種、跨機構、非政府部門，和美國等作業方面達到一致的成效」（CJCSI 1996, A-B-3）。根據1994年一份由國家安全會員（National Security Fellow）所完成的研究報告結論指出，所有軍種的高階軍官，普遍覺得有必要發展這種技能。該報告所驗證出需要額外加強訓練的，包括地區性文化、談判技巧、跨機構和非政府機構協調、與媒體互動、民事和心戰、參戰規定，以及精神適應能力等（Bath et al 1994, vii）。

　　如何實施以上因應軍人新角色所需要的政治教育內容呢？漢恩認為透過專業軍人教育體系，就是現行有效的管道。以美國陸軍為例，此一體系包括西點軍校的基礎養成教育，指揮參謀學院（The Command and General Staff College, CGSC）和陸

軍戰爭學院（The U.S. Army War College, AWC）的進修教育。西點軍校的政治教育課程主要由該校社會科學系負責。教育範圍除傳統的「政治」紀律和若干技術領域以外，尚有政治程序和公共政策決策過程等課程。美國政治學、國際關係和經濟學也是必選課程，政治學課程並附帶討論國防部有關軍人參與政黨活動的相關法規。此外，有關文武關係方面的課程，如「軍事政治學」（The Military in Politics），也列為選修課程，此一課程雖選修人數不多（45位左右），但是站在軍校教育立場，為達到五個最終目標之一──「為國家提供具有永久承諾，符合我國價值觀、憲政體系以及專業軍人道德標準的畢業生」（Graves 1993, 17），其核心課程即要求包含文武關係的多項主題在內。根據漢恩的主張，第一，應發展文武關係的主要理論論證，接著運用該理論基礎，對美國社會運用軍人的歷史演變過程，作一通盤性檢驗，以強調在過去兩百年來，軍人的優良傳統對國內發展的貢獻。一旦學生瞭解此一脈相承的傳統後，即能在國際和比較的情境下，辨明軍人在管理和政策制定上的角色。第二，軍官在其服役生涯中要面對許多不同的文武關係模式，因此，應讓軍官體會到為何有些國家會採用某些特殊的模式，並說明何以其他國家的軍官會認為美國所採用的模式是合情合理的考量。漢恩指出，在東歐地區「和平計畫夥伴」（Partnership for Peace program）所獲得的成功，以及在拉丁美洲國家所進行的擴大服務成果，足以證明這種能力的發展至為重要。第三，該課程必須提供機會，使軍校生能參與一個以跨機構或國際決策環境為假想情況的扮演高層次互動式角色的模擬演練，此一演練應有校外人士參與，以營造實際發生在大部分決策環境下，那種類似的文化水平與組織間的不協調情形（p.16）。

　　美國陸軍指揮參謀學院和戰爭學院除重視軍事課程以外，同樣也不忽略國家安全政策和政治教育課程，對於中級軍官有關國際關係、國內外政策運作過程、文武關係等方面的知識傳授與研討也都涉及。戰爭學院並特別強調訓練學官「瞭解政治、經濟及社會的權力要素」，以及「完全瞭解軍種聯合事務、有運用科技的能力，且能夠應付最高領導階層複雜的戰略問題」（Chilcoat 1995, 8; in Hahn 1997, 21）。在文武關係方面的教育，曾任空軍大學校長的凱雷（Jay W. Kelley）中將認為：「我們的軍事領導者必須要能瞭解國家的理想、憲法，以及政府和決策如何運作，再則，必須教導他們本軍種的核心價值和專業道德」（Kelley 1996, 109-110; in Hahn 1997, 21）。

　　軍方透過政治教育的社會化過程，雖然可以培養軍官參與公共政策決策的條

件和能力，有助於因應當代國家安全需求下軍人新角色的扮演，也因而增進了軍官對民主政治和社會價值的認識和認同，進而產生對此一價值體系的支持與捍衛決心。但是，是否會因爲軍人在具備足夠的參與政治的能力和經驗的條件下，由於過渡熱衷參與政治而導致干預政治甚至發動軍事政變？杭廷頓主張以培養軍官的專業化和專業主義道德——如服從文人領導的信念，以達到「客觀文人統制」，雖被多數民主國家奉爲維持穩定文武關係的圭臬，但是仍然有人質疑其實效性。范納爾（Samuel E. Finer）和波爾穆特（Amos Permultter）就曾挑戰杭廷頓有關軍人專業化可以避免軍人介入政治的論點。范納爾認爲軍人專業化亦可能助長軍人的干政，因爲軍人會自視爲國家的而不是現行政府的僕人；因專注於軍事安全需要而壓抑其他價值；反對軍隊被用來維持國內秩序（1976, 239-242）。波爾穆特則認爲專業化軍隊會爲了集體利益而團結一致，此一團體意識反而可能導致軍人干政（1981a, xv-xvi）。菲律賓1986年導致馬可仕（Ferdinand E. Marcos）下台和阿奎諾（Corazon Aquino）執政，也是軍隊在教育訓練方面，由於國防學院和指揮參謀學院開設有關國家建設的課程（與國家安全相關之政、經、心、軍課程），並重視管理技能的訓練，加上在戒嚴法實施下，軍隊從參與管理建設發展計畫中，獲得了與文人一樣的管理經驗和能力，增加其管理政治的信心，因而增加了軍人干政的可能性（Casper 1991）。

　　當評論軍事專業化是否有助於文人統制，或反而可能導致軍人干政或政變，必須釐清論述的對象或地區，也就是要看它是發生在民主體制的國家或是在第三世界較未開發國家。杭廷頓所指的是民主國家「客觀文人統制」體系下發展出來的軍事專業主義，在民主政治體制中，軍人一切活動均在法制規範下，軍人非法或不當干預政治的可能性減至最低，政變則幾乎不可能。反之，在未開發和發展中國家，政治未制度化，民主轉型還未成功，自然可能使軍人的專業化增加了其干政的能力與可能干政的動機。

　　不過，在民主國家中，對於運用武裝力量維持政治、社會穩定並支援國內安全任務的爭議，仍持續不斷。大多數學者專家均指出，非傳統的任務對文武關係的影響均極爲負面（Deseh 1996; Dunlap 1996, in Hahn 1997, 31）。例如，德奇（Michael C. Desch）就認爲「軍隊政治化，無法對文武關係產生多大的幫助，且最終很可能對個別文人派系也無助益」（1996, 26）。另外，雖然軍方或許能藉由局部的組織調整，來執行各式各樣的和平任務，但以面對未來可能的區域爭端或不

確定時代中世界強權衝突的壓力而言，有人仍認爲軍方不應參與這類活動（Betts 1997, 16; in Hahn 1997, 24）。

漢恩對於這些觀點持不同看法。他同意德奇有關政治化軍隊無助於良性文武關係的維持，但不認爲上述加強軍校政治教育和鼓勵參與政治活動會促使軍隊政治化。他強調，根據他對軍官和軍校生的實際觀察和問卷調查顯示，大部分軍官均表示，他們極難想像會有任何狀況迫使軍隊去掌控政府。當軍官被要求界定他們就職宣誓時，所誓言要保護的憲法，其「國內敵人」爲誰時，所得到的回應通常都不是國內的恐怖活動、激進的民兵團、與國際掛勾的大毒梟、或是類似發生在洛杉磯因羅內‧金（Rodney King）審判案所引起的重大國內動亂。在他爲期六年對所有階層的軍官（從軍校生到上校）所做的問卷中，在各式各樣的學術、戰術和非正式的場景下，也從來沒有人認爲總統、國會、司法機構、任何行政部門或甚至阿拉巴馬州州長，有可能做出被認爲是威脅到憲法的行爲。漢恩的研究顯示，現今的美國情況，極不可能發生軍事政變。一如其他的研究者所觀察到的，軍官們可能偶而會批評國會議員和他們達成決策的過程，甚至批評總統本人，但極少有人會直接批評他們的指揮官（Johnson & Metz 1995a, 22; in Hahn 1997, 25）。

奇伯森和斯奈德研究發現，軍官知識水準提高並不會導致文武關係緊張狀況的增加，因而建議美國國防部應鼓勵軍隊繼續將其最有潛力的軍官送到最好的大學中接受培訓。並且多與未來可能接掌國防部高級文職官員的學者或其他文人接觸（1997, 3）；他們認爲軍官教育素質提高，和歷練過政治敏感性工作的經驗，反而有助於未來到華府參與更高層政治－軍事性工作（Gibson & Snider 1997, 18）。

結　語

總結本章，可以獲得幾點認識。第一，民主政治體制下的文人統制，其意涵是：軍隊負責保衛國家而非統治國家；政策由文人決定，軍人執行；軍隊必須由民選的文官來領導和掌控；文人決定政府政策的目的，軍人則限定在方法的決定；文人統制是一種呈現連續譜的平衡過程，介於軍人合法影響政治和非法干預政治之間，因時、地、人和事的變動而演變。第二，民主政體必須具備一些基本條件，才能使文人統制能成功地運作。這些條件至少有：政府具有合法性、正當性的民主基

礎和統治過程；以行政和政策機構為政府的統治機制；社會結構中存有相互抗衡的力量；軍人接受文人至上的信念，坦誠地服從文人政府的領導。第三，文人統制的運作，主要透過行政與立法部門的控制，在其實際運作上，預算、立法、決策、監督、聽證和人事等都是直接而有效的方式。第四，文人統制可能遭遇的阻礙來自於：文人控制方式不當；缺乏對軍隊的抗衡力量；武裝力量規模過於龐大；軍人不當干預政治；內部危機和外部威脅；輿論和媒體的疏離和喪失監督功能。第五，軍人服從的對象，是以民意為依歸的合法、自由、公開選舉產生的文人政府。第六，強化文人統治的途徑，有賴於文武機構間的權責清楚劃分；民主統治有效能；減少軍人特權，促進軍人專業化；文人領導人的智慧和耐性；軍人的自願配合；公開的討論；公民（政治）教育。

　　文人凌駕於軍隊之上的原則和文人統制這項次原則，是民主政治體系的重要特徵。但對於軍人而言，重要的不僅是將這些原則當作憲法的結構特徵來考慮，同時也作為個人的道德義務來考量。這一原則要求軍人不僅應服從文人領導合法的及道德上可接受的命令，同時也要求他避免各種政治介入。雖然服從的原則不是絕對的，但卻是迫切需要的。

　　民主社會文人統制的重點，是使安全力量（武力）從屬於更高的國家目的。軍隊的目的，是保衛社會而不是界定社會。由文人來統制軍隊，是民主政治之存在與運行的先決條件，一個國家可以沒有民主政治而有文人統制，但卻不能沒有文人統制而有民主政治。

註　釋

【1】本章是由已發表的兩篇專論修改整理而成：

民88。〈民主政體中的文人統制——軍人服從義務與軍隊政治教育之詮釋〉。《復興崗學報》68：1-20。

民89。〈民主政體中的文人統制〉。《戰略與國際研究》2(2)：61-84。

【2】10 U. S. Code Sec. 113- Secretary of Defense. http://www.law.cornell. edu/uscode/text/10/113. Accessed 2016/3/18.

第 ⑤ 章　軍人干政的因素 [1]

　　本章的主要目的，即在探討第三世界軍人干政的原因。有關此一問題的研究，英文文獻相當豐富。本章自眾多學者中，選擇幾位較具代表性的，就他們所作的研究加以分析，以求瞭解第三世界國家軍人干政的各種可能因素。最後並加以歸納和綜合分析。這些學者包括范納爾（Finer 1962, 1988）、杭廷頓（Samuel P. Huntington 1957, 1968）、小威爾奇和史密斯（Welch, Jr. & Smith 1974）以及諾德林格（Nordlinger 1977）。另外幾位學者對某些地區軍人干政因素的分析，因限於篇幅，列於附錄一。這些學者包括：斯提潘（Stepan 1971）、歐當諾（O'Donnell 1979）、路瓦克（Luttwak 1979）、科恩（Cohen 1987）、卡斯帕爾（Gretchen Casper 1991）、詹金斯（J. Craig Jenkings）和柯波索瓦（Augstine Kposowa 1990, 1992, 1993）。

一、范納爾論軍人干政的傾向、時機和層次

　　1960年代初，討論第三世界軍人干政現象最具代表性的著作，是范納爾在1962年所著《馬背上的人：軍隊在政治中的角色》一書。該書的目的，在探討軍人干政的傾向（動機和情緒）、時機、層次、模式和結果。分析對象，不限於第三世界國家，尚包括英、美、法、德、日及蘇聯等國家，顯示作者試圖從各類不同政權的分析歸納中尋求通則之建立。該書曾根據實際狀況的發展，先後經過了1976年和1988年兩次的修正和補充，不過，其整體架構和基本論點並無改變。

(一) 軍人干政的傾向 —— 動機和情緒

　　范納爾將軍人干政的意義界定為：「武裝力量強行取代被認可的文人政權，代之以他們自己的政策和（或）他們的人員」（Finer 1988, 20）。軍人干政，可以採

用積極的作為或消極不作為方式。它可以反抗政府的願望，也可以拒絕政府對其行動的要求，任何一種情況，軍人都對文人政府產生強制性的影響。

軍人干政必須有其機會和傾向。所謂「傾向」（disposition），是一種有意識的動機和意欲行動的混合。換言之，范納爾認為，軍人干政的傾向混和著動機和情緒（mood）。它的成分多樣且因個案而異。主要的因素，是軍隊的認同意識。此一認同感與文人和政客相區隔且有所不同。它來自專業化正規軍的客觀特徵。這種自我意識使軍人認知到他們有一種獨特的、超額的保護國家利益的職責。自視為國家安全的捍衛者，負有保國衛民的「神聖使命」。這種國家利益的觀念構成軍人的動機；此一動機並因機構的和區域的利益、軍隊集團主義，以及軍隊成員個人的功名主義、自我中心和雄心而賦予不同的特色（ibid., 63）。

1. 軍人干政的動機

范納爾對於軍人干涉政治的動機，在1962年原著中主張有五種，即：國家利益、階級利益、地區利益、軍隊集團利益，以及個人利益。以下分別加以探討。

(1) 國家利益：首先，軍人通常宣稱負有「神聖使命」，自視為國家安全的捍衛者，負有保國衛民的職責。為達到此一目的，軍隊強調團隊的認同感和團隊精神，強調忠誠和紀律，灌輸愛國意識和民族主義，培養仇敵恨敵的精神。這些情操促使軍人持有拯救國家的「神聖使命」的觀念，亦即軍人有維護「國家利益」的神聖職責。此一動機提供了軍人干涉政治的理由或藉口（ibid., 29）。

不過，范納爾也指出，軍人對於「國家利益」有著獨特的認同。所謂「國家利益」的實質概念，通常植根於特定團體的利益或感情。因此，軍隊的行動，主要並非為了國家的利益，而是為了保護和擴大軍隊集團的特權。它所宣稱的「國家利益」，常是一種虛偽的托辭，其真正的動機往往是為了特定集團的利益。不過，軍隊的動機雖然複雜，因不同的個案而異，但一般而言，乃出自於為維護或爭取階級的、地域的和軍人集團本身的利益。

(2)階級利益：階級利益是所有軍人干政理論中最容易解釋軍人干政的一個動機。根據這一理論，當文人政府來自與軍隊相似的社會階級時，軍隊支持它；如果來自一個不同和敵對的階級，則會推翻它。雖然以階級利益解釋干政動機還不能成為一般通則，卻是不可忽視的一個重要因素。例如，1930年的德國軍官大都來自貴

族階級，為了維護其利益而介入政治；日本內戰期間軍隊的介入政治；埃及軍人政治態度即受它的階級結構影響；拉丁美洲國家（如阿根廷和巴西）軍隊即為了中產階級利益而干預政治（ibid., 35-37）。

(3) 地區利益：有時軍官團主要來自國內一個特定區域，或發展出與它的特殊關係，也可能成為軍人干政的一種動機。顯著的案例有：現代英國的克拉叛變（the Curragh 'mutiny'）；巴基斯坦軍隊的運作受來自西巴基斯坦軍官的分離意識所影響；委內瑞拉軍隊在1948-50年所發動的反革命，以及法國駐阿爾及利亞軍隊在1958-61年期間連續三次的反抗文人政府（ibid., 38-39）。

(4) 軍隊集團利己主義（corporate self-interest）：軍隊極力保護自身集團的地位和特權。渴望維護它的自主權提供了干政最普遍和最有力的動機之一。在消極意義上，它可能導致類似軍事工團主義（military syndicalism）——堅持只有軍隊才有資格決定諸如甄補、訓練、人員和裝備等事務。在積極意義方面，它可能導致軍隊要求對所有其他影響軍隊的事務能做最後判斷。這些事務包括外交政策、國內經濟政策和所有涉及士氣的因素，亦即：教育和大眾傳播媒體。軍隊對這些事情的要求，必定會與傳統上處理這些事情的文人政府發生衝突。

軍隊之所以有這類要求，是專業主義的結果。軍隊是一個具有功能性專門知識與技術的群體：接受訓令、教化和訓練，以執行特殊任務，頗不同於其他的社會團體。他們越專門化，越渴望採取能防衛和保證他們成功的步驟（ibid., 41）。

(5) 個人利己的動機：軍人干政最頻繁的地區，常是社會階層明顯和軍隊提供社會進步的地區。在拉丁美洲、中東、東南亞和戰前東歐地區的大部分國家，就是這種情形。這些國家中的軍隊為較低的中產階級甚或貧困家庭的男孩提供了能夠升任軍官的管道。這種力爭上游甚至躋身政府領導圈的渴望，即可能成為軍人干政的動機之一。這也是何以許多政變成功的國家，明顯增加軍隊預算、提高獎賞和改善軍隊條件的原因。軍官個人對物質利益的要求和晉升的渴望等，也往往是軍官個人參與政變的動機（ibid., 50-51）。

軍隊採取干政的行動，往往是由複雜、混合的動機所促成。這些動機常因不同個案而異。上述那些動機提供軍人干政的必要但非充分的條件。促成軍隊採取行動還須使這些動機催化為情緒。在某些例子中，沒有任何事和任何人能阻止軍隊為所欲為，因而這些動機會轉變成行動的情緒。相反地，軍隊的欲望受到挫折——某些

來自軍人的自豪受到侮辱或軍隊被社會冷落或嘲弄，可能激發軍人憤怒的反應和對文人政府的責難，最後以立志反抗他們為自己辯護。[2]

2. 干政的情緒

情緒比動機更難於描述。心理學家對它的意義尚無一致認可的界定，也缺乏實際的經驗意涵。對於情緒的例證完全缺乏的軍隊，這些困難更大。不過，在所有案例中，卻有一個經常出現的因素——同類意識（consciousness of kind）：軍隊意識到它明顯地有別於文人團體意識的特別和分開的認同感，這種自我認同意識和來自於軍隊生活的客觀的特殊性。誘發軍人干政的情緒因素，除了這種自覺意識，尚包括自視具有壓倒性權力的意識和某種不滿。所謂壓倒性權力意識，是指對某時刻或某特定國家的特別情況中，沒有任何力量能阻止軍人為所欲為的認知。所謂不滿，可能是對某些政治問題的不同意見。在某些個案中，軍人的行為幾乎是受挫折所引起的。

軍人因他們的社會或政府所造成的挫折，其反應是可以預料的，它包括：(1)憤怒和屈辱的反應；(2)「凸顯」對文人的責備和「合理化」這種反應；(3)藉對他們不幸事件所受責難的洩憤，以「彌補」所受的挫折和屈辱。因此，軍隊的叛亂有時會由於軍人強烈感覺到自尊受到傷害的情緒所引起（Finer 1988, 55）。

(1) 武裝力量「自重的」（self-important）情緒

軍隊干政的情緒，有時來自軍隊本身所感受和承擔的強烈屈辱感，這種屈辱感嚴重地傷害了軍人的自尊和自負。這些屈辱感的產生，各國情況不同。起因包括來自文人政府的腐敗無能所導致的外交上的挫敗；國家在國際上的地位與象徵的受辱；軍人薪資、地位的低落；戰爭上的失敗或戰敗後之遭受遺棄感。軍隊所承受這些屈辱的情緒雖非干政的直接動機，卻是助長由動機轉為行為的重要因素（ibid., 54-58）。

(2) 不健全的高度自尊

軍隊和社會其他團體比較起來，具有一種不健全的高度的自我主張。范納爾指出，一旦侮辱或意存侮辱到軍人的驕傲和自負；社會拒絕軍人的要求而惹怒軍人的自尊；侵犯軍人的特權傳統，均容易引發軍隊干政的意向。

軍隊可能被激怒或受辱而傾向干政；不過，如何干政，何時干政和事實上是否可能如此，常需依賴另一因素，即干政的「時機」（opportunity）。干政的傾向是一種情緒；雖然某些軍隊，像個人一樣，盲目地依情緒而行動，但大部分人在行動前會做理性評估。這種評估乃根據所將採取行動的客觀條件（ibid., 59）。

(二) 干政的時機

根據范納爾的看法，軍人干政的時機有兩種：文人政府格外地依賴軍隊；文人政權受到相當地壓抑而軍人的聲望卻提高。

1. 對軍隊的依賴

(1) 文人政府增大對軍人的依賴度

戰爭通常會擴大軍隊的影響力。在許多狀況下，戰爭情況可能提供軍隊干政的機會，在第二次世界大戰期間，即使強調文人至上的英、美、日、德等國，也出現類此情形。以美國為例，文人當局將政策和戰略的主要決定權交給各參謀首長，並允許他們參與民間經濟的動員決策（Finer 1988, 64）。

日本在1937年以後，軍隊對所有政策握有最後決定權。政府最終權力在於「聯絡委員會」（Liaison Committee），其成員包括文人政客和軍種首長。在三位最具影響力的部長職位中，來自軍中的兩位擁有最高的權力。整個國家受到軍事機構的統制。

美國在冷戰期間，軍隊涉及外交政策甚至國內事務是一種普遍現象。其原因在於：影響到整個國家經濟的巨額國防預算的支出；軍事作戰技術的進步，使軍隊走向專門化；文人領導者難於像過去一樣有能力評估軍事戰略和戰術；今日戰場均已擴及全國或全區域。這些事實顯示軍隊重要性的增加以及它在決策上所產生的影響（ibid., 66）。

(2) 國內環境的影響

在國內政治上，政府必須依賴軍隊作為警察力量。有三種情況可以顯示出來：明顯的或緊急的危機；潛在的或慢性的危機；權力真空。

首先，是明顯的危機。明顯的危機情況甚至發生在建立已久且發展成熟的文人機構。這類危機的特徵是，敵對政治力量興起並訴諸使用暴力，政府無法單獨依靠

其中任何一派，國家因而潛存甚至萌芽內戰。究其原因，有時候是戰敗所引起的混亂，有時是為政治自由所進行的長期和苦難的戰爭之後果；有時則來自國內事件的惡性循環。1918-1924年之間的德國和1916-1923年期間的西班牙，就曾出現上述危機（ibid., 67）。

因此，明顯危機的特徵是意見的分歧，導致好鬥和抓權而相互敵對的政治運動，以致政府被剝奪了任何有凝聚力團體的支持，並且為了生存而必須依賴強大的武力，亦即：依賴武裝力量。

其次，是潛在的危機。潛在危機的情況更為普遍。這種情況暗示，政治或社會在少數統治下，群眾懷恨，但因太弱而無法推翻統治者。面對著人民的冷漠和仇視所表現出的示威、暗殺或農民暴動，統治者只好依賴軍隊加以掌控（ibid., 69）。

最後，是權力真空。某些案例顯示，有些國家仍沒有任何有組織有力量的政治運動，且少有政治意見的表達。這種情況由於工業成長和西方觀念的影響，而很快消逝。在這些觀念中，馬克思主義被視為一股強勢力量，懷著傳教士的熱忱，並或明或暗地受蘇聯和中共支持。典型的實例，是1920年代前的祕魯、委內瑞拉、厄瓜多爾和玻利維亞，1930年代前的瓜地馬拉、宏都拉斯和之後的巴拉圭與海地。這些國家中，有組織的大眾意見可以說不存在，或者微弱的不值得考慮。在類似這種情況之下，沒有任何可能阻止軍隊隨心所欲的行動。伊拉克1936-1941年間連續六次的政變，如無英國在1941年的干預，可能會持續上演下去（ibid., 70-71）。

2. 軍隊的聲望

武裝力量的聲望（popularity）或威望（prestige）是促使他們干政的第二個客觀因素。這種聲望並不穩定，隨時間和環境而變動。常伴隨政變初期建立的聲望可能很快消失，因此，不可能概括軍隊聲望所依據的所有因素。需要注意的是，如果軍隊的聲望會激發任何政治野心的話，則任何破壞文人政府信譽的情況，特別有助於這種傾向。文人政府的無能、腐敗和政治陰謀，與軍隊的講求嚴格、威權領導、政治中立和愛國意識，正好相反。文人政府的管理不善提供了軍隊干政的時機、動機和藉口（Finer 1988, 72）。

范納爾在探討軍人干政的時機時，進一層評估干政的可能性和分析干政時機與政治文化水準的關係。首先，他認為，以傾向和時機兩個因素來評估干政的可能性

或成效，有四種可能情況（ibid., 74）：

(1) 既無傾向也無機會干政，則干政將不會發生。

(2) 既有傾向也有機會，干政將會發生。

(3) 無干政傾向但有機會進行，有三種可能：(a)軍隊在受到鼓勵和催促之後，很勉強地涉入；(b)軍隊受文人之影響而介入政治；(c)軍隊合法的「暫時獨裁」。

(4) 有干政傾向，但無機會，干政會流產。

其次，干政的時機和政治文化水準。在這些引起軍人介入政治的時機中，除了由外在環境因素引起的之外，沒有一項是隨機發生的。戰爭或冷戰確實無法預測，但是由國內情況引起的時機，卻與社會的本質關係密切。

上述所有這些引發軍隊介入政治的時機，起因於民眾對政府的支持減弱，因而逐漸增加對軍隊的依賴。權威性越少，越依賴軍隊。不過這只是簡單地表示，民眾越服膺文人機構，軍隊干政越少越有機會和成功的可能；反之亦然。民眾服膺文人機構的程度可稱之為「政治文化的水平」（level of political culture）。亦即根據民眾對他們的文人政府擁護程度的強或弱，將社會規劃為各種不同的「政治文化水平」。如此，將可發現政治文化水準越高，開放給軍隊干政的客觀機會越少；如果軍隊嘗試去做，它將獲得很少支持。不過，水準越低，機會越多，受民眾支持的希望也越大（Finer 1988, 75）。

(三) 政治文化水平對軍人干政的影響

軍人干政深受政治文化水平的影響。上述軍隊干政的時機和人民對軍隊干政的歡迎程度，皆取決於政治文化的水平。軍隊干政的層次或程度（level）（指完成度）也與政治文化水平息息相關。范納爾首先將軍隊介入政治分為四個層次。第一層次是「影響」（influence），即軍隊對文人政府的影響程度。軍人藉闡述他們的理由或表達他們的情緒，致力於說服文人政府。此一層次屬於憲法的和合法的範圍，完全符合文人權力至上的原則。軍事機構和官僚體制中的任何部門都一樣地運作（Finer 1988, 77）。第二個層次是「壓迫」或「恐嚇」（blackmail）。軍隊藉某種制裁的威脅尋求說服文人政府。這種壓迫的幅度，在光譜上，從合憲的暗示或行動的一端，到不合憲的恐嚇和威脅的另一端。上述兩種層次，軍隊都是透過文人機構施展其對政治的影響力，軍隊對權力的運作是在幕後，至多是個木偶的操縱者。第三層次則是「撤換」（displacement），即透過暴力或暴力威脅將一個內閣或統

治者撤除，換置另一個，文人政權並未被推翻。第四個層次，是最完全的干政層次，稱爲「取代」（supplantment），即撤除文人政權，由軍人取而代之。

干政層次的高低，決定在政治文化的水平。至於，政治文化水平的高低，在於觀察它是否有以下三種情況的存在（ibid., 78）：

(1)「政治定則」（political formula）一般地被接受。所謂「政治定則」是指統治者所宣稱的其統治和受服從的道德權利的信念或情感。

(2) 共同構成政治體系的文官程序和機構的複合體，被廣泛一致地承認具有權威性，亦即：職責價值（duty-worthy）。

(3) 公眾強烈和廣泛的介入和執著於這些文人機構。

其次，評量這種執著和介入政府機構的標準有三項，滿足所有這些條件，政治文化水平可以說是很高；否則，即相當地低。

(1) 權力轉移的程序是否獲得廣大民眾的贊成，以及是否具有一種認爲不以運用權力侵害這些程序才是合法的共同信念？

(2) 是否關於由誰或依什麼來構成最高權威，獲得廣大民眾的認可，以及是否具有一種不再以其他的人或其他的權力中心爲合法的或「職責價值」的共同信念？

(3) 公眾是否占很大比例，以及與私人協會流通良好？亦即，社會是否有凝聚力強的教會、工業協會和公司以及勞工聯盟和政黨的組織與活動？

「政治文化」的概念不是單一的，它是上述三個條件的複合體。這些條件可用不同的方式加以分類。因此，可以發現到，一個國家的大眾微弱且組織不健全，但卻相當團結，而另一個國家的大眾雖不團結，但其組織卻非常健全。基於這些理由，可說難於用一種連續性等級次序來分類社會。

無論如何，仍不難於將政治文化依遞降順序先作若干廣義的分類，進而依此將社會或國家分成四類。第一類的國家，政治文化等級最高，所有三種條件齊備。在這類國家中，軍隊干政被視爲完全不當的侵犯，一定無法獲得公眾的認可。只有在政治文化「成熟」的國家才能使軍事影響力而非干政成爲正常管道，政府的合法性才能足夠有力的防止武裝力量的威脅。這類國家稱爲「成熟的政治文化」（mature political culture），其實例，有瑞士、加拿大、澳大利亞、紐西蘭、愛爾蘭和荷蘭。

　　第二類的國家，其文人機構高度發展。民眾相當地開闊且組成有力量的社團。民事程序和公眾權威基礎良好。不過，不像第一類，政治權力轉換程序的合法性，以及由誰或依什麼來組成最高權威的問題都有爭議。國家的軍隊必須考量民眾對他們干政的強烈反對。這一類國家稱之爲「開發的政治文化」（developed political culture）。在政治文化已發達的社會，軍人統治的合法性是受到反對的。典型的軍人干政幅度從「影響」到「恐嚇」。軍人或許會有暴力推翻政府的企圖，但其企圖極少、單純和不成功（Finer 1988, 80）。其實例有：從帝國到希特勒即位時的德國、兩次大戰期間的日本、第三共和以後的法國以及蘇聯。

　　在政治文化「發達」的國家中，政府有著高度的合法性，亦即：政治權力的轉換過程可以接受，政府官員有其合法性，以及規模大和動員良好的非政府的工會。政府之完全或部分的被武裝力量取代，不管是直接的或文武聯盟式的都很少發生。雖然如此，武裝力量能施展有力的、幕後的壓力，范納爾稱之爲恐嚇。例如，在法國第四共和的軟弱時期，軍隊運用其影響力以促進新政治秩序的恢復。

　　第三類國家，其民眾相當狹隘且組織很薄弱，政府的機構和程序也起爭議。民眾意見微弱而自我分裂，呈現浮動狀態。它不至於強烈地反對軍人干政。這類國家稱爲「低政治文化」（low political culture）。

　　在低度政治文化──第三等級（order）──的社會中，軍人干政的層次擴大。像政治文化發達的國家一樣，以壓迫和恐嚇的方式干政的現象經常發生；不過，除此之外，軍隊可能會公然推翻政府，安置其他統治者（「撤換」），或甚至由軍隊本身取而代之（「取代」），這一類的國家，有阿根廷、巴西、土耳其、西班牙、埃及、委內瑞拉、巴基斯坦、戰前的巴爾幹半島國家、敘利亞、伊拉克和蘇丹（ibid., 99）。

　　在政治文化「低」的國家，合法性多少顯得重要些：干政（雖然極少除外）必須有其正當的理由。雖然政府可能完全被一個軍事執政團取代，也顯示暫時爲一個以軍人爲班底的政權，或爲一個由文人和軍人成員的聯合組織所取代。范納爾認爲，合法性是流動性的，從一個政府到另一個政府，盛衰起伏不定。

　　第四類國家中，政府爲實際的目的，可以忽視民眾的意見，政治的結合（articulate）少和組織弱，稱之爲「最底層級的政治文化」（minimal political culture）。政治文化層次最低、居於第四等級的社會，正處於靜態的和傳統的文化

的轉變中，大眾對於政治合法與否的觀點完全地被忽視和不存在。在這類國家中，合法性和共識的問題是無關緊要的（ibid., 117）。實例有：建國前期的墨西哥和阿根廷以及1960年代的海地、巴拉圭和剛果。

在政治文化「最低」的國家中，政府能容易地被使用、或威脅使用強制力推翻。武裝力量可能試圖取代原有政府：軍官們霸占政府職位，自外觀推測，他們將無限期持續占據這些職位。最低度政治文化很少，如果有的話，能阻止武力的使用。本質上，掌權者和整個政治體系享有的合法性是如此的脆弱，以致於無法抑止抗爭群體的野心。

范納爾認為軍人干政的層次隨這四類政治文化水平之不同而有差異。其關係可以由下圖得到說明（Finer 1988, 126）：

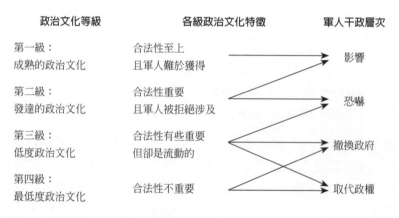

圖5-1　軍人干政與政治文化的關係

范納爾指出，一個社會的政治文化水平不一定是靜態的，它可能非常迅速的改變。它無法以諸如工業化或讀寫能力的程度這些量化的客觀因素來加以衡量，雖然，它事實上受這些因素的影響，並且在某種程度上與其相關聯。政治文化水平依大眾的意見與其有效流動的程度而定。在「低度」或「最低度」政治文化水平的國家，亦即在極大部分第三世界的國家中，這些可能改變很快；民眾之缺乏政治民主自由在於其自由集會和自由言論受到禁止，而一旦這些自由被允許，有組織的意見即可能變成一股重要的政治力量。1935年前後時期的委內瑞拉或1944年前後期的瓜地馬拉便是最佳的例證（ibid., 124-125）。

　　范納爾在後來的補充部分，就加以強調，指出社會物質是影響軍人是否干政和以何種形式干政的決定因素。此一強調也爲杭廷頓所肯定，成爲他在此一領域中試圖建構的軍人干政概括性理論的一個有機部分。

　　由以上的分析，我們可以發現，第一，范納爾對於軍人干預政治的界定，是採廣義的光譜式的，從合法性的影響政治運作到非法性的推翻政治體制。干預程度的大小，取決於政治文化水平的高低。就第三世界國家軍人干政的層次來看，政治文化低落是其干政的主要原因。第二，范納爾的目的，在於試圖建構一套通則，能解釋所有類型國家的軍人干政現象，特別是對軍人干政原因的綜合探討，並據以發展出政權分類的途徑。第三，范納爾對於軍人干政原因的分析，分別從軍人干政的傾向（動機和情緒）、時機和政治文化水平三方面進行。動機和情緒是就軍隊集團和個人的內在因素而言，干政時機和政治文化水平則是就環境因素而言，只不過偏重政治背景因素分析，而忽略社會、經濟因素的探討。不過，此一缺點，就自我分裂（self-division）而言，首先，范納爾發現，通常所假定的，軍事體制越團結和集中，軍隊的干涉能力越大，因而企圖政變的次數也越多，但在實際例證中卻是相反的。軍事體制越不發達，政變次數越多。多數因自我分裂的軍隊（如衣索比亞、厄瓜多爾、玻利維亞和阿根廷的軍隊）所發生的政變便是這種情形。其次，依此類推，任何由自我分裂武力的干政所建立的政權也將越弱：一時獲勝的團體發現他們處於其他有叛意單位的威脅之下，這有助於解釋爲何政變之後經常緊跟著出現反政變（Finer 1988, 229）。

二、杭廷頓對禁衛軍主義起因的看法

　　杭廷頓在1968年所著《社會變遷中的政治秩序》一書中，專列一章探討禁衛軍式社會中的軍人角色，文中對於軍人干政的原因，也有其獨到的見解。杭廷頓首先批評兩種解釋軍人干政的途徑。第一種途徑認爲，美國軍事援助是助長軍人介入政治的傾向的重要因素。這種援助鼓勵了軍隊的政治獨立性，並且給予額外的權力、勢力以及更多動機採取行動以反抗文人的政治領導者。但杭廷頓認爲，美國軍援和軍人干政之間的關係並無可信的例證。

　　杭廷頓認爲，此一觀點在某些情況之下有某種可信度，但軍援並非軍人干政

唯一或重要的原因。事實上，大多數接受美國軍援之後發生政變的國家，在其接受軍援之前也經常發生政變。杭廷頓並指出，多數人希望外國軍事干預可以藉由將軍官送往美國受訓、接受文人至上的倫理，以及多與美國軍官接觸，而能減少。他認爲這種假設是錯誤的，接受軍援和未接受軍援的國家同樣會捲入政治（1968a, 192-193）。

　　第二種途徑認爲，軍隊干政主要是由於軍隊內部結構或軍官的社會背景。例如，簡諾維茲試著從國家的「軍事體制的特徵」，探討軍官干政的傾向和能力，認爲它與軍官們的「爲公眾服務精神」、融和管理能力和英雄氣慨的技術結構、中產階級與下層階級的社會出身以及內部凝聚力，具有相同性（Janowitz 1964, 1, 27-29）。不過，杭廷頓認爲幾乎不可能找出二者的因果關係，反而是，軍人干政與軍人派系密切相關（1968a, 194）。他指出：「軍人干政最重要的原因，不是軍事性的，而是政治性的；它所反映的不是軍隊體制中社會的和組織的特徵，而是社會中政治的和制度的結構。」（Huntington 1968a, 194）

　　杭廷頓認爲，在沒有軍官團情況下，軍事事務與政治事務之間的界線從來就不明確。但是，即使專業軍隊已經建立，當社會的政治機構變得虛弱或分裂，軍隊仍可能會干政。立憲的分歧和各階級、地區、族裔或群體之間的激烈衝突，都可能刺激軍隊干政。一個處於現代化進程中的國家，如果傳統的政治機構已被推翻，新的政治機構尚未取得合法性，軍隊通常就會持續干政。如果政府的能力和決斷力發生問題，軍隊也會受到干政的鼓勵。戰爭的失敗和外交的重大失誤，也會刺激軍隊插手政治（1968b, 493）。

　　杭廷頓所說的政治性原因，是指政治制度化的程度。他認爲，在未開發的社會中，社會勢力和制度普遍地政治化，政治缺乏自主性、複雜性、凝聚力和適應性。各種社會勢力和集團均直接介入一般政治，軍隊是社會勢力和集團的一部分，自然也就捲入政治，只是因其特殊性而顯得突出而已。因此，單從軍事性來解釋軍人干政是不夠的。軍隊和社會各種特殊團體之參與政治或介入政治，原因「不在於團體的性質，而是在於社會結構中，特別是在社會缺乏有效的政治制度或政治制度衰微之時」（ibid., 196）。

　　至於杭廷頓，他認爲軍事政變起因於「社會勢力和制度的普遍政治化……沒有政治制度和沒有專業的政治型領導者的軍隊會被認可或接受爲合法的調解者，以仲

裁群體衝突」（1968a, 194, 196）。一個軍人能任意干政的禁衛軍式社會，顯示政治的衰退而非政治的井然有序。社會所呈現的，是「金錢賄賂、學生暴動、工人罷工、群眾示威，以及軍事政變」（ibid., 196）。

杭廷頓以政治參與爲依據，將禁衛軍社會區分爲三種類型，寡頭的、急進的和群眾的（ibid., 198-237）。寡頭的禁衛軍主義社會存在於私人的和家族的派系間的政治鬥爭；急進的禁衛軍主義式社會顯示機構的和職業的團體間的競爭；群眾型禁衛軍主義社會則凸顯政治中社會階級和社會運動的優勢。政治參與提高時，緊張升高，政府壽命降低。在禁衛軍社會中，政變不需要散發武裝力量；因爲廣被接受的正規權力轉換不存在，武力成爲改變政府人事的「正常」方法。

在杭廷頓對禁衛軍社會的觀察中有一個常被提到的主題，是文人政治制度經常很脆弱。制度和領導層的眞空迫使群體爲他們本身的目的而霸占統制權，武裝力量在眾多潛在的競爭者中計量權力。

杭廷頓進一步指出缺乏有效政治制度的情況：

在所有社會中，特殊化的社會團體都參與政治。在禁衛軍式社會中，促使這些團體更爲「政治化」的原因，是缺乏有效的政治制度，足以仲裁、糾正和調和團體的政治行動。在一個禁衛軍式體系中，社會各勢力彼此赤裸裸地互相對抗；沒有政治制度；沒有專業的政治領導集團被承認或接受爲合法的仲裁者，以調節團體的衝突。同樣重要地，團體中不同意存有解決衝突的合法的和權威的方法（Huntington 1968a, 196）。

在禁衛軍式社會中，新階段或新團體的參與政治，只會「使情況惡化而非減少緊張。它增加了政治行動中使用的資源和方法，並因此助長政體的崩解」（Huntington 1968a, 198）。他將這種沒有方向、碎裂和騷動的社會稱爲「禁衛軍式」（praetorian）的社會。他說：

狹義的禁衛軍主義是指軍隊干涉政治，而威權主義是指宗教領袖的參與。然而，沒有適當的詞語描述學生的廣泛參與政治。無論如何，所有這些詞語指涉同一現象的不同方面，即社會力量的政治化。爲簡便起見，此處「禁衛軍社會」一詞用

以指如此的一個政治化社會，即瞭解所指政治參與，不僅是軍隊，也包括其他的杜
會力量在內（Huntington 1968a, 195）。

　　杭廷頓所謂在禁衛軍式社會中之缺乏有效政治制度，是指權力的支離破碎，顯
現形式多樣而份量微小；統制體系的權威短暫；政治制度微弱，權威與職位易得易
失；領導人和團體在追逐權威中互不相讓；個人忠誠只對自顧爭取特殊利益的團體
而非對代表整合利益的政治體制，出賣（sell-out）成為普遍的現象（ibid., 197）。
在此情況之下，政治參與範圍越大，政治越不穩定。如果缺乏有效的政治制度，則
社會和經濟現代化的結果，只是政治上一團混亂（ibid., 198）。

　　這種「禁衛軍社會」的特徵，顯然地和范納爾的「較低度的政治文化水平」相
似。不過，「禁衛軍社會」和「政治文化層次」有一些重大的不同。首先，兩人的
著作都關切政治機構的強與弱，但評量的標準都不一樣：杭廷頓有四項「標準」，
范納爾則提出三個「問題」。其次，杭廷頓將社會分成兩個主要的團體，而非「四
個層次」。他將其區分為「有效率的」政府和「軟弱無能的」（debile）政府。這
些概略地相似於范納爾的「成熟的」和「已開發的」政治文化一類與「低度的」和
「最低度的」政治文化另一類（Finer 1988, 242-243）。第三點不同，是禁衛軍社
會的緊張，辯證式地發生於制度的強度和人民的政治參與度之間。杭廷頓的「梯
階」是一種與時登錄（registered）的發展形式，相應於大眾參與的程度而有寡頭禁
衛軍主義、激進的中產階級禁衛軍主義和群眾禁衛軍主義。范納爾的「政治文化層
次」中，關於一邊是紛歧和一致之間的緊張，以及另一邊是各種公眾組織的強度和
幅度，這當中沒有類此的時間面向──其分析是靜態的，而「層次」是限定的。結
果是，杭廷頓的禁衛軍國家是一種認同條件，除了它暫時的狀態以外，是沒有區別
的。范納爾則設想一個有四個條件的連續譜，但關於時間則沒有區別。這種區別反
映出兩位學者研究目標的不同，杭廷頓注重政治發展，范納爾則注重軍人干涉的原
因、方法和結果。

三、小威爾奇和史密斯論軍人干政的因素

　　對於軍人干政的原因，從軍隊的內在和外在因素進行分析，在小威爾奇和史密

斯（Welch Jr. & Smith）以前即有學者注意到。就軍隊內在的因素而言，有些政治學者認為，軍人干政最重要的因素，是武裝力量的組織和它們的甄補模式。例如，莫斯卡（Mosca）在1939年即指出：「正規軍納編所有的好戰份子，且其本能容易立即順從單純的衝動，將毫無困難地指使社會中其他機構」（p.228）。

其他學者則強調總體政治環境的因素。他們認為，環境比軍隊的組織特徵更直接地影響軍事政變的可能性（Welch, Jr. & Smith 1974, 9）。

小威爾奇和史密斯在1974年發表的《軍人角色和軍人統治》一書中，對軍人干政原因的分析，從內在因素與環境因素兩方面來進行。在內在因素方面，包括：軍隊任務、組織特徵和政治覺悟（political awareness）。環境因素包括：社會、經濟因素和政治因素（pp.9-29）。

(一) 影響軍人干政的內在因素

1. 任務

武裝力量的責任是保衛國家。它不像警察以善盡國內的職責為取向，而是傾向對外的任務：保衛國土，防止敵人攻擊（p.9）。武裝力量如介入通常屬於警察職責的國內的綏靖任務，則先天地和不可避免地會使軍隊捲入政治糾紛。范納爾評論說：「專業軍人自視為國家反抗外敵的守衛人。……也自視為作戰部隊，而非警察團體」（Finer 1962, 27）。簡諾維茲（Janowitz）也持同一見解：「專業軍人反對將自己認同為『警察』，並且，軍事專業會為了與國內警察部隊的區隔而爭鬥。就此意義而言，美國的文人至上原則，在於假定它的國家軍事力量的組織和統制，與地方性的和較分權性的警察力量區別開來」（1960, 435）。當武裝力量被要求執行不得人心的決策時，軍人中立和服從政府就會受到扭曲，據此，可以提出以下兩個命題：

(1)「軍人干政的可能性起因於武裝力量嚴重涉及主要是屬於國內警察類型的或鎮壓暴亂的活動」；

(2)「軍人干政的可能性起因於武裝力量奉命使用高壓手段反抗國內的政敵，而此行動命令乃違背軍官團的建議」（Welch, Jr. & Smith 1974, 10）。

小威爾奇和史密斯指出，這兩個命題可以由福瑟姆（Egil Fossum）的分析研究得到確認。他檢查1907年和1966年期間拉丁美洲105次成功的軍事政變，發現將近

三分之二是發生在公共秩序混亂之時。不過,相關不一定就是原因。政變是否起因於人民動亂?福瑟姆指出,混亂也許「可作爲干政的藉口」,或相反的,軍隊「可能眞正希望重建社會秩序而無其他的動機……」(1967, 236)。

某些證據顯示,軍人干政很少發生在一個國家涉及國際衝突的初期階段。不過,一旦戰爭失敗或長期拖延,則可能導致軍人干政。戰爭的發生或國際危機的惡化可以激發人民的愛國心;國土受侵犯或國家「榮譽」受侮辱,均有助於動員人民支持武裝力量。軍隊的使命是抵抗威脅。當軍隊專注於應付外部危機時,即可能避開國內政治。因此,「軍人干政的可能性因出現明顯的對外的國防焦點而減小」(Welch, Jr. & Smith 1974, 11)。

福瑟姆的研究間接支持了這個命題。1940-1942年的三年期間,是此一世紀中拉丁美洲國家沒有一個發生政變的唯一一段時期。雖然巴西捲入第二次世界大戰,但在其他的拉丁美洲國家中,最初的衝突都消弭了國內的對立情緒。1943-1945年期間可以目睹到九次政變,在福瑟姆的研究中,這是所有時期中第二多的政變次數(Fossum 1967, 236)。因此,小威爾奇和史密斯結論說,國際危機的一致結果可能只是暫時性的,拖延著的衝突或戰爭中的失敗增加了軍事政變的可能性。

當武裝力量未涉及外部衝突和隨之降低干政的可能時,爲了界定武裝力量的明確任務,多數政府轉而向文人對內政策方面尋求答案。在文人處理國內事務決策中,軍隊會直接涉及國家發展。這些計畫能吸引軍隊的注意力和專長技能;藉由政府希望能運用武裝力量於國內建設來阻止,至少能疏導軍隊的政治野心。

因此,小威爾奇和史密斯提出一個命題:「如果武裝力量執行國內事務時,軍人干政的可能性就會降低」。

此命題假定武裝力量的任務由文人所界定:執行民事活動,降低國內反對。無論如何,軍隊對於任務有它自己非常不同的定義。政變的發生可能由於軍官們視其責任在於保衛全國免於野心政治領導者的陰謀。因此,使武裝力量具有保衛國家機構的任務,很可能直接導致其干政:「服務政府和報效國家之間的任務不同,鼓勵了武裝力量直接介入政治」(Welch, Jr. & Smith 1974, 12)。

這種狀況可以由1952年埃及納瑟總統對「埃及自由軍官」(Egyptian Free Officers)干政的解釋,以及同年美國麥克阿瑟將軍被杜魯門總統解除指揮職後的

態度和說詞，得到印證。例如，麥帥認為，軍人之主要效忠於政府行政部門的暫時性權威而非他們所宣誓要保衛的國家和憲法，這種觀點是很危險的。又如1961年，反對戴高樂總統的法國將軍們就認為法國人民是被騙地接受了有違法國真正利益的阿爾及利亞獨立。軍官們之有關唯有軍隊能「拯救」國家免於危難的信念，使軍人發動政變和擴大政治影響的行為獲得合理化藉口（ibid., 12）。

2. 組織特徵

軍隊最重要的特徵之一，是它的組織。軍隊組織的幾項明顯屬性強烈地影響了軍隊干政或戒除干政的傾向。依據范納爾的觀察，這些屬性包括中央集權式的指揮紀律、層級制形式化的內部溝通、團隊精神，以及自主的觀念（Finer 1962, 7）。在這些屬性當中，後兩項特別有助於加強武裝力量的凝聚力和使其與社會整體隔離。這些屬性中的凝聚力、自主權和專業主義，依威爾奇和史密斯的觀點，是軍人可能干政的部分因素。

首先，就凝聚力（cohesion）而言，上述所有組織屬性都有助於軍事機構凝聚力的培養；長期正規的軍事訓練也強調機構的整體性和減低個人的特殊性，凝聚力是部隊作戰獲勝的主要動力，也是平時戰備訓練和工作生活所必須強調的。但是，弔詭的是，高度的凝聚力可能鼓勵了軍事政變（Welch, Jr. & Smith 1974, 3）。前已提到，強調軍隊是一種整體和特殊的機構會導致其成員相信他們對「國家」負有特別的責任。軍人被訓練成在應付衝突中能迅速、有效和毫無疑問的服從指揮，可能使他們成為對文人領袖的一種威脅力量。理論上，一支有紀律、凝聚力強的部隊，一定能毫不遲疑地服從任何透過將有管道接受到的命令，甚至這項命令是指使向總統府前進和消滅它的占據者。因此威爾奇和史密斯依據簡諾維茲的觀點（Janowitz 1964, 68）而提出此一命題：「有著高度內在凝聚力的武裝力量比凝聚力較低的武裝力量，具有較大能力干預國內政治；奪取權力後的新軍事政權如果內部凝聚低時，反政變似更可能發生。」（ibid., 14）

其次，就自主權（autonomy）而言，歷來軍隊均宣稱它在內部組織和運作上有權行使其自主權。事實上，軍人獨立而免受文人統制，顯示是一種比軍人服從文人當局更普遍的歷史現象。範圍相當廣泛的軍事決策是否會增加軍人干政的可能性？企圖政變的武裝力量的政策特權，通常被假定會鼓勵軍事政變。范納爾即率直地指出：「軍隊盡心盡力保護它的集團身分和特權。其急切保護它的自主權提供了

它最廣泛和最有力的干政動機之一」（Finer 1962, 72）。

安德瑞斯基解釋拉丁美洲國家的軍人干政原因，認為是由兩個環境因素促成：(1)遍及整個社會的劇烈階級戰爭；(2)政治秩序上表現出缺乏被廣為接受的政治行為準則、混亂的行政，以及缺乏組織完善的政黨，這些現象導致政府被暴力所推翻（1968, 198）。

小威爾奇和史密斯認為複雜的階級功能和種族因素也影響了軍人干政的可能性：「當作為政府統治精英的軍官們來自或納入同一社會階層，軍人干政可能性會降低；當兩個團體來自不同階層時，則干政可能性增高」（Welch, Jr. & Smith 1974, 15）。

軍事機構和文人當局雙方的領導者需相互認可彼此各自特有的和共同分享的政策權威領域。這些權威的平衡，構成了文武關係。突然的改變政策本質，特別是威脅到武裝力量特權的改變，可能鼓勵其干政。小威爾奇和史密斯在對泰國、奈及利亞、祕魯、埃及和法國的五個個案研究中，發現以下幾種文人政府所採取的措施，會被軍人認為是在削弱其責任而興起干政之念：宣布建立民兵的計畫；激烈削減軍事預算；拒絕購置新式武器；「干預」軍官的晉升或遴選；使領導軍官提早退休。因此，他主張：「改變或試圖改變武裝力量的決策領域而違背其建議或意願，增加了軍人干政的可能性」（ibid., 17）。

發展中國家來自工業化國家的軍事援助對其國內發展和文武關係的影響如何，向來為學者所爭論，呈現兩種不同的論點。此一爭論，前已提到，杭廷頓所持的態度，是不認為外來的軍援會造成軍人干政。不過，小威爾奇和史密斯持肯定的看法。他們認為，一方面，它可能激勵武裝力量執行無私的公眾服務任務，並且可能有助於建立軍人服從文人政府的自我認識；另一方面，外援所帶來的專業技能和知識可能刺激武裝力量追求更廣泛的政治角色。一旦軍隊成為最「現代」的機構，或自視為最「進步的」和最有能力保衛國家，則它的政治野心可能就會加大。因此，外表的軍事援助之鼓勵武裝力量擔負新職責，可能削弱了文人對軍隊的統制。因此，他們主張：「國內軍人干政的可能性，因外來軍事援助促進武裝力量的角色擴大和提高其自主權而加大」（ibid., 18）。

最後，就專業主義對軍人是否干政而言，有兩派不同的意見。第一派思想以杭廷頓為代表，其著作為《軍人與國家》一書。依據他的論點，文人統制存在兩種

形式。「主觀的」文人統制顯然更為普遍；在軍人與文人團體之間，或軍人與文人的價值觀之間，沒有清楚的界線；文人統制是「文人和軍人集團之間，思想和展望（outlook）之認同的結果」（Huntington 1956, 380）。「客觀的」文人統制依賴文人和軍人機構之間清楚的界限，更重要的是它需要「自主性的軍事專業主義的認可」（Huntington 1957, 83），「高度專業的軍官團有效預備執行任何保全合法權威的國家文人團體的期望」（ibid., 84）。不過，杭廷頓也承認：「專業的成功，因其激發政治介入而引起自身的沒落」（ibid., 95）。因此，有利文人統制的條件可能是短暫的，且事實上，對軍官們的野心很少能限制得住。

第二派思想，以本文前已提及的范納爾和阿布拉漢桑為代表，對軍人干政中的專業化角色抱持顯然晦暗的觀點，軍隊的責任越重大和軍官們訓練越專精，則越可能迫使武裝力量捲入政治。軍官們以其本身具有學院背景而被鼓勵從事政治決策。

在這兩派不同的意見之中，小威爾奇和史密斯傾向於贊同兩者均有其可能性。既認為軍隊干政的可能性，因武裝力量的專業化所呈現的「結構分化和功能專門化而減少（Welch, Jr. & Smith 1974, 18），並認為與此相反的專業化，「強化了軍人影響政治不當的或甚至公然干預政治的可能性」（ibid., 95）。

3. 政治覺悟

小威爾奇和史密斯認為，軍隊的政治覺悟和涉入政治程度越低，影響其干政的可能性即越小。歷史上，雖有許多國家努力確保武裝力量的政治中立，如法國第三共和（1875-1940），也有不少學者如此主張，如杭廷頓（1957），然而，在實際上，沒有任何軍隊能完全避開政治考量，它的成員也不能沒有政治覺悟。二者只是程度的問題：「有幾分政治覺悟，就有幾分接受政府指導的意願」（Welch, Jr. & Smith 1974, 21）。

政治覺悟和政治涉入的本質，因所涉個別軍人的階級而不同。最高階的軍官身處現存政治結構中，能夠運用其影響力爭取預算或對決策提供建言，可藉由對政府施壓以達到他們的目的，而不必訴諸暴力去奪取它。所以，資深的軍官很少是軍事政變的積極領導者。而在軍隊官僚體制最低層新近被徵召或志願入伍者，只能再回民間生活，並不想發動政變。大部分政變，事實上由現役軍官階層（通常是少校或中校層次）所策動，因他們有面臨退休的壓力，或對政治領導者感到不滿。因此，小威爾奇和史密斯認為：「軍人干政較可能由野戰等級的軍官們所策劃和執行，而

非由指揮軍官、非現役軍官,或士兵所發動」(ibid.)。

企圖政變的野心不只是集中在官僚體制的特定層次,也出現在與反政府的社會勢力有關的軍官們。小威爾奇和史密斯認為:「與反對政府政策的個人或團體關係密切的軍官們,構成意欲進行軍人干政的謀叛者核心」(ibid., 22)。例如,在1966年奈及利亞的首次政變中,武裝部隊裡的少數大學畢業生,即明顯地與政治體系同樣懷有大部分奈及利亞知識份子的不滿。

小威爾奇和史密斯進一步發現,「戰爭中的挫敗,特別是,如果伴隨著政府無法提供武裝力量充分支持的信念時,就會增加軍人干政的可能性」(ibid.)。沒有任何事件比戰爭失敗對於軍人的凝聚力和紀律更具有破壞性。戰敗可能使軍隊內部交相指責,也導致文武之間的緊張,增加了軍隊中的政治敏感度,即可能誘發軍人的干政。以1948年埃及為以色列所敗為例,戰敗導致對法老王(King Farouk)和其侍從人員(包括一些武裝力量的領導人在內)普遍的幻滅感。有些軍官覺得文人的陰謀否定了勝利的可能性;他們製造了對君主政體的普遍怨恨,因而助長了1952年的軍事政變。

干政的性質和規模將因所涉不滿的程度而不同。政變之所以經常迅速發生,在於武裝力量內部對某些問題的不滿,諸如薪資、晉升,或(廣義而言)「政治干預」到軍人特權。不過這些政變可能不會改變基本的政治結構,只帶來人事或政策的改變。一旦不滿情緒特定化,新領導者上台並採取新政策,軍人即可能回歸軍營。相反的,如干政起因於廣泛疏離政治體系,缺乏特定目標,此一政變的影響將不偏限於主要影響武裝力量,和少數特定不滿政策的改正。它可能企圖改造整個政治體系──且因企圖發動政變,軍事政權於是產生。「起因於對特定政策不滿的軍人干政,當其不滿被改正後,會導致文人統治的恢復;起因於對整體政治體制不信任的軍人干政,則會導致長久存在的軍事政權之重建」(ibid., 23)。

最後,軍人教育內容會影響武裝力量成員的政治覺悟。根據小威爾奇和史密斯的分析,軍事院校的課程設計內容,對於其涉及政治事務的程度,即可能導致軍人干政的傾向。如果過於偏重軍事技術課程,則培養出的軍官可能只重視本身狹隘的集團利益而忽略軍隊的政治目的,此一取向可能鼓勵軍人干政。另一方面,如課程設計偏重廣義標準的責任訓練,如使軍人自視為國家精神之延續的護衛者,歷史傳統的繼承人和他們祖先的英雄美德,以及視為國家價值的守護人(ibid.)。強調

類此廣義標準的責任的訓練，提高了軍隊的政治警覺。如果與組織變革，以及整體政治體系的不適當相較起來觀察，擴大軍事教育內容（個人專業化的一部分）可能導致軍人干政。因此，「當軍官教育內容擴展到包含習慣上由文人解決的政治問題時，軍人干政可能性即會上升」（ibid., 24）。

(二) 影響軍人干政的環境因素

有許多因素能降低文人政府的合法性；當合法性降低時，政府就有被推翻的危險。那麼，什麼是合法性的最重要變項？小威爾奇和史密斯認為是廣泛的普遍信念：政治決策必須符合普遍接受的法治和道德原則。

政府的合法性為何降低？在環境因素方面可找出許多解釋：社會分裂可能危險地造成國家分裂，否定任何廣泛支持文人當局的可能性。或者是經濟崩潰可能威脅多數市民並鼓勵武裝力量成員參與干政計畫。有時，少數國家干政的成功，可能觸發其他國家有著相同不滿的武裝力量之連鎖反應。

根據小威爾奇和史密斯的研究，以下幾項環境方面的特定因素是導致軍人干政的變項。

1. 社會和經濟的因素

軍人干政和社會與經濟因素之間的關係中心，是民間叛逆集團和武裝力量成員之間的連結。日曼尼（Gino Germani）和席維特（Kalman Silvert）主張一種直接關係：社會中分裂越大和一致性越少，則軍人干政的可能性越大（in Welch, Jr. & Smith 1974, 29）。

在社會衝突變得更緊張和頻繁時，社會動員就會發生；這是個人和群體獲得社會和政治敏感性的過程。它可以根據與各種不同類型的軍人影響力或干政的相關加以測量。普特奈（Robert Putnam）即以1956-1965年期間的拉丁美洲進行這種分析。他以五種社會動員的指標（都市化、識字率、報紙發行量、教育程度和收音機數量）測量軍人影響政治的程度，發現二者之間的負相關（-0.53）結果（1967, 96）。因此，似乎是社會動員層次越高，對於武裝力量的政治野心的限制越大（Welch, Jr. & Smith 1974, 25）。

然而，杭廷頓提出一項有力的論辯，認為某些情況可能與普特奈的發現相矛

盾。他認為，影響軍人干政傾向的重要因素不是社會動員本身，而是政治制度因應急速社會動員（影響干政可能性的關鍵因素）所引發的期待的能力。因此，杭廷頓考慮到可能是社會動員和軍人干政的可能性二者同時都偏高（亦即社會動員快，干政可能性亦高）。

　　社會分裂的因素很多，例如：階級分裂、種族緊張、區域差異，以及教育、語言或年齡的分裂等。在一個深度分裂的社會中，政府的合法性低落，因為沒有政府願意滿足多數群體廣泛的各種不同的目標和價值。政治問題的解決，訴諸於暴力的方式多於透過理性的妥協途徑。1964年的尚吉巴（Zanzibar）和19世紀的拉丁美洲就出現許多類似情況（ibid., 25）。據此，小威爾奇和史密斯假定：「當來自種族和／或階級分裂威脅到優勢集團或階級的地位和權力時，它所引起的激烈衝突化即增加軍人干政的可能性」（ibid., 26）。

　　經濟蕭條是否助長軍人干政？葛爾（Ted Rebert Gurr）曾主張，軍事政變可能起因於軍事領導者感受到他們的地位受到威脅（1970, 335, in Welch, Jr. & Smith 1974, 26）。經濟走下坡導致軍隊預算被削減，可能被解讀為對武裝力量特權的威脅，進一步強化了干政的可能性。

　　經濟衰落對軍人干政頻率的影響，可以由福瑟姆和尼德勒（Martin C. Needler）兩人的研究結果獲得證明。根據福瑟姆，拉丁美洲軍事政變的次數，在經濟惡化時期的政變次數（每年2.6次政變）比經濟改善時期的政變次數（每年1.3次政變）多兩倍（Fossum 1967, 237）。尼德勒也發現到，在1938年和1942年間，亦即正當拉丁美洲經濟逐漸繁榮時期，軍人進行政變，成功奪取政權的只有一次，而1944年中卻有六次成功（Needler 1966, 621）。經濟停滯，對任何政府的支持也會衰退。失業，政府減少歲收所導致的國內預算之猛烈刪減，以及普遍的社會痛苦，皆暗示政府不再值得支持，且因為不能踐履它的責任而應該被解職。因此，小威爾奇和史密斯指出：「軍人干政的可能性，在瞭解到經濟情況惡化時會出現，特別是當同時認為政府無法解決這種惡化或無法為其負責之時」（Welch, Jr. & Smith 1974, 26）。

2. 政治因素

　　在所有影響軍人干政可能性的環境因素中，最重要和最難分析的，是合法性（legitimacy）。軍人干政很少發生在具有高度合法性的國家。雖然武裝力量有其

影響力，他們還是透過交涉而非使用壓力或政變方式去達到他們的目標。軍事政權的建立並非民眾所需。面對清晰的、流通的公眾意見，軍官們發現他們若企圖奪取權力，並不會被視爲是救助而受到感激，反而是會引發強烈的憤慨。

軍事政變特別發生在合法性低落的國家。當政治上相關的團體中對解決政治衝突的方法沒有共識時，統治機構將極力拉攏那些掌握高壓權力的團體，以獲得支持。其他的團體也會如此跟進。一個缺乏公信力和沒有履行它的基本責任的政府如何能獲得支持？

嚴重腐蝕合法性的是戰爭的拖延和失敗。前已提到，軍隊的戰敗會減低軍隊的凝聚力，將可能導致軍人干政。另一方面，戰爭挫敗還可能因其傷害了政府的合法性而激發軍人干政。

革命的發生常因舊有政權之抗拒改革，堵塞怨懣，和罔顧人民團體要求新的政治合法性。政變和革命顯示合法性的弱化，以及整個政治體系中暴力的蔓延。所有政府都會使用高壓手段鎮壓那些破壞法律的人。無論如何，大部分有效率的政府享有高度的權威，此一權威來自個人之自願接受法律約束；他們的順從是自我抑制，不是由於威脅或公開的暴力。在一個缺乏合法性的政府的統治之下，武力被不當地使用於求取一致性。一旦缺乏對改變政策和人事的方法的一致意見，暴力相向便成爲政治上的顯著現象。沒有合法性的政府，必須依賴它的警察和軍人去維持秩序。除非武裝力量接受政府發布命令的權力，否則指揮軍人驅散示威者，可能最終使軍隊傾向於同情抗爭者，以致調轉槍口反抗政府。

最能詳細考慮合法性和軍人政治角色間的關係的，是范納爾和杭廷頓。前述范納爾的「政治文化」概念相似於小威爾奇和史密斯的合法性（Finer 1962, 86-163）；杭廷頓則從政治制度的衰落解釋軍人的干政。

武裝力量的政治角色因此應該從合法性的角度來看。文人機構是否享有范納爾和杭廷頓所指的權威？如果是，軍人干政（如1961年的法國）可被視爲是一種篡奪，且軍人不能從一個爲人民所認定的合法性政府手中成功地奪取統制權（Rapoport 1968, 569）。文人機構是否浪費或無法建立合法基礎？如果是，軍人干政（如1966年的奈及利亞）將獲得大眾的欣然接受。就小威爾奇和史密斯的觀點，政府的合法性比任何其他環境的或內部的因素更會影響武裝力量的政治角色。因此，他們做出結論：「當政治變遷的一致進程缺乏或弱化時，軍人干政的可能性即

升高」；「當競爭的文人群體為取得政治權力而尋求武裝力量的支持時，軍人干政即會升高」；「武裝力量之易於取得政治權力，相反地與現存文人政府所享有的合法性不同」（Welch, Jr. & Smith 1974, 30）。

簡言之，武裝力量成員所扮演的政治角色範圍很廣：(1)完全服從文人統制；(2)透過各種不同程度的政治影響願意或不怎麼願意的接受文人的合法性；(3)公然地取代文人政府。完全非政治性的軍人是不會也不能存在的。國家建立武裝力量是用於行使強制力量；強迫認可、責任感和報酬，會將軍人引進政治領域（ibid.）。

四、諾德林格論軍人干政的原因

諾德林格（Nordlinger）研究第三世界國家文武關係的代表著作，是1977年出版的《政治中的軍人──軍人政府與政變》一書。在探討第三世界軍人干政的綜合型研究中，可說較為完整且廣受重視的重要著作。對於軍人干政的原因，諾德林格從政治社會背景因素和軍人干政動機兩方面進行分析。所歸納的因素，對於非西方國家軍人干政的現象與本質之瞭解，是很有價值的。

(一) 軍人干政的政治社會因素

根據諾德林格的觀點，政治模式（political patterns）深受政治和社會兩方面因素的影響。他認為作為政治現象之一的軍人干政行為，同樣亦受政治社會背景因素的影響。可能影響軍人干政或禁衛軍主義的社會學特徵或變項至少包括以下幾項：軍隊的組織特徵，軍官們的階級背景，他們當前的階級和身分地位，他們在宗教、種族、語言和民族等方面的繼承關係，專業軍人所受的教育和訓練，以及對政府和政治產生一定態度的社會化模式等（Nardlinger 1977, 31）。以下將就這些變項何以會影響禁衛軍主義行為加以探討。

首先，要探討的是軍官團的中產階級成分。研究軍人干政的學者都同意，軍官團的成員主要來自中產階級。在非西方國家中，中產階級數量並不大，但在軍官團中出身於中產階級家庭的軍官比例，從1941年到1960年的統計顯示，高達77%（Stepan 1971, 32-33）。中產階級的成分相當複雜，包括教師、職員、律師、技師、店主、商人、中小企業家、土地所有者和軍官。這一階級出身的軍官之所以

如此多，其原因除了上層社會（大企業家、大地主和高度成功的專業者）子弟出路多，可在文職部門謀取比軍中更好的職位，因而不熱衷於軍官職業，以及下層社會（勞工、擁有土地的農民、佃農等）子弟因家貧，缺少教育而難以考上軍官以外，主要由於中產階級的子弟教育程度較高，易於考上軍校，任官後其薪資、福利和地位優於大多數中產階級專業，因而使軍事專業成為他們投效的主要行業。

出身中產階級社會背景的軍官，較有進步性、現代化的傾向，熱衷於廣泛的改革（Halpern 1963, 52-54），傾向於反對上流社會階層所掌控而常造成貧富懸殊或處於半封建狀態的政權，「軍官們的反感情緒會使他們產生干政的動機」（Nordlinger 1977, 35）。

群體主義（communalism），依據諾德林格的研究，也是導致禁衛軍主義者出現的一個因素。他不認為「社會全民化軍人模型」（the model of the secular nationalizing soldier）所主張的，透過軍事教育訓練可以使軍官團避免群體間的紛爭而達到團結一致的效用；相反地，他發現軍官團中的群體意識很顯著。他引用一項調查資料，指出在1946年到1970年間，文人政府和軍人政府的政變企圖，都是由於群體不滿。在經歷過政變的國家中，有27%是由於禁衛軍主義者感受到其群體受到威脅（ibid., 38）。

非西方國家群體主義的形成，源於種族、宗教、地域和語言諸特徵的差異。這些差異使不同群體在社會認同、文化價值、物資利益和政治權力等問題上看法不一致，而往往導致緊張和衝突，甚至引發內戰或政變。

軍隊的官僚組織也是導致禁衛軍主義者出現的另一因素。理想典型的官僚體制的明顯特徵，包括以成就為晉升標準、決策過程強調理性原則，以及組織紀律嚴明的階層制等，軍事體制最能表現這些特徵。

軍隊的人事晉升以成就標準為基礎，包括個人的軍校學歷、服役年資和檢證過的能力。非西方國家的軍隊通常自認為是社會中最「現代的」團體；自視為具有高度能力和效率的組織，因而看不慣文人政府派系紛爭、優柔寡斷和以個人與黨派利益決策的無效率。軍人干政的傾向，即來自他們自信以其能力和效率，如由他們執政，必定做得更好（ibid., 45）。

軍人決策傾向高度理性化，重視評估以最有效率、最大效果和最快方法去實現

特定的目標。軍人首先關心的不是價值的選擇或目標的確定。他們注意戰略、戰術和後勤的運作，以及國家安全和軍事勝利的目標的達成。理性決策概念助長了一種信念：對於每個問題，只有一種正派的解決方法 —— 這種方法只有排除不相干（非理性）的考量才能獲得（ibid., 44）。這種理性傾向使禁衛軍主義者在決策時常以管理式和技術性的標準做抉擇而不考慮政治因素。他們還相信，只要以理性思考和任務取向的態度採取正確的行動，並且堅持下去，任何問題都能獲得解決。

軍隊組織層級森嚴，權威自上而下貫徹，責任由下向上承擔，重視獎懲和服從紀律。軍官團透過官僚體制，有效地統制住軍隊。一旦文人政府企圖干涉軍隊這種高度形式的官僚結構和龐大權力時，就容易引發軍人強烈的干政動機。向官僚體制原則的挑戰被認為是一種對軍隊團體利益的不當的攻擊。官僚制結構使軍隊具有強大的組織力量，在第三世界國家中即有助於政變的發動（ibid., 46）。

在第三世界國家中，專業主義和軍人干政有著相當密切的關係。可從專業主義的自主權、排他性和專業知識三個面向加以分析。首先，軍人相當重視他們的自主權力，這種自主性如受到文人政府的干擾，通常會使軍隊產生強烈的干政意向。做為一個專業團體，軍官們認為有權決定諸如軍事戰略戰術、人員甄補、教育訓練內容、晉升標準和職務派遣等一系列事項，不應受到文人的干預。其次，軍官團體具有相當程度的排他性，認為只有他們有權使用武器保衛國家，因而不希望出現像民兵組織這種不夠專業的功能上的競爭者，如果民兵組織過於龐大和裝備過於精良，軍官們會視為對軍隊獨占承擔國家安全責任的嚴重威脅。文人政府侵犯軍隊的自主性和排他性（或獨占性）等於嚴重傷害軍官團體的專業自尊和自我形象，會使軍隊產生強烈的干政動機。當文人干涉軍隊事務時，會影響甚至傷害到軍人的利益、能力、部隊的效率、官僚指揮結構、士氣和團結。「如果建立或擴大民兵組織，更會有損軍隊技術獨占國家安全責任的能力，甚至可能威脅到軍隊本身的存在，因為軍隊可能被解散而由民兵所取代」（Nordlinger 1977, 49）。

在專門知識技術方面，它對軍人干政的影響如何，則出現兩種相反的論點。杭廷頓認為，軍官團的專業主義（包括專業知識技術、責任感和團體意識）越高，越不會干政，因為軍隊專心致力於管理暴力的軍事專業能力的增進，重視自我形象，以專業知識技術自豪，對政治保持冷漠態度，因而不易干預政治（Huntington 1957, 1）。不過，諾德林格卻認為專業知識技術水準與軍人干政意向的強弱成正比

關係（1977, 50）。軍官畢業自軍校，進過戰院和接受過高級訓練課程，具有情報蒐集、管理和後勤技術，因而看不起無統治能力的文人。這些軍官深信：「他們的軍事技術可轉用於文人領域，並且將有效地改善政府的運作，因此，在文人政府執政沒有效率時，他們就會產生干政的意向」（ibid.）。諾德林格以1950年和1860年代的巴西、祕魯、埃及、南韓和奈及利亞為例，證明專業主義的專業知識技術無助於軍人接受文人的統制，反而鼓勵他們干政的意向（ibid., 51-53）。

最後，軍官的政治態度（信仰、價值觀和標準）也是可能導致其干政意向的因素。軍人最顯著的政治態度包括對政治秩序、政治活動和國家治理的態度。就軍人對政治秩序所持的態度而言，軍官團體格外重視政治秩序的維持，譴責混亂，對政黨的激烈競爭沒有好感。所以如此重視政治秩序的穩定，原因之一在於軍隊強制性的、廣泛的、明顯存在的層級關係。軍隊是一個紀律嚴明的組織，任何對軍隊官僚體制的威脅，軍隊都不會等閒視之。其次，軍官以保衛國家安全為首要任務，因此，對國家面臨危險時特別敏感，執行此項任務時，傾向於高估國家所受威脅，對政治格外關心。政治首要任務是維持秩序，如果做不到，軍隊就容易找到干政的理由和藉口。

次就軍人對政治活動的態度而言，軍人對集團利益的積極追求，並無好感。軍人認為，政治活動不但自私自利，而且會加深社會分歧而危害到社會。軍官將政黨看成導致分裂的因素而非建構共識的機制（Huntington 1968a, 244）。軍人不喜歡群眾性的政治活動。原則上，軍人雖不反對民主制度，但不贊成極端的黨派性，不允許激烈的競爭和衝突（ibid., 56）。軍人之所以對政治活動持負面態度，源自他們以軍隊的官僚制和凝聚力的特性，要求文人政府也達到相似程度；另一方面，也源自軍人本身期望在社會上出人頭地，加強其專業形象，不希望屈居文人政治家之下。軍人對政治活動的負面態度，往往導致其干政的動機轉變成行動（ibid., 57）。

再就軍人對政府運作的態度而言，軍官們並不從政治角度去考量政府的運作過程。他們的目標是一個不需要政治的社會，只靠命令指揮以達到意見的一致（Huntington 1968a, 244）。

軍隊強調對國家的效忠，以捍衛國家的利益為職責。認為國家利益超越集團利益，如出現分歧和衝突，必須予以壓制，一切以國家共同利益為前提。軍人對

於政府運作的非政治（apolitical）觀點，同時也表現在對交涉和妥協方式的不以爲然。簡諾維茲在說到專業軍人與政治意識形態時就指出，軍事領袖由於他們的英雄式領導意像，並不信任政黨政治的交涉過程（Janowitz 1964, 66）。禁衛軍主義者在決策過程中會儘量排除政治因素的干擾，因爲他們認爲，如以政治爲決策基礎，會導致不合邏輯的妥協、暫時的姑息、無效的行動或有害的政策（Nordlinger 1977, 89）。

(二) 軍人干政（政變）的動機

1. 軍隊的集團利益（corporate interests）

軍隊和任何其他公共機構一樣，都十分關心維護和增進本身的集團利益，包括足夠的預算支持、處理內部事務的自主權、抗拒競爭機構越俎代庖的職責維護，以及機構本身的持續存在（Nordlinger 1977, 65）。軍隊是一個具有高度凝聚力、團隊精神和擁有巨大力量能有效追求集團利益的公共機構。不過，值得注意的是，第一，禁衛軍主義者公開宣稱政變的理由和政變的真正動機並不一致。發動政變的軍隊通常聲稱是出於公意，捍衛憲法和避免文人政府損害國家利益，但實際上的動機，卻往往只爲保護和增強軍隊的集團利益。第二，在政變中，軍官個人利益（如晉升欲望、政治抱負和避免解職）固然與政變行動有關，但在解釋政變動機時，集團利益卻更爲重要。因爲個人利益常與集團利益相結合，且常需透過集團利益加以維護（ibid., 66）。

(1) 預算支持

軍隊的集團利益中，最重要的是來自國家的軍事經費預算的支持。文人政府如果試圖削減軍隊的開支，或不顧軍隊再三要求而拒絕增加軍費，高級指揮官常會以政變脅迫文人政府就範，一旦文人政府拒絕讓步，政變常會發生（ibid., 67）。

國防經費預算分配之所以會刺激軍人干政動機，主要原因在於它關係到軍官團體的物質利益和特權地位，包括薪水津貼的高低、晉升名額、退役福利、居住設施等；預算的變化也是軍隊政治權力和聲望的指標，並影響到軍隊作爲一個現代化專業化組織的自我認識。非洲迦納（Ghana）在1966年和1972年所發生的政變，就是因軍官團物質利益遭到削減而導致的例證（ibid., 68-69）。文人政府瞭解到預算對軍人的重要，有時會以增加軍費「收買」軍隊，以避免政變的發生，不過並不一定

生效。

(2) 軍事自主權

　　文人政府的干預軍事自主權遠比其拒絕滿足軍費預算更容易刺激軍人干政的動機。軍事自主權包括文人介入教育和訓練計畫的訂定、軍官的特定職務派遣、除少數最高層以外的軍官晉升和國防戰略的制定等。軍隊也不容文人透過政治意識灌輸和人事安排以滲透軍官團或士官兵的任何企圖。文人對軍事自主權的干預，一般會降低軍官的專業能力和自我形象。這是由於文人會以政治標準取代軍事成就標準，使軍官獨立和受尊敬的地位遭到質疑，凝聚的軍官團派系化，官僚結構遭受扭曲，軍官維護自己集團利益的權力也因而削弱（Nordlinger 1977, 71）。在這種情況之下，自然容易激發軍人干政的動機。

　　1952年埃及國王法魯克（Farouk）被推翻（Vatiokitis 1961）和1964年巴西總統顧拉特（Goulart）下台（Stepan 1971），就是導因於文人過度插手軍隊事務的結果。以埃及而言，政變的導因，在於1948年法魯克不顧參謀部對埃及必將戰敗的正確預測，貿然下令進攻以色列，並且在戰爭中購買劣質武器；更令軍人不滿的是，法魯克在提拔和調動軍官時，以對其忠誠為首要標準，曾任用不符資歷的人擔任總司令，以及任命素質極差的內弟為戰爭部長。至於巴西的政變，是因顧拉特總統在任命大量軍官時，也是以政治忠誠為標準，導致軍隊素質低落，層級關係混亂，引起其他軍官不滿。其次，是他對士官兵的政治化，威脅到軍隊的紀律和層級制。在一次海軍內部譁變事件中，顧拉特不但未支持海軍部長，反而撤消他的職務，代之以全國工會運動推薦的一位退休海軍上將，新部長對顧拉特唯命是從，下令特赦所有造反的海軍軍人，嚴重破壞軍隊的紀律和層級制，終於導致顧拉特的下台（Nordlinger 1977, 72-73）。

(3) 非正規軍對軍隊生存的威脅

　　文人建立由其所統制的非正規力量，如民兵組織或「職能對手」（functional rivals），對軍隊而言，幾乎與文人對軍隊的操縱和滲透一樣，視為對自身生存的嚴重威脅。文人建立或擴大非正規力量，一方面，使軍隊作為國家安全保證者的適當性和可靠性受到質疑。將保國衛民的重任從軍隊手中轉移到訓練不足、缺乏專業知識與經驗的專業能力低弱的民兵手中，對於正規軍而言，是一種莫大的差辱。軍隊的政治權力和聲望也因失去獨占統制致命武器而受到影響，以大規模的民兵作為

制約軍隊的抗衡力量,也削弱了軍隊爭取預算和擺脫文人干預的能力。另一方面,文人領導者的建立和擴大民兵組織並加以重用,「清楚地代表一種訊息:武裝力量是可以取代的」(Nordlinger 1977, 75)。因為強大民兵組織建立後,即使沒有解散正規武裝力量,也可能緊跟著令軍人憂心的大量裁減軍隊的規模、普遍的免職和強迫提前退休(Nordlinger 1977, 75)。

實際的例證可以從以下幾個國家的政變情況看出來。阿爾及利亞1965年的政變,是本貝拉(Ben Bella)總統把游擊隊改編成民兵的做法所引起;馬里(Mali)總統克伊塔(Keita)在1968年的政變中被推翻,是由於他擴大和重用「人民民兵」所導致;尼日1974年的政變和宏都拉斯1963年的政變,原因是兩國分別建立了民兵和國民兵;1973年智利總統阿連德(Allende)被軍隊推翻,主因是武裝了他最激進的支持者;玻利維亞1964年的政變和厄瓜多爾1963年的政變,則是因擔心共產黨得勢會武裝民兵,為求自衛而發動(Nordlinger 1977, 75-77)。

諾德林格研究所發現的,文人政府如果不能滿足軍費預算、干預軍事自主權和建立或擴大民兵,威脅到軍隊的集團利益因而引發其干政的動機,也可以由另一位學者湯普森(Thompson)對1946年至1970年期間59個國家所發生的229次政變所分析結論獲得證實(1973; in Nordlinger 1977, 78)。

羅馬尼亞的希奧塞古(Nicola Ceausescu)為了統制正規軍(Romanian People's Army),亦成立民兵和利用內政部公安部隊與祕密警察加以制衡,終於引起正規軍反感,使希氏在1989年12月21日擬動員民眾時,被軍人倒戈而下台(冠健文 民85, 11)。

2. 下層階級政治化對集團和中產階級利益的威脅——以拉丁美洲國家為例

文人政府之所以被看成是軍隊集團利益潛在的或實際的威脅,是因這類政府主要依靠下層階級的支持或藉政治化的工農之支持而取得政權。在拉丁美洲,由於具有相當高的都市化程度、文化水平和普及的大眾傳媒,使下層階級能夠達到高度的政治化程度,政治上最為覺悟、積極和有組織,自然對軍隊和中產階級構成嚴重威脅(Nordlinger 1977, 79)。

政治化的下層階級的力量,在於擅長動員大量民眾參與投票、罷工、遊行示威、搶占土地、非法罷工和從事暴力活動,如政府允許或鼓勵這類群眾性政治活

動，正好與前述軍人的政治態度背道而馳，強化了軍人干政的決心。政治化下層階級組織良好、活動積極，成爲軍隊集團的權力角逐者，削弱了軍隊促進自身利益的力量，被視爲對軍隊集團利益的直接威脅。

在拉丁美洲國家的歷史中，軍人經常反對廣受民衆支持的政府，破壞文人領導者的選舉和組織並剝奪其政治利益，也因此使政府領導者或其繼承者對軍隊抱持敵視態度，一旦掌權，即可能整肅軍官團，以民兵取代軍隊。軍隊爲避免遭到報復，即設法防止受到下層階級支持的領導者掌握政權。根據尼德勒（Needler）的統計，拉丁美洲成功的政變中，出現在各國大選前後的比率，由1933年的12%增至1964年的56%，顯示隨著下層階級政治化提高，軍隊越常阻撓選舉的進行（1968, 65）。多明尼加1963年的政變，就是軍隊決心反對已政治化下層階級的例證。瓜地馬拉1963年的政變，則是有感於政治化下層階級對軍隊形成多重威脅，使軍方一再干預政治。

1945年以來，拉丁美洲下層階級廣泛的政治化，導致軍隊頻頻推翻文人政府。其所以如此，一方面爲了自身利益，另一方面也是爲了人口占少數的中產階級利益。中產階級和下層階級利益衝突的焦點，主要是政治權力的分配、教育和就業機會的獲得、公共基金的劃撥和中產階級財富的再分配。軍隊傾向於按照中產階級利益行事和維護現狀，因而不容政治化的工農進行任何改變（Nordlinger 1977, 82）。

3. 文人政府執行失敗

根據諾德林格的研究，非西方國家文人政府在政治運作上的失敗，主要表現在以下三方面：違憲和非法行爲（特別是普遍的政治腐敗）；對經濟衰退或通貨膨脹所負的責任；無法處理政治反對派和不滿份子所導致的混亂和暴力行動。這些現象，經常被禁衛軍主義者用來爲其推翻文人政府做辯護的理由。事實上，只有少數政變明顯地由這原因引起。不過，一旦軍隊存在其他干政動機──特別是維護軍隊集團利益的時候，文人執行失敗就會強化軍人干政決心（Nordlinger 1977, 85-86）。

首先，就文人政府的非法行動而言，禁衛軍指控文人政府的各種違憲和非法的行動，包括武斷的應用法律、將權力延伸到憲法禁止的範圍、將其職位保持到超過憲法規定的期限，以及違法亂紀的縱容或參與廣泛的腐敗行動。軍人這種反腐敗的

傾向被認爲在政變動機中發揮了一定的作用。

其次，就經濟衰退的因素而言，經濟狀況是衡量一個社會的最高標準之一。在第三世界國家的經濟演變過程中，當經濟下滑、停滯或出現通貨膨脹時，發生軍人干政的頻率大於經濟良性發展之時。根據統計數字，拉丁美洲在1951年至1963年的所有政變中，發生在經濟惡化時期比發生在經濟改善時期多出60%。在亞洲國家中，發生在出口總值下降之後一年的政變，比其他時期發生的政變要多出約一倍（Nordlinger 1977, 89）。

經濟衰退之所以可能引發軍人干政，在於遭遇經濟停滯和通貨膨脹時，一般會對中產階級的薪水、收入、儲蓄價值和工商企業的營利產生負面影響，在此情況之下，軍隊有時會爲保護中產階級利益而插手政治。如果這些衰退情況是因政府爲討好下層階級而作出的錯誤決策所造成時，更易於引發軍人干政。可能的錯誤決策包括工業國家化、土地重新分配和增加福利與改革計畫的開支。文人政府經濟運作的失敗，招致軍人對文人的蔑視，並且，政府合法性的降低，可能促使政變的動機轉變爲實際的行動。

第三，混亂和暴力是另一個文人政府運作失敗而可能引起政變動機的因素。當政府遭遇到反對派或不滿份子挑戰時，會因其優柔寡斷，束手無策，或獨斷專行而釀成廣泛的混亂和暴力，使政府無法履行其維護公共秩序和保護生命財產的基本職責。諾德林格引用的兩項調查研究，顯示政府運作失敗與政變有關。一項是1907年至1966年之間105次拉丁美洲成功的軍事政變中，將近三分之二發生在公共秩序失常之時。另一項調查發現，在1946年至1970年之間的229次政變企圖中，有29%與某種政治動亂有關（Nordlinger 1977, 90）。

當警察無力維持公共秩序時，軍人會被迫充當警察角色，用於平息混亂和防止暴力，如此有損軍人自我專業的自尊和形象，使軍官的不滿加大政變的可能。1953年的哥倫比亞政變、1960年的土耳其政變、1950年的達荷美政變和1960年的奈及利亞政變等，皆與軍隊頻頻被用於平息國內混亂相關。

4. 文人政府合法性的下降

文人政府合法性（legitimacy）的降低是促進軍人干政動機轉變爲干政行動的重要因素。小威爾奇和史密斯就曾指稱，政府合法性對於軍隊政治作用的影響遠大

於其他內、外部因素（Welch, Jr. & Smith 1974, 29, 249）。諾德林格也認爲政府具有合法性時，可以有力地防止政變動機轉變爲行動，反之，政府合法性的缺乏或喪失則是導致這種轉變的最重要因素（Nordlinger 1977, 93）。至於政府合法性如何影響到軍人的政變，首先，范納爾認爲，由於軍隊存在著「道德障礙」（moral barrier）的顧慮和擔心被譴責爲「篡位者」，即使軍隊本身組織嚴密、力量強大和威望崇高，仍不敢輕易干政。所謂「道德障礙」是指在文人政府具有廣泛向心力的國家中，軍人如果企圖要挾甚至取代政府，就會被譴責爲篡位奪權的亂臣賊子（Finer 1962, 22）。其次，軍人之很少會推翻合法政府的另一因素，是擔心來自公衆的譴責行爲。因爲一旦合法政府被推翻，有可能導致群衆抗議、大規模罷工和騷亂、暴力事件甚至武裝抵抗。再次，如果軍官團內部有人接受文人至上的倫理觀念，就不一定會支持推翻合法政府的政變。最後，軍人也會評估，對合法政府的挑戰很可能導致失敗。1964年的巴西政變（Stepan 1971），清楚地顯示了政府合法性政變的關聯。政府運作失敗導致合法性大幅下降；有時軍人雖出現強烈的干政動機，但要等到政府喪失其合法性時，才採取行動，其所以如此，就是因爲上述的阻礙因素。

五、軍人干政因素的總結和分析途徑

由本章以上幾位學者的著作中對其軍人干政因素的探討和分析，可以作以下的歸納，使讀者有個較爲清晰而完整的理解。

(一) 影響軍人干政的內在因素

1. 軍隊組織特性

(1) 凝聚力：高度的凝聚力是軍隊振奮士氣、提高戰力和戰勝敵方的主要力量，但也是可能鼓動政變的因素。此一高度的凝聚力，使軍隊在企圖政變時，其領導者能有效的掌控武力、發揮高度的機動力和堅強的戰鬥力，直指其政變的標的。凝聚力的產生，主要來自軍隊組織嚴密、紀律嚴明的層級制。

(2) 自主權：軍隊自認爲在其內部的組織和運作上有自主權，特別是人事升遷、教育訓練和戰術運用方面，文人政府干涉軍隊事務會影響甚至傷害到軍人的利

益、能力，以及部隊的效率、層級制、士氣和團結。自主權受到侵犯，等於軍官團的專業自尊和自我形象受到傷害，將激起軍人干政的強烈動機。戰爭發生，軍隊之對誰作戰、何時作戰，操之於文人領導者的決策；至於如何作戰的專業技能，則非軍人莫屬。一旦文人超越此一分際，即可能導致軍人干政。自主權是軍隊集團利己主義的表現，也是軍隊專業主義的結果。

(3) **專業主義**：軍人專業主義對於文人統制的作用，有兩種不同意見。杭廷頓認為透過軍人專業精神的提升，有助於養成軍人服從文人政府的倫理，但另一種意見，卻相反地認為它是干政的可能因素之一（軍隊的責任越重大，訓練越專精，越可能介入政策的決定和執行）。諾德林格即認為軍人專業主義之影響軍人干政，是由於軍人之重視其自主權，具有排他性，和專門技能。在自主權方面，上已個別提出。在排他性方面，軍人自認為應獨占防衛國家的軍事武力和承擔國家安全責任，因而無法容忍文人政府之另組其他武裝力量（如民兵等）以取代正規部隊。在專門知識和技術方面，對於第三世界國家的軍人而言，往往成為其干政能力和干政信心的泉源。

2. 軍人個人動機

(1) **軍人使命感**：一般國家的安全，對外抵禦外侮以保國衛民是軍隊的職責；對內維持治安，保障人民生命安全和生活自由是警察的責任。軍人自認為負有「神聖使命」，是國家安全和「國家利益」的捍衛者。如果軍隊取代警察的任務，被用於鎮暴，或被執政者用於政爭，對抗政敵，則一方面使軍人直接介入政治、干預政治，另一方面，有辱軍人專業地位與聲望，即可能間接導致其干政。

不過，如涉及外部衝突時，可激發軍人愛國心和民族意識，使其因專注於應付外在危機而避免介入國內政治；另一種可以疏導軍人政治野心的方法，是使其投入國內建設以吸引其注意力，發揮其專長技能。

(2) **軍人專業自信**：第三世界國家的軍人，常自認為是社會中最「現代的」團體，具有高度的能力和效率，看不慣文人政府派系紛爭、優柔寡斷和另圖個人與黨派利益的無效率執政。自信以其能力和效率，如由其執政必定勝於文人政府。這種過度膨脹自己的心態，部分原因，來自專業軍官的晉升，是依據個人的學經歷、年資和鑑定過的能力，確實具有相當的領導和管理能力；部分原因則由於軍隊決策傾向理性模式，使其對問題的思維和解決方法單純化。

(3) **個人利己動機**：軍官個人對物質利益的需求和晉升的渴望，是軍人積極參與政治的動機。在第三世界的落後國家中，軍隊是提供較低中產階級和貧困家庭男性青年升任軍官的管道。這種力爭上游躋身政府領導圈的渴望，即可能成為軍人干政的動機。

(4) **挫折感和不滿情緒**：在某些案例中，軍人干政的行為，幾乎是因其社會或政府所造成的挫折而引起的憤怒和屈辱的反應。軍隊干政的情緒，有時來自軍人本身所遭受的挫折和強烈的屈辱感。這種屈辱感嚴重地傷害了軍人的自尊和自負，助長軍人由干政的動機轉為干政的行為。屈辱感的產生原因複雜，政府腐化、外交挫敗、國家形象受損、軍人地位和薪資的低落、戰爭失敗等，皆有可能引起。

3. 政治覺悟程度

軍隊的政治覺悟（或政治化）和涉入政治的程度越高，影響其干政的可能性即越大。政治覺悟的程度，或干政的可能性，因涉案階級的不同，而以中級軍官階層最為可能；或因軍人不滿程度而不同，如軍人特權被侵害或對整體政治體制之不信任；或因軍事教育內容取向而不同，如教育課程內容偏重軍事技術，則培養出只重狹隘的集團利益而忽視政治目的，或過於強調軍隊神聖使命，均可能導致其干政。

拉丁美洲的下層階級，由於都市化和傳播媒介普及，使其政治化程度大幅提高；成為政治上最覺悟、積極的有組織的力量，擅於動員民眾參與政治和暴力活動，成為軍隊的權力角逐者，對軍隊和中產階級構成威脅。

4. 軍官的政治態度

軍官的政治態度為導致軍人干政意向的因素之一，表現於軍官對政治秩序、政治活動和國家治理的態度上。首先，軍人重視政治秩序與穩定，反對派系鬥爭和引起的混亂，也易於感受和強調外來的安全威脅。其次，軍人厭惡黨派利益團體和群眾性的政治活動，視之為導致分裂的因素而非建構共識的機制。最後，軍人傾向於不從政治角度去考量政治的運作，認為國家利益超越集團利益，如表現分歧和衝突，必須予以壓制；不認為交涉和妥協是有效的方式。

(二) 影響軍人干政的環境因素

1. 社會分裂和衝突

(1) **社會分裂和衝突**：來自種族或階級的分裂，會威脅到優勢集團或優勢階級的地位和權力，引起激烈的衝突，增加了軍人干政的可能性。導致社會分裂的原因，來自社會中的階級分裂、種族緊張、區域差異，以及教育、語言或年齡的分裂。另一方面，社會衝突的起伏，影響了社會動員的高低，進而影響軍人干政的可能性。

(2) **軍官團的中產階級社會背景**：第三世界國家的軍官多數出身於中產階級；此一背景使其具有比其他階級較為進步、現代化和熱衷於改革的傾向。此一傾向使其不滿於上層社會的掌政所造成的專制或貧富不均，因而激發軍人干政的動機。階級利益是軍人干政理論中最易解釋軍人干政的動機。在拉丁美洲，下層階級政治化威脅到中產階級的利益。

(3) **群體主義**：第三世界國家的群體主義的形成源自種族、宗教、地域和語言諸特徵的差異。這些差異使不同群體在於社會認同、文化價值、物質利益和政治權力問題上看法不一致。當軍官團感受其群體受到威脅或對現況引致不滿時，即可能產生反彈，導致其干政。

(4) **地區利益**：如軍官團主要來自國內某一特定區域，或發展出與它的特殊關係，也可能成為軍人干政的動機。

2. 經濟因素

經濟蕭條導致軍隊領導被削減，表示軍人的集團利益和特權受到威脅；另一方面，經濟衰落以及因之而可能引起的人民不滿和社會動亂，也表示政府的無能。這些因經濟蕭條所引起的亂象，強化了軍人干政的可能性。軍費預算關係到軍官的物質利益和特權地位，也是軍隊政治權力和聲望的指標。

文人政府如果試圖削減軍事預算，或一再拒絕要求增加預算，軍方即可能以政變脅迫文人政府就範。經濟落後國家，人民對政治冷漠，權力集中於少數精英，增加了軍人干政的可能性。軍隊也可能為建立一個排他性威權政體而與工業家和技術精英結盟以推翻政府。

3. 政治因素

(1) 文人政府執政失敗

文人政府執政失敗，表現在三方面：第一，違憲和非法行為，包括武斷的應用法律、濫用權力和戀棧職位致超越憲法所限，以及違法亂紀的縱容或參與廣泛的腐敗行動；第二，無法處理反對派和不滿份子所引起的混亂和暴力行動，使政府無法履行其維護公共秩序和保障生命財產的基本職責；第三，無法處理經濟衰退所呈現的經濟停滯和通貨膨脹，引發軍隊為保護中產階級利益而插手政治。

(2) 政府合法性降低

政府具有高度合法性的國家很少發生軍人干政。相反地，政府的合法性低落的國家，常是軍人干政的溫床。當政府缺乏公信力和沒有履行其基本責任時，很難獲得人民的支持。一旦發生政治衝突，競爭中的團體各自尋求最具影響力的團體的支持，軍隊是其爭取最力的集團。換言之，也是軍人介入政治的最好時機。政治衝突或暴亂當中，軍隊也往往成為缺乏合法性當局企圖冒險用以鎮壓的暴力工具，而其結果也往往促使軍隊調轉槍口反抗政府。

合法性的弱化或喪失，可能由於戰爭的拖延或挫敗，也可能由於范納爾所指的政治文化程度的低落，或如杭廷頓所發現的政治制度的衰落。這些政治環境因素，皆可能導致軍人對政治的介入和干涉。

(3) 文人政府擴大對軍隊的依賴

文人政府擴大對軍隊的依賴，提供了軍隊干政的機會。首先，戰爭的發生，因軍方之參與國家安全決策，使其地位提升，也增加其在最高決策上的影響力。其次，國內政治產生危機，甚至形成權力真空時，軍隊被依賴為警察力量，易於任其為所欲為，嚴重干政。

(4) 政治制度衰微

杭廷頓認為軍人干政最重要的原因，是社會缺乏有效的政治制度或政治制度衰微。在此情況之下，社會各種勢力相互抗爭，卻無合法的政治集團以為仲裁者，調節團體衝突；也無共同認可的解決衝突的準繩。因此，政治參與範圍越大，政治越不穩定，結果往往是混亂和軍人干政（1968），政治精英集團的競爭，特別是兩極

化的結果，也製造了軍人干政的機會（Cohen 1987, 45; Herrandez 1979）。

(三) 探討軍人干政原因的途徑

1. 軍人干政的藉口

軍人干政原因最難於推測的，是干政者內心的動機，政變之前，禁衛軍主義者通常會自稱爲具有強烈責任感的愛國軍人（Nordlinger 1977, 19）。正如魯伊維（Alain Rougwie）所指出的：「各種軍人政權的一個共同特點就是，他們都是以『國家安全』作爲干政的理由，這一策略爲他們提供一種辭令或語言，使之可以在短期內掩飾其行動的不合法性，但卻無法成爲產生新的、持久合法性的源泉」（1986, 111）。

2. 多因素的分析途徑

任何政治事件的發生，往往不只一種因素所造成。因此，解釋某種政治現象，多面向的分析，往往是更爲可行的途徑。阿利森（Graham Allison）在談到方法論時，就主張不同的理論可以解釋同一事件的不同面（1971, 258-59）。此一論點可以由探討1964年的巴西政變和1986年的菲律賓軍人干政之原因（見附錄一）獲得印證。在機構變化、經濟困難和政治兩極化三個變項中，任何一個變項都可以解釋兩國軍人干政的現象，但卻有所忽略。只有綜合加以運用，才能較爲周延地解釋整個干政的過程。

學者們對非洲地區軍事政變的解釋，也呈現衆說紛紜的現象。但是，經過整合性分析後，由詹金斯和柯波索瓦的歸納並檢視過的幾個模式來看，可以發現多因素的解釋途徑，同樣適用於非洲地區發生政變的國家。

在綜合性的研究中，小威爾奇和史密斯自亞洲、非洲、拉丁美洲、中東和歐洲五個地區各選出一個國家來分析，范納爾和諾德林格兩人涉略面更廣，幾乎涵蓋第三世界所有國家在內，范納爾的選樣，甚至包括西方民主國家在內。兩人都在嘗試建立分析軍人干政的模型或一般通則。不過，儘管這三位學者都從各國歷次軍人干政事件歸納出各種可能的因素，但是，由於各國歷史文化的政經社會背景錯綜複雜，發生時間與地區各異，加上佐證資料有限，難免產生以偏概全的疏失。

3. 光譜式或連續譜分析途程

　　從軍人干政因素的綜合分析與歸納中，可以發現軍人干政的程度或層次，呈光譜式或連續譜的分布狀況，而干政的因素則可相對地從中獲得適當分類與解釋，例如范納爾有關軍人干政的層次和政治文化水平的分類與相關的研究，由政治文化水平的高低可以推測干政的程度，進而由各層次分析出其干政的因素。其缺點在於政治文化各等級之間的界線模糊，而且各級政治文化水平的具體指標也難於釐訂。

註　釋

【1】本章由發表於《復興崗學報》86年6月第60期〈第三世界國家文武關係的理論──軍人干政因素之探討〉一文修改而成。

【2】范納爾在1988年版的修正意見中，對軍隊干政的能力也加以探討。他從軍隊的規模和火力（size and firepower）以及軍隊的自我分裂（self-division）兩方面加以分析。就前者而言，他發現，武裝力量的大小，在決定是否能保衛它所奪得的政權和如何能加以統治，是最重要的因素，但是與政變的成敗或圖謀政變的次數無關。實際例證顯示，只需要少數部隊就能夠推翻整個政權（ibid., 225）。

第六章　軍事政權的運作與轉型[1]

軍隊干預政治，或稱禁衛軍主義，自1950年代以來，特別是在60年代，一直是第三世界國家政治發展或社會變遷中，政府變革和繼承的主要方式。這方面的研究大多數出現在對軍人干政的原因和軍人執政表現的分析。所謂禁衛軍主義，根據諾德林格的界定，是「在某種情況下，軍人藉實際使用或威脅使用武力而成為主要的或優勢的政治力量」（Nordinger 1977, 2）。對於軍人干政或禁衛軍主義產生的原因之理論性解釋，包括文人政府合法性的喪失，缺乏制度化，政治衰微，政治文化低落，種族和派系抗爭等（洪陸訓 民86a）。80年代以後，有鑑於許多拉丁美洲、亞洲，甚至非洲國家的武裝力量，紛紛返回軍營和讓位給文人統治的趨勢，研究文武關係的學者即熱切地探討軍人退出（withdrawal）或脫離（disengagement）政治的原因和過程。所謂脫離政治，達奴波羅斯（Constantine P. Danopoulos）的定義是：「由被認可的文人當局取代禁衛軍的政策和人員」（1988a, 3）。

然而，從不少實證研究中，至今所發現的，軍人脫離政治後，所建立的文人政府能夠長期存續的，仍然不多。軍隊長期脫離政治的特徵是，「最少的七年期間內，至少發生一次成功的正規行政機構的轉型」。不少文武關係研究學者在他們的評估中，幾乎一致認為，「軍事政變和軍人政府最常出現的結局總是一樣」。

這種相當普遍的觀點看清了一項事實，即某些在某一時期經歷過軍人干政的國家，已經出現軍人長期退出政治的情況。這包括一些中南美洲加勒比海地區和非洲的第三世界國家，以及諸如法國、西班牙和希臘的「西方」國家。雖然軍人退出政治和文人主政的國家數量不多，其文人化的程度各有不同，但這些經驗對那些轉型中或仍受軍人統治的國家，就其可能面臨的再建和維持文人統治的過程和困境，將有很深刻的啟示。

不過，這些研究禁衛軍主義的學者，將重點放在探討政變或軍人干政的原因，卻忽略軍人干政的後果。事實上，軍人統制政府後的作為，遠比他們奪取政權本身

更爲重要。如何治理一個社會，比執政者的身分和取得政權的手段產生更大的影響。本章的目的，一方面，在於探討第三世界國家的軍事政權的運作，著重在政權的合法、國家整合、經濟實況、執政能力和現代化。軍事政權的特性和類型，也將先在本文中加以分析。另一方面，則在探討軍人脫離政治的幾個問題：軍人何以要退出政治？其目標和方式爲何？可能面臨哪些挑戰？脫離政治的後果爲何？轉型爲民主政治可能性如何？

一、軍事政權的特性、類型和構成條件

禁衛軍主義者政變成功後，通常會成立軍事委員會（military council）或軍人執政團（junta），使行政、立法工作照常運作，成爲軍人政府，或軍事政權。有關「軍事政權」的意義，波爾穆特認爲，「它基本上是由軍方管理政府的一種體系」。他所指的政府是由合法掌權集團所掌理的國家行政機構，具有集中的政治和法律權威（Perlmutter 1980, 96-97）。范納爾界定爲：「必須有證據顯示政府掌握在軍方手中，或主要是在軍人指揮下行動」（Finer 1988, 49）。杭廷頓則認爲：「軍事政權是經由軍事政變取代民主或文人政府而建立的。這些軍事政權的運作方式，是由軍方在制度基礎上行使權力，軍事領袖們典型地或成立軍事執政團實施集體領導，或由高層領導們輪流擔任政府最高職務」（Huntington 1991, 130）。可見軍事政權是指政府由軍方掌控；可以由軍人直接統治，也可以由軍人間接操控。

(一) 軍事政權的特性

軍事政權（military regime）結構可以用諾德林格的政權結構類型學加以說明。所謂政權結構，「是指統治者和被統治者間的政治權力的分配，亦即被統治者能影響到統治者決策的程度，以及統治者統制被統治者行爲的程度」（Nordlinger 1977, 110）。一般的政權結構具有兩個基本面向：執政者同人民參與的政治競爭；來自上層的政治統制和滲透。這兩個面向的相關以及因之所形成的不同政權形態，可以由諾德林格所提出的政權結構類型（圖6-1）加以說明。

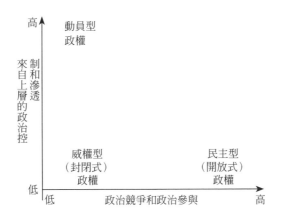

圖6-1　政治結構類型學

資料來源：Nordlinger 1977, 111.

　　圖6-1顯示，自上而下的政治統制和滲透以及政治競爭和參與兩個基本面向構成三種政權結構：民主（或開放）型；威權（或封閉）型；動員型。民主型的特徵是：高度的民眾參與；政府權力的競爭公開化；低度的政治統制和滲透。動員型的特徵正好相反。威權型在兩個基本面向上都偏低。它像動員型，為民眾提供影響執政者的選擇或其政策的機會很少或沒有；也像民主型，只有低度的來自上層的政治統制和滲透。

　　軍人政變前的文人政府，一般而言，具有上述三種類型，一旦軍人奪權成功，幾乎總是維持威權結構：很少甚至沒有政治競爭和社會參與；低度的政治統制和滲透。如果軍人取代的是文人的動員型政權，其自上而下的政治統制和滲透程度會降低；如果取代的是民主型結構，則其民眾的政治競爭和參與機會將會減少（Nordlinger 1977, 111-112）。

　　首先，軍人政權在第一個基本面向所顯現的，是缺乏政治競爭和政治參與。新統治者上台之後，當務之急要將權力徹底掌握在自己手中。因此，人民的政治權利和自由、司法部門的權力、社團的組織和活動、報紙發行，以及各項選舉，都會受到或多或少的限制，甚至嚴格的統制或取締。一方面，軍人政府之所以消除競爭和取消參與的直接原因是顯而易見的。軍人奪取政權原為實現或防止某些政變。他們絕不允許存有對軍隊集團利益繼續構成威脅的任何挑戰。自然也不允許被譴責執政

失敗的前統治者或其支持者運用其影響或自由行動。另一方面，由於禁衛軍主義者的特殊政治態度，使軍事政權傾向封閉形態。軍人對政治秩序的高度重視，使他們過分地反對政治利益的自由表達，視之為政治噪音和混亂；深信政治活動是自私自利的，會造成社會的分裂；對政治運作的冷漠態度，則使得民主政治中之談判、競爭、參與和民眾需求的匯聚（articulation）少有發揮的空間（Nordlinger 1977, 112-113）。雖然軍人政府都是封閉的，但其程度高低不同，統治者型的軍事政權其封閉性或獨裁程度即高於監護者型的軍人政權。

　　其次，軍人政權的第二個基本面向，表現在最低程度的統制和滲透。以監護者型的禁衛軍主義來說，其目標在維持政治和經濟的基本現狀，只需採取一些預防措施或實施一些溫和的改革計畫即可，不需要廣泛的統制和深入的滲透。並且，監護者禁衛軍打算在兩三年後返回軍營，無法在短時間內將威權型政權改造成一個動員型政權，具有龐大組織來動員民眾。統治者型禁衛軍主義者則因具有長遠目標，需要高度的統制和滲透以及龐大組織以動員民眾。然而，有些統治者禁衛軍並未充分認識統制和滲透的必要性。他們對政治的冷漠態度、管理—技術式的概念和政治經濟經驗的缺乏，使他們認為只要掌握權力就可解決問題，政、經改革不需一個群眾性的黨也可以完成。因此，認為溝通、宣導、獎勵、組織和滲透並不需要，群眾性政黨也是多餘的。有些統治者型禁衛軍即使意識到，如果要實現目標，必須要有群眾性政黨，卻因難於克服對政治的冷漠態度或擔心群眾性政黨威脅其權威，以致無法致力於政治組織、說服、宣導和象徵性的以身作則等活動，埃及就是個很好的例子（Nordlinger 1977, 114）。

(二) 軍事政權的類型

　　1980年代以後，研究軍人政治角色的學者，其關注焦點從軍人干政的原因，轉移到對軍事政權的性質與表現。但是，對於軍事政權的分類，學者間的意見相當不一致。簡諾維茲（Morris Janowitz）最早將軍事政權區分為五種類型：(1)威權—個人型;(2)威權群眾—政黨型；(3)民主—競爭型：(4)政軍聯合型；以及(5)軍事寡頭型（1964, 6-7）。這種分類是由一系列歷史概念發展而成，目的在解釋新興和發展中國家軍人的角色。第1、3種類型代表類似西方國家的兩種不同形式的文人政權；第2種類似史達林的極權式全民皆兵型政權；後兩種則為禁衛軍主義的兩種不同層次，實際上不必加以區分，以免產生混淆。另外的缺點在於其分類標準模糊，也未區分「群眾性政黨」的不同類別和「競爭性政黨」的不同類別。

　　諾德林格則從軍人政府的行政管理方式來區分軍事政權。第一種是軍人主宰式
（內閣成員中軍人占90%以上）；第二種是軍人與文人混合式；第三種爲一個軍事
委員會再加一個軍人―文人混合內閣（Nordlinger 1977, 109）。諾德林格並未進一
步有系統地分析此一分類。不過他也注意到，除了軍事權力面向外，還討論到軍事
權力與政黨的關係，以及軍事權力與它所執行職責之範圍的關係。

　　波爾穆特也對軍事政權加以分類，他先是將它區分爲仲裁者（ｔｈｅ
Arbitrator）、統治者（the Ruler）和新仲裁者（Neo Arbitrator）三種（Perlmutter
1977, 115-204）。但此分類傾向於理想型，並未系統性地分析各軍事政權中軍
方和政府機構間，以及軍方與政黨間的結構關係。在稍後的一篇文章中，他進
一步將軍事政權細分爲五種：團隊型（corporative）、市場―官僚型（market-
bureaucratic）、社會主義者―寡頭型、軍―黨型和專制軍型。他指出，有些軍事政
權是屬於混合型，有些則接近理想型（Perlmutter 1980, 97）。波爾穆特並嘗試建立
解釋各種軍事政權之差異的標準表。不過，由於波爾穆特的分類是從有限的國家中
歸納出來，而且是主觀的而非邏輯的歸併，所以他提出的一些標準就難於被系統地
運用。

　　范納爾主張將軍事政權區分爲三種廣義的類型。第一種是間接的統治，即名義
上由文人政府統治並負憲法上的責任。這類軍人政權產生於軍人干涉程度達到恐嚇
（blackmail）或撤換（displacement）的層次。第三種是直接統治，這種形式或方
法只發生在當軍隊取代了文人政權。其情況可能是由軍隊任命文人內閣而它本身負
起責任（如1960-1961年的土耳其）；也可能是由軍方的人員組成軍事委員會進行
統治。

　　第二種方法是介於上述二者之間的一種政權，稱爲「雙重」式的政權。這種政
權介於兩方之間：一方是軍隊，一方是文人黨派或某些有組織的文人意見團體。二
者的領導者則是寡頭統治集團或專制君主。大部分的軍人獨裁採取這種方式。個人
崛起軍中而成爲武裝力量的領導者，常傾向於熱衷政府的職能，而一旦如此，就使
自己脫離武裝力量的積極指揮，並建立其他的力量和文人的武力作爲依靠。有時這
種雙重政權是合憲的。間接統治政權產生於恐嚇和撤換的層次，直接統治政權來自
取代（supplantment）層次，雙重政權則來自這三種層次中的任一種（Finer 1988,
150）。

　　因此，軍人統治可歸納爲三種主要類型：間接、雙重和直接。間接和直接類型又可各分兩種。間接軍人統治的第一種可以稱爲「有限的」或「間歇的」（intermittent）形式。軍人干涉時常只在獲取各種有限的目標。相反地，另一種間接統治是指「完全」或持續的形式，亦即軍隊統制名義上的政府的所有活動。直接統治分爲直接軍人政權和直接的準文人化的政權（ibid., 151）。

　　這五種形式的軍人政權顯示了軍隊干政的層次，這些干政層次與一個國家的政治文化水準相同並受其制約。同樣的道理，軍人政權的形式也與國家的政治文化水準相關並受其制約。范納爾以下圖加以說明（Finer 1988, 152）：

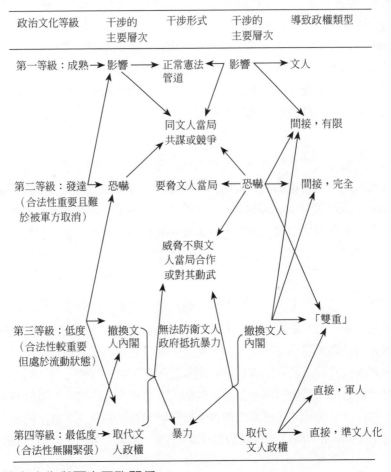

圖6-2　政治文化與軍人干政關係

資料來源：S. E. Finer 1988, 152.

這五種軍事政權的實際例子如下（Finer 1988, 151-172）：

1.間接─有限度的軍事統治：戰爭中的日本（1931-45）和德國（1930-32）。是屬於第二等級的已開發的政治文化水平。

2.間接─完全的軍事統治：從1933年革命到1940年白提斯塔（Batista）被選為總統的古巴、阿根廷。

3.雙重的統治：裴隆（Peron）獨裁即屬於這一類型。它建立在武裝力量和工聯運動與裴隆黨派間合夥關係上，是一種軍人─工人的聯盟。一方是軍隊，一方是文人團體，但由裴隆立於雙方頂端，它是一種「個人的聯合」（personal union）而非兩個領土（像匈牙利）或兩個團體的聯合。此外，西班牙的法朗哥政權也可視為「雙重性的」政權。

這些政權可能興起於低度政治文化的國家，這些國家的合法性觀念是流動的，也可能產生於第二等級已開發政治文化的國家，這類國家的合法性觀念是拒絕軍人的取代文人主義，以及軍隊以非暴力手段統制政府。在這類國家中，雙重政權代表從典型地間接性隱晦的軍事政權形式，進步到公開的政權形式。德國1932年的席雷切爾（Schleicher）內閣即是一例（Finer 1988, 159）。

4.直接軍人統治：這一類的軍事政權例子很多，最純粹的形式是西班牙1923-1925年的瑞維拉（Primo de Rivera）政府，以及1993-1995年的阿根廷政府魯桑─雷未瑞茲─法瑞爾（Rawson-Ramirez-Farrell）政權。

5.直接─準文人化統治：仍然由軍人統治，但以文人支持作為本身統治的證明。

一般而言，一個在特定國家中的軍事政權的形式並非持久不變。它通常會由一種類型改變為另一種。上述五種類型的軍事政權中，其改變並非任意發生，而是在一種比例尺或光譜刻度上的上下變動。此一尺度的變動概略與軍人干涉的深度平行。

范納爾進一步根據兩個標準對軍事政權加以分類，這兩個標準是：軍隊（或它的「代表者」）統制社會主要政策的程度，以及軍隊如此運作的公開程度。所以，就廣義言，軍隊對於政策可以是全部的統制，或部分與差別性的統制：公開地、半

公開地或不公開地。因而，軍事政權可概括分爲五大類型：公開的直接統治、「準文人化的」直接統治、雙重統治、持續的間接統治以及間歇性的間接統治（1988，149-51）。

這種分類可稱爲「結構性的」分類，因它的目的是界定武裝力量在特定時間與文人當局執政的關係，而非彰顯軍事政權性質的其他方面。如此，范納爾進一步採取其他的標準，據以建立不同的分類。一項標準是基於政權的政治和社會的趨勢，一般表示爲「左派或右派」、「進步主義者或反動主義者」、「改革主義者或保守主義者」（Finer 1988, 249）；另一項標準是軍人的憲法角色，以軍隊的憲法角色爲區分，標準的軍事政權，是軍隊清楚地意圖持續掌政或至少意欲統制權力，至不確定的或相當長的一段時期。這一類政權可分爲兩種，第一種是屬於「計畫性的」（programmatic）軍事政權（Finer 1988, 250）或如簡諾維茲所稱的「計畫性軍事主義」（designed militarism）（Janowitz 1960, 16; 1964, 113），這種政權是預計由軍人或軍人獨占的統治。此類政權的例子相當少，具有此特徵的只有1943年阿根廷的「軍官聯盟集團」（G.O.U）和1954年埃及內奎（Neguib）衰落後「埃及自由軍官」團體的納瑟派系。

第二種稱之爲「永久的（實際的）」（permanent〔pragmatic〕）軍事政權，這一類的政權最多。在這類個案中，軍隊奪取權力時，沒有清楚表明有意放棄它，不然的話，將把持相當久遠。這類政權的軍事領導集團可能承諾回歸「民主統治」，但要求在新憲法規定上，軍隊在未來的政府中享有永久和合法的權益，例如1968年的希臘憲法和1973年9月21日智利軍事發言人的宣稱就是如此（Finer 1988, 250-51），這一類軍事政權並無清楚的預先計畫：他們宣稱是外科醫生的使命（mandate of surgeon）。

第二大類的軍事政權，明示其只是暫時性的統治。它也分爲兩種。第一種政權是軍事領導集團就像前一集團宣稱其奪權意在保障政治社會秩序，但特別承諾，他們不會永久掌握政權，一旦新憲法頒布，他們即將退位。這類軍事政權傾向於鎮壓、否決，以及制止被視爲破壞性的政策過程。1988年緬甸「國家法律與秩序恢復委員會」（SLORC）的軍事執政團就是這類軍事政權，這類政權范納爾稱之爲「持有型」（holding type）的政權。第二種次級軍事政權較爲清晰：它是公然地過渡到一種競爭性的文人政治類型，且軍事領導集團的統制是爲達此目的的必要準

備過程。1952-1954年的埃及、1960-1962年的土耳其、1966年的奈及利亞和1966-1969年的迦納皆是這一類政權的例證（Finer 1988, 251）。范納爾所歸納的這一類「暫時性」軍事政權，相似於杭廷頓所稱的軍人的「監護者」（guardian）角色（Huntington 1968, 226）。

(三) 軍事政權的構成條件

范納爾對軍事政權的分析完全不同於簡諾維茲（1964）、諾德林格（1977）和波爾穆特（1977; 1980）。在《馬背上的人》一書於1981年的修訂部分中，他使用的分析方法，是先提出一個弔詭的問題：「軍事政府由誰統治？」乍看之下，此一問題似乎矛盾：既然是「軍事」政府，當然是由軍事統治，何以還問由誰統治？范納爾的解釋是，首先，必須確定何種政權應當被視為「軍事」政權。他以一種連續性的逐次排除的方法，將非軍事政權排除，直到存留夠格「候選」為「軍事」政權的核心國家。之後，應問：軍人是否在某種意義上指揮和（或）代表武裝力量，支配最高執政權力？如果不是，則此一政權不是一個「軍事」政府。接著要問：如果軍人支配最高行政權，則此一權力是否受制於其他的政府機構，諸如政黨、立法機構、官僚體系或甚至司法機構，或與這些機構分享此一權力，或此一權力被這些機構稀釋了？回答此一問題，只需看是否是軍隊或文人機構掌握政策結構的中心。再接著要問的是：掌權軍方隨意用權「做」什麼？它只統制社會或指導社會？或許，甚至管理社會？權力的幅度為何：亦即社會或經濟受軍方統制或指導的程度多大？（Finer 1988, 254-55）

哪種政權才適合稱為「軍事」政權呢？換言之，軍事政權的條件為何？

依據范納爾的分析，首先，以軍隊的存在和政府極端依賴軍隊而生存為特徵的政權，稱為「軍人支持的政權」（military-supportive regimes）。它分為兩種，第一種是法律上具有憲法規範和政黨競爭性，但人民的憲法權利長期停止行使。第二種是體制上指定有文人統治者，但完全依賴軍隊的積極支持。其次，文人政府的方針和決策不時地被強有力且充滿自信的軍隊所干涉，這種政權可稱為「間歇性的間接軍事政權」（intermittently indirect-military regimes）（例如，1960、1971、1980年的土耳其政府）。最後的一種政權，是軍事性大於文人成分的「正當性的間接軍事政權」（indirect military regimes, proper）。例如瓜地馬拉或巴拉馬的文人政府，其權力的取得、掌握和運作，全由軍方在幕後操控（Finer 1988, 256）。

　　不過，根據范納爾的分析，以上這些政權只是乍看之下為軍事政權，要評估這些政權中，何者是軍人政權，則需問：「這些政權中，是否事實上由軍人統治？」（ibid., 256）

　　范納爾進一步分析軍事政權的構成。他以37個國家為例（見圖6-3），使用流程圖方式作分析，以國家的領導者是否為政變領導者而言，不是的，有兩個國家，是的，有35個。這35個國家中，以其是否由一個軍事執政團或軍事內閣統治作區分，有24個是，13個否。這24個國家的行政權力由最高軍事委員會或全─軍人內閣（all-military cabinets）行使。其中的15個[2]不允許政黨存在，也無立法機構，軍人統治不受限制和不加掩飾；另9個國家[3]有單一官方的政黨，但組織微弱，受軍人行政領導者統制，只是裝飾品和作為軍事委員會與行政首長的統治工具（這一類政權即范納爾最先所分類的「直接軍事政權」和「直接準文人化政權」）。這24個國家代表「軍事政權」的原型。它們全然地是「軍閥政治」（stratocracies）（Finer 1988, 263）。

　　以上這一類政權是屬於由軍人內閣統治，而以是否允許政黨和立法機構存在和活動為特徵的軍事政權。范納爾接著以流程圖方式，對37個國家中，不是由軍人或內閣直接統治的13個國家加以分析。這些國家以是否為軍、文混合內閣為特徵作區分的政權。在行政首長之下的內閣，不是文人和軍人的混合，就是全部由文人組成。由流程圖可以看出，越接近左邊的政權，越受軍人支配；越向右移動，越少受軍人干預。最左端的一個國家是緬甸，雖是個混合內閣，但軍人的影響很大。1962年到1974年間的緬甸，是一個黨軍共生的國家，由列寧主義黨統治，黨主席由尼溫（Ne Win）將軍擔任，也是國家元首。再向右移的兩個國家（印尼、泰國），雖也是混合內閣，但不像緬甸不允許多黨存在；他們不僅允許多黨存在，也允許立法機構活動。軍人對政策的影響較少，政府有較大的自由決策空間。

　　再向右移動觀察，10個國家皆為全─文人內閣（all-civilian cabinets），其中9個甚至有競爭性政黨存在。[4]這些政權分為單一黨體系和多黨競爭體系。前者沒有立法機關，後者則有。在這10個國家中，軍人支持政府，享有高度特權，但政策由總統決定，軍人扮演建議和支持的角色（Finer 1988, 266-267）。

　　范納爾在1982年的一篇文章中又提出了四種次類型：(1)對政黨和立法機構實施鎮壓的軍人執政團；(2)將政黨或立法機構作為簡單輔助或附屬的軍人執政團；

(3)個人—總統型（personal-presidential）政權；(4)威權型政權（Finer 1982, 280-
309）。明顯地，范納爾在對此軍事政權的分類上，也頗不一致。

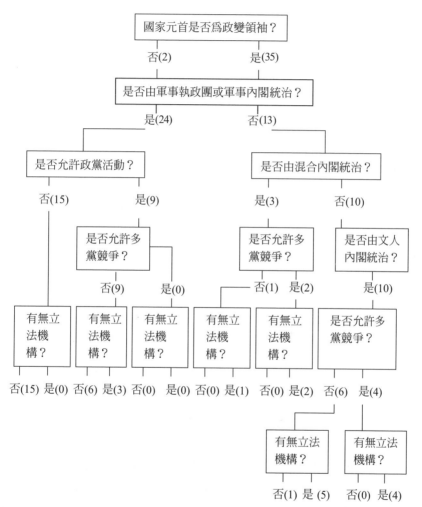

圖6-3　軍事政權的型式

資料來源：Finer 1988, 258-259.

二、軍事政權的運作

(一) 禁衛軍主義者的統治風格

統治風格（style），是指權威性的決策方式，這種統治風格在幾方面顯著不同：政府外的觀點和利益在多大程度上得到嚴肅考慮；用於選擇特定的可能性決策時的廣泛標準；執政者在多大程度上相信它的決策能力或多或少達到預期目標。禁衛軍主義者所採取的統治風格，一般而言，傾向於作「沒有政治的決策」（decision making without politics）（Nordlinger 1977, 117），亦即決策時常忽視甚至不加考慮上述三方面政治性的因素。

首先，要加以探討的是，禁衛軍主義者政權在沒有政治的決策中，大部分忽視了政客和公民的需求和觀點。簡諾維茲就指出，「政治中的利益，總使軍人對政客和政治團體產生反感甚至敵視。軍人的統治術是超越政治的政治。……軍人對於政客和政治過程所具有的創造性角色不但不崇拜，甚至不尊重和不瞭解」（Janowitz 1964, 65）。諾德林格更具體地指出，禁衛軍主義者不喜歡將政府的決策視為一種政治性活動，因為政治活動意味著「要傾聽民眾的心聲，向某些團體讓步和同另一些團體談判，從而導致不合邏輯的交涉、無效的安撫，或顯然有害的政策」（Nordlinger 1977, 118）。禁衛軍主義者認為這種決策並不符合國家的利益。軍人這種對政治的冷漠態度來自於他們自視為訓練有素的專業軍人，特別是在與無能的文人政府相比時，更認為自己最有能力處理國家的問題。根據諾德林格的引證，這種統治的風格，表現在1958年至1960年間的緬甸軍人政府和1962年軍人再度奪權後的統治，以及奈及利亞的埃倫賽（Ironsi）軍政府（ibid., 118-119）。

其次，禁衛軍主義者統治風格的第二個面向，涉及在面臨著決策選擇時最常採用的評選標準。一般而言，選擇的標準之一，顯然是政治性的，它強調對共同利益妥協、政治資源累積和爭取人民支持的種種考量。但是，這套標準常被禁衛軍主義者拒絕，反而採用管理式的和技術性的標準，使政府的決策成為一種不涉政治的、只重問題解決的運作過程。換言之，禁衛軍主義者對決策選擇的評估標準，是理性、效率和健全行政，認為這些標準如果適當運用，每一問題將可獲得唯一的、現成的「正確」解決。簡諾維茲指出，禁衛軍主義者的「技術性思維」鼓勵了禁衛軍主義者認為「任何問題都能找出直接和簡單的解決方案的信念」（Janowitz 1964, 66）。這套標準行之於軍中管理是有效的，但用於處理複雜的政治、經濟問

題卻往往行不通，然而，禁衛軍主義者自信地將自官僚組織中學習到的理性、效率和健全行政用於政府決策領域，並自認爲比文人政府具有更強的技術能力和更高的管理效率。根據諾德林格的舉例，巴西在1964年以後的歷屆軍人政府，都利用技術人員對「理性的獨占」，以達成它的主要目標——經濟發展和現代化（Nordlinger 1977, 119-120）。倍布勒（Bebler）也發現，非洲的達荷美、迦納和獅子山（Sierra Leone）三國政府，其執政方法基本上也是如此（1973, 92, 200）。

最後，禁衛軍主義者統治風格的第三面向，是他們高估政府決策的影響力。禁衛軍主義者由於高度自信自己的決策能力和具有管理—技術式解決問題的取向，因而高估政府的決策能力。他們認爲政治、經濟、文化和制度模式比其實際更富可塑性，更容易受政府作爲的影響。有些甚至相信，只要政府採取正確的行動，並且在必要時採取強制手段，所有問題都可迎刃而解。這種不切實際的認知傾向，使禁衛軍主義者政府在採取行動時，未考慮到民衆的利益和觀點、制度的設計和障礙，以及政、經關係，伊拉克的卡塞姆（Qassem）軍政府，就是一個不顧政治現實，採取直接強硬的方法解決問題的例子（Nordlinger 1977, 123）。

(二) 難於促進政權合法化

檢驗政府運作好壞的重要指標之一，是政府在政治化的民衆眼裡，是合法（legitimate）、不合法（nonlegitimate）或非法（illegitimate）。它涉及政府使用強制性手段維持本身權位的頻率、政治暴力的範圍和國家整合的程度（Nordliger 1977, 124）。軍人政變發生的原因之一是由於文人政府執政的失敗和合法性下降。相對的，軍隊會因此而獲得很高的聲望。因此，禁衛軍主義者在政變初期通常都能獲得高度的合法化。然而，當他們上台以後，對於合法化公式（legitimizing formula）的尋求和維持卻顯得徒勞無功（ibid., 125）。

在禁衛軍主義者取得政權之後，可使用於建立政府合法化的重要因素，包括軍人品德、魅力領導、傳統信仰和憲法結構等。不過，根據諾德林格的探討，禁衛軍主義者在這些因素上的利用並不成功。

首先，就軍人的品德而言，它的內容是指民衆眼裡所肯定的軍官團所具有的勇敢、紀律、服從、奉獻、刻苦、誠實、政治上公正和捍衛公共利益的犧牲精神。但是，軍人這些品德中，有些是與統治國家無關的，例如，勇敢、紀律和服從；有些是無論文人或是軍人，在事實上都難於做到的，例如，政治公正性、爲國效勞和

爲公共利益獻身精神。特別是禁衛軍主義者，必須維護軍隊自身團體利益，甚至中產階級利益，實難於完全做到政治上的公正。「那些推翻政府的人，很難被民眾看成是沒有私念的人，也不會被認爲是爲了國家利益而在政治上保持完全中立的人」（Nordlinger 1977, 126）。大多數禁衛軍主義者在爲其政變辯護時都公開宣稱，是因前文人政府欺騙人民、貪污腐敗和自私自利，而軍人本身則是誠實、廉潔和無私。事實上，一旦他們奪權執政後，有時甚至比文人政府更加腐化和貪得無厭。例如，1960年代的迦納軍隊和印尼蘇哈托軍政府時代便是如此。

其次，諾德林格認爲，禁衛軍主義者希望依賴富有魅力的領導者使其政府獲得合法化地位，但事實上，由於具有個人魅力的領導人猶如鳳毛麟角，以及軍隊層級森嚴的官僚體制並不歡迎具有特殊魅力的領導人，禁衛軍主義者的合法性並不容易建立。林茲（Juan Linz）也指出，軍隊害怕富有魅力的領導者和傾向於拒絕軍官以政治手腕和作政治秀取得權力（1973, 241）。不過，另有些學者卻發現，富有魅力的軍事領導者，對於促進軍隊長期脫離政治，扮演著關鍵性的角色（Huntington 1956; Finer 1962, 1974; Welch, Jr. 1974）。他們認爲，某些軍事領導者取得政權後，強調政治參與，反對干政；亦即藉由強化文人機構，促進社會團體的社區意識，有助於軍人長期脫離政治。

再次，軍人政府或可嘗試依據兩種途徑獲得統治合法性。第一種是利用禁衛軍主義者本身那種歷史性的、傳統的獲得統治權力的方法。但是，由於軍人實際上的殘暴行爲、平庸無奇的執政表現，以及他們對下層人民的敵意，禁衛軍主義者並未能變成一種爲人所接受的傳統。第二種途徑，是支持、採用並遵從傳統的實踐和象徵。但是，禁衛軍主義者在使用這種合法化公式時，其範圍和頻率都有一定的侷限。不同的宗教、語言、種族和民族都顯示出對他們自己傳統和象徵的強烈尊崇，但由於是個別性而非普遍性，常會遭受到其他人的強烈憎恨。政府如果支持或採納這些傳統，即可能導致國家分裂，反而無法使禁衛軍主義者披上合法化的外衣（Nordlinger 1977, 130）。此外，對於那些準備推動進步的現代化計畫的統治型禁衛軍主義者而言，很難贊同這種推崇過去、反對變革的傳統觀念。

在上述這些侷限情況下，只有少數禁衛軍主義者試圖從傳統方面獲得合法性，但卻少有成功的可能。如有，也只是部分的成功。例如，埃及納瑟政府之尊重和利用傳統伊斯蘭教和薩伊總統莫布圖（Mobutu）之拋棄外國影響、回歸本國傳統的

努力（Vatiokitis 1961, 191-199; Dubois 1973）。

　　最後，軍事政府尋求合法化的途徑，也可透過憲法結構和實踐的公式，亦即藉由遵守理性—法制（rational-legal）的原則，依據憲法及其程序從事決策，並允許民眾參與選舉執政者，使政府獲得合法化地位。1945年以後的軍事政府，採用此途徑爭取合法化的最多，但依據諾德林格的觀察，通常都難於成功。其原因，一則在於軍人政府的威權型結構，堵塞了人民參與的機會，剝奪了人民的政治自由和權力，也破壞了正常的法律程序。即使此一威權型政權可能試圖建立表面上看起來立憲的民主結構，達到合法化的目的，但形式上的虛構很快就被揭穿，失去眞正代表民意的作用。

　　巴基斯坦的阿亞布汗（Ayub Khan）總統的政府所推動的「基本民主」設計之難於完全落實，便是很好的例證。再則，軍事政府運用此一公式失敗的另一原因，是軍事政府通常都不願意遵守憲法和法律的規定，哪怕這些憲法和法律是他們自己頒布的。軍事政府獨占權力，無人能與之對抗，既不能接受批評，也不能容忍反對。一切行事以達到目的爲主，傾向於訴諸武斷和非法行動。「對他們而言，目標比法律規定更重要」（Nordlinger 1977, 135）。以上的情況，可以由1960年代的巴西和1970年代的禁衛軍主義者執政情形獲得印證（ibid., 134-135）。

(三) 國家整合的難題 —— 群體分裂導致國家瓦解

　　國家整合是非西方國家中，普遍存在和受到挑戰的問題。在這些國家中，約半數存在著群體分裂的現象；宗教、種族、語言、部落和地區的分裂產生不同程度的群體衝突，並因而經常演變成內戰、叛亂、流血暴動和政府支持下對某一群體的鎮壓。禁衛軍主義者雖宣稱，軍人政府最能促進國家團結，但事實上，在群體嚴重分裂的國家中，軍人政府通常都不願意或無力遏止群體衝突的嚴重性，根據諾德林格的觀察，伊拉克、蘇丹、奈及利亞、印尼、緬甸和巴基斯坦的軍事政府在這方面的拙劣表現更爲突出，執政的軍人在這些國家釀成了內戰、暴動、流血、衝突和血腥鎮壓（Nordlinger 1977, 151）。

　　軍事政府之拙於處理或防範群體分裂和衝突，原因之一，在於統治者未能清楚認知政治現實，亦即：群體分裂的深度和群體衝突的強度不可能在短期內得到改善；統治者必須接受這種事實的延續和因之產生的動盪。軍人政府在這種昧於情勢的心態下，往往好高騖遠，爲達到高度的國家整合和絕對的政治平靜之目標，採取

以發布政府行政法令，將某一群體的價值觀念強加於其他群體或赤裸裸使用暴力手段，其結果顯然難於成功。這種不接受政治現實的本質的傾向，就是前述軍人統治的風格。根據諾德林格所舉，蘇丹、巴基斯坦和奈及利亞三個國家瓦解的案例中，都是由於軍官們對政治環境現實沒有正確的認識。對於如何加強國家團結的辦法，蘇丹試圖把社會某個群體的價值觀念強加於其他群體；蘇丹和巴基斯坦動用武力；奈及利亞則頒布政府法令（Nordlinger 1977, 155-165）。

軍人統治者無法妥善應付社會群體分裂的另一原因，在於禁衛軍主義者無意採取和解的態度。禁衛軍主義者如能抱持民主政治的和解心態，就能制定出平衡各群體利益的妥協方案，自然也就有助於社會的整合。但是，正如前述，禁衛軍主義者採取非政治的（apolitical）統治方式，否定妥協、交涉以及和解的方式。並且，由於禁衛軍主義者依靠武力奪得政權，所受的訓練也是武力的運用，因此，「他們更易於訴諸暴力而非談判，更易於從事鎮壓而非妥協」（Welch, Jr. 1970, 47）。禁衛軍主義者不願意在衝突的群體之間進行調停的實例，出現在上述的蘇丹、巴基斯坦和奈及利亞三個軍事政府。

第三個原因，可從禁衛軍統治者調節衝突的動機來說明。諾德林格指出：「政治中立只是一種柏拉圖式的理念，無論是文人或軍人，都不可能完全實現這種理想」（Nordlinger 1977, 154）。因此，他不認為禁衛軍主義者會充當不偏不倚的調停者或仲裁者。諾德林格批評世俗—全民型的軍人模型理論，認為在嚴重分裂的國家，軍人執政對國家整合將產生積極作用的觀點，難以令人信服。他認為，禁衛軍主義者的動機，主要是從他們自己群體的利益出發。他們傾向於按照小群體或小集團的利益行事，因而使群體衝突進一步惡化，導致暴力的蔓延；或直接制定以武力鎮壓那些致力於反對他們群體的「解決」方案，從而對其群體造成傷害。例如在蘇丹、巴基斯坦以及復仇政變期間和之後的奈及利亞（ibid., 155-165）。

(四) 傾向保持經濟現狀

絕大部分非西方國家都存在嚴重的經濟匱乏和經濟不平等。至少有三分之一的人口處於貧困之中，另外三分之一也只能勉強維持生計（Nordlinger 1977, 149）。這些國家的人民都渴望政府能改善生活狀況、獲得經濟保障和增加就業機會。軍事政府和文人政府一樣，皆不得不關心經濟發展和現代化。尤其是禁衛軍主義者，一則希望藉經濟發展（如工業化）以增強軍備實力，提升國際地位，再則自認為具有

「現代」觀念和自視為高明的經濟決策者和管理者，都會贊成經濟發展。然而，經濟發展需要投資，付出代價。在非西方國家財力捉襟見肘的情況下，要想兼顧經濟發展和國防軍事開支是十分困難的。根據泰勒和哈珊在1965年的統計，在非西方國家中，平均4%的國民生產總額被分配給武裝力量，顯示國防開支妨礙了經濟發展（Taylor & Hudson 1972）。此外，當經濟發展與軍隊集團利益發生衝突時，禁衛軍主義者總是優先考量到自己小集團，例如，政變之後，軍政府軍費開支會提高到50%至75%（Nordlinger 1977, 166）。

禁衛軍主義者在關心經濟發展，致力於工業化並自稱比文人更具有技術知識和管理才能的心態下，事實上，其經濟決策和所獲成效並不比文人更好。軍人對管理和技術的重視，在解決經濟問題時是有利的；在其決策時，不在乎反映，有時反而能專心制定有利於經濟的政策。但是，過分重視管理和技術標準，會導致只強調決策的「理性化」，而忽略了社會、組織、文化和政治因素對經濟發展可能產生的影響。如果再加上統治者過分相信自己發號施令的力量和輕視維持經濟成長可能遇到的阻力，即可能制定出不當政策，顯示出軍人在促進經濟成長和現代化計畫時，並不具有特殊能力（Nordlinger 1977, 168）。

諾德林格在1970年的〈穿便服的軍人：非西方國家中軍人統治對經濟和社會變遷的影響〉一文中，就1957年至1962年間的74個國家加以觀察，發現軍人干政層次和幾個關鍵性的經濟指標之間，並無顯著的相關（表6-1），只有一個微乎其微的0.04平均相關值。明顯的可以看出，禁衛軍主義者在促進經濟成長方面並不成功。

表6-1　軍隊政治力量與經濟成長和現代化的相關

平均國民生產總額成長率	.13
農業產量增長	.07
經濟投資水準	-.11
中、高等學校招生人數的增加	.08
統治者發展經濟的決心	-.22
工業化水準改革提升率	.29

資料來源：Nordlinger 1977, 169.

以上所述，以國民生產總額、工業化水準和農業產量為衡量標準，探討軍人政府在促進經濟成長和現代化方面的作用，顯示軍人政府表現並不佳。以下再就軍人政府對進步性社會經濟改革的作用加以分析。

非西方國家的軍人政府在進步性的社會經濟變遷方面，也沒有比文人政府表現得更好。所謂進步的社會經濟變遷，是指能提供下層階級明顯地更好的物質利益和機會之改革性和根本性（或結構性）的變革。諾德林格認為，禁衛軍主義者由於其特定的動機、政治態度和執政能力，很少能實現這種變革。

首先，就動機而言，軍人統治者一般都沒有採取進步性社會經濟政策的動機。根據前已引用過的湯普森的調查研究，在1946年至1970年間229次政變和反政變實例中，只有19個具有「明顯的改革動機」，僅有8%的政變是為了糾正經濟、社會和政治上的不公平（Thompson 1973, 44-45）。

禁衛軍主義者之所以沒有明顯的改革動機，原因之一，在於其受到軍隊集團利益的影響。例如，一旦上台後，即需增加軍費預算，此不但妨礙經濟成長，也降低了進步性改革的可能。原因之二，在於政治化水準較高的下層階級（如勞工組織）積極角逐政治權力和爭取有限資源分配，因而與禁衛軍主義者時起衝突而遭受鎮壓，軍事政府自不願意朝進步方向努力。此一現象，在拉丁美洲的軍事政府最為明顯。原因之三，在於受軍官團中產階級背景的影響。在非西方國家中，有三分之二具有穩固的或占主宰地位的中產階級，他們處於優越的經濟地位，態度保守，為維護其經濟利益而傾向於保持現狀。出身於中產階級的禁衛軍主義者因而傾向於按照中產階級的利益辦事，保守而不求改革。

然而，在另外三分之一的非西方國家中，中產階級尚未取得穩固的經濟地位，為了向上流社會階層爭取權力與地位，因而較具有改革的進步色彩。埃及、緬甸和祕魯，就是三個在促進重要經濟變遷時的成功案例（Nordlinger 1977, 177-189）。不過，諾德林格也指出，這些較具進步性改革的禁衛軍主義者雖代表初生的中產階級向上層階級挑戰，卻不會給下層工農階級提供直接、立即的利益；禁衛軍主義的進步性動機會被軍官團的群體意識和衝突沖淡，對他們的經濟政策影響甚微（ibid., 174-175）。

其次，禁衛主義者對政治活動和政治秩序的特殊態度會阻礙他們將促進進步性改革的意願變為政策性的輸出。前已提到的禁衛軍主義者之對政治活動持負面態度

和對政治秩序之維護格外關注，可能使他們對群眾的要求作出以下四種可能反應的任何一種或數種：置之不理；採取明顯非進步性政策；對政治活動更加限制；以及武力鎮壓。這些反應會使實行進步性經濟變數的可能性下降。

最後，軍事政權天生不穩定，大部分執政時間短，根本來不及實施重大經濟改革方案。此外，要實行根本性的經濟改革，需要建立一個組織良好的群眾性政黨，以便統制和滲透社會，但是前已述及，禁衛軍主義者很少具有能力或興趣去建立此一組織武器，換言之，很少有軍人政權具備實現重大經濟變革的先決條件（Nordlinger 1977, 174-176）。

(五) 軍事政府對繼任者執政的影響

軍事政府對繼任文人政府的影響，顯示在文人政府所面臨的問題和它解決問題的能力兩方面。以前者而言，禁衛軍主義者在為政變辯論時，常宣稱是出於欲使政權獲得新生，以建立長治久安的民主制度，故曾被稱為「鐵腕外科大夫」（iron surgeons），決心以武力醫治政體弊病。然而，在很多情況下，卻經常切錯地方。例如，軍事政府常排除政治領導人和政治活動家，取締或摧毀政黨組織，違背了民主政治制度，而且禁衛軍主義者在進行切除手術時，行動往往十分迅速敏捷，但當政體被切除部分需要修復時，他們卻毫無興趣或置之不理（Nordlinger 1977, 205）。

其次，就後者而言，軍事政府在解決問題的能力上，表現的遠比文人政府差。軍事政府有時確能減輕政體的一些「病症」，如公然的腐敗、嚴重的黨派紛爭、過度高壓統治和社會動亂等，但因常見的監護型禁衛軍主義者通常沒有宏大改革目標，且執政時間短，即使實行一些有利於社會的改革，也來不及穩固成果。所以，軍事政府的運作和文人政府比較起來常乏善可陳。既難於提高經濟成長、實現現代化，也窮於應付階級、群體的政治衝突，「留給文人繼任者的，常是暴力衝突的創傷和仇恨」（ibid., 206）；繼任文人政府解決問題的能力並未由於軍事政府的表現而加強，阿爾及利亞軍方在1989-1995年就是個例子（Tahi 1995, 197-220）。

(六) 軍隊和現代化

探討軍隊與現代化的第一種途徑，是以軍隊在未開發社會中的組織上和功能上的要件為論證基礎。認為軍事制度是現代化的動力，是中產階級利益、社會

變遷和政治發展的主導者（Lieuwen 1964; Pye 1962; Johnson 1962），這派的代表論點是白魯恂（Lucian Pye）著名的一篇文章——〈政治現代化過程中的軍隊〉（1962）。

這一學派的論點是這樣的，首先，軍人必須在技術上專精，並能在人事管理上訓練軍官，因而大部分軍人在個人技術上所接受的訓練要比民間經濟領域所具有的更為進步，其次，軍官必須向外在社會尋求新模式，對於現代化和技術的精進之需求具有敏銳的感應。第三，基於以上的體認，軍官們高度意識到他們國家的落後程度，並警覺到社會根本變革的需要。軍隊是具有競爭性的機構。

白魯恂認為，軍事機構的這些特性是民間組織所缺乏的。民間機構只在他們本身的社會網絡內運作，而軍隊是競爭性的機構，必須向外展望。對軍隊成效的檢證，是在未來的戰爭中，因此軍隊本身的戰備必須走在時代尖端，而非只單純地適應平時的地方性條件。

范納爾對白魯恂的論點提出質疑。只強調現代化武器使用和持有，而不重視它們的研製，足以激發軍官們現代化的雄心嗎？表達「現代化」的意願比消費西方的貨品更有意義嗎？政客們和商人們就無法如軍官們與先進的社會大量接觸嗎？商業機構就無法像軍隊一樣地具有「競爭性」？范納爾指出，即使不考慮這些反對意見，如果上述的主張是正確的——沒有一點例證可提供——也只能用於說明少數「具有」專門化和技術化軍隊的國家。事實上，大部分軍隊是步兵，規模且相當小；即使部分軍隊規模較大，並顯示高技術形象，在實際運作上也很落後。此外，如果技術性和專門化能刺激現代化的意願的話，則海、空軍應高於陸軍。事實上則不然，巴西和智利的海軍比陸軍保守；阿根廷的空軍比其他兩個軍種在政治上更不確定和無自信（Finer 1988, 290）。

第二種論點，可稱為老套看法（a priori）的「陸軍軍官」（The Army Officer），它包括軍人的「軍人品德」（military virtues）的自我意像和像頑固保守份子（Blimps）的「進步的」知識份子形像。這兩種都與現代化無關。不過，簡諾維茲卻強調他們具有「管理」功能。

最後，是哈爾本（Manfred Halpern）在論阿拉伯軍官的文章中所討論的，階級動機、中產階級身分的軍官階級和現代化中產階級。根據他的看法，這個「新」中產階級是被迫「建立一些能動員整個國家的精神和資源的現代化整合機構」

（Halpern 1963, 77），軍隊則是它的「主要行動者和工具」（Halpern 1962, 278-9）。

杭廷頓將此一主題概括為：中產階級軍隊在寡頭政治時期是急進的，因它推翻寡頭政體，以便其他中產階級集團取得權力；一旦如此，這些集團便形成了支持政府或反對政府的不同派系，形成派系政治；一旦遭受大眾挑戰，便轉為保守，頻頻政變成為拒絕統治的表現方式。

就整體而言，中產階級軍官是否能反映中產階級的價值觀，前已討論過。需要進一步探討的，第一，杭廷頓和哈爾本的假設與白魯恂的假設相矛盾。後者視軍隊為獨特的現代化力量，前者則認為中產階級的力量——軍隊的角色，只在於使他們進入政治領域。白魯恂的論題暗示軍隊應該統治，至少統制；另一論題則暗示他們應該讓「中間部門」（middle sectors）這麼做。然而，所討論的「中產階級」，從郵政人員到企業家、知識份子、技術專家等都包括在內。何以必須假定中產階級軍官比工業家、技術專家、知識份子更為「現代化」？企業家所具有的企業管理能力和技術專家與知識份子所具有的靈感和想像力，都較為優越。第二，如果杭廷頓的論點是對的，只要大眾追求政治權力，軍隊即變得壓抑和保守。簡言之，到此地步，他們就不再是現代化者了。

以上是60年代有關軍隊與現代化的爭辯。到80年代，已有一些實證資料，持續討論此一課題。此由於已有足夠的軍事政權存在，提供學者從事統計分析，以研究軍事政權在經濟上是否比文人政權更為成功。以70年代而言，就有三項研究值得重視。首先，是諾德林格所作的研究（1970）。他觀察74個在1956-1962年間曾接受美援的國家，以文人政府在七個領域中的運作情形，來檢視軍隊對文人政權的反對程度。他匯集所有指標做成一個簡要索引且不作地區的區別。他的結論是：政體中的軍人勢力與經濟運作的相關微弱，只有0.04。可惜的是，這項先驅性研究有著不少方法論上不當的瑕疵（見Jackman之著）。第二項研究，是1974年麥金雷和寇漢（Mckinlay and Cohan）所作，資料範圍更大，包括除了共黨國家以外的所有獨立國家。他們將政權分為三種類型——軍人的、文人的和混合的。所得結論是：這三種政權類型之間，沒有清楚的證據顯示經濟運作有所差異。這項研究同樣有方法論上的缺點。不過，在第三項研究中，傑克門（Jackman 1976）重新檢證諾德林格的最初分析，找出早期方法論上的瑕疵，並加上60年代第三世界60個獨立國家較新

且較為可靠的資料。根據范納爾的看法，傑克門這篇文章的方法論或結論均未曾受到反駁。傑克門的研究結果在某些方面與諾德林格相左，但卻支持了麥金雷和寇漢的結果。傑克門指出：

由經驗的分析顯示：不管經濟發展的水平如何，軍人政府對社會變遷沒有特別的影響，……我們可以結論說，那些總括軍人政府不是進步的就是反動的描繪是沒有經驗基礎的。此意味著許多觀察者是將注意力集中於進步的或保守的結果，其將獨特的政治技術歸因於軍隊，是錯誤的。我們也可以結論，當第三世界國家變得較為富裕時，軍事政權並未披上不同的面紗（Jackman 1976, 1096-7）。

傑克門除了特別同意杭廷頓的論點（相同於哈爾本和Num）——即前述軍隊是中產階級在未發達國家中扮演革命角色，在經濟較進步的國家則是反動的角色，相反的，他認為「軍人統治的效果並非視中產階級的大小而定」（ibid., 1086）。傑克門的最後結論是：「簡單的文人—軍事政府區別，對解釋社會變遷少有用處」（ibid., 1076）。至於為何如此？他並未作進一步解釋。范納爾則從對軍事政權的性質的探討來代替他解釋：只因為「這些政權之間的不同正如文人政權間的不同一樣多」（Finer 1988, 293）。他進一步指出，軍事政權（甚至軍閥政治）和文人政權之間並無明顯的界限。他以三種和文人政權比較的不同標準來顯示。

第一，是否軍隊在國家統治階層中是一利益團體，或是否此政權是由軍人支持的總統制政府，如果是後者，則此一政權相似於所有其他第三世界的國家，如瓜地馬拉、摩洛哥、孟加拉，政府由文人統治，但其生存卻依賴武裝力量的支持。因此，文人政權和軍事政權之間的界限就消失了。

第二項標準和軍隊的政治風格相關。軍隊通常被認為是鎮壓性的。我們已看到37個表面上是軍事政權中，15個是軍閥政權，看不到一個政黨或民選的立法機構，其餘9個只有一個政黨。此外，大部分或全部的這些國家，人民的自由被禁止。就這些觀點，「軍事」政權如何與文人政權相比較？

第三項標準是有關對經濟的掌握。第二、三項標準的比較，范納爾均採用自由公司（Freedom House）1980年的「政治權利和公民自由」（Political Rights and Civil Liberties）的標準尺度和分數（Finer 1988, 294-297）。

(七) 對軍事政權運作的評估

　　政府的運作指的是政府達到目標的程度和運作的方式。這些目標和運作方式是民之所欲，自外觀察也是可取的。對於軍人政府運作的評價，諾德林格採用連續譜方法，以政府合法性、非高壓統治、最低程度暴力、人民需求反應和經濟變遷五個面向作指標，透過文人政府的比較結果，發現文人政府的運作在這五個面向上分散於連續譜各個刻度上，顯示其執政成效高、中、低都有。在軍人政府方面，都傾向於集中在低刻度一端。此處僅就軍人政府的運作成效加以分析。

　　首先，就政府合法性而言，文人政府取得合法性的手段較多，也較爲成功，包括理性─法制的、傳統的和意識形態的手段。禁衛軍統治者則只有少數能成功地運用現有的手段獲得合法性。運用的唯一模式，就是充當臨時統治者，以便爲早日恢復文人統治做好準備。第二，就非高壓統治面向而言，文人政府和軍人政府爲了保持權力，都經常使用高壓手段對付異議份子和競爭者。但由於軍人政府常未能取得合法性權位，因此使用高壓手段的頻率高於文人。第三，以最低程度的暴力而言，影響政治暴力的因素有群體衝突、階級衝突和高壓統治。群體衝突在軍人政府和文人政府中都會發生，但以軍人政府傷亡最爲嚴重。階級衝突最嚴重的地區是拉丁美洲國家，其平均死亡數在軍人掌權時期比文人統制時期上升70%。高壓措施（如新聞審查和限制政治活動）方面，軍人政府更常採用，因此其暴力衝突也較爲嚴重。第四，對民眾需求的反應方面，文人政府只表現散布在連續譜的各個刻度上，好壞都有，但軍人政府表現最差，對民眾需求的呼聲不是置若罔聞，就是只顧滿足中產階級利益。最後，以經濟變遷而言，在經濟方面，如以平均GNP增長率衡量，軍人政府和文人政府表現不相上下；如以促進現代化進步化經濟變革的頻率和範圍相比，則軍人政府做的少，成功的更不多。

　　諾德林格給予軍人政府負面的評價。認爲軍人干政的後果，還是軍人干政（Nordlinger 1977, 207）。軍官在脫離政治後，常留在政治精英圈子裡，扮演仲裁者類型的禁衛軍主義者角色。所以，常見的文人政權實際是文人和軍人的混合執政。而且，軍人遲早又會推翻文人政府，形成軍人政府和文人政府交替上台的現象。根據諾德林格引用的資料顯示，有11個國家的軍人政府在1965年前撤回軍營，其中8個國家的軍人政府在1965年又奪回政權。拉丁美洲70%禁衛軍主義者把政權交還文人後，在很短的時間內又把權力奪回。其奪回政權的平均時間，是在他們交

還政權後的六年之內。

在一項對南美1948-1967年期間有關軍人和文人政府的比較研究中，學者發現，軍人的愛國情操和犧牲奉獻精神並不足以使他們在執政時，比他們原先所譴責的腐化和無紀律的文人政府，更具有效力。他發現這些軍事領袖們只是使用制度的有組織暴力手段統制政府的一群「武裝官僚」。他們無法理解社會變遷的勢力，不願放棄權力和以一種建設性合作態度去解決社會問題（Tannahill 1976）。也有學者發現，擴大軍官招募的社會基礎（如多招募中下層青年），並不能伴隨著促使軍官的政治態度和政治行為趨向政治民主化的過程，反而鼓勵而非抑止軍官們直接或間接地干預國內政治的進程（Kourvetaris & Dobratz 1973）。另一項對8個第三世界國家的個案研究中，也支持了這項結論（Danopoulos 1988b）。

三、軍人脫離政治的動機和條件

本節首先要探討的是，武裝力量何以、及在何種條件下願意讓出政權？這個問題可以先引用范納爾（Samuel E. Finer）的論點來做解釋。他以圖6-4的矩陣來說明軍人讓位的條件。此一矩陣是由兩組相關變項所構成，一組是軍人讓位的傾向（disposition）和社會條件，另一組是軍人讓位的動機與必要條件。兩組變項形成「是—是、否—否、是—否、否—是」的二乘二模型，以解釋軍人何以願意脫離政治。

	傾向	社會條件
動機	(1)信仰文人至上 (2)凝聚力遭受威脅 (3)缺乏自信	(1)內部挑戰 (2)外在因素
必要條件	(1)脫離政治的內部共識 (2)集團利益的適度保護	能繼承政權的文人組織

圖6-4　軍人脫離政治的條件

資料來源：Samuel E. Finer 1988, 300.

(一) 脫離政治的動機

首先，從傾向方面來看軍人脫離政治的動機。第一，由於武裝力量贊同文人至上的信條（軍人以服從文人領導的信念自我期許）。如1966-1969年期間的迦納軍人和1960-1963年期間的土耳其軍人所持的態度。第二，察覺到對武裝力量團結力或作戰能力的威脅。如1975年的祕魯軍隊分裂成敵對派系而介入政爭，深怕因此會威脅到國家安全。第三，喪失統治的自信心。也就是軍人執政之後，發現執政並非是件容易的事，深感難以勝任，如1975-1978年的迦納軍方，因無法處理社會騷動和經濟困境而舉行選舉；孟加拉的穆汗默德（Hussain Muhammad）軍事政權也是因為無力處理所面臨的政經問題而下台。

其次，由社會條件方面來解釋軍人脫離政治的動機。第一，是來自內部的挑戰。傳統上認為只能以另一個政變才能強制除去軍事執政團。證據顯示武裝的民間武力可以取代和擊敗正規軍，如1958年的古巴、尼加拉瓜以及薩爾瓦多。不過，長久以來，大部分的軍事政權在面臨人民有組織的持續反抗時都會交出政權，如1972-1979年的祕魯和迦納。第二，來自外部的挑戰。軍事政權的垮台，有來自外國軍隊的圖謀，如坦尚尼亞軍隊之摧毀烏干達的阿敏（Idi Amin）政權、美國1989年出兵推翻巴拿馬諾瑞加（Manuel A. Noriega）軍事政權，有因對外交政策的失敗或戰爭的失敗，如阿根廷的軍事執政團也因福克蘭群島戰敗而垮台；巴基斯坦雅頁可汗（Yahya Khan）政府在1971年被印度打敗後旋告崩潰；希臘的「上校」（Colonels'）政權以圖謀政變而引發土耳其入侵塞浦路斯，卻無力抵抗土耳其軍隊而崩潰；也有的因所依賴的外力支持中止而導致瓦解，如尼加拉瓜的蘇幕薩（Somoza）政府因美國的保留其軍事、財務和外交的支持而垮台；南越的瓦解也是同樣的情形。

(二) 脫離政治的必要條件

首先，在傾向方面，第一個必要條件是武裝力量的所有重要成員一致決定退出政治舞台，如埃及在1952年，聶吉（Neguib）和大部分陸軍軍官的意圖，只是單純地要整肅一下政治圈，然後退出政治權力。又如納瑟和他的同僚有意使埃及的未來單獨地由一個軍人精英無限期地統治，在1954年納瑟說服了他的派系接受他的作法。第二個必要條件是軍隊的利益必須受到保護，才能促使軍隊有意退出政壇。保護軍隊的方式包括：(1)防制文人政敵思圖報復而所作的私人的自我保護，例如，

方法之一是阻止其指定的人參與選舉；(2)在新憲法中，爲武裝部隊設定特別角色，例如，1963年的土耳其憲法規定軍人在參院要有代表；迦納在1969年設立「三人總統制」（Three-man Presidency）等；緬甸在1992年研擬新憲法也賦予軍隊特殊的地位；(3)憲法上對於在職犯行之豁免的保證。

以上所述是指軍隊各人利益，在集團利益方面，包括軍人的裝備、待遇和服役環境；軍人在社會上的原來角色的持續（維持軍人在社會中一貫的地位）：例如，當文人政府建立民兵以稀釋或平衡軍隊的強勢力量時，即感受到威脅；最後，有些軍隊具有一種強有力的非物質的利益，信奉某種意識形態。例如，土耳其軍隊的「凱末爾主義者」；緬甸軍隊的反分裂主義者；奈及利亞軍隊的致力於國家整合，以這些價值觀爲名進行革命的軍隊不可能將權力讓給理念相反的文人政權。

其次，在社會條件方面，必須在政治上有扶植得起的文人組織（如政黨），使軍事政權可讓位給它。學者經常發現，軍方在宣稱有意退出政權後，準備選舉的時間長短不同。無論如何，軍隊有時會發現到沒有他們可以交涉的組織，或是遭遇到政治抗爭時，沒有任何政黨能提供穩定基礎以造就一個民選政府。

梅沙斯（Kostas Messas）則綜合諸多學者觀點，將軍隊脫離政治的原因（動機）歸納成軍隊組織因素及環境因素兩類，對軍隊脫離政治的相關因素作了說明。軍隊組織因素方面，包括軍事專業倫理改變、具領袖魅力的軍事領導者出現、軍隊集團利益、軍事政權本質和武裝力量的統制權。環境因素方面，包括國內、區域及國際三種。國內環境因素包括文人團體的壓力、國內政策惡化、經濟危機延長；區域因素則是部分區域的民主化活動；國際因素包括國際民主化的環境、外國勢力的物質誘因減少、外國武裝力量的使用。

杭廷頓也指出了實施和培植民主的必要條件。他認爲達成民主必須採取三個步驟：促進國家統一；建立政治權威；達到政治平等。魯斯陶（Dankwart Rustow）也注意到軍轉文有四個連續階段：(1)國家的統一，這是轉變的背景條件；(2)準備階段，兩極化比多元化更爲突出；(3)決策，政治領導人接受統一體的差異性；(4)形成習慣。

斯提潘（Alfred Stepan）則從外部因素來探討軍事政權的變革。他將變革分成兩類，第一類是戰爭和征服導致的變革，包括：外部征服之後的內部復辟；內部的重組；外部監視下民主政權的建立。第二類變革是由內部變化所導致的，包括：源

於內部的重新民主化；社會領導的政權終結；政黨之間達成的協議；由民主改革派政權協調的有組織的武裝暴動；馬克思主義者領導的革命戰爭。不過，小威爾奇（Claude E. Welch, Jr.）指出斯提潘的理論還不能解釋1989年下半年東歐發生的動亂，因為那次大動盪的主要原因不是戰爭或外部征服，而是外國軍隊的撤退。

我們也可從軍事政權的不穩定性來說明軍人脫離政治的理由。諾德林格認為政權要存在二十年以上才算穩定。他以此標準衡量軍事政權，發現1945年以後的非西方國家的100個軍事政權中，只有3個國家符合：1952年以後的埃及、1954年後的巴拉圭和1947年至1968年的泰國軍政府。[5] 如降低標準，能持續至十年的也不過10個。事實上，「軍事政權的平均壽命只有五年。因此，可以說它們天生就是不穩定的」（Nordlinger 1977, 139-159）。軍事政權的不穩定性，可以由其讓位於文人政權的三種可能方式加以分析。第一種可能性是來自文人的壓力，亦即禁衛軍主義者在廣泛的文人反對壓力之下，被迫放棄權力。這種可能性最小，而且軍人很少純粹以此方式讓位於文人。實例中，只有1964年的蘇丹和1973年的泰國出現過以接近文人壓力形式的示威、罷工和騷亂導致軍人將權力交還文人；第二種可能的方式是反政變，亦即被排斥在政府之外的其他軍人推翻軍事政權，再將權力交還文人。不過，這些軍事政權中發生的政變，大多數是一個軍事政府取代另一個軍事政府；第三種可能是軍人「自願」脫離政治；亦即不管是否受到文人或其他軍人的相當大壓力，禁衛軍統治者「自願地」把政權交還文人，這也是何以軍事政權持續不久的原因。

四、軍人脫離政治的類型、目標與挑戰

(一) 脫離政治的類型

軍事脫離政治或軍人統治的轉型大致可分為兩種類型：無計畫的脫離和有計畫的脫離。無計畫脫離政治案例中，可能是軍事政權被推翻，也可能是軍方領導人受到極大壓力，認為繼續執政已得不償失，在難以接受的不利情況下，威權政府不情願地將權力轉移給文人。無計畫性的返回軍營的狀況之發生，是由於威權執政者執政失敗而無法保持政局穩定，因而失去合法性。這通常是由於不斷增強的民眾的不服從、反對派的基礎廣泛、外國的壓力和對商業缺乏信心，而這些情況會導致經

濟危機和軍隊分裂。阿根廷和希臘分別在福克蘭島和塞浦路斯的潰敗之後，以及祕魯軍隊在1970年代中期完全喪失合法性時，所出現的局面就是無計畫轉型的顯著例證。無計畫性退出政壇並非任何執政的軍方所樂見，因為所付出的代價相當大，第一，軍事體制威望會降低，並將削弱其執行基本作戰的能力；第二，軍隊在守勢的虛弱狀態中，可能鼓舞反對派企圖推翻軍事政府的變革措施，倒回至政變前的情況；第三，軍官團的利益因之受損，可能遭受文人報復或反報復，例如在阿根廷和希臘軍事領導人最終由於他們執政時的行為而遭到審判。

有計畫的脫離政治，其特點是軍隊願意依照有秩序的過程，在有效統制的遊戲規則下放棄權力。它與無計畫脫離政治的主要區別，在於軍隊是否有能力制定並實施一項明確的方法，而此一撤出方案的實施有賴強有力的中央領導。有計畫並可預期的退出政權將有利於軍人執政者。首先，可容許對後繼機構和人員的較高程度的統制；第二，可儘量減少傷害到軍隊及其領導者的意外情況之發生；第三，有助於軍隊持久維持其內部的凝聚力；最後，有助於防止反對派出現，以確保威權集團成員的利益。

不過，實際上，並非所有軍事政權的轉型案例都能歸納入上述兩類之中，在缺乏明確的轉型方案的情況下，一個威權政體可能面臨兩種可能的結果。一種是由於無力長期執政，該政權本身的不確定感導致它的猶豫和搖擺不定；如1971年3月土耳其所出現的軍人支持的政府所面臨的局面就是。另一種是參加政變的某人或某部分人設法要挾其他執政者，以追求一些特定的目標和理想。在此情況下，政權主宰者可能訴諸於鎮壓或恐怖手段來作因應。

小威爾奇將上述類型稱為取代型（無計畫型）與轉化型（有計畫型），另外增加兩類，一類是就自由化與民主化的相對內容，分為自由化型與民主化型；另一類是就軍事專業化對政治變遷的衝擊，分為舊專業主義型與新專業主義型。自由化轉型是指軍事政權為維護既有利益而容忍政治反對勢力；民主化轉型則指軍事政權允許開放政權競爭與自由選舉；舊專業主義型是指軍方以壓力團體的組織方式影響社會；新專業主義型則是軍方成為一個壓力團體，和其他壓力團體沒有差別。

(二) 軍人脫離政治的目標

軍人干政的主要原因之一，是認為文人執政失敗，因而政變成功後，首要目標是重新安排政治關係，以糾正眼前的缺陷，並確保政變前腐化無能的情況不會重

現。例如，烏拉圭軍隊在1973年奪權後對左翼游擊隊運動的鎮壓。另一種目標涉及軍隊的機構利益和社會角色，斯提潘所稱的「特權」（prerogatives），就涉及此一領域。他認為，「作為機構的軍隊認為他們已取得了正式或非正式的權力或特權，可以有效地統制軍隊內部管理，並在軍隊以外的國家機構中發揮作用，或者甚至認為他們可以決定國家政權與政治或文人社會之間的結構關係」（Stepan 1988, 100）。

由於軍隊面對的是一個不斷變遷的社會，它的角色也因此可能需要不斷地重新界定。軍隊通常會透過憲法的修改，使他們的影響力、角色和特權能制度化，以規範和穩固文武之間的關係，並增加軍隊在決策方面的權力，魯奎伊（Alain Rouquie）稱之為「在憲法架構中的合法化」。這種合法化，通常依據一個統制性和高壓性的多黨制以及建立一個主宰性的軍人政黨的兩種形態進行。簡言之，軍人脫離政治的目標是要調整軍隊與社會（公民社會及政治社會）、乃至與國家間的互動關係，在主客觀因素的配合下，軍事政權以轉型來合法化其「新」的互動關係。

(三) 脫離政治過程中面臨的挑戰

對於軍隊而言，在轉型過程中，軍人和文人之間，關於限制軍隊權力的約定，很難預見其在轉型之後，對軍隊集團利益所面臨的挑戰和產生的影響。不過在過程中，軍事政權所面臨的問題都是可以察覺到的。首先，軍隊在放棄權力時所希望保留的社會類型和政治體制（或稱為軍隊的遺產）可能會遭受反對。這一方面的挑戰，可能來自新興的文人領導階層，也可能來自軍官團內的一些小團體。就文人（包括軍方的支持者和反對者）而言，會因他們自己的議程和偏好而修改軍方的方案。例如，烏拉圭的桑奎內迪（Julio Maria Sanguinetti）政府就曾使其黨和工會合法化並恢復了前遭軍方禁止的政治活動權利；再就軍官團內的潛在反對者而言，個人或團體可能為其現實利益而明爭暗鬥，潛存著難於預測和不穩定因素。甘比亞軍隊在1994-1995年間，就發生過這種狀況（Wiseman 1996）。

其次，軍人執政結束之後，他們享有的特權常會受到挑戰。文人在掌權之後，可能企圖取消軍人所享有的特權，不管這些權力在憲法中是否得到規定。例如，祕魯總統加西亞（Alan Garcia）於1987年將三軍劃歸一個部管轄；阿根廷阿爾方辛（Raul Alfonsin）政府之重新確立文人對國防工業的統制和大幅削減軍事預算。當然，文人政府這類措施也可能引起軍隊反抗而遭到失敗，例如，巴西文人政府曾

企圖降低軍隊在國家事務中的地位，遂造成軍隊反抗，軍隊也成功地獲得制定憲法的任務，這部憲法讓軍方在國內事務中享有很大的「自由」（Stepan 1988, 113-114）。薩爾瓦多軍隊更反對繼任的文人政府與共黨叛亂團體簽訂的1992年和平協定，迫使各方修訂和平協定，軍人利益得以受到較少傷害（Walter & Williams 1993）。

最後，轉型過程中對軍隊本身和對軍人的挑戰雖不常見，但仍然是一項重要的考量因素。例如，阿根廷軍隊在國內外都慘遭失敗，而不得不退出政治舞台（Rouguie 131）。在1987年和1988年的叛亂中，阿根廷軍隊顯示他們對於文人的報復將採取反擊措施，因而迫使阿爾方辛總統不得不同意簽署一項法案，使一大批因在戰爭中的行為而面臨被起訴的下級軍官獲得赦免，但能否成功則不一定。1961年，土耳其軍隊輕易地獲得這種保證；在巴西，離任的軍官和接任的文人在這方面達成妥協；但在希臘，軍事政府的所有領導成員全部銀鐺入獄（Barkey 1990, 176）然而，就此論點，杭廷頓在探討許多個案之後，給了個很好的建議，就是「不要起訴、不要懲罰、不要寬恕，除此之外，更不要忘記」（Huntington 1991, 231）。

土耳其1980年軍隊政權轉型失敗的案例，充分說明了軍事政權在轉型過程中的危險性。土耳其和巴西、智利、巴拉圭以及阿根廷這些國家相似，有著軍隊干政的長期傳統。1960年和1971年，土耳其軍隊已有兩次推翻文人政權的經驗。1980年，土耳其在面臨一系列危機之後，再度發生政變。這些危機出現於1970年代末期，例如，政治癱瘓為恐怖主義火上加油，嚴重經濟危機體現為通貨膨脹，國防收支失衡，外匯和基本食品短缺，議會兩大政黨持續敵對，並引致武裝力量介入。

政變領導人為總參謀長伊伏仁（Kenan Evern），他接管政權後，就有計畫地安排政權轉型。他宣布干政時間只是短暫的，軍隊的目標是起草新憲法，並制定有關選舉和政黨的法律。從1980年至1983年，先以戒嚴法壓制恐怖主義之後，更成立由總參謀長和各軍種首長組成的國家安全委員會，以控制新成立的由退役將領和技術官僚組成，負責國家日常運作的新內閣。政治一穩定，立即著手制定過渡方案，在軍政府強制性的運作之下，通過新憲法，伊伏仁就任共和國總統，辭去總參謀長軍職，新憲法和相關法律，在軍官們的操縱之下，一方面賦予掌權者更大權力，限制政黨、工會和社團的活動，另一方面，造成他們可以接受的政客和政黨，以保證

軍隊的利益。此一過程，顯示土耳其軍政府是在有計畫的促成政權的轉型，而其目標是在保障轉型後軍人本身的特權。

土耳其1980年政變後的轉型期中，軍隊首先遭到的挑戰，是無法如預期的建立兩黨政治——由軍人支持的國家民主和忠於政府的反對黨、人民黨。在1983年和1987年的兩次選舉中，國家民主黨敗於歐扎爾（Turgut Qzal）及其祖國黨，使後者在議會中獲得多數席而有權組織政府，因而使軍隊屬意的兩黨制崩潰，形成軍隊所不願見的多黨局面。其次，軍隊依賴新憲確保其特權的計畫也受到挑戰，反對派先後要求伊伏仁取消有關禁止政變前政治人物重返政壇的限制和對政治家活動的限制條款。憲法對黨派、工會和專業協會的一些禁律也受到抨擊。軍隊無法阻止文人依其自己利益對軍隊的遺緒加以修改。第三，轉型之後的軍隊雖然獲得了新特權，限制了文職領導人的決策權力，但卻也增加了企圖重新獲得對社會控制權力的文人對軍隊特權發出挑戰的可能性。1982年的憲法給予總統和國家安全委員會更大權力，使伊伏仁可以更密切監視政府的運作並捍衛軍隊的遺緒和特權。但仍不免受到文人總理歐扎爾的挑戰。他於1987年6月29日拒絕接受軍隊提名的總參謀長人選，此外，並曾單獨下令空軍停止演習。軍隊在允諾還政於民的過渡中，難於找到合理的反措施可以制約文人的合法行動。以上土耳其的案例顯示了轉型過程的不可預測性和軍官團面臨的困境，軍隊迅速脫離政治既不一定會產生最佳結果，且以干政對文人領導作出威脅，也不一定會減少社會的禁衛軍化，實無助於社會的穩定（Barkey 1990, 188）。

五、軍事政權轉型的結果

1960年代和1970年代是軍事政變頻仍的時代，1980年代是軍人統治向文人統治（而且通常是民主的）轉型的時期，1990年代則仍是延續1980年代的轉型時期。對中南美洲及西班牙語的加勒比海國家而言，1993年更是歷史時刻，因為該地區不再存有軍事政權（Loveman 1994, 105）。一旦掌握政權的軍事精英決定（被動或主動地）讓位，就使得軍事政權面臨轉型的階段。雖然，杭廷頓樂觀地看到軍事政權的民主化趨勢，認為這是因為世界各國的軍隊都接受不同程度的軍事專業化與文人統制或客觀文人統制，有利於文武精英的利益，而且對社會而言，文武關係的改

進更是成本小利益大（Huntington 1995, 9-17）。但是，實際的過程並不盡然，軍人脫離政治或軍事政權轉型或過程充滿了危險性，甚至遭致失敗。根據范納爾的研究，很少有文人繼承政權能維持七年以上，除了委內瑞拉、哥倫比亞和墨西哥以外（Finer 1988, 305）。巴克（Henri J. Barkey）就以土耳其的案例來顯示軍事政權轉型過程的不可預測性和軍官團面臨的困境。土耳其軍隊雖然迅速脫離政治，但不一定會產生最佳結果，反而以干政來對文人的領導作出威脅；但軍隊迅速脫離政治也不一定會減少社會的禁衛軍化，因此實無助於社會的穩定（1990, 188）。

然而，軍事政權的轉型卻是民主化過程中，所必須經歷的階段，軍事精英所面臨的是何時脫離政治的問題，也就是判斷脫離時機的問題。丹諾波羅斯（Constantine P. Danopoulos）在他所編的《從軍事統治轉為文人統治》（From Military Rule to Civilian Rule）一書中，綜合各作者的觀點而指出，領導者在軍事統治轉型為文人統治關鍵時機，作出正確決策而奠定了文人統制軍隊的基礎（1992a, 17）。然而，即使是有計畫的脫離政治，也不一定意味著民主化的成功，例如奈及利亞的巴巴恩吉達政權（Ibrahim Babangida）在1987-1993年的計畫性脫離政治，就因1993年的總統選舉所引發的動亂而迫使軍人又再次干政（Welch, Jr. 1995, 593-614）。巴拉圭史托斯納爾（Hlfredo Stroessner）軍事政權也是個相似例子（Sondrol 1992）。根據迪克斯（Robert H. Dix）所作的統計，截至1991年為止，拉丁美洲軍事統治時期平均是13.8年，軍人脫離政治時期，平均是19.2年。當然各國的狀況不同，但多數的（13國）拉丁美洲國家，其軍人脫離政治的現象仍未達到20年的期間（Dix 1994, 442）。可見軍隊脫離政治的發展趨勢，尚未能確定其是否真的退出政治。但不容諱言，在第三世界國家中，軍隊的影響力卻是始終存在的。詳細而言，由軍事政權轉型的後果來看，明顯地可以看出兩種相對的趨勢——軍事政權民主化或軍人再次干政。

(一) 軍事政權的轉型——自由化與民主化的可能性

第三世界國家雖然廣泛存在著產生禁衛軍主義的條件，但某些國家卻保持了政府對軍隊的統制，因而提供了自由化和民主化獲得成功的必要條件。不過，如果存在著政變和反政變的循環規律的話，軍人政權能否轉型為有效的文人政府，是一值得探討和觀察的趨勢。

諾德林格認為，禁衛軍政府缺乏執政技能，只能對社會進行膚淺的、短暫的改

變，無法消除禁衛軍主義的根源，因此「軍人政府最通常的後果還是軍人政府」。
范納爾對於軍人政府同樣感到失望。他認為，在政治文化「低落」或「最弱」的國家，軍人政府不大可能實現成功的過渡。因為這些第三世界國家由於政治文化低落，存在著自我分裂、輿論力量微弱的潛在危機，在需要一個強有力的有效率行政領導情況之下，使政府格外地依賴其武裝力量的支持。因此，要使軍人能長期脫離政治實非易事。軍事政變的結果和軍事政權的建立往往又是一次軍事政變和另一個軍事政權的出現。以諾德林格和范納爾的看法，軍人短暫時期的讓位，也可以說是自由化，是有可能的，至於要轉型為民主化國家卻是很難。

范納爾的觀點在1970年代中期修訂他的原作時，略有改變。他指出，如果能獲得軍方贊助的話，文人政府是可以成立的，其基本條件在於：(1)軍事執政團的首領必須使武裝力量願意退出政壇；(2)這位首領必須建立一個不依靠軍人直接支持而能獨立運作的政權；(3)軍隊本身必須支持新政府；(4)武裝力量必須對新政府領導人具有信心。他還引用了法國、土耳其、墨西哥和南韓的情況作證。范納爾的此一看法也反映在杭廷頓的《變遷社會中的政治秩序》一書中。杭廷頓發現禁衛軍主義社會和文人社會之間存在著很大的反差。他認為，禁衛軍主義的「本質」是對政治進行「間歇性」（intermittent）干涉。在後殖民主義社會中，武裝力量扮演著中產階級「看門人」的角色，他們發動改革推翻了大地主的寡頭政治，但是下層階級在政治上覺醒之新制度，唯一的途徑是，「軍隊持續地參與」政治。但是，由於軍人的理想是「非政治的」（non-political）國家，他們建立文人政府的努力是注定要失敗的。

歐當諾（Guillermo O'Donnell）和席密特（Philippe C. Schmitter）也發現到以武裝力量為基礎的政府，也可以成功地發起自由化運動，但卻很少能夠完成民主化的計畫。軍人政府推行自由化，是尋求在制度內部實施溫和的改革，軍隊仍有潛力繼續對政治進行某種程度的介入，而民主化則是開放政治競爭的場所，從而在政治體制中引起大量的不確定因素。

小威爾奇在對禁衛軍主義社會裡軍人脫離政治情況的研究中，粗略地分析了軍隊短期和長期的兩種政治戰略。他認為，政府和交出權力的軍隊如果表現出相互克制，而且政府也注意避免對軍隊的預算和人員進行大幅削減，文人統制就可在短期內得到重建。但是，尚難於確保武裝力量長期的政治中立。要使軍隊長期不干政，

政府必須加強其合法性和工作效率。小威爾奇對軍人返回軍營的計畫提出了六種假設，涉及軍隊內部因素（角色認知、軍費、內部管理、軍隊使命和部署），也涉及社會和政治體制方面的因素（內部鬥爭的層次、經濟發展趨勢及政治條件）。他得出悲觀的結論，指出今後的數十年中，武裝力量仍將在非洲和拉丁美洲扮演重要的角色。

(二) 軍人仍可能居於幕後主導的地位

軍人脫離政治後並不意味著軍隊就此保持政治中立，或是如同先進民主國家的軍事精英接受客觀的文人統制。這可以借用小威爾奇的軍人參與政治的文武關係光譜來說明，就更能理解軍人在軍事政權轉型後的角色變化。他強調文、武間的互動關係，他認為軍人「干政」最好稱為軍人「涉及」（involvement）或參與（participation），參與的程度和方式可有不同，文、武間各種因素的平衡狀況也不一。以光譜表示，一端為「文人統制軍人」，另一端為「軍人統制文人」。「統制」指對政策的參與度。軍人對政治的參與，從軍隊對政治的「影響」到另一端軍人對政府的統制，隨著國內壓力而向左右變化，若是能建立長期持續的文人政權（20年），就有可能建立文人統制。此時，軍人的特權就成為關鍵因素之一，在軍人特權得到基本保障與保證之後，軍人會退居幕後而繼續影響政治，一旦軍人特權遭到政治精英挑戰，軍人就有可能再度出來，1993年的智利就發生這樣的狀況（Ensalaco 1995, 255-70）。

當然，一旦軍隊對於轉型之後的國家發展若是不滿或不順意，在相關因素配合下，又再度發動政變重新干政，使軍事政權轉型產生逆轉的情況。軍事政權轉型並不能迅速改變軍方在此類型國家中的地位，軍事政變危機始終潛藏著，這也正是軍事威權國家與其他類型威權國家不同的地方。若以范納爾的軍事政權類型來看，準文人化的間接統治是其轉型後，最有可能的類型，是否會成為文人政權，則端賴其民主化轉型能否得到穩固。

軍事政權轉型後，並不表示民主得到鞏固，有些國家的軍隊並沒有太多的改變，仍深刻地影響到政權的運作。例如，1980年祕魯政府權力轉移至民選總統時，軍方仍試圖為自己爭取特權；1985年巴西選出文人總統後，軍人仍占六個內閣職位和其他重要政府職位（黃正杰 1997, 290-291）。

(三) 傾向於建立開放型政權

　　根據諾德林格的研究，如果軍人有目的地把政權交給文人，則在絕大多數情況下，取代軍事政權的往往是比較開放的（民主的）文人政權。軍人在放棄政權之前，通常會選擇允許相當程度的政治競爭和民眾參與選舉的文人政府；有時會任命一個委員會起草憲法或選舉立憲大會。新制憲法大都是民主的，放棄政權之前或之後也會舉辦全國民主選舉，選出行政首長和立法議員（Nordlinger 1977, 200）。[6] 但軍方擁有選舉結果的決定權，緬甸的軍事政權在1990年就是如此運作，它就不承認選舉結果；奈及利亞軍方宣布1993年的總統選舉無效，也是同樣的情形（Rotimi & Ihonvbere 1994, 669-689）。

　　至於軍事政府的特殊政治態度，例如原本反對政治活動、強調政治秩序和以集團利益為重，何以在放棄政權時會轉而允許、鼓勵或支持建立一個比較開放的政權？第一，在於選舉產生的開放型政權雖會威脅到軍隊的集團利益，但是與威權型和動員型的政府比較起來，後兩種類型的威權者權力更大更集中，且有些政權可透過政工人員和政治思想對軍隊滲透，禁衛軍主義者的集團利益更容易受到挑戰；[7] 第二，禁衛軍在放棄權力之前，可以要求繼任政府作出若干保證。例如，迦納軍隊在還政於民之前，在憲法中規定建立完全由軍官組織的武裝力量委員會，用於掌握權力，以確保軍方的自主權；第三，禁衛軍主義者執政著眼之一，是在於維護中產階級利益，因此，公開型政權的建立通常符合中產階級的經濟、政治利益；第四，開放型政權被證明比威權型和動員型政權更有利於貫徹軍人的政治態度；第五，第二次世界大戰以後，開放型政權已成為大多數國家接受的模式（Nordlinger 1977, 202）。

　　然而，軍事政權轉型所呈現的民主型態，是一種受軍隊「保護的」（protected）民主，並非源自民間開放社會的自發性民主。

(四) 軍事政權轉型與民主的鞏固

　　軍事政權轉型之後，雖然並不意味著民主政治的到來，說不定是另一場軍事政變，巴拉圭的史托斯納爾（Alfredo Stroessner）軍事政權就是個例子（Sondrol 1992, 105-122）。然而在轉型之後，軍隊若要使民主鞏固（consolidation），則必須維護與增強其自主性與專業化，厄瓜多爾軍事政權就是個成功的例子（Isaacs 1993, 137-142）。軍隊也必須體認到脫離政治是在限制軍人的角色並擴大文人統制

（Diamond & Plattner 1996, xxx-xxxiv; 黃正杰譯 1997），更重要的，文人政府也會建立種種統制軍隊的機制，例如政黨滲透及運用情治單位、文人指揮結構、分散的軍事指揮權威、地理分散、維持競爭的安全組織、滿足軍方的關切、允許軍人有限度的參與政治、在憲法上限制軍隊角色、明定軍隊職責等（Welch, Jr. 1976a, 5-34; Danopoulos 1992b, 15-20）。誠如丹諾波羅斯所言：「軍人脫離政治後的角色是與軍官團、繼任文人政府及整體社會（在軍事政權執政）所得到的教訓及經驗息息相關。」（Danopoulos 1992c, 4）我們必須長期觀察軍事政權轉型後的文武關係發展。斯提潘就認為，軍事政權在轉型後，要落實民主政治，必須從民間社會、政治社會（political society）與國家機構（state apparatus）三方面來加強。在民間社會上，宜有獨立的軍事研究單位，參與討論軍人的角色等問題，以建立文人統制軍人的共識；在政治社會上，需擁有獨立的國會，統制、監督軍隊的運作；在國家機構上，國家機制（官僚體制）能獨立自主，不受軍人統制。若能如此，軍事政權轉型後才能具體落實民主政治（Stepan 1988, 128-145）。杭廷頓認為，要使軍事政權的民主化能夠穩固，有賴於新政府的政治領導精英「抑制軍人權力，促進軍事專業主義」，亦即建立一支不介入政治，專注於執行純軍事任務並能服從文人領導的現代化、專業化部隊（Huntington 1991, 243-253）。范納爾則認為，要有效阻止軍隊再度干政的意向，還必須建立文人權力至上的原則。這一原則的意義是：「政府的主要政策和計畫，應由負政治責任的文人領導者，正式且有效地來作決定」（Sapin & Snyder 1954, 52）。

　　總之，由於在60年代，第三世界國家政變或軍人干政頻仍，使研究文武關係的學者對這些軍事政權的民主轉型抱持悲觀態度；但自80年代以後，軍事政權民主化趨勢顯露曙光（Huntington 1991, 113）。[8] 不過，儘管杭廷頓預測民主化浪潮將不斷衝擊人類文明發展（不排除有第四波民主化浪潮），卻也不排除第三波回潮的威權主義浪潮。民主化能否成功和穩固，有智慧、有決心的政治精英扮演了關鍵角色（ibid., 315-316）。因此，政治領袖如何妥善處理其與軍事領袖的互動關係，遂成為軍事政權民主化成功與否的關鍵所在。

結　語

　　由本文以上的分析，明顯地可以看出，軍事政權的運作，其表現是令人失望的，而其結果，往往又是另一次政變的發生，另一個軍事政權的建立。至於軍人統治難於獲得成功的主要原因，是在於軍人的統治風格，只強調管理式和技術性的決策方式，忽視複雜的政治、經濟和社會因素，加上高估軍政府本身的決策能力，強制推動政務，自然難於有效統治國家。

　　不過，執政失敗的軍人政府，並不完全導致被迫下台或被另一批禁衛軍發動政變推翻，也可能因其無法勝任執政而萌生主動退出政壇回到軍營的念頭。1980年代以後，軍人有意或有計畫的脫離政治的案例不斷在增加，也就是軍事政權有逐漸自由化和民主化發展的趨勢。杭廷頓對「第三波」民主化浪潮的分析，就指出了此一趨勢。

　　1990年代已可看出將是處於軍人持續從政治權力撤退與脫離的浪潮中，世界各國的文武關係也進入了新紀元。對軍事威權國家而言，軍事政權的結構與運作，勢必轉型，才能使其維持或不致喪失其既有的特權；當然，此特權的賦予將是因軍隊保國衛民的國防角色而來，而不是因為其掌握武力而來的政治角色。隨著國內外環境的變化，軍事政權必須回歸到文人統制的民主常態，也就是以營區與戰場為舞台，而不再介入政治。

　　軍人長期脫離政治不能視為是孤立現象，應從軍人干政、禁衛軍統治、脫離政治三方面來理解。就軍事政權轉型的角度觀察民主化過程中文武關係的演變，主要就是從這三方面來理解軍方脫離政治現象。對於軍事威權國家而言，軍事政權轉型的結果並不確定，但掌握政權的軍事精英必須以轉型來獲取統治的合法性與正當性，因而軍事精英與政治精英間的文武關係，就產生不同的互動關係。政治精英與軍事精英的互動而形成的文武關係演變，明白地揭示了軍事政權轉型或軍人脫離政治的複雜性。軍事政權轉型意味著軍人脫離政治或再文人化，而轉型為準文人化的間接統治類型，軍人的政治角色將受到限制，文人統制的機制也將逐步建立，但仍須長期觀察此準文人化政權是否穩固，否則，軍隊可能再度以政變推翻文人政權而使轉型產生逆轉。

　　第三世界威權政體國家中的軍事政權，其轉型為民主政體是可能成功的，但卻

並不容易。軍隊脫離政治的行動通常需要一系列有計畫的步驟，制定這些計畫是執政的軍人及其政治上的盟友。在計畫過程中，決策者可能會受到越來越大的壓力，要求他們更迅速、更徹底的實現變革。變革的最初步伐可以由武裝力量邁出，但是，隨著自由化運動的發起，政黨間公開競爭的展開，社會中出現一種新的、更強大的推動力量，而由於軍隊為了仍能維持其部分既得集團利益，欲保留其幕後統制力，或只是欲利用自由化以增強其合法性，則軍事政權的轉型，很難經由自由化達成民主化。民主化的實現，無法只靠軍官團，而有賴於軍隊脫離政治走向民主化過程中，政府能敏銳地察覺和滿足軍隊的需求，並進一步要求民眾發展出支持談判、保障人權與平等的態度。只有在實質上達到「文治化」，以武裝力量為基礎的政府才能轉型為完全的民主政治制度。

註　釋

【1】本章由以下已發表的兩篇專論修改整理而成：

　　民86。〈軍事政權的運作〉。《復興崗學報》62：1-26。

　　民87。〈軍人脫離政治的探討〉。《問題與研究》37(1)：57-72。

【2】這15個國家是：阿根廷、玻利維亞、蒲隆地、智利、赤道幾內亞、馬利共和國、茅利塔尼亞、尼日、巴基斯坦、薩爾瓦多、蘇利南、土耳其、上伏塔、烏拉圭、葉門阿拉伯共和國。

【3】這9個國家中，有立法機構的有6：貝南、剛果、衣索比亞、幾內亞比索、賴比瑞亞、索馬利亞；無立法機構的有3：阿爾及利亞、利比亞、盧安達。

【4】這10個文人內閣國家中，無多黨的國家有6，其中一個（多哥）無立法機構，5個有，它們是：伊拉克、馬達加斯加、蘇丹、敘利亞、薩伊；另4個多黨且有立法機構的是：巴西、埃及、韓國、巴拉圭。

【5】泰國軍政府在1947-1968年間，事實上發生過八次政變（陳鴻瑜 民82, 9-13），因此，它應是屬於范納爾所稱的「間歇性」（intermittent）的間接式軍事政權（Finer 1988, 151）。

【6】諾德林格認為軍事政府有目的留給後繼政府的遺產，是建立開放型政權，但也指出，這可能同時對民眾參與政治和公開競爭加上一些限制。軍事政權的封閉性和禁衛軍主義者的蔑視政治和政黨，會削弱民主基礎（Nordlinger 1977, 204）。

【7】范納爾以政治統制和政治滲透以及政治競爭和政治參與兩個基本面來解釋軍事政權所形成的三種政權結構：民主（或開放）型、威權（或封閉）型和動員型。民主型的特徵是高度的民眾參與、政府權力的競爭公開化、低度的政治控制和滲透；動員型的特徵正好相反。

威權型在兩個基本面向上都偏低（Nordlinger 1977, 111）。

【8】軍事政權在「第三波民主化浪潮」中的35個威權政體民主化過程中，轉型成功的有16個，即：土耳其、巴西、祕魯、厄瓜多爾、瓜地馬拉、奈及利亞、巴基斯坦、蘇丹、烏拉圭、玻利維亞、宏都拉斯、薩爾瓦多、韓國、希臘、阿根廷和巴拿馬（Huntington 1991, 113）。

　　共黨國家的文武關係，在早期文武關係研究領域中的大多數學者，當建立自己的研究架構時，往往將它排除在外。究其原因，一在於西方許多學者傾向於認為文武關係本質上是相互衝突的，而共黨國家的軍人卻一定從屬於共黨；二在於學者傾向於將任何文武關係分為文人至上和軍人統治兩類，但認為共黨國家的黨軍關係不屬於其中任何一類；三在於解釋共黨國家文武關係的主要焦點不同於非共國家（洪陸訓 民88a, 296）。換言之，早期的政治學者大多數關注第三世界國家和民主國家非共黨體制中文武關係的探討，置重點於解釋軍人的角色或軍人政治參與，以及軍人活動的社會和組織特徵。在此情況下，共黨國家的文武關係就比較不受一般政治學者的關切，但對專注於研究共黨國家政、軍現象的「共黨問題專家」而言，「黨軍關係」卻一直未被忽略，只是他們探討共黨國家黨軍關係的論點，主要是關於黨的角色和黨的活動。一般意義上的文武關係的概念和理論，比較沒有被考慮在內。

　　然而，武裝力量為任何政權所依靠、也是必須掌握的暴力工具，如從文人統制觀點來看，共黨國家之以黨控制軍隊與非共國家之以文人政府統制軍隊，其政治目的上並無不同，文人統制這一政治現象，也就不因一國政治體制的不同而被忽略或排除。這也就是後來的政治學者逐漸將共黨國家的黨軍關係納入其文武關係的研究架構中的原因。

一、共黨國家文武關係的模型、體制、本質和衝突

(一) 共黨國家文武關係模型

　　以上前言所指，早期文武關係研究學者並未將共黨國家的文武關係包括在其分析架構中，可以從杭廷頓並未明確地將共黨國家黨軍關係包括在他的文人統制模

式中看出來，但他所主張的主觀文人統制，其基本特徵在相當程度上，卻可用來解釋共黨國家的文武關係。從「統制」（control）作用來看，主觀統制的重點在於文人政府對軍隊的滲透、政治軍官的作用、祕密警察、恐怖手段、行賄和權術的運用等，這些就是共黨國家的黨控制軍隊的手段。科考維茲1967年《蘇軍與共黨》一書，就是採取此一觀點。此外，就以拉斯威爾「衛戍型國家」的論述來看，也都可以用來描述第二次大戰中、甚至是戰後的蘇聯部分黨軍關係。

1960年代以後，文武關係學者逐漸地將共黨國家的黨軍關係納入其分析架構或類型學的建構中。拉波帕爾特1962年提出的類型論中，將文武關係分為：「禁衛軍型軍隊」、「政軍政體」和「全民皆兵型國家」（見本書第二章），後一類就包括了二次大戰後的蘇聯黨軍體制（Goldhammer 1975, 94）。

簡諾維茲在1971年的〈軍事組織〉一文中，將軍事組織與社會結構的關係劃分為三大模型，即：「貴族—封建模型」（aristocratic-feudal model）、「民主模型」（democratic model）和「極權主義模型」（totalitarian model）（Janowitz 1971, 24-25）。其中第三種模型就包括共黨國家政治體制在內。

根據簡諾維茲的解釋，極權主義模型產生於工業社會的德國、蘇聯和義大利。這種模型的政治控制，是透過祕密警察、黨員滲入軍隊各層級，以及控制軍官遴選系統。更重要的是，黨建立和掌控它自己的軍隊。在黨控制下的極權主義模型，沒有專業軍隊的自主性（ibid., 25）。

拉克翰（A. R. Luckham）從文人、軍人權力的高低程度，以及軍事界限的是否完整、破碎和被滲透這幾個變項，來分析軍人在政治上的角色，歸納出九種類型。其中的「機構控制」（apparat control）、「革命性全民皆兵型國家」（revolutionary nation-in-arms），以及「主觀統制」（subjective control）三種類型，均涉及共黨國家的黨軍關係。首先，「機構控制」模型具有十分明確的政黨統治機構。這種黨機構或者是來自成功地取代先前政權的革命政黨，如蘇聯、希特勒的德國、墨索里尼的義大利；或者來自於革命的黨軍或黨軍不分的黨—軍集合體，如中共或南斯拉夫；或者來自於由外來的占領勢力所建立的機構，如東歐共黨國家。在這一類型國家中，文人和軍人的權力都高，但保持平衡。軍事界限破碎，但軍事邊界角色被精心設立，以便在黨軍之間建立制度性的聯繫，保證軍隊在政治上的忠誠；並且在軍中傳播其政治理念。強制力、恐怖活動、陰謀、祕密警察的監視

和政治整肅等手段，不時被用於對付武裝力量，使之始終處於從屬的地位，如史達林統治下的蘇聯和第二次世界大戰中的德國。

　　其次，「革命性全民皆兵型國家」出現於革命戰爭過程中，例如，越南、中共、古巴、阿爾及利亞。在這些國家中，革命軍的戰略和政治功能強烈的由革命鬥爭的政治必要性來決定。從這一類型的國家可以看出，它是透過政治結構發動群眾性政治動員，以大規模非正規民兵補充革命軍之不足，依靠革命軍建立大眾正當性的能力以獲取成功，戰略和戰術隨著即時的政－軍情況而彈性和適當的調整。

　　再次，「主觀統制」類型是指文人和軍人機構之間，其滲透性邊界與文人及軍人的權力集團、利益、組織和價值，幾近無法區分。主觀統制有許多不同類型，大多數可被看作是傳統的或前現代的，其範圍從非洲部落社會的年齡等級（age-grades）和血緣群體，到18世紀歐洲的貴族軍隊或19世紀拉丁美洲的首領（caudillos）和地主。中國毛澤東、古巴卡斯楚和越共的革命游擊隊都有這一類型的一些特質，同時也特別重視軍隊與社會環境和地方群眾的融合（Luckham 1971, 25）。

　　以研究第三世界國家軍人政治著稱的諾德林格，在《政治中的軍人》一書中，也將文人統制區分為三種模型：「傳統模型」（traditional model）、「自由主義模型」（liberal model）和「滲透模型」（penetration model）。他認為共黨國家的中國、北韓、北越和古巴的文武關係，就是滲透型的應用。文人統治階層透過思想政治教育和政工人員滲透軍隊各階層，以獲取軍隊的忠誠和服從，進而達到文人統制軍隊的目的。思想教育目的在於灌輸文人的政治觀點，培養軍人對文人的忠誠和服從；文人透過軍中各級政工人員對部隊實施監控，並運用祕密警察和密探加強此一控制網（Nordlinger 1977, 12-19）。

　　波爾穆特（Amos Perlmutter）在1982年的〈社會主義威權政體與禁衛軍國家的文武關係〉一文中，將當代文武關係的模型歸類成三種：古典模型（classical model）；共黨模型（Communist model）；以及禁衛軍模型（praetorian model）。他對共黨模型的解釋是：一個由單獨、非競爭性政黨所掌控的政權，其政策是由激烈競爭的黨精英與作為其競爭對手而從屬的（rival subordinate）國家精英、官僚機構和軍隊來執行（p.310）。這種模型的關鍵所在是軍事從屬於政治，政治對軍隊的控制是這種制度的根基。因此，軍人干政不是不可思議的，就是不能容忍的，了

不起只是短暫的。這一類型的文武關係，大體上是具有正當性、穩定性，並能有效的維持政治秩序。正當性和穩定性來自於制度化政黨（布爾什維克共黨）的獨占權力和操控，由其掌握政治領導班子的遴選和精英的流動。既展現制度化的威權，也潛存制度化的危機。

　　共黨模型的文武關係存在於黨國體系（party-state system）中，這一體系代表著一個複雜的組織網絡，其相互關係不是中立和孤立的，而是整合的，有些個案中是共生的（symbiotic）。例如，蘇聯的黨軍關係是聯合的，中共的黨軍關係是共生的。共生關係是有機的，聯合關係則是結構上的。共生關係構成了一種共同生活的體系，一種關係著一黨或他黨生存的夥伴關係。中共黨軍的共生關係特徵，表現在軍隊與黨精英之間的低度分化，以及黨軍之間相對自由的流動（ibid.）。

　　軍隊在黨國中是資深的夥伴，政權的主要盟友。黨的鐵腕統治有必要建立其霸權和對社會與國家的統治權。因此，在黨國體系中，軍人干預也意味著代表黨反對其他機構精英間的「波拿帕特主義者」（Bonapartist）[2] 所進行的干涉（Perlmutter 1982, 321-322）。根據波爾穆特的看法，大部分干涉並不是軍人對黨，而是由文人派系（如赫魯雪夫 1957；毛澤東 1966-7）引進軍隊或其中部分，在精英內部的鬥爭（1982, 322）。

(二) 共黨國家的政治體制與以黨領軍

　　歷史上，文人統制一直是研究文武關係中最具吸引力的議題。也就是：文人政治領導者如何設法（或何以無法）使軍隊服從他們的統治威權（Huntington 1957; Finer 1962; Kolkowicz 1967）。

　　在多元體系（polyarchic system）中，防止軍人干政的要塞是規範軍事威權及其運作範圍的憲法結構（Huntington 1957, 80-84）。文人機構的概括性權限和它們在具有政治覺悟及參與意識的民眾中所享有的廣泛的正當性，使憲法的規定在多元體系的政治文化中奠定了穩固的基礎。因此，軍人干政的現象可以說是罕見。不過，這並不表示軍人對政治極為冷漠，而是顯示軍人極少向文人統治權威挑戰。事實上，軍人在關於其專業領域內的具體政策上，仍扮演相當重要的角色。

　　在禁衛軍式政權中，文人和軍人權威之間明確的憲法界限不是不存在，就是沒有效力（Huntington 1968, 92-203; Nordlinger 1977, 1-29; Perlmutter 1981）。這種體

制的關鍵問題不是誰「應該」統治，而是誰「能夠」統治——誰能建立秩序和維持穩定與國內和平，以及誰最能處理現代化問題（Bienen 1969; Janowitz 1977）。禁衛軍主義的明顯特徵，是文人機構對於處理這些問題的無能，也就是缺乏統治的能力。正因為文人機構缺乏執政能力和正當性偏低，使得軍人常自視為比文人當局更有資格統治國家（Nordlinger 1977, 107-46）。當這種認知和接近壟斷的強制性武力相結合時，禁衛軍政權發生軍事政變如此頻繁，也就不足為奇了。

在共黨體系中，文武關係深植於一套更為複雜的權威關係中。文人政治問題的核心，在文武關係的一般研究中基於這兩個假設：(1)文人和軍人精英間有著明確的區分，這種區分使得精英間的衝突成為文人和軍人結構間的一種體制內衝突；(2)不是文人精英，就是軍人精英（或是文武精英雙方）認同這項準則：軍人應該不過問政治，也就是說軍人本身不應以一種向文人權威挑戰或與其競爭的方式介入政治爭論。這些假設對於共黨體制都站不住腳。

共黨在實踐上，遵奉馬列主義意識形態，扮演著無產階級的先鋒隊的角色（vangard role）。黨在政治體制中是至高無上的，它充當價值、權威關係、制度規劃、政治實踐和政策的主要仲裁者。結構上，黨透過監督、協調和指導所有政體的組成機構——國家、武裝力量和群眾組織——的職能，來扮演先鋒角色。黨高居於政治的頂端，藉由制定公共政策並確保其他機構能忠實地貫徹執行而扮演著指揮、仲裁和整合的角色。

在實踐上，黨的霸權範圍有賴於黨對包括軍隊在內的非黨組織實行控制的成功程度。在政治的微觀層面上，黨用以維持其作為制度整合者、仲裁者，其結構地位的主要機制是雙重角色精英（dual-role elites）的存在。幾乎所有非黨機構內的重要官員都是黨員，而在此一政治制度的頂端，黨和非黨高階領導間的重疊現象一直十分廣泛（Albright 1980）。黨至高無上的權威地位和嚴格的民主集中制原則相結合，幾乎總能確保雙重角色精英對黨的首要忠誠，如不能則撤除背叛官員的權柄，例如蘇共的朱可夫（Marshal Zhukov）和中共的彭德懷就遭遇到如此下場。因此，雙重角色精英的安排具有解決內部衝突的功能，波爾穆特指出：

　　嚴格的衝突，無論起因是個人的、意識形態的、或是官僚政治的，都是在黨內解決，而不是在黨與非黨機構之間，或非黨精英之間解決的。雙重角色精英把衝突

帶進黨內，使其成為黨內衝突。然後，再將衝突的解決方案帶回非黨機構中，這些機構必須嚴守黨的立場（Perlmutter & LeoGrande 1982, 779）。

　　波爾穆特進一步指出，黨的控制不可能完全，因為管理的複雜性高於不同政治機關間的分工（如對政策上的落實），這種分工必然導致某種程度的機構自治。因此，黨與非黨機構（特別是軍隊和國家）間的關係是一錯綜複雜的混合體，即在政治上全盤附屬於黨的情況下的有限的機構自治。黨與非黨機構的這種自治─附屬關係所具有的複雜性、流動性和潛在的不穩定性，同樣表現在文武關係上。

　　列寧式政黨贊同克勞塞維茲關於政治支配軍事行動的主張。共黨國家之反對軍人干政與西方多元政治體制國家同樣強烈。然而，共黨體制的武裝力量幾乎毫無例外地都是政治化的機構，它比西方國家武裝力量更直接而毫不掩飾地參與政治。但儘管武裝力量被高度地政治化，在共黨國家中，除了羅馬尼亞的希奧塞斯古（Nicola Ceausescu）總統被軍人逼亡以外，沒有一個共黨政權被軍事政變推翻掉。能維持這種穩定現象的本質是什麼？換言之，共黨國家的文武關係或黨軍關係的機制在哪裡？回答這一問題的關鍵，在於理解根據列寧主義路線所建立的基本威權關係，也就是上述列寧主義式的黨國體制。

　　共黨先天上就有黷武的傾向，馬列主義體系本質上就具有戰鬥性與侵略性。馬克思號召無產階級以暴力推翻資本主義統治階級；列寧、毛澤東更主張以暴力奪取政權（洪陸訓 民65）。波爾穆特即指出：「馬列主義是一種戰鬥性的政治哲學，它的目標不是在描述世界，而是要改變世界，有必要時且會訴諸武力」（Perlmutter 1982, 778）。它賦予自己的歷史使命，使共產主義政權成為最具侵略性和戰鬥性的政權類型。因此，所有共產主義制度都武裝到超越他們的經濟和社會財力。他並指出，馬列主義者發起的革命運動具有徹底的改造性質：「成功時，他們會有系統地推翻舊有政治體制、社會結構，以及價值取向，並代之以按照列寧主義的思想藍圖所建築起來的新的社會政治大廈」（ibid., 778）。

　　黨國體制中的軍隊認同黨的價值，在威權國家中的軍隊依賴其中心體系──黨。黨的排他性和霸權抱負依靠軍人使黨國正當化，但是讓軍人發揮相當作用並且投入穩定和維持現代威權主義的任務。或許有人認為，黨軍之間的緊密關係也可能瓦解和分裂。這確實可能，但這一前景在一個制度化的威權政治體系中似乎不太可

能。制度化的威權主義也表示是指，有軍人給黨繫上安全帶的黨國體系。現代威權主義國家中的軍隊，是一個被賦予政治權力並且有時是相當大行政權力的重要的政治和官僚結構。黨國制度最有趣的政治發展是兩個威權主義和相互競爭的結構間的連結，提高了政治穩定性、互相調節各自的極端行為，並使其相互的依存程式化（Perlmutter 1982, 325-326）。

黨國體制中的軍隊在使黨制度化過程、特別是在致力於改造黨和國家的過程中扮演了重要的角色。「事實上，軍人是把黨緊扣在國家身上的鈕帶，沒有他們，一黨威權主義就無法維持」（Perlmutter 1982, 324）。因此，共產主義政治中的軍人參與，事實上是黨國制度中正常而自然的狀態。甚至，軍人在黨國中的參與範圍越大，政權的安全性就越高。作為黨和意識形態的保護者，以及作為一種潛在的強制性工具，黨國制度中的軍隊事實上是政治性的，並且是政治取向的。在威權政體中，軍人的干預被認為是一種積極的、有時是受歡迎的政治行動，不過這一行動是在黨精英的發動下參與的。

研究共黨政治學者都可以發現，共黨體制儘管因地域性與民族性而有不同，但都至少具有兩項共同的特徵：第一，經濟上，私人企業從屬於國家產業和中央計畫；第二，政治上，所有政治和行政機構從屬於一個建立在民主集中制基礎之上的層級性組織的獨霸政黨。這種政治體制既不同於西方民主國家的政體，也不同於第三世界國家的禁衛軍政治。

總而言之，共黨國家的黨國體制是以黨領政、以黨領軍的文人統制設計，黨的霸權地位凌駕於國家、社會、憲法、政府和軍隊之上。文人統制概念上的「文人」，就是以黨為主體代表的統制機構，文人對軍隊的統制即黨對軍隊的統制或黨對軍隊的「絕對領導」。在這種黨權至上，黨地位與權力自然具有正當性的邏輯下，自然演變成黨國一體，進而衍生出黨軍一體的黨軍關係。首先，軍隊一方面是黨奪取政權、鞏固政權的工具，另一方面，軍隊必須臣屬於黨的「絕對」領導，黨意志和黨「路線、方針、政策」貫徹於武裝力量整體及其成員。其次，這種絕對性的以黨領軍體制，因其以黨建軍的歷史遺緒，形成有機體黨軍「共生」關係和「雙重角色精英」特質，軍隊黨化或政治化有其必要性，軍隊參與政治也取得了合法性與正當性。

(三) 共黨國家文武關係的本質

共黨體系中文武關係的本質在相關研究領域的主要學者間，是引起相當爭論的議題。研究蘇聯文武關係最具代表性的科考維茲（Kolkowicz）、歐登姆（Odom）和科爾騰（Colton）三位學者，就有相當不同的詮釋，分別代表三種對蘇聯黨軍關係不同分析途徑或模式（洪陸訓 民83）。首先，就科考維茲（1967; 1971; 1978）而言，他的理論背景，來自於加特霍夫（Raymond Garthoff 1958）和範索德（Mene Fainsod 1963）的論點。一般被稱為「利益集團途徑」或「機構衝突模型」（interest group approach/institutional conflict model）。

科考維茲對蘇聯黨軍關係的本質提出了個人的基本看法：「……蘇共和蘇軍之間的關係根本上傾向於衝突，並對蘇聯國家的政治穩定構成長期存在的威脅」（Kolkowicz 1967, 11）。衝突的原因，則是由於黨軍領導者在利益和目標上針鋒相對的差異。依據科考維茲的說法，軍隊希望自己具有精英主義、專業自主、民族主義、脫離社會、英雄象徵主義等特徵。但是，相反的，共黨卻希望軍隊具有平均主義、服從意識形態、無產階級國際主義、投身社會、甘當無名小卒等特徵（ibid., 21）。為迫使那些具有獨立願望的軍事領導人就範，蘇共採取一系列控制手段，其中包括陸、海軍總政治部、各級軍事單位的黨組織以及祕密警察。其他組織安排也被作為蘇共力圖控制蘇軍的例證加以引用，包括軍事委員會。在此委員會中，黨員有權檢查和制止同級指揮官的作為。

科考維茲有關蘇聯黨軍關係的機構衝突論，主要在強調蘇聯軍事政治的軸心是文職精英和軍事精英之間的衝突。他們之間無所不在的敵意，來自價值觀念、工作作風、利益分配等方面的分歧。蘇共眼中的軍隊實際上是共黨壟斷的挑戰者，因此蘇共通過主觀方法（杭廷頓的分類）來控制軍隊，其主要的手段是政治灌輸和黨組織及警察機構對軍隊的監視。對軍隊而言，它要盡力擺脫黨對它的控制並爭取專業自主權、自我尊嚴。蘇共精心策劃的種種手段，「並不總是能夠行之有效地消弭兩大組織之間的隔閡和糾紛。在蘇聯歷史上的不同時期，……這些分歧還導致了它們之間關係的驟然緊張。……共黨和蘇軍之間的關係主要是衝突性的，從而對蘇聯國家的政治穩定構成了始終存在的威脅」（Kolkowicz 1967, 11）。

歐登姆反對科考維茲的機構衝突論。雖然他承認在國防部內部存在著廣泛的衝突，但他認為，以軍隊和政黨之間的界線作為衝突的來源卻未免誇張。歐登姆指

出，各種證據顯示，黨軍之間並不是衝突，而是一種「實用主義的廣泛一致」和價值觀念的統一（Odom 1978, 33）。

歐登姆相信，在一系列問題上，黨軍之間的觀點完全是一致的。這些問題包括主張經濟權力的下放、反對異議知識份子、重視並解決民族主義之問題、反對歐洲政治和經濟的自由化以及非史達林的問題。

歐登姆對於科考維茲提出的「普遍具有的」五個特徵進行直接的批評，特別是其中的專業主義此一特徵。關於專業主義的兩個要求——技術合理性（technical rationality）和團隊精神（corporateness），歐姆登看不出它們具有任何可以將軍隊和整個社會區分開來的特點（ibid., 36）。歐登姆不贊同科考維茲所說，蘇聯軍隊把政治控制機關視爲妨礙工作效率的「套馬韁繩」。反認爲，多一個向上傳遞信息的管道，反而能夠促進效率的提高。

歐登姆強烈反對科考維茲的黨軍衝突論：「這兩個實體之間的價值觀念更具有同一性而非衝突性，才是對實際情況更準確的估量」。黨軍意見的分歧固然時有所見，但是，分歧的「背景卻是一個更加廣闊的綱領性統一」，黨軍關係的實質是合作的。與科考維茲不同的是，歐登姆並不大關心文人統制的機制，無論是主觀的還是客觀的。他宣稱，蘇聯（以及在這個問題上的任何現代國家）的軍事專業主義並未產生任何有政治意義的態度，從而把控制機制的問題一筆勾銷了。他認爲，蘇聯元帥和將軍們可被視爲共黨頭目們之意志的官僚執行人員。他們與其共黨上司實際上有著本質一致的觀點，而非小集團利益的保衛者或禁衛軍式的人物（1973a, 32, 36）。

科爾騰從批評上述兩種途徑後，提出他的「參與途徑」。他指出，科考維茲的途徑誇大了黨組織和軍隊之間的相互猜疑，未充分估量到軍政二者彼此合作的可能。用比較方法的標準來衡量，此一途徑對蘇軍的願望做出不符實際的構想。例如，它沒有看到在其他工業化國家（包括美國）中，文職領導人也理所當然地可以任免高級軍事將領，並爲軍隊預算設定限度和用途（Colton 1990, 13）。

至於歐登姆的途徑，科爾騰指出，他將黨軍關係描繪爲相互合作，對於糾正科考維茲的偏差確有可取之處，但卻矯枉過正，從一個極端走向另一極端。其缺陷在於，它沒有重視蘇軍專業主義對軍官的心態和行爲所產生的不容忽視的影響。科爾騰指出，歐登姆沒注意到，職業分工和專業職能的界定可以限制軍隊的影響，使之

難以侵入社會選擇（societal choice）和統治權力這兩個領域。[3] 他過分地肯定了黨內和文職機構對軍事優先權的承諾。

科爾騰的途徑主張，蘇聯軍事政治的動態不能以單一因果的方法去解釋，無論這種方法的基礎是衝突論或價值觀念同一論（value congruence）。他從歷史的觀點看問題，對上述兩種途徑的合理部分兼容並蓄，但重心稍微傾向歐登姆途徑。又強調軍隊精英和文人精英之間的相互作用，在其過程中，沒有任何一方能占絕對優勢，而黨的統治權力卻能得到認可。

科爾騰認為，在蘇聯歷史大半時期中，軍官們均熱衷於討價還價的活動，他們以自己的職業專長為基礎，積極參與軍事決策，但通常都不插手與社會選擇和最高統治權有關的決策。

科爾騰指出，黨雖居於支配地位，但實際上，軍人參政的程度還是相當高，在政治上也很少保持緘默。軍方不僅在政治上能發揮很大的作用，甚至將其影響力擴展到社會。至於最適合的分析途徑，科爾騰認為是檢視政權用以制衡軍人參與和軍人政治動態的制約機制。他指出，對權威的挑戰不在於文人或黨的控制，而是有賴於「軍官們在政治上的實際和潛在的角色」（1982, 781）。

以上三位學者之間的意見歧異，是因為各別著眼於或強調黨軍間多面關係中的某一面向，而忽略了其他方面。黨軍間某一特定互動的動態，諸如衝突的範圍或軍人自主的程度，主要依賴於所涉及的互動的具體類型。從黨軍關係多變性所展現的不同互動類型來看，這些看似相互矛盾的不同理論，實際上是互補的。

共黨國家黨軍關係的本質，還可以從其黨軍關係較永久性的一些結構面來作觀察。首先，就意識形態層面而言，它涉及有關政治體系的正當性權威關係的價值取向。軍隊就像所有政治結構一樣，憲法上從屬於黨。軍人參與政治是在黨威權至上這一原則下進行。波拿帕特主義（Bonapartism）──以黨的資格使用軍事權力來反對黨──是極為罕見的。所有機構，包括軍隊在內，都被有目的地政治化了。在共黨體制中軍人參與政治不是「干預」而是一種正常現象。

其次，在政治微觀層面上，它涉及精英的權威。黨軍精英是黨國制度中最為整合的精英。黨軍之間的雙重精英是軍人政治化和黨無上權威雙方的保證人。波爾穆特和列奧格蘭德即指出：「詢問這些雙重精英是否擔任黨在軍中的代理人，是沒有

意義的，他們兩者兼備。他們是黨軍精英整合的體現，是黨機構與軍官集團聯合的關鍵」（Perlmutter & LeoGrande 1982, 782）。

在政治系統層面上，它涉及官僚政治結構間的功能性關係。由黨占主導地位的權威模式範圍內運作的這種雙重角色精英的存在，產生了黨軍間複雜的結構關係。軍人在政治上從屬於先鋒隊的黨，但這種依賴不是完全的。武裝力量具備有限的機構獨立的權力，用於維持本身作為履行指定的、維護內部程序和發動戰爭此一必要條件的結構完整性。此一結構完整性只有在非常情況下才會喪失。

根據波爾穆特的分析，在共黨體制中，政治上的依賴與結構上的完整性相結合，產生了一種黨和軍隊間不平等的合夥關係。這種不平等的程度會隨著一大堆不同情況而發生變化。任何特定的共黨制度（亦即在某一特定時間內的某種特定制度）都可以在以軍事機構享有的自治程度界定的連續譜上找到其位置。在此一連續譜上的位置是軍人的政治依賴與其機構自治的緊張所造成。波爾穆特將此一連續譜簡化成黨軍關係的三個基本的理想類型加以說明。此三種類型是聯合（coalitional）、共生（symbiotic）和融合（fused）（p.782）。

聯合關係是一種互利的夥伴關係，一種面對內憂外患的聯合體，但它最關心的還是各自的機構自治。這是一種參與者在其中維持相對平等和相互獨立的政治制度。當軍事技術的複雜性需要非軍人精英難得的專門知識時，軍人自治的程度提高，黨軍間關係即傾向聯合。

共生的文武關係比聯合關係更具有機性。這是一種共生系統，一種涉及當事人雙方的合伙關係，並和各自組織機構的生存息息相關。分工為其賴以生存的基礎，在分工中以其特殊功能相互依存並調節各自行為。共生互動關係表現在所有機構層面上，聯合則侷限於上層精英。共生現象的特點是軍人與非軍人精英間低度的差異性和軍人與非軍人間的精英流通。當政權建立，黨軍機構進行分工，機構界限開始固定，軍人與非軍人職位之間的精英流通變得更加困難。軍人越是專業化，其技術裝備越精良，黨軍共生關係由共生演變為聯合的可能性就越大。

波爾穆特由蘇聯和中共黨軍歷史發展說明上述兩種關係的演變。在蘇聯，最初的文武關係是依賴性的，蘇軍形成時，即作為一個附屬的依賴於黨的機構，史達林時代的整肅，更加強了文武關係的依賴性。史達林死後，蘇聯文武關係開始具有更多的共生特性。之後，隨著精英衝突在布里茲涅夫時代的平息和機構─官僚特權趨

於明確，蘇聯的文武關係即變得具有聯合性（Perlmutter 1982, 322）。

在中共方面，歷史環境和長期的內戰創造了高度的依存和共生。共黨爲從事武裝暴動以奪取政權而建立游擊隊，黨軍之間的精英易於流通，黨軍機構界限模糊。此一關係一再持續至毛死後，雖然在彭德懷時期，共軍出現過專業化傾向。

融合的文武關係，則以古巴的黨軍關係爲例。古巴以游擊隊槍桿子取得政權後才建立了馬列主義黨。古巴在革命六年中，革命軍和黨被轉換爲一個馬列主義同盟。黨軍的連結關係仍然不平等，由軍隊及其政治精英占主導地位。儘管存在著貌似大權獨攬的馬列主義政黨，軍隊仍然占統治地位（Perlmutter 1986, 13）。

(四) 共黨國家的文武衝突

共黨國家的文武關係，從靜態的結構面來分析，上述黨占主導地位的威權結構、高度的精英整合，以及結合從屬和自治兩種成分的複雜的機構關係，是維持共黨體制中黨軍關係相對穩定的機制。但是，從動態面的互動來觀察，這些獨特的結構性關係，卻塑造了黨軍之間動態的政治互動關係。其中，黨軍之間衝突的發生和處理過程，顯得相當獨特。

共黨體系中文人統制的基本內容與非共黨體系中的文人統制，基本上並無差別，也就是二者都重視文人當局如何防止擁有近乎獨占的強制性武力的軍隊篡奪政權的問題。維持文人至上的基本支柱，在共黨與非共體系中的也都是一樣，文人至上的統制是建立在軍人接受合法性權威的基礎之上。在非共多元體系中，捍衛文人至上的意識形態的前提，是一種非政治、專業性軍人的原則；而在共黨體系中，這種前提是黨的先鋒角色和軍人高度政治化的原則。至於在文人權威合法性微弱的禁衛軍體系中，軍人干預是正常的現象。其統制的意識形態基礎，需要借助於更實際的種種政治安排，例如，依靠內部安全武力或作爲與武裝力量相抗衡的民兵來支撐（Nordlinger 1977; Perlmutter & LeoGrande 1982）。

一個新建立的共黨體系，正如他必須創立一套新政治機構來統治社會一樣，它也需要創立新的意識形態的上層結構，使此一體系合法化。這一意識形態結構的中心前提當然是黨的傑出角色。爲了在理論和實踐上灌輸這一原則，黨設立了一系列機制，提供它來統制所有其他政治機構和軍隊。這類機制涉及的範圍，從黨自上而下滲透到各階層各機構的黨工系統，到允許軍人參與高層黨委會或黨代表大會的

制度設計。武裝力量中的黨政機構和政治教育制度，透過思想灌輸，凝聚了武裝力量對黨國體系的忠誠。不履行此一意識形態承諾的軍官無法得到高昇。即使獲得晉升，一旦有了明顯的意識形態偏差，其高職即無法長久維持。共黨爲確保黨至高權而設計的這一精密有效的統制系統，就是在共黨體系中，何以沒有發生過武裝力量反抗黨威權的成功案例的主要原因。

　　然而，軍隊總是一種專業團體，隨著現代化和科技的發展而日益專業化，只強調「紅」並不足以領導「專」，而且在較爲先進的共黨國家中，軍人享有相當程度的機構自主性。這種自主性可以在「常態」的政治過程中，從日常的政策辯論中顯示出來。軍隊在享有即便是有限的自主範圍內，基於其軍事專業立場，從政策辯論中，努力保護它自已的機構利益。這類互動和科考維茲所描述的利益集團政治最爲相似，並且與任何複雜、機構分化的政治體系中官僚政治的運作並無根本上的不同。當然，承認它的存在並不意味著共黨體系中的政治，一如某些批評者所稱，正變得日益多元化（Odom 1978）。這只是認識到功能上特定精英從事討價還價過程，以保護他們覺察到的利益而已。共黨體系中的討價還價過程，不同於多元體系的只有一種重要的方式：在共黨體系中，討價還價的場所，主要是在黨內，而且雙重角色精英將機構利益帶到黨內論壇來進行辯論與謀求和解（Perlmutter & LeoGrade 1982）。

　　共黨體系中文、武之間的互動，與多元政治體系中有關文人統制或「常態」政治的議題頗爲相似。但是，當這些基本問題是影響到整個體系的未來，並因此造成內部精英的緊張衝突時，共黨軍隊的角色就大不相同了。使武裝力量政治化和建立連結黨軍的雙重角色精英，固然可以保證黨的至高無上，但也無可避免地會把軍隊拖入任何重大的黨內衝突。由於軍事精英始終屬於黨，並且通常在黨內占有高職，軍事領導者自然地涉及事關意識形態、精英組成和主要政策方向的嚴重衝突。軍事精英不是以軍人身分而是以黨的一部分，即穿軍服的黨，介入這些衝突。而明顯地，穿軍服的黨保有使用它的軍事指揮權，藉以處理黨內衝突的能力。

　　當共黨爆發嚴重的派系鬥爭，而最後必需藉由武裝力量的使用或威脅加以解決時，黨並未失去其對槍的掌控。相反地，黨仍然指揮槍，只是指揮權落到了分裂的黨派系中，而不是操之於整體的黨手中。軍隊並未失去對黨權威的服從；只是黨的團結喪失了。黨的一個派系利用軍隊作爲黨內鬥爭的工具，而軍隊則是最終的解決

手段。

1957年，當赫魯雪夫（Khrushchev）受到「反黨集團」（Anti-Party Group）挑戰時，朱可夫（Zhukov）的支持幫助赫魯雪夫把持了中央委員會；軍方站在赫魯雪夫派系的這一邊。但是，當朱可夫真正開始質疑黨的權威時，他很快地被剷除了。1967年，當人民解放軍介入無產階級文化大革命的鬥爭時，他們是為毛派撐腰，而非為解放軍本身。同樣地，當華國鋒和鄧小平合力逮捕「四人幫」時，軍隊成為反毛聯盟的關鍵力量。但是黨權至上的地位並未引起爭議。在這些案例中和所有其他「軍人干預」案例裡，軍隊行動並非以軍事霸權取代黨霸權，而是維持一個黨派系對另一派系的政治霸權。

此外，波蘭共黨當卡尼亞（Kania）力圖居中調停黨內親團結工會的改革派和強硬路線者失敗，而使黨處於危機中時，武裝力量的角色就變得舉足輕重。軍隊——穿制服的黨——變成唯一有能力打破僵局的黨派系。軍隊對強制性武力的壟斷，賦予它壓團結工會挑戰的能力，而它扮演波蘭民族主義的角色，則賦予它一種文人政黨早已喪失的正當性。波爾穆特和列奧格蘭德評論指出，軍隊在波蘭危機中的角色，不能被理解為波拿帕特主義者—禁衛軍式的政變，而應看作是在挽救黨的走向式微的霸權。穿軍服的黨聯合黨強硬路線派，以戒嚴法打破了黨內僵局，但是黨本身並沒有被推翻或取代（1982, 788）。

二、蘇聯的文武關係

(一) 蘇聯軍隊的黨政組織與黨對軍隊的控制

蘇共控制軍隊的基本工具，是軍中負責黨政工作的政治機構。此一機構是「蘇聯共產黨在武裝力量中的領導機關」，「是黨的政策的積極執行者，是共產黨員、共青團員和全體指戰員的教育者和組織者」（謝力 1982, 125）。早期稱「政治委員制度」（political commissar system），[4] 部隊由軍事委員和政治委員雙重領導。後來改為「一長制」（yedinonachaliys, unity of command/one-man command）下，由副首長之一（稱為政治軍官，political officer）負責黨政工作的政工制度。政委制首創於內戰時期（1918年4月），目的在保證自舊帝國軍隊加入紅軍的二萬

二千名沙皇軍官不至於煽動或挑起反革命行動。[5] 政委們都是忠貞的共黨黨員，領導軍中黨組織，監督軍隊，整飭軍紀，並實施政治教育。政治委員有權監督指揮員的行動，對於軍事指揮官命令具有副署權（Scott & Scott 1984, 8-4; Kolkowicz 1967, 81-102; Colton 1979, 38; 謝力 1982, 114）。

　　政委在部隊的黨政工作，是透過各級政治部來推動的。內戰時期最高軍事機構的「共和國革命軍事委員會」即設有政治部，下設五個基本部門：鼓動和新聞，文化和教育，文獻和出版，監察，以及行政和財務。下級各階層大致仿照這種結構，連則設政治指導員（politruk, political instructor）。各級政工組織代表黨推動軍中各項黨政工作，保證貫徹黨的政策和意志，特別是透過政治教育，灌輸馬列主義意識形態，保證軍人對黨的服從與忠誠。政委制度在1925年3月蘇軍進行改革時被廢除，改採「一長制」，取消指揮官必須由政委副署的規定。1937年政委制一度恢復，至1940年8月又採一長制，並在1942年10月全面實施。此一制度一直延續到蘇聯瓦解為止。

　　蘇聯最高的黨－軍機構，是以蘇共黨書記和蘇維埃主席為首的國防會議。在其下的國防部一級，是以國防部長為首的總軍事委員會。再下一級，則是五個軍種的軍事委員會。在軍以下的軍區、集團軍、防空軍區、艦隊和某些兵種，也有此設置。軍事委員會委員通常包括：單位指揮官（主席），政治機構資深成員（政工主管），地方黨委會書記，第一副指揮官，參謀長，空軍、坦克、砲兵等部隊指揮官，依軍委會特性而定。委員會的成員都經蘇共中央批准，委員會是控制軍隊的集體領導機構，其工作涉及軍事生活各方面，在戰備方面對黨中央、政府、國防部和上級軍委會負責。軍委會有權發布命令（Scott & Scott 1984, 289-90）。

　　一長制下的政工制度，是在部隊一元領導下，由副首長之一負責黨政工作，稱為政治軍官。最高單位是1946年在武裝部隊人民委員會（後來改為國防部）內所設的總政治部（Main Political Administration, MPA），它是蘇共黨中央委員會在軍中的一個工作部門，也是武裝部隊中黨的最高機構，行使蘇共中央的一個部的權力，黨中委會透過總政治部對全軍黨政工作進行領導。總政治部下設組織部、宣傳鼓動部、幹部部、共青團工作部等（謝力 1982, 131）。總政治部成員包括總政治部主任，掌管共青團的助理主任，各黨組織部門首長，宣傳鼓動部長，以及黨委書記。1960年起，總政治部成為有權發布指令的「平行機構」，關於黨政工作的基本指

示，由國防部長和總政治部主任共同簽發，日常活動的指示和命令，則以總政治部主任名義發布（Scott & Scott 1984, 278-288）。

各軍種（包括陸、海、空、防空、戰略火箭五個軍種）下至師級亦均設政治部。團營連基層的黨政工作皆由副職之一的副團、營、連長負責執行。團政治機構還包括宣傳員、俱樂部主任、黨委會書記和共青團委員會書記。政治軍官由上級任命並與軍事指揮官平行（Colton 1979, 9）。

蘇軍認為一長制是對部隊實行集中領導的一種方法。認為部隊的領導，全權賦予既具有軍事專業能力，又對黨和人民忠誠的軍事首長，必能達成軍事任務。蘇軍特別強調的，是黨對軍隊的領導：「一長制是在黨的原則基礎上建立和發展的，……每個指揮員……都要執行黨的政策」（謝力1982, 116）。

蘇共對軍隊的政治控制，採取四種控制工具：政治機構；軍事指揮系統；地方黨機構；以及監察機構（prokuratura）和祕密警察（Kolkowicz 1967, 87-89）。首先，政治機構是指上述，上至國防部，下至連隊，與軍事單位並行的政工系統。其主要功能是指導單位內的黨、共青團機構，並對其成員實施教化、宣傳和控制，以實現黨的目標。其次，軍官雖是黨控制的主要對象，但也可藉由提拔政治忠誠和積極參與黨務的軍官，利用他們來控制軍隊。再次，地方黨部也可參與軍中黨政事務，達到自外控制軍隊的功能。最後，軍中的監察機構和祕密警察的功能是預防性和高壓性的。前者涉及刑事犯和經濟犯，後者涉及政治上的偏差和對黨的侵犯行為。

蘇共軍隊政工機構政治控制的範圍非常廣泛，其主要功能包括了：監視單位中各項活動並向上級報告；透過密集教化和政治教育使軍人「政治化」；規定軍官的晉升，只有配合黨觀點才可望躋身高層；監控單位內的軍事、政治活動；以及以恐嚇、解職威脅、公開羞辱或公然壓迫手段，來導正官兵的言行舉止（Kolkowicz 1967, 92）。這些功能背後的目標，是在促進官兵的忠誠度和自我犧牲精神；揭露不正當的傾向和謀求解決之道；導正活動的方向；以及保持軍事體制持續接受黨的監督。至於具體的控制方法，根據科考維茲的分析，則包括以下幾項：思想灌輸：透過部隊中的政治教育、刊物、手冊發行，灌輸馬列意識形態，藉以塑造具有符合黨利益和政策的世界觀的新蘇維埃人；批評和自我批評（kritika/samokritika）：利用人的妒忌和憎恨心理，鼓勵單位內人人在會議上自我批評，承認冒犯黨的錯

誤，並且不顧階級、職位和資歷，對違背黨利益和政策者提出批評；鼓動狂熱情操：在部隊中製造並維持一種活躍、狂熱、競爭和自我犧牲的氣氛；製造緊張和不安全感：一方面利用官兵對於被調職、裁撤或津貼與退撫金被剝奪的恐懼，以及相互告密等方式，使他們長期處於不穩定狀態下，以利黨政機關對軍隊的監控（Kolkowicz 1967, 92-97; Avidar 1983, 206-217）。

蘇聯的指揮和控制體系反映出極端的集中化（centralization），以及高層黨一軍結構的絕對控制。第二次世界大戰期間的史達林，即兼國防委員會（GKO）主席、武裝部隊最高統帥和共黨總書記，這一控制系統被描述為任何未來戰爭的一種理想的組織結構（Scott & Scott 1984, 398）。

蘇聯黨軍關係表現在中央階層的，是黨組織結構中，有相當數量成員來自軍方。其作用，一方面黨將軍事領導人納入其中，便於就近掌控，另一方面，允許軍人適度參與黨務及有關軍事事務之決策，以示對軍方的重視。以1980年代初的黨軍結構來看，國防部長和十四個副部長中的十二個、總政治部主任和幾個重要軍區司令都是中央委員會的正式委員，擔任候補委員的三軍將領也多達十名，中委會決策核心的政治局委員中包括了國防部長。此外，中央檢查委員會委員中有五位來自軍方將領，全國黨代表大會代表中，1961年「22大」至1981年「26大」期間，軍隊代表均多達300名以上，其中常包括軍區和艦艇的司令、副司令與政治部主任，在黨代會上形成一個人數眾多的集團。表現在地方階層的黨軍關係，也相當密切。以共和國與軍區一級為例，軍區司令都是共和國中委會政治局委員，一些軍區高級軍官，如第一副司令、參謀長或政治部主任，也都是共和國的黨中央委員會的委員。反之，地方黨書記又是當地軍區的軍委會委員。在軍方與最高蘇維埃（The Supreme Soviet）的關係方面，國防部長、副部長和各軍種司令與政治部主任、副主任，都可「當選」為代表。1966-1984年，蘇聯最高蘇維埃中的軍方代表人數，平均都在56名以上（H. & W. Scott 1984, 122-129）。

(二) 蘇聯文武關係的演變

蘇聯的文武關係曾經歷過漫長而複雜的演變過程。最初，文武關係的依賴性極高。由於布爾什維克黨是以突然發動叛亂奪得權力，並未發展出一支由政治上可靠的軍官所領導的，能夠用來捍衛革命政府的堅強軍隊。為了抵抗外來的干涉和白俄軍隊，布爾什維克不得不在短短的幾個月內創立紅軍，並被迫依賴政治忠誠度受到

質疑的沙皇軍官的軍事技能。布爾什維克爲確保黨對紅軍控制而發明的雙重指揮系統（system of dual command），代表著黨控制的最極端模式。

史達林時期透過整肅使紅軍服從於史達林本人而非從屬於黨本身，強化了文武關係的依賴性質。蘇聯政治體系中的所有政治機構差不多都是這樣被馴服的。史達林死後，文武關係開始具有更濃的共生特性。朱可夫（Zhukov）事件當然是赫魯雪夫（Khrushchev）時期黨軍關係的關鍵事例。隨著布里茲涅夫（Brezhney）時期精英衝突的平息和機構─官僚特權變得更加明確，蘇聯的文武關係也變得日益具有聯合性質了【6】（Perlmutter & LeoGrande 1982, 782-783）。

到了戈巴契夫（Mikhail Gorbachev）時代，根據科考維茲的分析，機構自主性日益增強的蘇聯軍隊，持續扮演了這幾種角色正當性逐漸衰微的蘇共中央的保護者角色：黨意識形態和革命遺緒的守護人；蘇聯在第三世界利益的準革命代理人；以及國家的傳統捍衛者。蘇聯的文武關係是由重要的制度、結構和意識形態的參數（parameters）所塑造的，有些參數來自共黨體系本身的性質，有些則來自蘇聯特有的，例如單一黨的霸權；缺乏權力轉移的憲法程序；軍事體制內外安全和超軍事組織的存在；以及視常備專業軍爲反革命力量和對共黨社會中黨霸權的革命目標構成威脅的反軍國主義的馬列主義傳統。軍隊發展出對黨和國家特殊的機構忠誠和關係，是蘇聯其他機構所無可比擬的。它的專業責任和使命感，以及它連帶的團隊價值觀，不僅保證了它的政治緘默，而且也保證了它和黨的夥伴關係。後者強化了軍隊的政治影響力和特權地位（Kolkowicz 1979, 14, in Perlmutter 1982, 322）。

不過，黨是社會的捍衛者和凌駕於社會與國家之上的最高權威。基本上，這些關係在歷經黨支配軍隊的漫長衝突過程中一直保持著穩定。內戰後，軍隊成爲黨國的附庸。它的政治角色處於弱勢和附庸狀態。史達林時代的特徵就是軍人精英的卑躬屈膝和飽受恫嚇（Kolkowicz 1967; Erickson 1942）。

在蘇聯的軍隊與其他官僚機構和黨已走向現代化時，黨軍間的基本關係並未改變。事實上，史達林統治下的專業化和現代化時代，軍人精英遭受最嚴厲的虐待、鎮壓和險遭毀滅，專業化和控制之間沒有矛盾；正如科爾騰所指出，它們是互補的（Colton 1979, 86-112）。蘇聯軍隊在形態上，就是作爲一個附屬的依賴於黨的結構，這一特性並一直成爲蘇軍的傳統。黨繼史達林之後對軍隊事務的干預是受到容忍的，在黨國和軍隊間根本上的衝突關係中，黨仍然是黨軍之爭的仲裁者。

專業自主的出現和1945年以後，對軍人自主程度的爭論，正顯示軍隊組織上的發展和它在決策中日益增長的官僚政治角色，而非對黨的主權的任何挑戰。軍隊改變它的角色，從依賴關係發展成共生關係，到最終成為一種聯合關係。它沒有改變自己的政治抱負，也不去爭取政治上的至尊地位，甚或政治上的獨立。它爭取自己所應得的——對於攸關本身成長和職能的組織上及功能上的自主性。它爭取對預算與對外交和安全政策的影響，這些顯然是作為參與官僚政治的政治角色，但不期望推翻黨的霸權角色，也不挑戰黨的政治至上權威。

就這方面看來，蘇聯軍隊符合了杭廷頓的模式——爭取對軍隊的主觀統制或直接對其結構、功能、目的和使命等相關事務上的更大影響力。蘇聯軍人從未渴望去統治國家，使黨從屬於自己，充當政權的禁衛軍，而且只要蘇聯遵循列寧主義路線，保持既有模式，它就不至於如此；即使黨和軍隊都能容忍高度的相互干預，蘇聯軍隊仍然是國家的暴力工具。因此，波爾穆特和列奧格蘭德質疑科考維茲所主張的，黨軍衝突的本質在於黨控制概念的核心。他們也不同意科爾騰所主張的，缺乏真正的控制會提高軍隊的強制性意識形態和參與的能力。他們認為，蘇聯文武關係的問題不是控制（Perlmutter & LeoGrande 1982, 784），應該將注意力集中於蘇聯黨、軍這兩個不對稱權威性的政治結構之間的關係，而非集中在黨控制軍隊的特質和有效性上。列寧主義的黨國體制不容任何政治機構挑戰它的最高主權地位，而蘇聯軍人也一如美國的軍人，未曾表示過對其憲法挑戰的意圖。蘇聯這種政治結構中的政治權威關係行為，並不否認黨軍衝突、相互干預，以及在像史達林暴政下黨對軍隊的虐待；軍隊有可能挑戰黨的精英但不會挑戰黨本身。

三、中共的文武關係

(一) 中共以黨領軍的理論與體制

中共是繼蘇共建政以後，以槍桿子奪得政權的黨國體制國家，在文武關係上，同樣採行以黨領軍，堅持黨對軍隊至高無上（「絕對」）的控制權力。中共認為「黨對軍隊的絕對領導，是人民解放軍建設的根本原則」，「它是馬克思列寧主義建黨建軍理論與中國革命實踐相結合的產物，是毛澤東建軍思想的核心」（閻世奎 1993, 1）。理論上，中共從馬列主義的階級觀點出發，認為以黨領軍，是由黨和軍

隊的階級屬性決定的。由於黨、軍都是階級的一種，各自代表其不同的階級利益，而「黨是階級利益的集中代表、階級組織的最高形式」，因此，這就決定了黨對軍隊必須實施絕對領導。

中共這種黨對軍絕對領導的核心原則，來自於馬列主義和毛澤東思想的黨、軍論點。首先，就黨而言，馬克思和恩格斯強調，被壓迫、剝削的無產階級，必須組成政黨，才能與敵對的資產階級鬥爭，奪取政權（1963, 455）。列寧更進一步指出：「黨是階級的、覺悟的、先進的階層，是階級的先鋒隊」（1959, 407）。其次，就軍隊而言，馬、恩認為它是「國家政權的主要強力工具」，是「無產階級專政的首要條件」（1963, 468）。列寧也指出：「革命軍隊所以必要，是因為強力才能解決偉大的歷史問題，而在現代鬥爭中，強力的組織就是軍事組織」（1959, 528-529）。毛澤東則從革命鬥爭中體驗出：「『槍桿子裡面出政權』。我們的原則是黨指揮槍，而絕不容許槍指揮黨」（1964, 512）。鄧小平繼承了馬、列、毛的觀點，認為中共軍隊的性質，是「黨的軍隊，國家的軍隊，人民的軍隊」（1993, 334）。這裡也可看出，馬、恩、列只分別指出黨與軍的個別角色，毛則進一步提出黨對軍的掌控。並且，這一基本原則成為後來中共黨軍領導人如鄧小平和江澤民掌握軍權的圭臬。

中共認為黨的絕對領導是「軍隊本質的體現」，「軍隊性質具有強烈的政治依附性」（閻世奎 1993, 6）。軍隊的這一性質，具體地規定在《中國人民解放軍政治工作條例》第2條中：「中國人民解放軍是中國共產黨締造和領導的，用馬克思列寧主義、毛澤東思想武裝起來的人民軍隊，是中華人民共和國的武裝力量，是人民民主專政的堅強柱石」（中國人民解放軍總政治部 1995）。在1997年訂頒的《國防法》第19條也明定：「中華人民共和國的武裝力量受共產黨領導」。總之，中共黨對軍隊領導的基本論點，是建立在馬列主義的階級觀上面的。閻世奎總結說：「黨和軍隊的階級屬性，決定了各階級政黨都按照本階級的意志組成軍隊、領導軍隊和使用軍隊；而軍隊則遵循本階級政黨的要求，完成所賦予的任務」（1993, 7）。

中共黨對軍隊領導的制度設計，一方面由黨直接領導，另一方面透過國家機關間接領導。但由於中共自認為是執政黨，對國家機關具有領導作用，因此，機關的領導也就體現了黨對軍隊的領導；武裝力量的領導體制，體現了「黨對軍隊的領導

與國家對軍隊的領導的統一性」（趙叢 1998, 202；裘克人 1993, 101）。使黨對軍隊的絕對領導制度化、規範化，則是透過嚴密的軍事法體系在軍隊建設中的作用加以落實（中國人民解放軍編委會 1994, 373）。

中共以黨直接領軍的體制，具備三個主要特徵：第一，黨中央和中央軍委會統率軍隊，擁有對軍隊的最高領導權和指揮權；第二，中央軍委下設總參謀部、總政治部、總後勤部和總裝備部，既是中央軍委的工作機關，又是全軍的軍事、政治、後勤、裝備工作的領導機關。軍隊的行政管理與作戰指揮都由總部負責，國防部是虛設的；第三，以「黨委統一的集體領導下的首長分工負責制」為軍隊的根本領導制度。政治委員和軍事指揮員同為部隊首長，對部隊各項工作共同負責。

這個體制的結構關係，在中央或國家階層，最高軍事機構的中央軍事委員會，是在中共中央黨委會的政治局掌控下，軍委主席往往是由黨總書記兼任。在軍隊階層，由各總部經過各軍種和大軍區、集團軍、師、旅和團，以至基層的營、連，各級都設有黨委會，由黨委會實施「統一的集體領導」，單位各項任務由軍、政首長分工負責。1995年新頒的《解放軍政治工作條例》明確地規定了黨組織和軍政首長對軍隊的直接領導。黨委會主要任務在貫徹黨的「路線、方針和政策」，軍政首長對部隊的作戰、訓練、行政管理、思想政治工作、後勤和技術保衛工作等負完全責任。政治首長是指團以上各級的政委和營的教導員與連的指導員。其政治工作是透過所屬的政治機關來推動，即透過各級政治部（處）來領導和管理部隊黨的建設、幹部、宣傳教育、保衛、文化、青年和群眾等工作（閻世奎 1993, 10；當代中國叢書編委會 1994, 340）。

在國家機關對軍隊的領導方面，中共認為軍隊是國家政權的主要成分，具有國家軍隊屬性，受國家領導。中共建政初期的《政治協商會議共同綱領》規定，解放軍和公安部由中央人民政府革命軍委會統率；1954年《憲法》規定國家主席統率武裝力量；1982年《憲法》設立國家中央軍委會，作為最高軍事決策機關「領導全國武裝力量」。國家中央軍委會主席及軍委由全國人大選舉產生，向全國人大和人大常委會負責，並接受監督。全國人大「決定戰爭和和平問題」，人大常委會則決定戰爭狀態的宣布、動員、戒嚴和締結條約等。不過，在事實上，國家機關對軍隊領導，其實質仍是黨對軍隊的領導。實際的表現是「黨的中央軍事委員會與國家的中央軍事委員會組成人員完全一致，兩個委員會實質上是同一機構」（閻世奎 1993,

12）。換言之，兩個軍委會的組成是「一套人馬，兩塊招牌」，其設立的目的，不無策略性的對外標榜中共軍隊國家化與政治民主化的形象。

中共強調黨對軍隊的「絕對」領導，顯示三個特點：(1)「高度的集中性」或「統一性」：軍隊的最高領導權和指揮權屬於黨中央委員會和黨中央軍委會；以部隊各級黨組織作爲該部統一領導和團結的核心；(2)「徹底的唯一性」或「排他性」：軍隊只能由共黨一黨領導，不允許任何其他政黨在軍中建立組織和進行活動；(3)「絕對的權威性」或「無條件性」；黨對軍隊的領導具有絕對的權威性，軍隊必須完全地、始終如一地置於黨的領導之下（閻世奎 1993, 13-17；裘克人 1993, 99-103）。而落實這項絕對領導的重要保證，就是上述以黨領軍的政工體制，以及黨和軍隊的紀律。政工體制包括黨委制、政委制、政治機關、連支部（或軍內民主制）[7]、黨紀律檢查委員會和共青團。

中共爲了堅持黨對軍隊絕對領導的立場，因而反對「資產階級自由份子」所鼓吹的「軍隊非黨化」、「軍隊非政治化」、「軍隊國家化」和「軍隊中立化」的觀點（鄭念群 1990, 3；石明 1991, 49；趙叢 1998, 203；陳燕波 2001, 39-41）。中共所持的理由是：共黨建立軍隊並代表廣大的無產階級人民，由其領導軍隊有其正當性與必要性；政治決定軍事，軍事服從、服務並實現政治，亦即通過黨的領導軍隊，來實現政治（郝克強 1985, 42-43）；「軍隊不可能而且也不應當保持中立」（列寧 1963, 103-104, 引自趙叢 1998, 203）。

儘管如此辯駁有其理論上的依據和現實的考量，但是隨著軍隊現代化發展，軍事專業意識不斷提升，以及「黨委統一的集體領導」和「軍政首長分工負責」制度實際操作上所產生的弊端，已不斷遭受內部軍官的質疑，批評這種「雙長制」極易造成「黨政不分，產生決策者不負責，負責者不決策的問題，證明它不科學」（李德新 1989, 21-22）；黨委的「統一」領導變成「包攬一切」，「集體」領導導致「一言堂」，政委「個人凌駕於黨委之上」（姜思毅 1986, 257-259；洪陸訓民88a, 474-475）；中層年輕軍官也受到西方「軍隊非黨化」思潮的影響（何光明 1991）。這一類的質疑，可以由解放軍政工書刊不斷地提出反駁和批判「軍隊非黨化」觀念，試圖導正官兵接受黨的意識形態等種種政治灌輸作爲（趙叢 1998, 203；裘克人 1993, 62-65；鄭念群 1990），間接地觀察到。

(二) 中共文武關係的演變

　　中共是先創立黨而後建立軍隊的。歷史環境和長期的內戰造成高度的依賴和共生關係，這種關係基本上自1927年以後未曾改變過。中共於1920年代建黨後透過「國共合作」，寄生於國民黨發展其組織。1927年中共被國民黨「清黨」，轉而採取暴動路線，並建立自己的軍隊和以黨領軍的政工組織。當時的中共黨中央遠在上海潛伏，對於井崗山的朱德和毛澤東所掌控的工農紅軍鞭長莫及。在25年的內戰和革命中，紅軍一直居於舉足輕重的地位，成為毛用來強行改造共黨並獲得其早期軍事勝利和建立意識形態信仰的工具，使軍隊不時成為中共政治的仲裁者，這在蘇聯是未曾發生過的現象。蘇聯在革命初期經列寧和托洛斯基改造的軍隊，遵循的是歐洲古典的專業常備軍（Perlmutter 1977, 245-50）。

　　文革中，中共軍隊在政治上扮演了非常重要的角色。軍隊成為毛用來對付黨的殺手；後來又被用來作為黨對付禁衛軍主義的擋箭牌。如果沒有軍隊，中共或許會被進一步削弱和導致分裂，因為軍人被用來作為加強黨統治的政治工具。軍隊被毛用來作為淨化和強化共產主義的工具，同樣地，也被他後來的繼承者用來恢復黨和國家的秩序。

　　共軍在文革結束時，非但沒有撤出，反而鞏固了他們的政治地位，加強了他們對地區性權力結構的把持（Joffe 1979）。軍人與政治有限的分離表示文革後的動亂並未完全平息，軍人仍然擔任著革命的禁衛軍。共軍一如蘇軍，在領導權繼承的政治鬥爭中扮演重要的角色。軍人脫離政治的時代與黨的相對穩定時代是一致的；軍人干政的時代和共黨體系中的政治危機緊密相連。對最重大危機的處理和衝突的解決，是在黨內由軍隊和黨雙方的參與而完成（Perlmutter 1982, 323）。

　　中共的黨軍關係在1990年代最重大的變遷，是發生在鄧小平和其他第一代共黨領導者死亡後，其領導高層所開啟的一個新時代，顯示領導者的私人身分地位之成為權力來源已不再那麼重要。新的軍政領導者沒有他們前輩所擁有的，依靠個人關係和魅力來發揮功能、跨越黨軍界限的權威。在這種情境下，新的領導者對軍隊的掌控，就必須另尋途徑。以江澤民為首的領導集團，便以增加軍事預算、破例提升高級軍事指揮官，以及公開化和近似奉承的訪問解放軍單位，來建立他們的領導威權。

　　首先，江澤民利用黨國體制中黨權至上的權力和結構性機制，以彌補他的領

袖性格和軍事經驗的不足。作爲最高領導人，江在1992年以後，已占據最重職位，身兼中共黨總書記、中共軍委主席和國家主席三職位，集黨政軍大權於一身，這些職位賦予江實質的權力。傳統文化強調層級制的集權和對掌權者的臣屬，最高統帥象徵特權，本身就是一種權力來源。江善用這一正式的職位，維持高度公開的能見度，增加他的特權，凸顯了他國家領導人的角色。

江這一官方職位也給予他安置親信高職的有利空間。對於江這種缺乏像毛、鄧具有領導魅力的個人特質的領導者，權位和威勢彌補了他在這一方面的不足。個人特質不能創造，但關係可以培養。江繼位後即開始建立關係網絡，他所派任的，不少來自上海的老同僚，因此被稱爲「上海幫」（Shanghai clique），受到江的重視和運用（Joffe 1999a, 30）。江透過逐步地派任親信軍官要職，以建立他個人的權力基礎，非常有利於擴大其影響力。

江剛上任時，致力於掌握軍權，除了既需要退休將領的支持，也需要逐漸擺脫他們的干預，以及需要鄧的支持。1992年，在鄧的主謀下，除去把持軍中勢力的楊尚昆和楊白冰兄弟以後，給予江發展軍中勢力的機會。同時，鄧將劉華清和張震調任中央軍委會副主席，處於半退休狀態。不過，他們在軍中仍然存有影響力，雖然支持江，但總是一種束縛，江因而總希望能加以擺脫，以建立他自己在軍中的地位。1995年，江調整兩個中央軍委會副主席：國防部長遲浩田和總參謀部長張萬年，以取代劉、張。在層級制以下，包括各總部以下至軍級，藉由「年輕化和專業化」要求，對於不忠誠的高級軍官加以撤換或勸退。

其次，江澤民頗能運用一些政治手腕，來建立他的聲望和地位。除了建立他的支持網絡以外，並盡力設法滿足解放軍的利益──軍隊特權的指標，對軍事領導者和解放軍整體表示最大敬意。例如：優恤退休將領使他們繼續保持對他們以前的忠誠部屬的影響力，這些部屬有些如今已位居高職；破格地寬大晉升，1995年5月即晉升18位上將和重要軍職；經常和公開地視訪軍隊並表達對官兵福利的關心；表示對解放軍傳統的尊重；對軍事現代化和軍隊需求作出正確的回應；親自主持中央軍委會的會議；以及向解放軍領導者諮詢有關諸如台灣的重大議題（Shambaugh 1996b, 211-232）。而自1988年以後就已逐年增加的軍事預算，用來購買新式武器裝備和提高軍人生活水平，更是江澤民籠絡軍心的最具體方式。這些作爲，顯示江澤民具有相當靈活的政治技巧，雖然沒有毛、鄧神格化的個人領導特質，但能在政

策上處理得當，仍然可以成功地掌握住權力，特別是軍權。

最後，江澤民之能成功的掌握軍權，還受惠於來自深植解放軍本質中的權力資源。在下層，解放軍是一支具有專業特徵的黨軍，黨、軍兩種成分都對江有利。作為一支黨軍，解放軍具有長期而強烈的忠於黨領導階層的傳統；作為黨的領導者，江可藉其總書記職位而非個人特質來指揮軍隊。另一方面，當武裝力量持續邁向現代化時，中共軍官們日益成長的專業主義意識強化了他們的服從性。軍事專業主義的意義通常表現出它能激勵軍人服從上級命令的風氣；避免軍官們從事政治活動而干預他們的專門工作；使軍官反對介入政治鬥爭。這些傾向和表現，自然培養出服從黨政治領導的習性，有助於江權力的鞏固。

約菲在1999年發表的〈軍隊和中國新政治：趨勢和反趨勢〉一文中，認為中共在1997年9月召開第十五大和1998年3月召開的第九屆全國人大以後的各種發展趨勢，已結合成一種新模式的黨軍關係。這一模式具有幾項相互矛盾但實際上又相輔相成的特徵。

首先，軍隊已獲得空前發揮政治權力的潛在力。不過，這種潛力因成長中的軍事專業主義和對抗中的政治因素而減弱。這主要顯示在軍隊具有新的能力，以影響高層的政治和政策，而非例行的涉及政治和行政事務。軍隊的介入決策是前所未有的，但是卻有選擇性。

第一種改變來自江澤民與軍隊的關係。江缺乏毛、鄧所擁有的神格化人格特質、成就和關係，在可能發生的危機情況（如毛時期的文革和鄧時期的天安門事件）中，無法依靠軍隊的無條件支持。但透過正常管道，江澤民可藉由他體制上的地位、對軍隊的包容和建立的政治關係，以獲取軍方的支持。這種可能性已由十五大後劉、張兩位資深軍事指揮官的退休，並代之以由江親身提拔的張萬年和遲浩田而加強。不過，軍隊已今非昔比，它前所未有的更有能力影響最高領導人的命運，使其接受軍方的觀點。如果江未能有效因應的話，軍方也可能成為敵對者。

第二，軍方影響政治的能力擴大到國家的決策。毛時代是一人決策，鄧在集體決策中保有重大決策權，但江相反地，無法超越他的同僚，他的地位無法賦予他在所有國家事務上至高無上的權威。其結果，使決策過程分散到統治集團的各成員間。軍方也深入影響到這一決策過程，在最高統治者和其他領導人需要軍隊支持他們的特定官僚利益之需求下，接受了軍方介入政治的影響力，使軍方起了權力的槓

桿作用。

　　第三，軍方的這種影響力受到黨軍組織的分離（separation）傾向而增強。約菲認為黨軍分離由三種強勢的力量所促成：一是共黨作為中共政治體系核心之重要性的降低和在武裝力量中之地位的同時削弱；二是武裝力量的現代化和排斥政治介入的軍事專業主義的滋長；三是軍隊的涉入經濟活動和隨之而產生的黨對軍事單位組織掌握的趨於鬆散。這種分離雖未造成軍隊對黨階層的懷疑，但卻促進解放軍領導們依其軍事必要性而行事的自由，且幾乎停止了長期以來政治與專業主義間的衝突。這一來，即鞏固了軍隊的內部凝聚力，強化了他們首長在黨軍關係中的地位（Joffe 1999, 44-45）。

　　其次，這些改變之促進現在軍方干預政治領域的潛在能力，只是新黨軍關係的一方面。另一方面，解放軍的實際參與政治是有限的，而且正在降低中。軍事指揮官已脫離政治牽連，比以前更專注於軍事專業事務。這來自於以下幾個理由，一是江的依靠軍方支持，使他不會忽略對軍方的需求，並且不會要求軍方密切介入不侵犯他們利益的政策領域。十五大中一位政治局軍系常委之被除去，反映了軍方脫離非軍事事務的趨勢，相信江作為政治局常委主席將如同作為中央軍委主席一樣，支持軍方的觀點。事實上，任何案例中，軍方能夠透過他們兩位在政治局的代表──遲和張，來表達他們的觀點和爭取他們的利益，使解放軍專注於專業化。

　　最後，約菲指出，一種已進行了數年並由黨和國家所促成的一般性改變也促進這一新模式的形成。這一變遷提升了專業指揮官主要關注於共軍的轉型為現代化部隊，這些人大部分起於基層作戰部隊，具有部分戰鬥經驗、不涉政治、熟悉現代作戰的必要性，以及具有專業能力的經歷。獲得黨政提拔為高層領導者則專注於經濟發展，他們大部分是受過大學教育並已在經濟和科技官僚機構工作過的技術官僚。這些領導者以官僚體制的專門化為取向，重視軍事與政治領域界限的區分。經濟領導者在黨高層決策機構中的日益受到重視，增大了這一區隔。這並不必然表示軍方和經濟官僚機構在各為其影響力而競爭，雙方的關係基於共同利益勝過彼此的對抗。彼此都希望經濟建設成功，共享經濟資源的分配。因此，為了這些原因，軍隊已選擇性地運用其新權力。在政治領域方面，在鄧末期數年給予江大力支持，然後離開政治；在經濟事務方面，它的涉及也降至最少；在外交事務上，軍方明顯地只限於涉及與其直接相關的議題，大部分是關於台灣。解放軍顯然已得到前所未有的

自主權（ibid., 47）。

結 語

任何共黨政治制度中，它的文武關係深受其革命精英奪取政權的特殊歷史環境影響。上述對蘇聯和中共文武關係的討論，其分歧顯然是相當大的。然而，雖存在這些分歧，相同的基本文武關係動能仍然有其效果。在中蘇共案例中，黨在社會中扮演了領導的政治角色——甚至當它在組織上比軍隊更微弱時，也是如此。黨的先鋒隊原則即使在黨本身面臨著會導致實際分裂的派系鬥爭時，也依然維持得住。這項霸權原則，在意識形態上，是透過馬列共產主義關於共黨制度中合法權威的特定價值取向而得以加強。在功能上，它的強化則是透過精英選擇過程，獎勵思想忠誠的任命，以及將非黨政治機構的關鍵精英安插到黨內職務上。其結果造成這樣的一種制度：官僚政治衝突不是發生在分離的制度結構之間，而是在黨內的雙重角色精英之間。

不過，共黨體系中文武關係最顯著的特徵，還是在諸如有關基本的政策方向和領導權的繼承問題上，嚴重派系衝突中，軍人所扮演的角色。

波爾穆特和列奧格蘭德關於黨軍的衝突和解決的觀點很值得重視。他們認為，雖然雙重角色精英將官僚政治議題和衝突帶進黨領導階層中來解決，它也透過政治體系將根本的鬥爭外帶到非黨派的機構中去解決。然後，這些機構成為競爭中的黨精英在派系衝突中的關鍵性政治資源。軍人的強制性潛力使他們成為最重要的這類資源，重要到足以橫行一時，一如蘇聯在1957年和中共在1967年，軍隊所表現的一樣。不過，即使軍人「干預」這類派系衝突，他們也是代表黨進行干預，擁護黨的一個派系，對另一派系的霸權。在危機期間，軍官們成為政治精英中最具戰略性的派系，但他們也仍然是黨內的成員在黨內活動。

約菲認為新的黨軍關係已大大排除了過去用於解釋這種關係的各種途徑的適當性。共生途徑建立在政治領導階層為了使軍隊中立化而將他們引進政策過程的理念上，但現在的政軍領導者逐漸分離。政治控制途徑植基於黨對軍隊的完全控制的理念，但現在這種控制已因軍隊獲得新自由而受到限制。專業主義途徑基於專業優先

和政治優先間長期衝突的觀念，但現在這種衝突已由專業主義至上獲得解決。

　　毛、鄧以後的解放軍已大不相同，且更爲複雜。它仍然是一種黨軍的關係，但其專業與自主性已日益增長；它仍然是一個忠於黨的機構，但並非無條件地屈從於特定的最高領導者；它仍然在政治領域上保持不干預，但現在已有了如此行動的更大潛在權力。

註　譯

【1】本章已發表在民國91年《復興崗學報》第75期。

【2】「波拿帕特主義」（bonapartism）是19世紀一個與軍人干涉同義的概念。根據日爾丁（Zeldin）的解釋，它實際代表的是馬背上的共和主義（republicanism on horseback）（Zeldin 1974, 504-5; in Perlmutter & LeoGrande 1982, 319），是一種由某類干涉主義──一般是軍人干涉主義──所支配的政權。儘管日爾丁認爲這是眞正的共和政權，亦即贊成人民主權，但它仍然是幾種政治和官僚機構勢力爲爭奪宰制共和國鬥爭下的產物，而且在「波拿帕特主義」個案中，它是受軍支配的政權。「波拿帕特主義」和西班牙文pronunciamiento（檄文）政權是禁衛軍主義（praetorianism）的前例：爭奪掌控贊成人民主義意識形態的政權之鬥爭，不過這一政權的政治秩序十分軟弱或陷於崩潰（Perlmutter 1982, 319）。

【3】科爾騰提出一項研究文武關係的概念途徑，也是一種綜合性取向的嘗試，爲「軍人影響場域」（arena of military influence）（Colton 1990）。他將文武關係分爲三個較爲廣泛的研究領域，每一個領域均根據軍隊施加影響力的活動來劃定。這些領域並不相互排斥，而是可以同時作用於不只一種場所之中。第一個，也是最狹窄的一個領域中，研究課題是「防務政策」（defence policy），其方式是解決問題，亦即制定和實施某些計畫使國家免遭外敵侵害。在第二個活動場所則重點於「社會選擇」（societal choice）。軍隊和非軍隊的領導階層在此情況下都在與平民社會中出現的問題和分裂進行搏鬥。這些問題一般只具經濟、技術和社會文化方面的性質，同軍事安全本身的聯繫十分鬆散，但在必要情況下，也會引起軍方的關注，並使軍方在與文官和文職機構打交道時在這些問題上變得糾纏不清。第三個領域中的問題最重要，即「統治權力」（sovereign power）。其問題核心，實際上是軍人還是文人掌握國家最高權力。在每一個領域中，文武的交往可以是衝突的，也可以是合作的，並且可以使文武領導人捲入複雜局勢中，甚至牽涉至第三者（Colton 1990, 7）。
科爾騰認爲，他所提出的此一概念架構類似杭廷頓。例如，杭廷頓所主張的客觀文人控制，其實質，一方面文人政府同意軍方在軍隊事務上擁有主權，另一方面軍方承認文人政府在一般性政治問題上具有比軍隊更高的權威。所謂「一般性政治問題」即爲「社會選

擇」和「統治權力」這兩個領域，不過科爾騰認爲，杭廷頓忽視了文武互動關係的「社會選擇」這一項。

科爾騰舉證說，1960年代和1970年代第三世界新興國家中此起彼落的政變以及隨之而來的圍繞著國防問題甚至統治權力的問題所發生的摩擦，即顯示此一因素的重要性。在許多國家，軍官們都經歷全面的「職能大擴張」。其導因是軍隊常被用於對付罷工、游擊隊或其他類似的反對份子。軍隊捲入社會治安的維護，使軍事專業和政治問題之間的界限變得十分模糊，並且使軍隊在擔負常規的軍事任務之外，不由自主地陷入「農村發展、國家計畫、教育政策、……外交方針等政治事務中」（Perlmutter 1977, 197）。中共軍隊也有參與解決社會問題與統治權問題的情形，前者爲對社會經濟工作的參與，後者如上述政治參與途徑所顯示。不過，有時並非出於自願，而是由於外力使其捲入。例如，文革期間軍隊的介入。詹克斯指出，當時觸發這種情況的原因是文人黨組織和政府部門中，「（非軍事）政治權力的癱瘓」（Jencks 1982, 91）。

【4】H. Scott & W. Scott（1984）指出：蘇聯作者稱政委爲「軍事委員」（military commissar, voyennyye kommissary），一些西方作者則使用「政治委員」（political commissar），例如：Meele Fainsod, *How Russia Is Ruled* (Cambridge, MA: Harvard University Press,1967), p.468.

【5】諷刺的是，此一制度並非布爾什維克黨的發明，而是採納自克倫斯基（Kerensky）地方政府於舊俄羅斯軍隊中所建立的制度。紅軍當時採行此一制度時，在黨領導階層中曾引起激烈爭辯。史達林派贊成，托洛斯基（Trotsky）則持反對。內戰結束後，訓練有素的共產黨員已漸居要津，是否仍須維持嚴密控制制度，再度成爲黨內爭論焦點。托洛斯基等人雖致力軍隊專業化，減少持續維持制度集中化的政治機關之需求，但史達林及其夥件不僅主張繼續維持此一制度，更極力增加委員們的權威與影響力（Kolkowicz 1967, 81-83）。

【6】聯合關係是一種互利的夥伴關係，一種面對內憂外患的聯合體，但它最關心的是各自的機構自治。這是一種參與者能從中牟取互利互惠、並在其中維持相對平等和相互獨立的政治制度。當軍事技術的複雜性需要非軍人精英難得的專門知識時，軍人自治程度提高，黨軍關係即傾向聯合，蘇聯的黨軍關係就是聯合關係最好的例子。

【7】中共非常重視基層連隊的政治工作，自建軍初期，即強調黨「支部建在連上」，推行黨政工作。連隊政工組織，主要指軍人委員會和共青團支部。軍人委員會（最早稱革命軍人委員會）由全連軍人大會選舉產生，設有政治民主組、經濟民主組、軍事民主組、文娛體育組和群眾工作組，貫徹民主、經濟、軍事「三大民主」。軍人委員會和團支部都受黨支委會領導。共軍要求在一般情況下，連應保持五人組成的支委會；要堅持支部大會制度、支委會議制度、黨課制度、報告工作制度、黨小組工作制度等；共青團是共軍的群眾組織，是「黨的助手和後備軍」。在旅、團設團委會；營設團總支部；連設團支部。受黨委會、政治機關和同級首長的領導，負責單位內共青團工作（趙叢 1998, 252-258；閻世奎 1993, 55；浦興祖 1992, 331-333）。

第（八）章　中華民國在台時期的文武關係 [1]

中華民國軍隊是於1924年，由中國國民黨所創立。[2] 自成立以來即肩負革命與建國的使命，但也背負著濃厚的政治色彩，不時遭致「（國民）黨軍」之非議。隨著政府遷台，軍隊更成為維繫國家安全與發展的命脈，也自然成為政治勢力所必須緊密掌握的武裝力量。加以，實施「動員戡亂」與戒嚴，以集中國力完成「保衛復興基地」、「反攻大陸」的任務，使軍隊（特別是警備總部）成為凌駕於社會之上的優勢力量，相當程度地介入社會和政經活動。五十餘年來隨著軍隊與社會的互動，台灣的政治、社會與經濟力量也逐漸地滲透並改變了軍隊原有的優勢，尤其是藉由徵兵制度消除了軍隊與台灣社會的隔閡。軍隊之涉及社會活動，除了基於軍隊本身具有社會性質外，主要原因在於軍隊長期與中共鬥爭中所吸取的重視群眾動員與民力運用的經驗。此一經驗表現在政治作戰一向所強調的群眾戰、總體戰、戰地政務和目前所強調的全民國防、全民防衛作戰的運用構想。隨著社會內外環境的改變，這些屬於軍民一體、共同防衛的構想仍然維持著，所不同的是軍隊不再凌駕於社會和過度介入社會、政治與經濟活動，而是融入社會成為其一部分和依法適度參與某些政治、社會活動，同時也逐漸脫離其原有的政治色彩而成為專業化的國家軍隊。

就我國軍隊與社會關係的演變過程來看，它是從一個軍事化的社會（militarized society or militarism）轉型為一個社會化的軍隊（socialized military）。「軍事化」（militarization）是指由「軍事權力的一般性提高，進而對國家、社會和國際體系產生較大的影響」（Shaw 1991, 9）。[3] 軍事化社會中的軍隊勢力涉及社會各階層，但仍在社會的黨政機制控制之下，並未使國家成為一個軍事政權。國軍在社會的角色從積極介入社會轉為接受社會文化的洗禮，這種演變正反映了台灣民主化的歷程，也說明軍隊因應外在社會變遷的調適過程。更重要的是，它彰顯了台灣軍隊與社會在面對內外安全威脅之際，所展現出的相互學習與智慧抉擇，確保了中華民國在台灣的各項發展成就。

　　本章目的在分析我國在台時期的文武關係，置重點於1987年7月15日解除戒嚴以後，軍隊與社會關係的變遷。第一部分敘述國軍介入台灣社會活動而使台灣社會軍事化的過程；第二部分探討台灣的政治、社會與經濟力量如何影響並改變國軍，使國軍成為社會化的軍隊；第三部分從文人統制、軍隊國家化法制化與國軍因應社會變遷的能力等面向，論述台灣軍隊與社會關係的演變趨勢；第四部分則提出對軍隊與社會關係發展的觀察與建議。

一、軍事化社會與政治（黨）化軍隊

　　1945年10月17日，國軍第70軍依據同盟國中國戰區最高統帥蔣中正委員長命令，乘艦登陸基隆，代表中華民國政府接收日本所遺留下來的竊自中國的領土——台灣。自此，國軍與台灣社會產生密切關係，並帶來重大變化，使台灣社會逐漸地軍事化。這種變化涉及許多重要的內外因素，舉其大者如：「二二八事件」及其後所產生的族群緊張與疏離、大陸戡亂失敗的反省與反攻大陸政策的釐訂、軍隊參與政治統治、軍隊協助經濟建設，以及政戰制度的建立等，促成了台灣社會在威權統治下的軍事化，深刻地影響到人民社會生活和國家政經發展。

(一)「二二八事件」及其後族群的緊張與疏離

　　1947年2月27日，由台北市的查緝私煙事件所引發的全省性「二二八事件」，凸顯了中華民國政府未能妥善接收與治理台灣，並深遠影響到台灣社會與軍隊的關係，乃至整個台灣社會的歷史發展。

　　來台時政府以台灣省行政長官公署及台灣省警備總司令部負責接收與治理台灣，就已引起台灣社會的不滿。行政長官兼警備總司令陳儀施政又未能獲得民心及改善民眾生活，「二二八事件」發生的基本原因就是這股強烈不滿的積怨所引起的不幸事件。發生之後，政府認定這是「奸黨暴徒主謀指使追求獨立的叛亂事件」，因此決定以武力方式因應，從大陸派兵以軍事行動進行平亂綏靖，不可避免地，導致相當數量的人員喪亡或受到其他形式的傷害。而事後的清鄉、逮捕、刑求及處決，更使此次事件創傷久久未能癒合（行政院研究二二八事件小組 83；楊亮功 81）。

作爲平亂綏靖工具的軍隊，也就與台灣社會產生相當程度的隔閡與對立，並有所謂「省籍問題」的產生。加上國軍來自大陸各省，語言、生活習慣、文化價值都與台灣社會有所差異，因而加深了對台灣社會的疏離。同樣地，台灣社會也對軍隊存有對立的心態。此時國軍成員幾乎清一色是本省籍同胞稱之爲「芋仔」的外省籍官兵，台灣士兵幾乎沒有。早期的軍隊在台灣社會中扮演了對內鎮壓叛亂、維持治安，對外抵禦中共「血洗台灣」的威脅的角色。在以國家、社會安全爲生存取向並積極備戰的考量下，採取高壓統治，雖維持了政局的穩定，但也埋伏了潛在的緊張與對立。

(二) 大陸戡亂失敗與反攻大陸政策

1949年1月，蔣中正總統在國共內戰勝負漸明之際下野，同時，即以中國國民黨總裁身分指揮黨政軍準備撤退到台灣。同年8月，美國杜魯門（Harry S. Truman）總統發表《中國白皮書》，指責蔣中正政權的腐敗與無能。次年1月，又發表聲明不介入台灣海峽，靜待塵埃落定（dust be settled）。美國國務卿艾奇遜（Dean G. Acheson）宣稱的美國西太平洋防線將台灣排除在外。[4] 海南島及舟山群島接連淪陷，台灣社會人心不安。3月1日，蔣中正在台北復職爲總統，進行黨政軍改造，以「反攻大陸」爲號召，振奮軍民士氣（李守孔 民78, 178-179）。然而，整個戰略環境對中華民國的生存不利，中共頗有解放台灣之勢。不僅中共如此認爲，美國中央情報局也判斷，若無美國積極的軍事援助，在年底之前，台灣就會淪入共軍手中（若林正丈 民83, 86-88），台灣整體狀況岌岌可危。此一時期，大量軍民隨政府轉進而湧入台灣，前後約有相當於當時台灣人口六分之一的102萬「外省人」移民流入。政府當局在檢舉共產黨與「匪諜」的名義下，加強對內的控制。當時統治的國民黨政府所依恃的，是軍隊對其黨和政權的效忠。

1950年6月25日，韓戰爆發而改變了整個情勢。27日，杜魯門總統爲阻止任何對台灣的攻擊，聲明放棄不介入台灣海峽的指示，命令美國第七艦隊協防台灣。同時，要求在台灣的中華民國政府停止所有對大陸的海空行動。[5] 接著，美國支持中華民國的聯合國代表權，派任武官、公使駐台，以及提供軍援。最重要的是1951年2月簽訂「中美協防協定」，4月派遣軍事顧問團（Military Assistance and Advisory Group）來台，重新正式以軍事援助台灣防禦大陸的武力攻擊。1954年的「大陳島戰役」更促成了中美雙方在12月簽訂「中美協防條約」（US-ROC Mutual Defense Treaty）。[6] 在送交美國參眾兩院審議時，更賦予美國總統在「認爲有必要基於特

定的安全與保護台灣和澎湖群島對抗武裝攻擊時，授權動用美國軍隊」。[7]

「中美協防條約」也代表著蔣中正必須放棄以武力反攻大陸的政策，因為在談判簽約的過程中，他同意在沒有美國同意之下不會使用武力反攻大陸。但另一方面，他同時也必須昭告全國軍民不放棄反攻大陸的神聖使命，積極整軍經武，從事對中共的「政治作戰」，鼓動大陸同胞揭竿而起。這似乎有點矛盾，但他曾告訴美國國務卿杜勒斯，維持反攻大陸的希望將有助台灣民心士氣的激勵（Tsang 1993, 54-55）。1958年10月23日，中美發表聯合聲明指出，光復大陸恢復人民自由是中華民國政府神聖的使命，成功地達成此使命的主要方法是實行國父孫中山的三民主義而不是運用武力（Hsieh 1985, 79）。蔣中正總統遂在當年的元旦文告中，提出「七分政治、三分軍事」的反攻大陸指導原則（ibid., 88）。在這期間，國軍在「古寧頭戰役」和「八二三炮戰」等戰役的勝利，改變了世人與國人對國軍的觀感與認知，這也有助於國軍與台灣社會的互動。

就在這近似「善意謊言」的使命下，整個台灣社會逐漸軍事化，國軍也成為使社會軍事化的主要動力，反攻大陸口號甚至是台灣40、50年代中，支持政府重要政策的一個核心概念。在反攻大陸政策無法以軍事方式達成的情勢下，僅能以政治作戰方式進行。軍隊介入社會整體的活動，擴展了軍隊在社會的角色，並以「忠誠作戰」（allegiance warfare）和共黨所發展的「組織武器」（organizational weapon）進行政治作戰或政治工作（Bullard 1997, 4, 14-17）。其作戰的對象包括大陸共軍、大陸同胞、台澎金馬軍民同胞，以及海外僑胞。

就內部的政治工作（事實上，也可說是黨務工作，一切活動由黨操控）而言，就是強調軍民同胞的團結與忠誠，以確保台澎金馬復興基地的穩定與安全。軍隊在社會變遷和政治發展過程中扮演著「軍事（政治）社會化」的角色。軍隊以其掌有強制性力量，且與其眷屬構成龐大群體，成為政府所擁有的最有組織的「政治社會化」工具，以教化軍民，培養忠黨愛國、團結反共的信念，而推動此一工作的是軍中為「以黨領軍」而設的「政工制度」（1963年「政工」改稱「政戰」）。

1950年7月22日，國民黨中常會通過「中國國民黨改造案」，黨力量全面滲透到社會各階層，包括軍隊中的黨組織（許福明 民75）。政工制度就是軍隊中的黨組織，除具有政治控制軍隊的功能（詳如後述）外，主要乃是透過政治社會化途徑教育官兵，使其接受黨的主義與政策。

　　首先接受軍事化的社會階層，是以大專高中職校園為主，藉由國民黨外圍組織「中華民國青年反共救國團」（簡稱「救國團」）的成立，以及軍訓教育的實施，使青年學生「軍事化」，能具備軍事知能，支持黨國、主義，成為未來反共作戰的一員。當然，「維持校園安定」，避免發生青年學生運動而影響政治安定，也是其目的之一。

　　青年反共救國團的制度設計和建立、推動，國防部總政治部扮演了積極性角色。救國團不僅採取類似軍隊的組織型態，軍訓教官也由國防部調派軍官擔任，除了對學生實施軍事訓練以外，並協助學校的訓導和行政工作。直到1960年，軍訓教育才由國防部移交教育部軍訓處負責，但軍訓處成員與軍訓教官仍是由國防部派任或轉任。

　　對內政治工作另一個工具是1958年併編台灣省民防司令部、保安司令部、防衛總部及台北衛戍總部而成立的警備總部。《戒嚴令》的頒布實施，使得軍隊在社會治安上扮演著最重要的角色。最能代表軍隊在社會角色擴展的是警備總部，它成為治安體系的最高執行機關，舉凡警政署（各地警察局）、調查局等治安單位都接受警備總部統轄。特別是關於國內安全情報工作，在國家安全局的統合、指導、協調、支援之下，警備總部負責實際執行的工作。因此，關於國內政治活動的監管、新聞管制、通訊管制、機場港口安檢、保安處分等，乃至人民的入出境，也必須獲得警備總部的許可。重要的民間產業或公司工廠或團體，其安全主管常需要聘請具有警總背景的退伍軍人，以避免無謂的困擾。1964年警備總部並兼後備軍人軍管區司令部，藉由後備軍人的管理與動員來掌握社會情況。由於警備總部的情治特色，以及對於肅清匪諜與懲治叛亂相關個案的處理，致使民眾誤解軍人的角色，特別是軍人的介入白色恐怖統治（蔡玲、馬若孟 民87, 4）。

(三) 軍隊參與統治

　　國民黨政府遷入台灣時，因為內戰的原因使得它成為具有高度軍事化的黨結構（a highly militarized party structure）。由於大陸共黨的威脅，以及國民黨的首要目標是以武力光復大陸，在這樣的環境下，軍隊在政府中自然占有重要的地位。由於軍隊的這種地位，使得軍人或者是有軍人背景的國民黨人占據了政府結構中的高層位置。以歷任台灣省主席的背景加以分析，此一職位直到1972年以前，均由軍人擔任。儘管在1970年代初期，軍方已經大量的從直接統治的角色退出，但是在關於台

灣國家安全方面的政策制定上，仍然扮演著非常重要的角色（Cheng 1990,127）。直到1987年戒嚴令取消之前，台灣的警備總部仍然負責對所謂「叛亂」相關的犯罪偵防，以軍事法庭來審判這些犯罪，管制出版品，以及打擊示威抗議行動等（ibid.）。在一黨威權與戒嚴令的統治下，國軍在台灣社會中除了扮演對外安全的維護者角色之外，尚且扮演著對內秩序與安全維護者的角色。國民黨政府在統治上賦予軍隊相當大的權責，也造成了威權時期的所謂「白色恐怖」。

(四) 軍隊協助經濟建設

在政府的「反攻大陸」政策中，也強調台澎金馬復興基地的民生經濟建設，作爲未來統一中國大陸的「三民主義的模範省」。在此一政策主導下，軍隊被動員來協助政府的經濟基礎建設。另一個理由則是由於海峽兩岸軍事對峙，台灣經濟無法維持規模龐大的軍隊；而且，撤退來台的軍隊素質不一，有待整編成精銳的部隊。因此，軍隊龐大的人力與機械設備成爲政府經濟建設的重要資源。最初是由軍隊直接協助相關建設（如工業區開發、橋樑道路建造），繼而由政府成立專責機構負責。一方面可避免妨礙建軍備戰，一方面又可安置歷年部隊整編下來的退伍軍人，更可將廣大的人力投入國家建設，加速經濟發展。

1954年11月1日，政府運用美援資金成立「行政院國軍退除役官兵就業輔導委員會」（1966年改名爲「行政院國軍退除役官兵輔導委員會」），負責安置退除役官兵和協助國家經濟建設。政府並賦予該會優先承攬政府工程或特許事業的保障，以利其經營與政務。1956年7月至1960年5月，退輔會召集數以萬計的退除役官兵，以簡陋的機具開闢東西橫貫公路，奠立退輔會工程事業規模的基礎。其他尚有農業開發、森林開發、漁業、工業開發、勞務中心及液化石油氣供應，經由該會的直營事業與轉投資事業，安置退除役官兵就業與協助國家經濟發展[8]。此外，國軍爲配合政府加速經濟建設政策，自1972年起，即每年分兩期派遣兵力，展開助民收割工作。每年爲地方政府與農民節省不少費用，促進了地方經濟發展。

(五) 政工（戰）制度的建立

中華民國軍隊的角色不同於大多數發展中國家的特徵之一，是運用軍隊作爲實施政治社會化的主要工具，軍隊成爲一所「公民學校」（School of Citizenship）（Bullard 1997, 172-173）。社會青年藉由兵役制度而進入軍中，接受以國民黨意識形態爲主的政治社會化。軍中負責進行政治社會化的是政戰制度，此一制度與中

共政工制度一樣，源自20世紀初列寧時代蘇共紅軍的黨代表制。當時的創意在於透過黨代表的派駐，監督軍事領導幹部的指揮和軍事活動，保證幹部忠貞和紀律嚴明，以防止兵變，並兼顧激勵部隊的士氣和照顧官兵生活。此後，雙方各發展出一套具有相當規模的體系和運作方式，成為部隊戰備和作戰的精神支柱。不過，由於各自所持意識形態、政治制度及黨團組織的差異，導致後來的發展和功效也大相逕庭（洪陸訓 民82, 33-74）。特別是1957年，國防部廢止政戰主管的命令副署制度，確定主官領導一元化的原則，使政戰機構成為軍事體制的一部分，而不至於像中共政委，凌駕軍事主官之上。

　　政戰制度也負責國軍與民間社會聯繫的軍民關係業務。蔣中正總統在1952年1月6日，政工幹校（後改名為政戰學校）第一期學生開學典禮致詞說到：

　　政治工作不只是限於軍隊裡面，同時也是黨政軍的一個重心。軍隊要同黨政各部門合作，就要由政工人員來負責聯繫，所以說政工人員也就是黨政軍合作的一個核心（秦孝儀 民73, 3）。

　　總政治（作戰）部與政工人員成為軍隊與社會和政府聯繫協調的窗口。特別是在與中共進行「文化鬥爭」上，總政戰部分別設立掌握了許多大眾傳播媒介，如廣播電台、新聞報社及出版社，除了對共軍進行心戰和宣傳外，也對國軍弟兄及社會民眾進行宣傳。然而，總政戰部運用這些媒介對於社會現象與人民思想，表達其軍隊的立場與提出批判，不免引發爭議（尼洛 民84, 274-283）。[9]

二、民主化社會與社會化軍隊

　　相較於軍隊擴展其社會的角色，軍隊本身則是自成一個生活體系而隔絕於社會。軍隊的補給多是由軍中的聯勤生產單位負責，其眷屬自成眷村而形成特殊的生活方式，稱之為「軍隊文化」與「眷村文化」。但由於海峽兩岸持續對峙五十年，大陸撤退來台的軍人，隨著歲月增長而退出軍隊進入社會。依據兵役法服役的新一代軍人逐漸取代大陸老兵而成為軍隊的主要成員，這些新一代的軍人來自當地社會，更能敏銳地反映出社會潮流的趨勢和價值的變遷。使得軍隊也必須靈敏地對這

此變遷做出反應，特別是台灣整體社會邁向民主社會過程中的政治、經濟、社會變遷。觀察這些變遷對軍隊與社會關係的影響，必須從台灣整體社會環境面才能理解，特別是在戒嚴令解除之後，政治變遷對軍隊與社會關係的影響。當然，這並不意味著政治變遷是主要的動力。其實，在政治變遷之前，社會變遷早已悄然地進行了。

(一) 政治環境的變化

隨著台灣社會民主化的進行，地方自治與中央民意代表選舉的實施，以及許多戒嚴或動員戡亂時期的法令遭到廢止，這些來自政治的變遷，進而影響到軍隊與社會原有的關係。隨著國民黨政府實施地方自治與選舉，以及蔣經國總統推動民主化，軍人逐漸從政治行政首長的舞台退下。特別是副總統兼行政院長陳誠的因病退休，結束了當時以軍人為政治行政首長的年代。

1980年代末期，原來導致社會軍事化的一些規定和措施相繼取消。例如1987年7月15日零時起《戒嚴令》解除，以及1991年5月廢止《懲治叛亂條例》，同年7月宣布終止「動員戡亂時期」，1992年7月31日裁撤警備總部。警備總部的角色與地位產生重大改變，從最高治安機關轉變為海岸巡防司令部隊，軍管區司令部仍保留而改為軍管區司令部兼海岸巡防司令部。警總原有的職責回歸內政部或相關部會，例如，社會治安、人民入出境許可回歸內政部，出版品審查回歸新聞局，通訊管理回歸交通部。至此，警備總部原有絕大部分涉及干預人民自由與人權的功能已不存在。2000年1月立法院通過《海岸巡防法》與《海岸巡防署組織法》。2000年2月，合併國防部軍管部（海岸巡防司令部）、內政部警政署（水上警察局）與財政部（海關緝私）等單位，成立直屬行政院的海岸巡防署，下轄海洋、海岸兩個巡防總局。至此，軍管與海巡分置，已不再兼負警備總部原有的國內安全情報工作職能。警備總部職能的改變以及裁撤，代表著軍隊逐漸擺脫其過度擴張的政治社會角色。

另一個作出角色調整的是政戰制度。面對國民黨在軍中活動的適當性、介入選舉、占用廣播頻道等遭受質疑，特別是針對蘇聯、東歐共黨國家軍隊政工的裁撤和變革，在野黨質疑國軍政戰制度，主張應加以裁撤。其主要論點如下：（陳水扁、柯承亨 民81, 167-168）[10] 第一，政戰制度有礙民主政治發展或違逆民主時代潮流。舉證是：國民黨未擺脫以黨領軍的傳統，仍從事黨務活動，實施黨化教

育，並介入輔選，未落實憲法有關軍隊國家化的基本原則和方向；透過文宣（軍中刊物）、莒光日政治教育等，醜化在野黨，反對憲法所保障的屬於言論自由的台獨討論空間；灌輸神化「領袖、主義」的意識形態；前蘇聯及東歐共黨國家政工已撤除，國軍政戰亦無保留之必要。第二，政戰制度不利軍中團結，影響部隊士氣。舉證是：保防、監察的不當實施，造成軍事幹部的反感與對立。第三，政戰制度有礙軍隊現代化。舉證是：政戰與軍事兩套人馬，組織龐大重疊，有違機構人員精簡之組織原理；政戰功能（如監察等）不彰。

主張保留政戰制度的論點，主要來自軍方，特別是國防部總政戰部。其所持理由是：政戰制度之建立，與國軍甚至國家的發展息息相關；對共政治鬥爭和軍事作戰上，政工的推動常居勝敗關鍵；古今中外的軍隊都離不開政戰工作；各國都重視政戰工作；在台政軍穩定發展，端賴政戰功能；政戰是軍事致勝精神戰力的泉源。軍方並進一步對於來自民間對政戰制度的質疑，重點式的提出澄清與解釋（國防部總政戰部編　民82a；民82b；民84）：第一，政戰制度無礙於「軍隊國家化」，反而是軍隊國家化的助力和最大保證，理由是：國軍絕對效忠、認同國家，一切以國家目標和利益為著眼。除了服從元首領導、完成國家賦予使命外，絕不會為其他勢力或任何人操控。第二，政戰制度並不會造成軍政二元領導和妨害指揮權統一。認為政戰制度為政戰幕僚長制，政戰主管為軍事指揮官之幕僚或副手，政戰參謀組織是軍隊參謀體系的一部分，同受軍事主官指揮，指揮權完整而統一。第三，「政戰制度形成軍、政兩套人馬，影響精兵改革」之說不實。指出：軍隊越現代化，其組織分工越細密，現行軍隊區分為諸多軍、兵種，政戰亦為其中之一；政戰制度所整建的精神戰力能使部隊有形戰力產生積極效果，完全符合「精兵政策」。第四，國軍政戰制度已不同於前蘇聯和中共軍隊的政工，共黨政工為黨控制軍隊的設計，國軍政工則為國家和軍事目標而設。

在此同時，有些學者專家則肯定政戰制度的功能和價值，但也不認為政戰制度的組織與功能沒有缺失、不必隨社會變遷和現實弊端作適度改革而能永續發展。這些改革意見主要有：黨軍分開；軍隊不介入選舉；政治教育非黨化；精簡政戰組織體制；政戰制度併編入軍事體系，使政戰與軍事合一；或依功能取向併入軍事參謀體系，或另立「參五」專職政戰（洪陸訓　民88a, 520-524）。[11]

對於政戰制度存廢問題的爭議，直到2000年1月5日立法院通過了根據憲法而制定的《國防法》與《國防部組織法》後才漸趨平息，並確立了政戰制度在國軍組

織體制內的地位。

　　其實在此之前，政戰制度就已針對各項質疑作出政策的調整與因應。1993年7月，國民黨第十屆全國代表大會雖仍有軍職代表參加，但此後軍人已全面退出中央委員會、中央常務委員會與全國代表大會等各個黨組織。同年12月14日，立法院三讀通過《人民團體法》修正條文，明定政黨不得在軍隊進行活動。

　　國軍對於政治教育亦作出改進，朝向公民教育或通識教育方向改革。並考量兩岸關係、國內政治環境及建軍備戰需要而實施，減少易引起爭議的內容，置重點於國防安全、「五大信念」、民主憲政、國情時勢、軍紀安全與情緒管理等（國防報告書編委會 民89, 233）。[12]

　　而軍訓教育制度也逐漸受到質疑，不時有人提出廢除軍訓制度的要求（賀德芬 民86, 171-192），司法院大法官會議也作出釋字第450號解釋，認為《大學法》規定大學應設軍訓室是違憲，軍訓制度必須作出調整。

(二) 技術官僚地位的提升與軍隊影響力的弱化

　　1950年韓戰爆發的結果，使台灣局勢轉危為安。國民黨政府開始思考對於台灣的經濟建設問題，技術官僚開始受到重視。儘管在1952年國民黨改造結束時，具有軍人身分或背景的人在國民黨中央委員會統治精英中占有31%。但是在以後的一連串為求生存所進行的土地改革、經濟復興與經濟開發的過程中，有功的技術官僚在統治精英中的比例增加，在決策機構中占有很高的份量。技術官僚在國民黨中央的比例從1963年的9%增加到1969年的23%，同時期軍人的比例則是從23%降到16%（Wu 1987, 184）。當時的行政院長陳誠雖然是軍人，但是他啟用李國鼎、嚴家淦、尹仲容等優秀的技術官僚推動計畫，對台灣社會經濟發展，扮演了極為重要的角色。1974年嚴家淦接任行政院長，技術官僚與文人官僚在統治精英中的地位與在決策中的比例更為增加（Cheng 1990, 127-128）。此外，美國在經援的條件下，有計畫的培養親美的技術官僚，排除軍人對經濟決策的影響，再一次的削弱軍隊在經濟方面的權力（文馨瑩 1990, 231）。

(三) 反攻大陸意識形態的退化與國家目標的轉變

　　對跟隨蔣中正來台的大陸軍人而言，「反攻大陸」一直是他們神聖的政治圖騰。在這項目標指引下，台灣的所有力量與資源幾乎是圍繞著這個目標而進行。來

台之初，國民黨政府曾經嘗試對大陸進行某種程度的突襲，保持與大陸的軍事接觸，宣示國民政府不放棄反攻大陸的決心。[13] 而這樣的決心亦影響到軍中的外省官兵，當時的口號是「一年準備，兩年反攻，三年掃蕩，五年成功」。透過這種近乎口號式的精神激勵，有效地維持了軍隊高昂的士氣，而這種以反攻大陸為核心的政治社會氛圍，不但影響軍隊內部，同時也影響著台灣的社會。這時軍隊的年輕士兵在隨時準備反攻大陸的氣氛下，並少有機會、甚至受限制與台灣的婦女通婚。這種情形也是造成日後外省第二代在年齡上與第一代差距極大的特色，也是使得外省與本省透過通婚融合的時機向後推遲的原因之一。隨著時間的推移與國際環境的時不我予，以軍事手段為主的反攻大陸神聖目標之追求，逐漸轉變成為以政治手段為主的「三民主義統一中國」的理念訴求。「反攻大陸」的逐漸形式化與去軍事化（demilitarization），使它變成一個政治口號與政治符號。在去軍事化的過程中，國家經濟建設的目標不再以軍事為主要考量，而改以「建設三民主義模範省」為目標，希望以本身政經建設的成就對大陸產生示範性的燈塔效用，以政治號召來統一大陸。從軍事攻勢轉變到政治訴求的過程裡，政府對資源運用的優先順序起了變化，雖然國防預算仍然占國家生產毛額很大的比例，但政府也已經注意到對其他部門建設的需要。

隨著台灣威權體制的轉型、一黨獨大轉變成為多黨競爭、經濟自由化與成長、族群通婚與融合，台灣社會呈現出一片多元而生氣蓬勃的景象。處於這樣一種社會環境中的國軍，隨著時間的發展，過去國民黨政府剛抵台時，以外省官兵為主的軍隊結構，也逐漸轉變成為以本省籍為主的軍隊結構。國軍在思想、價值上也融入這個生氣蓬勃的社會之中。民主政治的價值體系，透過國軍政治教育系統的推動，已經內化到官兵的心中而普遍地被接受。社會與軍隊之間的互動日益密切，社會的價值觀念深深的影響到軍隊。國軍的高層開始注意到軍隊的公共關係與形象塑造，在憲政體制之下，國軍接受國會的監督，透過國會聯絡室的設立，與國會保持了密切的關係。每兩年出版一次的國防報告書，則是向社會大眾說明國家的國防政策，爭取社會對國防的支持。國軍的職能亦轉向以注意國防與軍事事務為本，不再主動插手非國防與軍事以外的事務。在面對社會重大災難時，國軍依法參與救援所發揮的效率與能力倍受社會的肯定。這些例證均顯示出，國軍已逐漸成為一支社會化和市民化的軍隊。

三、軍隊與社會關係的演變趨勢

(一) 文人統制的觀察

　　中華民國軍隊與社會關係演變過程中，最引人注意的是文人統制的議題。因為，國軍擁有合法的武力是否會干預政治或以軍事政變推翻文人統制而組成軍事政府？或者，國軍是否能服從文人統制？特別是在國民黨與國軍關係仍然緊密之情況下，如何建立軍隊國家化與有效的文人統制機制？即使是軍人出身的蔣中正總統也必須運用各種措施與機制使軍隊能接受政府的控制。就三軍最高統帥的總統與軍隊的關係來觀察，蔣中正、蔣經國、李登輝及陳水扁四位總統與軍隊之間的關係，可分為兩個階段：兩蔣與李陳。每一位前任總統都對後一任總統的統治軍隊有著重要貢獻：蔣中正以其地位協助蔣經國在軍中建立政工（政戰）制度掌控軍隊；蔣經國利用軍事與政戰分立，以及抑制政戰勢力擴展，確保軍隊不介入政爭；李登輝運用軍事首長抑制黨內政爭，以及軍中不同派系的對立而確保軍權隸屬統帥；陳水扁總統亦如法炮製。

　　蔣中正為能掌控與確保撤退來台的軍隊之忠誠，先是派任其信任的陳誠將軍為台灣省政府主席，並兼任台灣省警備總司令和台灣省黨部主任，掌握黨政軍大權，後又派任為東南軍政長官公署長官，以確保中央政府移轉台灣之順利進行。蔣經國在蔣中正支持下，藉由掌控情治系統、擔任國防部副部長與建立政工制度而確保軍隊服從其統制。

　　雖然蔣經國總統曾讓時任副總統的李登輝經歷國防軍事相關會議的運作，但李登輝繼任總統後之能真正掌握軍事統帥權，則是在他邀請參謀總長郝柏村擔任國防部長，並由戰略顧問劉和謙接任參謀總長之時。這段經過曾被解讀為是在解除郝柏村的軍權，以掌控最高統帥權。後來，李登輝更不懼社會對軍人干政的爭議與質疑，又邀請郝柏村部長擔任行政院院長，也被認為是利用郝柏村的軍事影響力去壓制當時行政院李煥院長的黨政勢力。陳水扁當選總統之後，邀請國防部長唐飛擔任民進黨首任的行政院院長，也被認為是為了穩定軍心，以免軍隊無法接受一位主張台灣獨立的三軍統帥。姑且不論，當時國軍是否會干預政治，或是有政變的可能性，但就李登輝與陳水扁的決策考量而言，運用軍人擔任重要政治職位，既可避免軍隊干政或軍事政變的可能性，又可轉化敵對陣營的勢力，這似乎是權力爭奪和政權鞏固所必須的政治考量（王桑 1994；羅添斌 1995）。也因此，有人稱之為「李登輝

軍權革命」，將軍權由偉大變渺小，使軍系隔絕於政爭之外（張友驊 民83）。然而，這也呈現出政治人物對於國軍認識的不足，以及對於國內民主化的缺乏信心。以目前國軍的制度與結構而言，任何一位軍事首長都無法進行軍事政變，推翻文人政府。因為主官、管的任期輪調制度的實施，官士兵教育素質的提高，以及官士兵皆是來自台灣社會，更重要的是整體社會並無發生軍事政變的條件，社會民心並不希望因軍事政變而影響到國家社會的穩定與安全。

中華民國第十任總統、副總統選舉於2000年3月18日順利完成投票，民進黨陳水扁、呂秀蓮獲勝當選。一切過程一如歐美先進國家，成為我國成功的第一次政黨輪替。由於國民黨長期執政，不免有人擔心國軍是否服從新任的國家領導人，文武關係是否會產生危機？但參謀總長湯曜明上將在當日下午四時投票結束後，隨即以「國軍的立場與使命」為題發表談話，並代表國軍向即將產生的三軍統帥堅決保證：國軍必定竭智盡忠，犧牲奉獻，捍衛中華民國的國家安全。國軍在開票前，率先宣示服從新總統，展現軍隊國家化、中立化與效忠憲法的決心，而且兼具政局安定作用。從參謀總長的談話中，顯示出近年軍隊國家化的民主成果，以及國軍是維護國家安全的穩定力量，並不會因為政權轉移而忽略其維護國家安全的專業責任，而是依據憲法服從三軍統帥。這也證明了軍隊國家化不只是政黨退出軍隊而已，更重要的是接受民意的決定與選擇。接著，軍隊國家化要能更加強化，就是要能接受民意的監督。

(二) 軍隊國家化與法制化的強化

「軍隊國家化」是民主國家軍隊的屬性之一，也是民主化指標之一。此一概念，早在大陸戡亂時期，便為中共提出作為一種統戰或策略性口號，其最主要的目的在要求「國民黨從軍中退出」，以便共黨容易滲透和掌控軍隊，最終得以奪得政權；因此，在統戰的口號上，共黨宣稱國民黨退出軍隊是達到「軍隊國家化」和「政治民主化」的必經途徑（國防部總政治部 民49, 1039-41）。政府來台後，國民黨仍掌控軍隊，「軍隊國家化」再度成為在野黨與異議人士質疑「黨軍不分」、「軍人干政」的攻擊口號，並作為要求國民黨退出軍中的民主訴求之一（陳水扁、柯承恩 民81, 180-186）。國軍和國民黨之所以受此批評，主要原因在於國軍建軍傳統上的「以黨領軍」，以及軍方屢次介入輔選，有違軍人「政治中立」的立場。

實際上，我國憲法有關於軍隊國家化已有原則性的明文規定。例如第138、

139條即分別規定，軍隊須「超越個人、地域及黨派關係以外，效忠國家，保護人民」；「任何黨派及個人不得以武裝力量爲政爭之工具」。1993年12月14日，立法院所通過的《人民團體組織法》第50條之1，也禁止在軍隊中成立黨部。2000年1月15日立法院通過的《國防法》中，更詳細規定軍隊應「依法保持中立」：軍人不得擔任政黨、政治團體或公職候選人提供之職務；軍人不能被迫加入政黨或參與、協助黨政團體活動；軍中不能有黨的組織和活動（第6條）。

在立法院通過了根據憲法而制定的《國防法》之同時，也通過了《國防部組織法》修正案。前法是國家安全的基本法，概括規劃了國防的體制、軍備，以及全民防衛與軍人權利義務，後法則規範了國防部的組織與職掌。這兩法之通過，成爲我國建國及建軍史上首次法制化的國防軍事機構法源（洪陸訓 民89, 62）。

以往，國防事務被歸屬爲總統轄下的軍令系統，依照1978年所公布的《國防部參謀組織法》第9條規定，「參謀總長在統帥系統爲總統之幕僚長，總統行使統帥權，關於軍隊之指揮，直接經由參謀總長下達軍隊。參謀總長在行政系統爲部長之幕僚長」。此即以往所稱之「軍政、軍令二元化」的劃分。這種國防體系使立法院無法直接監督軍令系統。換言之，軍令系統中參謀總長爲總統之幕僚長，直接聽命於總統，對下直接指揮三軍作戰，可以不必向立法院負責，亦不必接受監督與質詢，使立法院無法發揮對軍隊監督，實現文人領軍的機制，有違民主憲政常規。在《國防法》的規範下，第8條規定「總統行使統帥權指揮軍隊，直接責成國防部長，由部長命令參謀總長指揮執行之」，即軍政軍令一元化理念的具體規劃，參謀總長不再是總統的軍事幕僚長，而成爲國防部長的軍事幕僚長。在行政領導系統上，由代表文人（民意）領軍的總統和國防部長直接統制軍隊；在民意督導系統上，使國會部門（包括國大、監察院）便於透過質詢（調查）、彈劾、糾舉等促使國防部及武裝部隊負起國防軍事安全的責任（洪陸訓 民89, 78）。文人對控制與監督軍隊的法制機制因此得以強化。

(三) 國軍對社會變遷的因應

隨著台灣社會的民主化，社會民意的要求逐透過各種管道反映到軍中。歷經多年的討論與爭議之後，國軍對於這些要求作出各式政策與制度的因應，以顯現重視民意與尊重人民權益的民主。

1992年7月，當時文人國防部長陳履安依職權命令成立任務編組的國會聯絡

室，以強化國防部與國會之間聯繫，期使國防施政能獲得國會支持。參謀本部亦成立國會聯絡組負責國防部國會聯絡室與參謀本部各聯參之間的協調聯繫工作，並指導各軍總部國會聯絡組執行與國會有關之業務。在沒有法制基礎下，其功能雖未能全面發揮，但已經展現出軍隊重視社會民意的具體作為（蘇進強、沈明室 民89）。隨著「國防部組織法」修正通過，國會聯絡室的功能將會更加增強。

自1992年起，國軍逐漸增加招募女性青年進入軍中服軍、士官役，以調節國軍常備役員額及鞏固戰力。在兩性平權的原則上，保障女性的工作權與平等權，這代表了國軍因應社會變遷能力的增強。

鑑於國軍近年招募素質與數量皆未能獲得預定目標，國防部於1998年成立「人才招募中心」，以統合三軍資源，採取民間企業的行銷方式，期能達成提升國軍新進軍士官生的質與量的目標。

1998年4月17日，國防部成立「財團法人國軍暨家屬扶助基金會」，以提高對官兵意外傷亡的撫慰金給與。同年7月1日起，國防部為現役官士兵投保團體意外平安險，以加強對官兵及其家屬的照顧。1999年3月16日成立「國軍官兵權益保障委員會」，負責處理官兵及眷屬權益問題，以擴大辦理申訴、陳情、檢控案件及提供諮詢服務。並於同年8月1日，增聘民間學者專家為諮詢委員，使處理過程透明化與公正化。並預計將之改為常設單位，以有效確保官兵的合法權益。1999年7月15日後，國軍聘僱人員納入全民健康保險，以及預計2001年，國軍官兵暨軍校生亦一併納入，這也代表了國軍對於社會民意與軍中意見的良性回應。

2000年10月3日，國防部配合軍事審判法實施而改編原有軍事審判體系，以減少軍法與司法審判之差異，以及配合國家整體法制之建設。藉由軍事審判符合正當法律程序，而更能保障軍人的司法權益與人權。

2000年2月16日，行政院送交立法院審議「要塞堡壘地帶法」修正案，縮小要塞地帶的管制範圍、取消部分地區管制、減免稅捐，以順應民意及地方建設需要。此外，「國軍軍事勤務致人民傷亡損害補償條例」對於因軍事勤務而不幸造成人民的生命與財產之損害給予補償，這說明國軍日漸重視以法律保障人民的權益。

在台海兩岸長期軍事對峙下，強制性徵兵制度持續影響國內人力運用以及役男個人生涯規劃，加上基於宗教信仰而出現良心拒絕服役問題，在多年議論之後，

政府於2000年2月，為因應社會變遷以及「精實案」後兵員需求之減少，特修正兵役法，增列替代役及通過替代役實施條例，自同年7月1日起實施替代役。以使因宗教信仰、特殊專長的役男能選擇服替代役，既能盡國民義務，也可投入社會為民服務。

以上種種，都說明了軍隊在面對社會民意要求上，不斷調整其內部組織型態與政策，以更能符合社會對軍隊的角色要求，也顯示軍隊已逐漸社會化和市民化，走向與市民社會主流價值融合為一的現代化專業軍隊。

四、我國現行體制關於軍隊國家化與文人領軍的設計與檢討

「文人統制」在國內似可解釋為廣義的，包括習稱的「軍隊國家化」和「文人領軍」。一般論述「軍隊國家化」時，意指軍隊應屬於國家或全民所有而非黨派所有；涉及「文人領軍」時，則視之為「文人統制」的具體內涵之一。一般而言，論者對於前者的強調，是著重其原則性和觀念上的陳述；對於後者之提倡，則是著重其機制和運作程序之建立。

「軍隊國家化」方面，這一概念雖然曾經是中共和在野黨要求國民黨退出國軍的策略訴求，但在政治民主化過程中卻有其正面的意義。在法制上，我國憲法也已明定軍隊應屬於國家、全民所有（如前述憲法第138、139條及《國防法》第6條的規定），亦即明定了「軍隊國家化」。

一般而言，「軍隊國家化」指涉軍隊不屬於黨派、地域和個人所有，而是為國家和全民所有時，則由國家構成要素所包含的主權、領土、政府和人民來看，軍隊的使命或任務就在於確保領土與主權獨立、維護政府與人民安全。而為達成這項「神聖」使命，必須在代表國家、人民的政府領導之下來進行。也就是「文人領軍」的實踐。換言之，「軍隊國家化」理念的實現，在於「文人領軍」的落實；軍隊服從民選的文人政府領導，也就是盡其效忠國家、保人民的責任和榮譽。

「文人領軍」方面，我國現行法規，基本上也已含有原則性的規定。例如憲法第36條規定：「總統統率全國陸海空軍」；第140條規定：「現役軍人不得兼任文官。」在文人監督軍隊的機制上，例如：總統有行使宣戰、媾和權（38條），可以

宣布戒嚴（39條）和緊急命令（43條），以及任免文官（41條）；立法院有立法權和預算案等議決權（35、36條）。此外，我國是民主政體，除總統由人民直選外，新通過的《國防法》規定國防部長為文官職（12條），《國防部組織法》亦規定國防部員額上，文職人員之任用，不得少於編制的三分之一（15條）。除了政府的行政、立法機構可以透過以上規定，對軍隊進行涉及軍隊及軍事事務時發揮監督作用以外，另一方面，也要求軍隊服從由民選代表制定的憲法。如《國防法》第5條規定：「中華民國陸海空軍，應服膺憲法，效忠國家……」。

理論上，軍隊維持「政治中立」，是合理的、也是理想的行為模式。但在實踐上，要完全落實，卻是一件高難度的工程。這一理念，不僅在國家遭遇武力政爭之時，可能只成「具文」（陳新民 民83, 297），在第三世界許多政變、干政頻仍的國家中，軍隊更是成為「干政者」（Nordlinger 1977）。即使在民主國家，軍隊要完全擺脫政治的影響，或文人政府決策要完全摒除軍人參與，事實上不可能。這也就是何以簡諾維茲和范納爾等學者（Janowitz 1960; Finer 1976; Purlmutter 1981）不同意杭廷頓提出的政治中立的論點。

1920年代威瑪共和國時期的國防軍曾一度致力於成為「政治絕緣體」，軍隊完全脫離政治，成為一個封閉的專業團體，其結果，只是造成軍隊因不懂政治而盲目效忠國家，最終成為希特勒的獨裁與侵略的工具（陳新民 民83, 301-303）。相反的，要讓軍隊適度地參與政治活動，也並不容易。以1950年代的西德新軍為例，當時允許政治理念進入軍中，在軍中實施政治性討論課程，雖有助軍人民主價值之建立，但卻難於摒除黨派意見的影響（ibid., 304-306）。

不過，上述關於文人對軍隊的統制，在制度設計（法律規定）上，並不十分明確。首先，政府各部門，特別是立法、行政、司法部門，有哪些具體方法監督軍方？以立法院來看，目前只有預算權、諮詢權和調閱權，是否需要增加像美國國會的調查權？其次，各部門之間的統制權限如何劃分？如發生爭議或衝突時，如何及由誰解釋或折衝？再次，國防部長及三分之一文官是否可以由具有軍職背景者轉任？是否需限定在退役一定時間後（如美國國防部長需軍職退役十年後）才可任命？最後，軍人服從文人領導的界限如何？服從是否是絕對的？如果文人領導者明顯的違憲違法、違背道德原則或政治承諾，軍隊是否要服從？這些問題，目前我國的法規尚無明確的界定，亟待釐清和加以具體的規範。軍中也應開設相關課程，加

以充分討論。

最後，憲法第140條規定「現役軍人不得兼任文官」，其立憲用意在於防範軍人干預政治。但目前政府某些部門中，雖基於文人領軍需要而設有文職，但卻仍以軍職為主。這種現象存在於國安會、國安局、國防部和海巡總署等單位中。以國安局為例，其成員仍以軍職為主，局長常由軍方將領派任；「以軍職人員來指揮政府機構如調查局和警政署，雖非兼任文官，但事實上等於干涉文官事務，恐怕亦與憲法的精神不符」。[14] 因此，在文人領軍的制度設計上，是否亦需建立文人或國會對國安局的監督制衡的機制，修法明定國安局向立法院負責，接受立法院監督。

「徒法不足以自行」。不僅在制度設計上需要具有文人領軍的規定和機制，更需要從文武雙方的機構及其領導者本身的互動中塑造統制與服從的行為模式，培養領導與服從的軍事倫理。換言之，如何透過政治社會化或政治教育途徑，培養軍人效忠國家、服膺憲法、服從統帥與政府的信念，以及接受文人領軍的倫理，同樣是落實文人領軍的必要條件。

國軍的政治教育是政戰制度的主要工作之一，其目標在於，一方面透過通識教育和「國是共識」教育，培養人格均衡、學養豐富、忠貞愛國、守法重紀，具民主法治素養的專業軍人（穿軍服的健全公民）；另一方面透過精神教育，陶鑄一個有民族精神、忠貞志節、敵我意識及犧牲奉獻精神的標準軍人（李東明 1998, 8）。標準軍人的倫理，即在於「主義、領袖、國家、責任、榮譽」五大信念的信守。半世紀以來，國軍在政治教育方面的推動不遺餘力，也相當具有成就。不過由於意識形態及人治色彩較為深厚，也遭遇不少質疑。例如，所謂「黨化教育」、「反台獨」，以及「主義」、「領袖」是否侷限於黨派的意識形態等。軍方的解釋是，憲法第1條標明：「中華民國基於三民主義」，因此，軍隊以保護憲法為職責，奉行「主義」理所當然；至於「領袖」，則是對三軍統帥的總統的服從，且亦可泛指對部隊直屬指揮官的服從。此一解說還算言之成理，依現行憲法也算依法有據。2000年的總統大選後，國防部即仍然宣稱此「五大信念內容不變」。[15]

不過，首先就「主義」而言，在國人深受意識形態灌輸和教化的氛圍中，不論是執政者對傳統意識形態的堅持，或是在野者不同意識形態的宣傳，都還不能或不願面對社會價值變遷而作調適時，換言之，在各自堅持的意識形態還是不能免於受到來自雙方或大眾的質疑，要維持或改變對「主義」的信仰，恐怕還要時間。現

行憲法和國民黨以及軍方所堅持的三民主義，雖有歷史傳統（以黨、主義建國）和基本學理（民主、自由、均富）上的正當性，但在黨禁解除、政黨政治形成後，不同黨派亦有其不同信仰，在無法取得共識，無法說服不同黨派的情況之下，要成為社會價值共識，並進而成為軍中官兵信仰中心，恐怕單憑憲法上的標明依據仍然不夠。再就「領袖」而言，在深植於中國文化傳統中，無論是文人領導者，或特別是軍事領導者內心中，那種偏好個人威權掌控一切的歷史遺緒還難於或尚未能淡化之前，要改變對「領袖」的「鞠躬盡瘁」，也恐非易事。

在主張或傾向台灣獨立的政黨執政過程中，統獨意識形態的爭議，仍可能是掌握軍中政治教育方向的難題。「台獨」包括行為上的實際獨立行動，以及言論上的政治主張或理念訴求。前者在現行法律上雖無直接禁止獨立行動的規定，但依據《國家安全法》第2條之規定：「人民集會、結社，不得主張共產主義，或主張國土分裂。」[16] 則訴諸實際的獨立，可解釋作，是使台灣脫離中華民國的分裂行為，是違背其規定的；但後者則為憲法的言論自由權所保護，以往台獨聯盟成員在海外主張台獨而於解嚴後被判無罪即是例證。因此，國軍之「反台獨」是反對實際的獨立行動，還是反對言論上的主張，應予釐清。2000年3月8日新總統選出後，國軍曾再度宣稱反台獨立場不變，「國軍愛國教育結合政府政策將反台獨列為施教重點」。[17] 在稍後於5月10日總政戰部頒行軍中的「國軍政治教育的目標」圖表中，雖然已不明指「反台獨」，但仍強調國安法有關不得主張分裂國土的規定。此一態度轉變是有助穩定軍中長期接受反台獨政治教育的官兵心理，但在民間黨派和部分人民仍主張甚至堅持尋求台灣獨立並同時質疑軍中反台獨教育時，則如何調適官兵的認知和凝聚官兵的共識，以建立軍人服從文人政府領導的倫理和行為模式，是今後國軍政治教育必須審慎研訂的重要課題。

「軍政、軍令一元化」是文人政府統一和集中對軍事和軍隊領導的有效途徑之一，在行政領導系統上，由代表文人（民意）領軍的總統和國防部長，直接統制軍隊，指導和督導軍事安全政策的執行；在民意監督系統上，使國會（或立法、監察）部門便於透過質詢（調查）、彈劾、糾舉等方式，促使國防部及武裝部隊負起國防軍事安全的責任。因此，「軍政、軍令一元化」既是落實「文人領軍」的途徑之一，也是實現民主政治的指標之一。新定的《國防法》第8條所規定的總統「行使統帥權指揮軍隊，直接責成國防部長，由部長命令參謀總長指揮執行之」，就是此一理念的具體規劃。

　　然而，在現行憲政體制尚不明確的情況下，「軍政、軍令一元化」尚無法眞正達到「文人領軍」的目的。根據我國1978年公布實施的「國防部參謀組織法」第9條規定：「參謀總長在統帥系統爲總統之幕僚長，總統行使統帥權，關於軍隊之指揮，直接經由參謀總長下達軍隊。參謀總長在行政系統爲部長之幕僚長。」這就是一般所稱的「軍政、軍令二元化」的劃分：軍令系統上，參謀總長爲總統之幕僚長；軍政系統上，則爲部長的幕僚長。在實際運作上，導致參謀總長與國防部長之間的角色與職掌混淆不清，參謀總長有權無責，對上直接聽命於總統，對下直接指揮三軍，但卻不必向立法院負責，不接受監督、質詢；國防部長有責無權，無法直接指揮部隊，但卻需對立法院負責，接受質詢。使立法院無法發揮對軍隊的監督，實現文人領軍體制。此外，國防法立法過程中，執政黨和軍方雖能體察文人領軍的民主潮流，將參謀總長軍令系統納入文人國防部長指揮體系，改正以往的缺失，但是，當軍政、軍令指揮系統向上延伸到統帥層次時，同樣遭遇到總統像以往的國防部長之「有權無責」，立法院對總統缺乏監督機制，文人領軍理念仍然無法落實。觀察當前憲政體制，憲法經過幾次修改，總統權力大幅擴張，但仍以行政院長爲最高行政首長，由他向國會負責；另一方面卻又讓總統在憲法上透過國安會和安全局掌控安全、情治系統，透過統帥權和國防法掌控軍政、軍令一元化後的軍事系統，總統所掌控的軍、政大權既不受國會（民意）的監督，徒由掌實權的行政院長和國防部長向國會負責，如何能實現民主政治和文人領軍？進一層分析，依現行國防法第8條規定，卻又將行政院長架空，排除在軍權系統之外，則院長是否就不必爲國防軍事負責了？

　　實現「軍隊國家化」和「文人領軍」，並不能保證實現政治民主化。首先，就軍隊國家化而言，軍隊可以超越黨派、地域、個人，爲國家所有，固然可避免軍隊淪爲黨派或獨裁者政爭工具，但是也可能提供了軍隊干政的藉口；一旦軍方的集團利益遭受（或自認爲遭受）侵害時，或文人政府庸化無能，而軍人試圖取而代之時，軍人可以宣稱它是爲了「國家的」利益或「國家的」安全秩序，因爲軍隊是「國家的」，國家的利益和安全是軍人的責任（Nordlinger 1977）。其次，就「文人領軍」而言，這一模式並不限於民主國家。共黨國家極權體制中的「以黨領軍」和傳統帝王時代專制政體下的政軍關係，也是「文人至上」和由「文人領軍」。這些事實表明，軍隊國家化和文人領軍的現代意義和價值，是需要建立在民主政治的基礎之上的。可以沒有民主化而實現軍隊國家化，但不能沒有軍隊國家化而能夠民

主化；可以沒有民主政治而達到文人領軍，但不能沒有文人領軍而達到民主政治。

五、我國文武關係發展的展望

　　軍隊為社會組織的一部分，軍隊的活動更離不開與社會的交流互動。雖宜保持政治中立，但仍離不開政治與社會的影響（Janowitz 1960, 322-42）。隨著《國防法》的制定與《國防部組織法》的修訂，文人統制以及軍隊與社會之間互動關係架構的建立，仍有待訂定相關的執行法令和建立制度化的運作模式，以確立中華民國穩定的文武關係，以及軍隊與社會良性的互動關係。換言之，還需要從最根本的憲政體制上有關文人領軍機制的修訂，以及相關法律的配套規劃，才是把握文人領軍正確方向和落實成效的首要之務。筆者提出以下幾點原則性意見，作為具體規劃時的參考。

(一) 理性看待軍隊與政治的關係

　　民主國家的文武關係建立在文人統制的基礎上；民主政治體制的運作過程和成功保證，需要穩定而良性的文武互動關係，其核心即在於文人統制（洪陸訓 民89）；在此基礎上，文人政府從事國防決策，軍隊負責執行；軍隊有服從文人領導者的義務，而文人對於軍事專業領域之事務應給予軍人相當的自主與尊重，以建立和諧的文武關係。就個別軍人而言，他本身也是社會的公民，其應有的政治權利仍應予以保障，應透過制定法令規定予以規範。例如美國國防部有關軍人參與政治活動、表達政治意見與結社的權利都有詳細的規定。[18] 而此一互動模式之建立，端賴透過政治社會化途徑，一方面藉由社會公民教育，增加人民對軍隊和軍人的瞭解，培養文人精英對軍人的尊重和領導軍人的素養；另一方面，藉由軍中的政治教育，培養軍人服從文人領導的倫理，以及增進民主法治素養，融入社會價值體系，才能落實文人統制的目的（洪陸訓 民88a）。軍隊是政府或國家從事戰爭的工具或手段，自當服從政治人物的決策，但此一工具性角色是由人所組成，亦由人來領導，雖然可由法治體制嚴格加以控制，但更應基於維護軍隊「集團利益」、保障官兵個人權益和尊重軍人專業來進行領導。克勞塞維茲關於戰爭與政治關係的古典意涵，至今仍有值得借鏡之處。

(二) 建立軍事專業主義化的軍官團

　　軍事專業主義為文武關係中「客觀文人控制」模式的機制，此一機制的有效發揮，有賴於建立一套適合國情的軍事倫理或正確的「軍人心態」，它以保守的現實主義為基礎。此一倫理特別強調服從和忠誠為軍人最高德行；視戰爭為政治的工具；以及軍人為政治家的僕人（洪陸訓 民85a）。西方民主政治體系中，軍隊被視為應該服從於文人領導階層。同樣重要的是，文人領導階層任命高層軍事領導者，是基於其專業技能而非以政治為取向，軍事專業者被認為應全心全意地將他們的時間和精力投注於軍事能力的增強和提升。專業軍官以為國服務為理想，在實踐上，他必須效忠於被普遍接受的國家權威的單一體制，如果政府機構之間相互競爭和意識分歧，則專業主義即難於達成。憲法的意識形態和對政府忠誠的衝突會導致軍官團的分裂，並將政治的考量和價值觀強加於軍事的考量和價值觀之上。因此，政治勢力不應以政治立場強加於軍隊的軍事專業主義上，傷害到軍事專業對國家安全的專業判斷。

(三) 強化對社會及國會的溝通

　　國防事務要獲得社會與民意的支持，就必須讓社會大眾瞭解與接受批評。藉由國防事務的透明化與國防資訊的交流，以及立法院的監督，讓民眾瞭解國防建設的需求與成果，以爭取支持國防計畫與預算、建立對國家的信心，當國家受到戰爭威脅時，而能動員全民防衛作戰。因此，國防部發言人室與國會聯絡辦公室的功能應予以加強，美軍與國會互動的經驗值得參考（Armor 2000）；亦可學習美國國防部公共事務部門以辦理公共關係與公共事務的方式，促進民眾對國防事務的認識及支持。設立屬於國軍公共關係或公共事務訓練的專責機構或課程，以更專業的方式促進軍隊與社會的良性互動。立法院則應加強對國防事務的認識與監督，可藉由專業助理或立法院研究人員的協助而成為專業的國防立委。

(四) 強化國會對國防事務和國防體制的監督角色

　　軍事體制經常由於保守與封閉的特色，使得自我檢討與決心改革的動力相對不足。但是如能透過外部——特別是國會的監督和立法，將有助於促使軍方進行持續且必要的革新，以健全我國國防軍事體制的運作。因此，在強化國會監督的角色上，美英日等先進民主國家制度的設計值得參考。例如，可以擴大立法院對主管國防事務主官、管和高級軍事領導者的人事任命案的同意權；賦予國會調查權，以揭

發和防杜軍中重大弊端；國會內設置國防專業幕僚與輔助機構，以提供議員諮詢與監督之資料分析等，均為可行作法。此外，對於國防機密之範圍與等級的明確劃分與重新律定，亦有助於國會對軍隊的監督（陳水扁、柯承恩 民81, 206-208）。

(五) 落實國防與軍事政策執行機構的文官化

我國涉及國防安全的文人機構，包括了國安會、國安局、國防部、行政院海岸巡防署與退輔會。這些機構應以文官任職為主。但是依照我國現有的規定，只有國防部長和海巡署署長特定為文官職。[19] 其他職位（包括國安局長）均明定軍、文通用，這給予軍方大量派任軍職的空間，條文雖有限制軍職不得超過三分之二的規定，[20] 但是目前這項規定的落實尚處過渡時期，文職比例並未到達三分之一，而且目前國防部長仍以軍職轉任。美日等國的國防部與防衛廳內部之主管均由文官擔任，美國三軍部長甚至皆由文人出任（蔣金流、陳砰 1989；陳水扁、柯承恩 民81；太平善梧、田上穰治 1987）。反觀我國國防部，僅副部長一人由文人擔任，部長為軍職轉任，其他常務次長、各司、局主管，不是軍職，就是軍職轉任。在文人領軍制度轉型的過渡期中，為安置原有軍職人員不得不有此權宜措施，但從長遠來看，在制度的規劃上，似應把握以下幾項原則：第一、國防部正副部長及一級主管應由文人派任，並應經立法院同意任命，其他職位亦應以文官為主；上將及中將主官應經立法院同意後任命；第二、文官職正副首長及一級主管，不能由甫自軍職退役者擔任，應設定年限（如退役5-10年後），始可轉任文職；第三，各總部和技術、後勤、教育、政戰等專業單位，亦可聘任適量文人；第四，文官之考選任用調升，亦可考慮由文人單位（如國防部、考試院、行政院人事行政局或另立考選單位）執行，以避免軍方壟斷人事權，間接達到文人監督的功能。

(六) 修訂軍政軍令一元化相關規定的缺失

透過進一步的憲法和法律修訂，一方面釐清軍政一元指揮體系及其接受國會監督的機制，另一方面，明確規劃行政院與國家安全會議的職權分工和角色。對於前者，宜將行政院長納入總統和國防部長的一元指揮系鏈中，使軍政軍令一元化，形成上下一貫的完整體系，並修訂總統權責相符、接受文人監督的機制，真正有助文人領軍和政治民主化的落實。就後者而言，國家安全會議既以總統為主席，為總統的諮議機關，而又將行政院長納入會議中，且規定需接受立法院監督，則其角色功能如何釐清和定位，實值得深入思考。

(七) 促進軍人的「文人化」和文人的「軍人化」

軍人固然不能干預政治決策，文人也不宜干預軍事的運作；軍人必須服從文人的領導，文人也應該尊重軍人的專業。在強調文人領軍的民主典則時，一方面要求軍人精英具有適度的民主法治素養、國際宏觀前瞻，理解民主政治運作過程和社會主流價值取向；另一方面也要求文人精英具有相當程度的軍事常識，瞭解軍事決策過程、國家軍事戰略和軍隊特性與軍人思維。文人精英在國家安全戰略上必須提出宏觀的政治判斷與指導，使軍人精英得以藉此訂定其專業的軍事戰略與軍事政策。文人統制軍隊不能過於依賴權術，軍人服從文人亦不能過於遷就政治取向。

在具體作法上，適度地培養文武雙方從事軍政工作所需要的知識（甚至是學歷）和經驗是必要的。例如，文職人員（特別是擔任領導國防和軍事政策的文職人員）之派職，以其具有國防實務、委員、助理和研究工作等的經歷為優先；軍職人員則選優送民間研究所進修，或增進其從事與文人政府（特別是國會及國防安全或相關機構）協調的工作經驗。

(八) 軍人參與政治活動的規範

落實軍隊國家化和文人領軍，必須明確律定軍人依法參與政治活動的範圍和限制，一則保障軍人政治權利，再則可規範軍人不當介入政治。上述《國防法》第6條所規定的，軍人「依法應保持政治中立」的項目並不夠具體，仍有待詳細擬訂。2001年9月4日國防部以行政命令公布「國軍現役軍人及軍事院校學生參與政治活動宣導事項」（青年日報 9/5: 1），作為官兵參與政治活動之參考依據，是一進步的做法，但仍有諸多模糊之處，且未法制化，其拘束力如何，仍有待檢驗。美國國防部於1986年依《美國法典》所制定，並經1990、1994年兩次修訂的《武裝部隊現役人員政治活動》規定，以及1996年頒布的《美國武裝部隊成員之異議、抗議活動處置綱領》是值得參考的。

(九) 政戰制度與政戰功能的重新定位和規劃

在文人領軍體制下，重新思考政戰制度的定位，將原先作為以黨領軍的工具角色轉化為促進文人領軍的教育機制。確立政治作戰目標是在於：對內培養部隊精神戰力，對外促進軍民、軍政關係；平時從事軍隊政治社會（政戰實務）工作，戰時執行政治（六大）作戰任務。

依據軍政軍令一元化原則，在國防部總政戰局與參謀本部、各軍種總部的縱深層級間，以及各層級與軍令、軍備部門橫向關係間，其職掌權責上宜有明確的劃分。總政戰局著重軍政業務，參謀本部以下政戰機構著重軍令業務，軍政督導軍令。政戰部門協助軍令與軍備部門完成任務，在軍令部門，以強調政戰幕僚專業功能，平時協助部隊管理，戰時協助軍事作戰；在軍備部門，以強調政戰監察專業功能，平時協助防弊端、防腐化，戰時協助軍備動員。

(十) 強化政治作戰專業化取向

依據政治作戰目標所需，規劃組織編制與執掌權責，彰顯政治作戰專業功能，置重點於心戰、文宣、政訓、心理輔導、軍紀監察、軍事安全、社會工作與公共事務（新聞），避免涉及非政戰專業職務。政戰專業職務需保持獨立行使者（如監察與軍事安全）宜重新規劃，彰顯軍政軍令一元化之特色，俾有助文人領軍的實施。關於軍隊政治中立的規定（如《國防法》第6條所規定之限制活動），應明訂於《政治作戰要綱》中，並擬定具體作法，以彰顯軍隊國家化之精神，並強化專業主義之本質。有違軍中人權與有礙軍政幹部關係之慮者（如思想、安全考核及政戰工作通訊），應排除黨派色彩與主觀意識而客觀考量、理性對待，以確保人權及軍政幹部和諧。對於政治作戰專業功能，則應持續研究發展，結合相關的學術理論與現代戰爭型態及概念，建立政治作戰之思想體系與工作準則；並在實用上，發揮軍民橋樑、軍政融合劑的功能，促進國軍的民主化與社會化。

(十一) 政戰制度的智庫角色

總政戰局應設置負責政戰制度（政策）規劃及考核單位與智庫，以強化政策決策品質與功能。總政戰局負責政戰制度的決策與規劃，在局內可設置政戰計畫（總）處負責施政方針計畫、專案計畫等研究發展與考核，以及國會連絡與公共事務。此外，應設立政戰研究智庫，進行政戰政策與相關議題的研究，以提供政策建議與具體解決方案。智庫可設置於政戰教育機構（院校），並由總政戰局副局長擔任中心主任，以收統籌管理之效。

(十二) 袪除本位主義，從事前瞻性、整體性的組織再造。

政戰制度的組織再造，無論其規模大小、職權劃分、責任歸屬、員額調整、甚至名稱更改，宜從國軍整體資源的整合作長遠的考量。如體認到政戰工作是古今中

外之任何國家、任何軍隊、任何戰役或多或少所不能缺少的作為,則目前之政戰體系及其成員,即不必憂慮其既有權益會萎縮或消失。已規劃成立的國防大學,將原有的三軍大學與醫學、管理、理工三個各自獨立的學院整合爲一體,其效果不僅使軍事院校在《軍事教育條例》規範下法制化,並且在資源節約與共享方面,更能發揮功能,如師生可作跨學院、所、系之任教與選課,各層級領導幹部及幕僚的人事流動上,反而可擴大調整的空間。從這一角度來看,則政戰學校之納入此一綜合性軍事科學學府,實可再作考量,此不僅有利於政戰制度發展及其幹部教育,更使國防大學在增加軍事社會科學院後,眞正成爲完整、綜合、多元的國軍最高學府。

結　語

台灣軍隊與社會關係演變過程中的顯著特徵之一,是軍隊不僅介入政治,而且涉及社會活動。然而,雖介入政治卻並未引起軍政衝突,雖涉及社會活動,卻未干預社會的正常運行和人民的正常活動。其主要原因在於「文人至上」的基本原則已奠定基礎。在戒嚴時期,是「黨國體制」下的以黨領軍,透過國民黨機器對各階層的滲透,有效發揮了對內穩定安全,對外嚇阻中共入侵的工具性角色。同時,軍隊也適度展現了軍民互動的分寸,基本上做到以安定軍民共同利益爲考量,在一定的法律規範(即使並不健全)下與民間社會進行良性的互動。

從本章對於國軍與台灣社會關係演變過程的探討中,明顯地可以看出是從社會軍事化向社會化軍隊的轉變。從社會面向來看,台灣社會是由戒嚴時期的軍事化社會轉變爲解嚴以後的市民化社會;從軍事層面看,國軍由戒嚴時期的政治化軍隊轉變爲解嚴後的社會化軍隊。若從體制上觀察,則是由「以黨領軍」轉型爲「文人領軍」。此種轉型(軍隊與社會關係演變)的過程,如從台灣政治發展的角度來觀察,則是在威權體制民主化軌道上,與政治發展進程相伴而行的。換言之,軍事化社會和政治化軍隊是戒嚴時期威權政治體制主導下的產物;市民化社會和社會化軍隊是在解嚴後,民主化政治體制轉型中所導致的結果。然而,值得強調的是,軍隊在台灣成功的政治發展過程中,其重要性並不亞於經濟、教育、媒體和政治精英等所扮演的角色。只不過軍隊的角色卻長時期爲國內政治發展研究領域的學者所忽略。

在武裝力量與社會關係（或相對狹義的文武關係）研究領域中的學者，部分主張，民主國家的武裝力量應保持「政治中立」，不僅不能干預政治或發動政變，甚至也不能介入社會活動，影響到人民生活。另一部分則從實際面觀察，認為武裝力量本身處於政治—社會環境中，不可能脫離此一環境，甚至應積極地去認識它和適應它。換言之，軍人，特別是軍事領導者，應瞭解民主社會的核心價值，並在法制規範下積極參與其活動。回顧我國在戒嚴時期以黨領軍威權體制下的軍隊與社會關係，似乎可從上述後一種論點獲得某種正當性（至少在理論上）的支持，甚至解嚴後至今，軍方仍持續參與部分社會活動，也有了其適當性。不過，戒嚴時期的威權統治，固然有人為其辯護，指出這是政治轉型所需要的穩定，軍事化統治有其必要，且以並未如第三世界國家發生政變或社會大幅動亂作為佐證，但由以人權為主要指標的民主發展角度來看，軍隊對社會與政治的介入，其正當性仍然受到質疑，而質疑者的理由，就是從上述第一種觀點得到支持。

總之，台灣軍隊與社會關係的演變應從台灣的社會變遷和政治民主化發展的過程來觀察。一方面，展望未來，軍隊的角色固然將配合台灣政治民主化的「鞏固」而做相應的調適與轉型為社會化、市民化的武裝力量；另一方面，回顧過去，則不應忽略一項事實：儘管戒嚴時期的政治—社會有其弊病，但何以既不至於像第三世界國家的軍隊，動輒發生政變或導致政治不穩，也不至於像共黨國家，雖同樣「以黨領軍」，但卻能使民主化轉型成功？台灣軍隊與社會的關係或文武關係，顯然有其特殊的性質、演變過程與結果，如進一步探索，似可建構一項適於描述或解釋台灣或其他類似國家的文武關係的模式。

《國防法》與《國防部組織法》的通過，代表著國家國防體制進入了另一個新紀元，朝向軍政軍令一元化發展，落實西方民主國家文人領軍的國防體制，使我國成為一個真正成熟的「鞏固型」民主化政府。政戰制度是國防體制的一部分，在國防體制發展新紀元時，政戰制度也必須順此趨勢，朝向法制化、專業化而發展。政戰制度在兩法中獲得了法源的基礎，證明政戰制度在過去時代的功能已為國人所肯定。但隨著法制化之後，政戰制度更須因應新時代的挑戰。特別是隨著國軍二代兵力的相繼成軍和精實案第一階段任務的完成，對部隊整體效能與幹部專業能力亦相對提升，政戰制度更應展現其專業能力，以因應21世紀資訊化、科技化與專業化時代建軍備戰的需求。

　　本章指出，我國國防二法通過後，並不表示已完全實現了民主政體中的文人領軍，更非僅以國防部長由文人擔任即表示是文人領軍。要能使文人領軍理念與實際兼顧而又能發揮文人領軍的功能，就有賴以下的幾項作法：第一，是制度的設計。所謂制度的設計，是指有關文人領軍的憲法的規範和相關法令規章的訂定。詳訂文人對軍隊的領導和監督機制，以及軍隊從事軍事專業而不干預政治的分際。例如，憲法和國防法上明定國家元首為三軍統帥，並賦予宣戰、終戰、媾和、動員、發布戒嚴或緊急命令、召開國安會議、軍官任命等權力；立法機構負有預算、撥款、任官同意、調查、質詢、彈劾、糾正等權力。第二，是組織的建立。根據表現文人領軍基本原則的制度設計，進一步依文人決策與軍人執行的分工原則，設官分職，明定軍政、軍令指揮體系。例如，國家安全會議、文人國防部長和國防文官的設置；領導和監督程序的規劃；國防與軍事專業幕僚機構的設立；培訓文、武雙方之國防、軍事人才機構的建立等。第三，是文人領導軍人和軍人服從文人倫理的培養，亦即需要從文武雙方的機構及其領導者本身的教育與互動中塑造領導與服從的行為模式，培養領導與服從的倫理。換言之，如何透過政治社會化或政治教育途徑，培養軍人效忠國家、服從憲法、服從統帥與政府的信念；融入社會文化價值系絡，使軍人服從文人領導；融和文化價值，成為軍人的價值觀與行為習性。另一方面，文人相對的，亦需養成對軍人專業與自主的尊重；軍人既不能干政，文人也不得干軍。第四，是文人領軍精英的培養。要有效達成文人領軍的目的，還需要使之制度化或長期形成慣例的培養領導國防軍事的精英。例如，出任國防部長或領導軍事的文人，必須對於國防管理和安全戰略有相當程度的瞭解，或具有與國防、安全和軍事相關的工作、研究、教學經驗，對軍隊的組織和任務特性有相當程度的認知，才能在能力上和聲望上發揮文人領導的功能。軍人相對地也有機會接受民間大學研究所教育，瞭解民主政治的遊戲規則與社會價值的主流趨勢，這對於形塑服從以民意為依歸的憲法和文人政府的價值觀和行為模式，都有莫大的幫助。最後，特別值得重視的是，政府宜致力促進軍隊與社會、政府的接觸與互動，以增進相互的瞭解、認同和合作；袪除軍方封閉僵化的心態和思維，接受民主社會多元化、人性化管理和容忍批判及接受監督的民主素養和文化價值。民主法治素養越高的軍隊，越能凝聚軍心，越能接受文人的領導。當然，適度尊重軍隊的專業自主性和致力照顧軍人的福利，也是有效領導軍隊的途徑。

註　釋

【1】本章由以下兩篇論文修改補充而成。一文是〈中華民國軍隊與社會關係的演變（1945-
2000）——從軍事化社會到社會化軍隊〉。發表於「台灣國防政策與軍事戰略的未來展
望」國際學術研討會，與莫大華、段復初合著；另一文是〈我國國防二法通過後文人領軍
的觀察〉，民90年3月發表於《國防政策評論》1(2)：7-38。

【2】中國國民黨於1924年6月16日在廣東省珠江三角洲黃埔島成立黃埔陸軍軍官學校，咸認為此
為中華民國國軍建軍之始。

【3】Andrew Ross認為軍事化狹義的是指「軍事整備」（military build-up）概念，廣義的是指導
致「軍事主義」（militarism）的過程，此一軍事主義被認為偏好暴力和軍事手段，或稱為
「心態上的軍事主義」（militarism of the mind），引自Martin Shaw（1991）書，頁9。

【4】"Excerpts from Acheson's Speech To the National Press Club," Jan. 12, 1950. https://web.viu.ca/
davies/H102/Acheson.speech1950/htm. accessed 2016/3/24.

【5】*American Foreign Policy, 1950-1955: Basic Documents, II* (Washington, D. C.: U. S. Government
Printing Office, 1958), p.2467.

【6】United Nations Treaty Series, CCXLVIII (New York: The United Nations, 1958), pp.214-216.

【7】United States at Large, LXLX (Washington, D. C.: U. S. Government Printing Office, 1955), p.7.

【8】行政院國軍退除役官兵輔導委員會，http://www.vac.gov.tw。

【9】例如，國軍提倡的「新文藝運動」就與「現代文學論戰」及「鄉土文學論戰」發生衝撞，
而軍中的文藝就曾經被指為「反共文學」與「反共八股」。關於這點，尼洛（李明）在其
為王昇所寫的傳記中有所說明與辯護。見尼洛，王昇，險夷原不滯胸中（台北：世界文物
出版社，民國84年），頁274-283。

【10】另外兩項資料來源為：台灣研究基金會國防研究小組，《國防白皮書》（台北：前衛出版
社，民81），頁107-108；民主進步黨中央黨部，《民主進步黨政策白皮書》（綱領篇）
（台北：政策研究中心，民82），頁264-265。

【11】有關政戰制度之內容、功能及其存廢爭論，參閱洪陸訓 民89；民88，附錄一、三。

【12】另外，根據曾經擔任總政治作戰部文化宣教處少將處長的李東明博士表示，國軍政治教育
的功能主要可以區分為五大項：第一、確保軍隊國家化；二、促進國家整合；三、提升軍
隊價值體系；四、建構軍隊價值體系；五、延伸公民教育。見李東明，〈國軍政治教育的
回顧與展望〉，軍事教育學術研討會論文集，（台北市：政戰學校，民87年10月）。

【13】例如在1953年國軍曾經對福建外海的東山島實施過突襲。

【14】〈劉冠軍案顯現國安局的體制弊竇〉，《聯合報》社論（民89年9月25日），版2。

【15】〈國軍反台獨立場始終未變〉，《青年日報》（民89年3月22日），版2。

【16】《國家安全法》第2條已在2013年修訂時刪除。相關例證，筆者將在本書下版補充新**趨勢**
時重新引證修訂。目前國內政治生態上的統獨意識形態爭端，以及現行憲法領土範圍規定

與現況落差，導致軍方在政治教育上「為誰而戰、為何而戰」不時受到質疑，仍是軍事倫理教育的一大挑戰。

【17】〈軍人五大信念內容不變〉，《青年日報》（民89年3月29日），版3。

【18】 DoD Directive 1344. 10: Political Activities by Members of the Armed Forces on Active Duty. http://www.defensselink.mil/dodgc/defense-ethhics-regulation/1344-10.thm.

【19】《國防部組織法》第13條；《海岸巡防署組織法》第11條。

【20】《國防部組織法》第15條；《國家安全會議組織法》第11條；《海岸巡防署組織法》第11條規定軍職不得逾編制員額三分之二。

　　自從柯恩（Richard Kohn）的一篇論文——〈失控？文武關係的危機〉，在
1994年的《國家利益》（*National Interest*）雜誌上刊登後，就引發美國學術界關
於研判美國文武關係是否失控的許多爭議。柯恩認為：軍隊的政治化，使美國的
文武關係正面臨失控的危機。美國文人統制軍隊的體系的平衡已被破壞，軍隊在
這一體系的權力平衡上已占居上風，文武關係已產生「危機」。他指出，當前的
美軍比美國歷史上任何時期的軍隊更疏離其文人領導階層，不同聲音也更多。更
嚴重的是，柯恩認為武裝力量正變成「共和黨化」（Republicanized），亦即，受
單一政黨的支持者所支配（Kohn 1994, 3）。部分學者附和此一看法，被稱為「危
機派」（crisis school）（Johnson & Metz 1995a, 201）。有的學者則認為美國文
武關係並沒有「失控」，甚至在爆發危機的情況下也不至於如此。吉柏森和斯奈
德（Christopher P. Gibson & Don M. Snider）認為這只是處於轉折階段，顯示軍人
的影響力逐漸增強而已（1997）。但儘管雙方有此爭議，卻共同承認：一方面軍
方的影響力已日益增強；另一方面文武之間或軍隊與社會之間的隔閡正日益擴大
（Ricks 1997, 67-78; Holsti 1998/1999）。這一趨勢挑戰了杭廷頓「客觀文人統制」
的主張，顯示軍人專業的提昇，並不一定有助於文人統制的加強。

　　美國在後冷戰時期文武關係的變化，是受到1990年代以來一連串國內外環境
變遷的持續影響所致。蘇聯的瓦解導致「非戰爭性行動」（operations other than
war）更受到重視。這種國際環境的變遷，改變了對這種能力的需求和對傳統作戰
的平衡；社會性質的變化，使性別和種族的政治敏感度在國內社會政治中有其新而
不同面向的詮釋；文人政府內部的變化顯示出，曾經直接具有軍事事務經驗的一代
文人政治領導者業已退休，取而代之的，是一群較缺乏軍事和戰爭經驗的文職人
員；軍隊本身也起了變化，軍官團在政府中日益扮演著不同且可能是更強有力的角
色。這些變遷導致了90年代中，美國軍方與文人政府之間相當程度的緊張關係，即
使不一定有「危機」存在。

　　文武關係是否呈現良性發展、趨向穩定，以及是否既能悍衛國家安全，又不至於侵害人民自由，是衡量一個國家是否是成熟的民主政治體制的重要指標。而美國是當前民主政體中最具代表性者，它的文武關係的演變、發展經驗，同它的民主政治的演變發展過程一樣，都是瞭解任何政治實體之民主化「轉型」或「鞏固」程度的極佳參考案例。特別是後冷戰時期的文武關係，在面對高科技資訊的挑戰，文、武精英們如何在政治與軍事之間，以及決策與執行之間取得平衡點，保持良好的互動，非常值得深入探討與深切體認。

　　本章的目的，主要即在透過對當前美國文武關係的演變實況和相關研究文獻的分析，理解美國後冷戰時期文武關係的變動趨勢及其本質，並進一步探討其變動的因素和解釋的途徑，最後嘗試歸納出其未來發展的趨勢。

一、後冷戰時期的文武關係

　　美國後冷戰時期的文武關係，在連續譜上傾向於軍人在政策上的影響力大於文人。在這段時期的文武關係發展過程中，一方面，文人政府是由缺乏軍事背景且是新手上路的柯林頓（Bill Clinton）主政。另一方面，軍方出現了披戴著波灣戰爭勝利光環的軍事強人鮑威爾（Colin Powell），因而使美國的文武關係轉趨緊張。90年代中期以後，一則鮑威爾參謀首長聯席會議主席任滿（1993, 9），再則柯林頓總統連任，已能適應與軍方的互動，因而使緊張氣氛緩和下來。

(一) 鮑威爾的權力擴張及其爭端

　　美國後冷戰時期的文武關係演變過程中，影響力最大、扮演著關鍵角色的軍事領袖，是時任參謀首長聯席會議主席的鮑威爾將軍。從他涉及的一些事件，以及後冷戰時期軍事任務特性的改變，都可以看出美國後冷戰時期文武關係的演變趨勢。

　　鮑威爾於1989年接任參謀首長聯席會議主席之後，即充分展現了他在軍方甚至國內政壇上所具有的權力和聲望。他的權力之所以擴大，甚至過度膨脹，主要來自於以下的幾項因素：第一，1986年通過的「高—尼國防部改組法案」（Goldwater-Nichols Department of Defense Reorganization Act）使參謀首長聯席會議主席成為總統和國防部的主要軍事顧問而加強了主席的權力。這項權力使鮑威爾在負責為文人

上司制訂正規部隊的計畫政策時，能夠按自己意願決定所有問題和職能，並以個人觀點向總統和國防部長直接建議。[2] 第二，在鮑威爾任內有關美國軍隊對外的武裝干涉行動獲得完全勝利，特別是波斯灣戰爭所獲得的輝煌戰果和令人難以置信的最低傷亡。第三，鮑威爾個人具有豐富的政－軍經驗、領袖魅力及特殊出身背景，而且精明幹練。他曾被形容為「自馬歇爾以來最有權力、自艾森豪以來最負眾望、自麥克阿瑟以來最富政治色彩的軍事領袖」（Kohn 1994, 9）。對於他被指稱為「政治軍官」的批評曾提出反駁：「在華府服務的將軍哪一位不是政治軍官？如果他不涉入政治，就根本不會成功，因為這是我們體制的本質。」（Powell et al 1994）最後，鮑威爾善於利用媒體和輿論，操縱國會和利益團體（Robert & Huster 1993, 51），充份發揮了他對外交政策的影響力。

　　鮑威爾對後冷戰時期的美國外交政策，特別是出兵海外的軍事干涉決策之介入，是引起文武關係緊張的主要事端。鮑威爾一向不贊同維和（peacekeeping）任務的武力干預，他曾致力於控制他的文人上司關於制定戰略和迅速投入戰爭的意向（Cohen 1995, 108; Kohn 1994, 11）。例如，鮑威爾不僅指導溫柏格（Caspar W. Weinberger）1984年的演講中所列舉的關於美國進行海外軍事干涉六項標準的起草（Gellman 1993, 21），而且也涉及到後來美國對索馬利亞（Somalia）和波士尼亞（Bosnia）的干預行動。對於一位高級軍事領導者而言，這是一種前所未有的政策角色，也是自麥克阿瑟與杜魯門的衝突以來最明顯的對文人決策的侵犯。這也表明了執政當局早期對軍事力量的有限使用，使得深刻的內在緊張表面化。首先，就鮑威爾反對美國出兵干涉索馬利亞的維和行動來看，他先是持續抵制了四個月，隨後，態度徹底轉變，在一個月內使美國士兵投入戰鬥，令布希政府大感驚訝（Weinberger 1986, 686-687）。其次，在出兵波士尼亞案例（1993, 3/31~1998, 6）中，一方面鮑威爾影響了美國的延遲軍事行動，另一方面，關於後來有關「戴頓和平協定」（Dayton Peace Accords）交往中，也對特定地面戰術計畫和規則發揮了影響力。早在關於波士尼亞政策的初期辯論中，鮑威爾即清楚地表明，他不希望美國軍事力量介入其中（Cohen 1995, 108）。1992年，就在總統選舉前一個月，鮑威爾在《紐約時報》發表專文質疑美國出兵波士尼亞缺乏明確的政治目標，並警告不要出兵干涉波士尼亞（Powell 1992, A35）。他甚至暗示，文人領導者在負責建立明確的政治與軍事目標方面是失敗的，並因而使任務的完成難於評估。他進一步指出，如果軍事行動是必要的話，那麼就需要使用「壓倒性的武力」（overwhelming force）。這不但顯示他在延遲美國波士尼亞軍事行動上的影響力，也使他成為導致文武關係緊張的爭議性焦點人物。

緊接著，鮑威爾刊登在《外交事務》1992-1993冬季期的一文中，對新任的柯林頓總統公開提出他個人對外交政策的主張，甚至界定美國的世界性角色，評價美國社會，且自稱「與總統、國防部長……共同擔任美國的安全責任」（Powell 1992/93, 32-45）。文中並重複了溫柏格關於美國軍隊能用於武裝干涉的條件、過程和方式的論點。雖然鮑威爾在柯林頓未上任之前公開表達不同意見，不能與公開反對武裝部隊最高統帥之決策相提並論，但這種以軍事領袖身分對國家外交政策提出個人主張的態度，明顯地背離了美國文武關係中的軍人應接受文人統制的傳統慣例（Weigley 1993, 29-30）。

早在波灣戰爭期間，鮑威爾就同史瓦茲科夫（Norman Schwarzkopf）將軍一直操縱著拖延戰爭的開始、利用壓倒性的武裝力量、要求最清楚的指導和方向，以及限制政治目標等（Woodward 1991）。柯恩嚴厲批評鮑威爾竟然自吹他「改變了國家目標與軍隊手段的關係，改變了克勞塞維茲關於戰爭是政治之延伸的過時論斷」。他引證鮑威爾說過的話：「我們參謀首長聯席會議的軍事建議從一開始就塑造著政治判斷……我們能夠不斷地將政治決定運用於軍事行動」（Kohn 1994, 11）。

在部分國防政策上，鮑威爾也僭越了文人領導的權限。例如，在他就任主席之前的1989年秋天，在沒有文人領導者的任何授權下，他就提出了針對整個軍事機構重組的一系列概念，推動他的新國家戰略觀點並有效地縮減和重建各軍種。他認為這是基於這項戰略情勢的評估：冷戰已過去，美國戰略和軍隊結構的根本變遷勢在必行。鮑威爾提出的新國家安全政策，事實上，是出自於他個人關於政治和國際局勢的一些預測，而非來自總統、國家安全委員會或國防部的規劃。在過程中，他並沒有諮詢其他聯席會議參謀長，而且避開國防部自60年代以來就已奠立的計畫預算程序。在沒有總統與國防部長的任何指導下，他就提出自己的計畫，並且向白宮和國會兜售，而不顧國防部長錢尼一開始就不同意該計畫關於蘇聯威脅的假設和不顧來自五角大廈其他高級文官的反對（Kohn 1994, 10）。其次，在國防預算上，鮑威爾也發揮了他的影響力。例如，在1993年，鮑威爾為支持柯林頓總統的恢復國內經濟計畫，先是和參謀首長聯席會議接受了文人領導者的意見，從布希（George

Bush）的五年國防計畫（FYDP）中削減1,040億美元（Powell 1992/93）。但隨後，軍方在鮑威爾主導下，有效說服了國會，使其瞭解必須增加額外預算，以防止戰備之不足，因此，由國防部出面，要求國會增加額外的250億美元預算，以滿足軍需，柯林頓不得已接受。這使得最初這種文人處於軍事領導人上風的局面，隨後被抵銷了。

美軍現行政策規定不允許同性戀者服役軍中，也是導致文武關係緊張的重要事件。柯林頓在競選總統時，原本就主張廢止軍中對同性戀服役的限制。所以在當選總統後，即打算解除禁令。至於鮑威爾，他多年來一直公開表示支持現行的限制規定，而不顧有人將禁止同性戀者服役對比爲早期對非洲裔美國黑人的歧視，以及不顧民權鼓吹者和非洲裔美國人社區聯盟的壓力。鮑威爾曾與聯席會議參謀長們在1993年1月底的一次會議上出來公開與總統談判（Kohn 1994, 13）。在2月15日的一次對美國海軍官校演講後的問題解答中，亦公開反對柯林頓有意撤消此一禁令的意見（Westerman 1993, 32）。此外，鮑威爾也在私下透過國會、國防部和新聞界的運作，反對柯林頓的主張。例如，當時國會的參議員努恩（San Nunn）即協助軍方遞交他們的建議給總統（Powel 1992, A35）。在這案例中也同時顯示了文人與文人（總統與國會）之間的不協調。事件的結果，是後來鮑威爾爲達成妥協而在當年夏天迫使柯林頓讓步，最後建立了「別問、別說、別追查」（Don't Ask, Don't Tell, Don't Pursue）的政策（莫大華 民85）。

以上幾個案例，也是柯恩對鮑威爾嚴加批評的事件。雖然確可顯示出90年代初美國文武關係有其緊張的一面，但是柯恩的指責，似乎也過於苛刻。首先，就他批評鮑威爾「干預外交政策」和「鼓吹國家目的和軍事手段的關係，改變克勞塞維茲關於戰爭是政策之延伸的論點」（Kohn 1994, 11-12）這些方面而言，無疑地，基於越戰經驗對鮑威爾的影響，使他瞭解到明確的政治目標和使用壓倒性武力的必要性，以及他稍早擔任國家安全處（National Security Agency, NSA）主任參與決策過程的經驗，之所以支持或鼓吹研議中的外交政策制訂，是他在國安處內職務的一部分。更何況，關於研議性的方案，最後的決定權總是在文人當局，也就是在三軍統帥手中（Westerman 1993, 4）。而且，鮑威爾所擔任的參謀首長聯席會主席一職，根據「高一尼法案」所賦予他的權力，可以不管各首長同意與否，直接對總統提出其軍事觀點。這些權力使聯席會主席在事實上而非理論上成爲總統的軍事顧問（Means 1992, 293），這項規範並沒有禁止或限制總統的最終權威。

其次，柯恩批評鮑威爾，在沒有上司的任何授權下，即提出他的國家戰略觀和推動軍事體制改革。這種暗示美國高級軍官領袖在面對變遷中的國防承諾而考慮武力重建就被視為不適當，顯然也值得商榷。許多例子顯示了軍人為配合變遷中的國家戰略目標而參與重建武力的過程。例如，馬歇爾將軍在第二次世界大戰開始就告訴羅斯福總統，美國介入的政治—軍事目的必須包括敵人的無條件投降和摧毀它的軍事能力（Means 1992, 303）。魏斯特曼（Edward Westerman）就認為，鮑威爾的國家戰略藍圖的形成並未改變克勞塞維茲的論點，它是承認軍人領導階層在提供軍事改革建議上所扮演的角色。他進一步指出，文人統制軍隊的概念顯現在杭廷頓所討論的克勞塞維茲的格言中，即：戰爭沒有它本身的邏輯和目的，軍人必須永遠服從政治家。但事實上，杭廷頓接受克勞塞維茲的論點：文人領導者的誤導或自私的政策「與軍人無關」。無論如何，杭廷頓的論點並不必然排除軍隊參與決策，只是要求軍人服從文人決策者的最後決定（Westerman 1993）。

鮑威爾任職參謀首長聯席會議主席期間的表現，可以從兩種不同角度來觀察。柯恩描述鮑威爾是「自馬歇爾以來最有權力的軍事領袖……以及自麥克阿瑟以來最具政治敏感度的人」，是一位違背自共和國建國以來已存在的文武關係傳統的人（kohn 1994, 9）。不過，鮑威爾是一位已習慣於政治權威的形式化和運作的軍事將領，應不至於反對此一規則，似乎可以將鮑威爾看作是代表了美國軍事計畫者的新類型。美軍處於一個面對需要應付波灣聯合作戰任務、波士尼亞有限空中攻擊，以及索馬利亞和盧安達（Rwanda）人道支援等情況的世局，使參謀首長聯席會主席的角色，事實上已變成一個政治性職位了。而這個政治性職位只是身處於現代世界中主席的職能之一，在此世界中軍事問題與地理政治和國內事務密切相關。圍繞著鮑威爾任職參謀首長聯席會議主席期間的事件，也阻止了對他的職位或未來角色的最後評估，他在幾番考慮之後，表示他無意參選1996年的總統選舉。無論如何，很清楚的參謀首長聯席會議主席的角色仍然繼續發展，爭論也將持續著。接替主席的希爾頓（Hugu Shelton）也多次發言反對國會與總統的政策（Scarborough 1998, A-1; Dewar & Suro 1999, A-9; Scarborough 1999, A-1）。

(二) 美軍「非戰爭性行動」任務的增加所造成的文武間緊張關係

後冷戰時期隨著美蘇冷戰對抗的結束，使美軍的「非戰爭性行動」持續增加，特別是「和平維持」任務的執行，不僅增加美軍的負擔，且導致戰略目標和戰備取

向的改變，以致於引起軍方的不滿，而造成與文人決策階層的意見衝突。非戰爭性行動是武裝部隊處於資源高度受限制的環境中所採取的作爲。軍事領導階層持續被迫，必須在斥資支援非戰爭性行動或執行傳統的作戰角色，與武裝力量亟需現代化之間作出選擇。這也是一向參與非戰爭性行動最頻繁，同時也是最缺乏現代化所需經費的陸軍一項極棘手的問題。美國西點軍校教授斯奈德（Don Snider）認爲，當各軍種面臨這種抉擇時，通常會抵制非戰爭性任務，這也是造成後冷戰時期美國文武關係緊張的原因之一（Snider 1996）。

美軍反對非戰爭性行動的原因是多方面的，第一，軍方認爲，軍隊的存在是「爲國而戰並贏得勝利」，不應介入半軍事行動（quasi-military operations）（越戰症候群），非軍事性行動的任務並無法反映軍隊存在理由的本質。同時，軍方認爲軍隊的職能主要是「對付敵人」，至於事關建設性和人道救援的任務應由其他的國家力量來擔任。第二，有限的資源使得欲提昇軍事能力時，在非戰爭性行動與傳統軍事任務呈現零和遊戲局面，國會擺明支持傳統任務所需的龐大經費，但卻使軍方無法滿足其人員之甄補、維持，以及充實組織能力，以便置重點於進入21世紀所需的戰備。第三，軍方認爲，在最佳情況下，非戰爭性任務常是「高風險不求勝」（"high-risk, no-win"）的行動，其計畫和執行的複雜性遠非大部分文人決策者所能瞭解。第四，「戴頓協商」前，軍方領導者不相信他們的文人領導者能設計出任何初期使用武力的合理的政治指導方針。以索馬利亞爲例，他們看不出文人領導者能掌控「任務恐懼感」（"mission creep"）。他們並指出，有關干預海地的決策，是利用軍隊在犧牲其他團體情況下，爲國內各不同擁護者服務，這種造成國家角色分裂是軍隊所應極力避免的（Snider 1996, 3）。第五，人民也變得並不支持政府涉入非戰爭性行動過深，加上政界人士無法改變這種既定事實，遂使得軍方這種排斥心態持續下去。

無論如何，儘管軍方排斥非戰爭性行動，後冷戰時期的國際情勢演變，已使得這一類任務如人道支援等的持續進行，成爲軍方長期性的重要任務。文武雙方的共同責任應在於建立未來的軍事能力。問題在於，到底美國想建立的是一支作戰部隊或是維持和平的武裝力量？如果軍方認爲未來以執行非戰爭性任務爲重點時，就不必大量投資生產先進武器系統。軍方深知其武力更新計畫有疊床架屋之嫌，且經費嚴重不足，但軍方無法在兩黨或國會和行政部門找到洞悉未來的政治人物，肯犧牲一些政治交易，以換取軍方武力的結構和能力上的變革。這種迫切需要也意味著軍

方領導者能否默許進一步裁軍和重組武力結構，以換取政治領導者承諾，將結餘經費逐年應用於提昇軍事能力所需的研發和購置上，以邁向21世紀。否則，軍方將面臨資源分散，捉襟見肘，且不見改革成效，而需等待政局明朗才可望改善。

(三) 引起文武爭端的其他議題

　　女性服役問題的持續爭執也是造成文武隔閡的爭端之一。軍中男女平權一直是美國社會與軍中爭議不斷的軍中社會問題（洪陸訓 民88a, 120-121），影響到軍隊與社會之間的隔閡。女性服役軍中的權利是1940年代以後才獲得保障，但能否擔任危險性高的戰鬥性角色以及女性先天上生理特質的侷限性，仍然使得某些工作無法完全開放給女性軍人。此一爭議在後冷戰時期再度於五角大廈內部引發，造成文、武之間心生嫌隙。1993年初，美國國會不管軍方強烈反對，仍然解除了女性軍人飛行戰鬥機和服役海軍艦艇的資格禁令。柯林頓政府且同時下令各軍種開放更多戰鬥職位給女性軍人。此一問題在兩年後，仍然是爭議的焦點。贊成者認為此一政策是允許女性擔任更多職務，開拓個人生涯所必須的平等機會；反對者則擔心這項政策會影響部隊的戰備、凝聚力和效力。在1989年「巴拿馬行動」與1990年「波灣戰爭」中，女性軍人的卓越表現，以及1991年9月海軍發生「尾鉤醜聞」（tailhook scandal）事件，使得柯林頓政府下令各軍種開放更多戰鬥職位給女性軍人（Lister 2000）。1994年10月25日美軍發生的一件意外事故更惡化了這項爭議。空軍郝特格林（Kara Hultgreen）上尉，兩位全美合格飛行航空母艦F-14戰鬥機的女性飛行員之一，在一次任務中喪生，進一步引起對允許女性直接參與戰鬥任務的質疑（Coates & Pellegrin 1965, 360-361）。

　　另一件引起文武關係爭端的議題，是來自北卡羅來納州共和黨參議員，亦即擔任共和黨掌控的第104屆國會參院外交關係委員會主席的赫姆斯（Jesse Helms），所發表批評柯林頓的言論。1994年11月，在一次接受廣播訪問時，赫姆斯表示他不相信柯林頓能勝任武裝力量的統帥職務。他宣稱許多現職軍官，包括一些將官都同意他的評價（Washington Post 1994, 11/19: A-8）。幾天後，當他接受北卡州一家報社訪問時，再度引起全國性焦點。赫姆斯指稱總統在各軍事基地中極不受歡迎，特別是當他訪問北卡州軍事基地時，都還需要保鏢（Snider & Carlton-Carew 1995, 3）。[3]

　　1992年總統競選期間，退伍軍人，包括前參謀首長聯席會主席柯勞（William

Crowe）上將在內，曾在電視上公開支持民主黨挑戰者柯林頓，並參加其競選活動。一些觀察家認為，這是軍人對政治的不當介入，代表了具有影響力的高級軍事領導者一種不健康的政治化傾向，一種數十年來美國傳統文武關係中未再出現過的現象。也因此，柯勞後來的接受柯林頓總統派駐英國大使，進一步加強了當初有關軍人逐漸政治化的疑慮（Matthews 1992, 19; Snider & Carlton-Carew 1995, 3）。

　　從以上對美國後冷戰時期文武關係的簡析中，可以發現，在1990年代初期，文武關係緊張度的加大，事實上相當清楚地產生了一系列後果，它為軍隊提供了在決策過程內在網絡中施加更多影響的機會。然而，後冷戰時期美國的文武關係，究竟是否呈現危機？學者之間的看法不同，但看法一致的是，軍方的影響力不斷地在提昇，至於提昇後是否超越文人，導致文武關係失去平衡？或是，即使保持平衡，但卻是一種有彈性的，變遷中的平衡？根據一些學者的觀點，美國的文武關係並無危機，也沒有惡化（Gibson & Snider 1997, 22）。事實上，雖然國會和總統，在後冷戰戰略觀念上出現分歧，被任命到國防部工作的新進和相當缺乏經驗的政治官員，與擅長於政—軍事務的專家一起共事，但都未使文武關係緊張惡化。而且在國防政策和戰略的核心執行部門的決策網絡中，文武關係緊張的增加被視為是處於變遷著的平衡狀態中。

　　文武關係的平衡向有利於軍方的方向轉變，除了部分原因在於上述「高—尼法案」為武裝力量增加了關鍵性的政—軍職位，並促使他們強化專業教育水準和聯合任務以外，過去30年來，文職專家人數不斷下降，相反的，軍事專家和具有相關經歷者則顯著增加，影響到國家安全政策的制定，諸如有關使用軍隊的決定，以及各國未來戰略與武力的結構（或組織）和能力的事務（如前述有關同性戀政策的決定和最近「2010聯合願景」〔Joint Vision 2010〕的出版）。根據兩位軍中學者（Gibson & Snider）的研究，有鑑於民主黨與共和黨人戰略觀念的分歧，以及新任文官們所提出的有關防衛方面的意見，總的來說在下降，因而過去幾年來，軍人在決策過程中扮演了較有影響力的角色，這一點是不足為奇的（Gibson & Snider 1997, 22）。不過，他們認為，如果要據此論定軍隊領導者與他們的文職同事相比，在爭取國防預算，以及對於索馬利亞、海地、波士尼亞和科索沃進行干預方面，普遍居於主導地位，這一點並不是事實（裘兆琳 民90）。[4]

　　總之，美國後冷戰時期文武關係的緊張狀態，到了1997年初，已發現比1993

年時有所和緩。這是因爲柯林頓總統所任命的政府成員，經過四年任職之後，已經獲得相當多的經驗，使他們在核心決策網絡中產生了更大的影響力。當他們的命令對於軍隊成員具有更大的權威性時，他們的挫折感也會隨之下降（Gibson & Snider 1997, 22）。在柯林頓主政末期將下台之際，美國文武關係的「危機」已非軍事決策而是柯林頓的「性醜聞」，竟有軍官著文指稱柯林頓是罪犯、騙子、僞君子並倡議「彈劾三軍統帥」（Graham 1998, 10; Sells 1998, 70; Rabil 1998, 1; Copeland 1999）。

二、後冷戰時期文武關係變化因素之探討

對於美國後冷戰時期文武關係的變化，美國學者也運用許多不同的研究途徑或觀點來探討促使這些變化的因素，其中有新制度主義途徑（New Institutionalist Approach）、精英研究途徑、「專斷─委任」類型論（assertive-delegative typology）、次系統的「鬆散結合」（loose coupling）論點，以及國際秩序變遷觀點。

(一)「新制度主義途徑」

吉柏森和斯奈德運用社會科學正興起的新制度研究途徑分析美國的軍事體制。他們指出：「由於教育水準不斷提高和強調文武經驗的結合，具有在其軍事職業生涯中擔任過政治敏感性工作的高素質青年軍官，軍隊大幅度提高其在政府高層政治─軍事層面中的運作能力」（Gibson & Snider 1997, 18）。顯示出制度性結構的改變，影響了軍隊在文武關係中的角色與能力。首先，就高級軍官具有研究所碩士學位以上學歷的教育水準而言，從軍校畢業到升爲將軍，具有研究所學位的比例，由1960年代的少於50%，到1990年代已增至89%。其中大多數是在政治科學、國際關係、工商管理和系統分析方面，取得研究所碩士以上的學位，這種情形正如1960年的文人領導階層中的教育水準（ibid., 19）。

其次，就高級軍官具有政治─軍事工作經驗而言，軍方自1960年代起，不斷薦舉優秀軍官到涉及政治─軍事領域的關鍵性單位工作。1990年代以後的資料顯示，由於涉及軍事部門預備任務或作爲五角大廈內文職官員的高級幕僚和政策顧

問，在政治一軍事決策方面，軍官們既有較高的教育水準，也有更豐富的經驗。鮑威爾在被任命爲參謀首長聯席會主席前，即擁有豐富的華盛頓工作經驗。後來繼任主席的夏利可西維利（John Shalikashvili）將軍也有三年的政治一軍事幕僚領導人的經驗。以上所指的政治一軍事職位工作經驗，包括系統分析專家、政治學助理教授、戰略智庫成員、白宮成員、軍事參謀部門高級成員，以及國防最高文職成員的高級軍事助理等。

1960年代以來，所有文官的政治一軍事經驗並沒有經歷大幅度的下降。但自1990年（1993-1995）起，在第Ⅰ層（國防部長和參謀首長聯席會主席）和第Ⅲ層（各軍種部次長和參謀長聯席會成員）層面，在文職文官的潛在影響方面，相當明顯地減少（ibid., 20）。儘管教育層次依然保持高水準，但除了國防部長亞斯平（Leo Aspin）和佩里（William Perry）以外，絕大多數文官在沒有足夠的經驗——即不具備他們軍人同事們具有的在訓練、國防政策方面的實踐——的情況下，進入了他們所在的關鍵職位。

根據吉柏森和斯奈德對文武決策階層的教育背景和任職經驗指標所作的分析，顯示了「政治一軍事網絡內的潛在影響力平衡關係的轉換，這種轉換或許可以部分解釋後冷戰時期緊張狀態增加的原因」（Gibson & Snider 1997, 21）。例如，從政一軍經驗的平均值可以發現，文職人員的政一軍經驗雖減少不多，但軍職人員則顯著增大，即由1966年的6.64，增至1982年的9.93，再到1994年的10.14。而軍文之間的差距則由1966年的明顯落差（10.57: 6.64）（此由於麥納馬拉的文職班底所表現出的超軍人優勢），到1982年及1994年的縮小差距相比之下，文職人員政一軍經驗不如軍職人員。

上述這種文武影響力平衡上正向軍方轉移過程，部分促進因素之一，是1986年「高一尼法案」所帶來的結構變遷所導致的影響。該法案除了強化參謀首長聯席會議主席和各（CINCs）總司令對軍隊的影響力之外，也導致參謀首長聯席會議增設新的機構，如J7（作戰計畫與通用署，Operational Plan & Interoperability Directorate）與J8（武力結構、資源及評估署，Force Structure, Resources, and Assessment Directorate）。這些新機構所提供的職位如受過良好教育訓練，並且有能力在政一軍層面活動的軍官們創造了工作機會，自然有助於提昇軍方的影響力（ibid., 22）。

(三) 精英研究途徑

部分學者從影響力精英的面向來解釋美國後冷戰時期的文武關係。亦即透過對具有影響力精英的特質與行為的分析，來探討其對文武關係的影響（Eitelbery & Little 1995; Gilroy 1995）。「影響力精英」群主要包括，知識精英、媒體精英、軍事─工業（military-industrial）精英，以及統治精英（governing elite）。美國1990年代的這些「新精英」大都屬於「嬰兒潮世代」（baby boomers）（人口統計學家所界定的1946年與1964年間出生的人口），這與「越南世代」（Vietnam generation, 1939-1954）人口大約交錯。主要的特色是普遍缺乏軍中服役的經驗；越南世代因當代服役制度不公，優秀年輕人逃避兵役者眾。

首先，知識精英是指在學術界具有影響力的人。美國軍方與民間大學的關係的建立，多年來，是透過以下這幾項與民間大學的接觸管道：後備軍官訓練團（ROTC）單位、國防相關研究的經費補助、軍官學生獎學金的提供，以及「軍人法案」（GI Bill）提供退伍軍人的教育補助。但是，未來雙方的關係也可能隨著後備軍官訓練團的裁併、軍官學生人數的減少、適用GI Bill退伍軍人的減少，以及研究補助的縮水而式微（Eitelbery & Little 1995, 39）。

次就媒體精英與軍方的關係而言，一方面，嬰兒潮世代的新聞媒體人員本身缺乏軍事經驗，加上缺乏訓練、時間和方法去獲取國防資訊，另一方面，媒體與軍方之間存在著基本上的背景、文化、價值觀和利益方面的差異，並因此引發雙方間的衝突，以致於導致自內戰甚至是立國以來彼此關係的變化。

再就軍─工精英與軍方的關係而言，軍隊規模的縮小（裁員、裁併基地、減少研究計畫），以及因之而造成的軍隊及其眷屬與社區的疏離，減少軍隊與社會的互動，很可能對文武關係造成長期的影響，甚至再度產生對「孤離軍事風氣」的恐懼，即恐懼軍隊對文人權威、自由與民主制度的威脅（Bachman et al 1987）。造成軍隊孤立於社會的因素之一，是與所謂「旋轉門」（revolving door）現象有關。此一現象是指軍中的軍文職人員（特別是高階官員）離職轉往國防工業契約廠商就業的情況。軍隊規模的縮小，所帶來的為日益縮減的預算而競爭、國防契約商的爭鬥最大商機，以及越多的退休官員進入民間工作市場，遂使得軍中競走「旋轉門」的文武官員增多。

最後，就統治精英方面來看，同樣地，嬰兒潮世代已成年且成為統治階層的精

英，也因其缺乏軍事經驗而導致文武的緊張和衝突。最典型的例子是1990年代初的柯林頓總統和國防部長亞斯平所引起的文武間的緊張關係。亞斯平國防部長之很快下台，主要原因之一，也是他的缺乏軍事和行政經驗。

當然，統治精英對文武關係的影響，不完全在於其出生嬰兒潮世代的缺乏軍事服役經驗，其個人的人格特質、行事作風、政策主張等也是重要因素。例如，亞斯平的黯然下台，即因其在領導統御、管理風格、政策主張和與軍方領導階層互動等方面所引起的爭議。又如雷根總統之能獲得軍方的好感，則在於他對軍方的稱讚和大幅增加預算。

另外，美國國會議員是否具有退伍軍人身分，也影響了他們對與軍方和國防相關議案的投票行為。根據1993年的一項研究結果顯示，具備退伍身分比不具退伍軍人身分的兩院議員，較支持與軍方或國防相關的議案。以黨籍來看，則共和黨比民主黨支持國防議案。隨著國會具退伍軍人的議員越少，則國會議員對國防議題通盤的瞭解程度也將降低，當研議和審查時，便難於深入而周延（Eitelbery & Little 1995, 53-58）。

新影響力精英對軍隊的任務持廣義的看法，對這種任務的嚴格的傳統解釋，是認為所有軍事行動必須與加強戰力和戰備相關。非傳統的解釋，則認為：在不妨害軍備情況下，武裝力量可以（也應該）用於非戰爭性任務。國防方面，包括以推動民主化和國家建設為名，參與「和平維持任務」（peacekeeping efforts），以及諸如提供索馬利亞、孟加拉和盧安達的「人道援助」（humanitarian aid）。國內方面，包括「國防工業轉型」（defense conversion）和社區協助。前者是透過軍民通用（dual-use）科技發展以協助企業，以及協助社區脫離對軍方的依賴；後者是指支援重要國內需求，如教育和就業訓練、健康維護、災難救援，以及工程和基礎建設。對於「保護美國國家安全」的認知，傳統主義者認為其威脅來自國內外敵人；非傳統者認為國內外惡質的社會、經濟和環境條件也會導致對國家安全的嚴重威脅。

至於影響力精英和軍事精英在價值觀方面的歧異，焦點在於對軍事任務的不同解釋（特別是「國家安全」的定義）。作廣義解釋者認為：國家安全會遭受惡質社會情況，如失業、不當健康維護、荒廢住宅規畫、犯罪及種族緊張等所破壞。因此，國防部能夠和應該對解決這些國內問題扮演更大的角色。冷戰結束後，國會即

開始透過立法影響軍事政策，亦即擴大軍事任務為國家服務，包括國內的軍民作戰計畫（civil-military operations program）。

　　媒體精英經常讚揚軍方對社區和軍人的協助，及支持武裝力量將此一運動擴大到國內角色。1992年總統大選後，新政府加入國會精英對軍事任務的擴大解釋。學界精英也要求軍方在準則上和非傳統任務中軍事人員的特別訓練上加以改變。軍工精英也能說服統治精英提供大量國防工業轉型和過渡計畫（Gilrog 1995）。軍事精英對於要求擴大非傳統性行動的反應積極。在國防部1993年的「聯戰準則」（Doctrine for Joint Operations）中即對非戰爭性任務加以界定，指出武裝力量不僅使用在國外，也包括支持國內文人機構。國防部並成立「軍民合作行動計畫」（Civic-Military Cooperative Action Program），運用軍方的技術、能力和資源，來協助美國民事工作，以滿足國內需求。然而，作戰任務的增加，不僅增加國庫支出，對軍方的影響至大。批評者即指出可能導致的後果：腐蝕單位的戰鬥力、減少服役人員與家屬相處機會，以及對留營和招募造成長期不良影響（Pine 1995, 1）。

(三)「專斷—委任」類型論

　　費弗（Peter D. Feaver）認為杭廷頓的理論現已不足以解釋美國後冷戰時期文武間的衝突，因而嘗試提出「專斷—委任」解釋途徑。他在1995年的〈文武衝突與武力使用〉一文中，提供一種解釋後冷戰時期美國文武關係衝突的途徑，他稱之為「專斷—委任」類型論（Feaver 1995）。根據費弗的觀察，美國比較文武關係研究學者在探討文武關係過程中，已解答了「如何防止軍隊取代政府」的問題，但是美國歷史上的文武關係卻衝突不斷，後冷戰時期尤烈。他認為其原因在於未解答文武關係中另一固有的問題：找出文武關係之間適當的分工。換言之，他認為美國文武關係發展至今，雖然沒有發生過政變，軍人基本上也都能服從文人的領導，但仍然時有衝突，其原因即在於文武之間的分工原則未被遵守（ibid., 113-114）。費弗所指的分工原則，是指適當界定軍隊與文人政府各別的角色，並使雙方相互尊重彼此在責任範圍內的主導地位（primacy）的原則（ibid., 117-118）。

　　根據費弗的主張，「委任式文人統制」（delegative civilian control）相似於杭廷頓的「客觀」統制，可簡稱為「該軍隊管的歸軍隊」——亦即給予軍官們依其專業知能決定作戰所必需的自主權（ibid., 123）。然而，文人並非無保留地接受理想型的委任統制模式的分工，而是偏好專斷式的文人統制（assertive civilian control）。在專斷文人統制方式下，文人可專斷地直接監督軍隊，特別是在對軍事作戰方面的管制。

費弗因此主張以連續譜來作說明，將專斷統制看作是處於委任統制和主觀統制兩端的中間。連續譜上的變數，是兩個機構之間，「差別性」（distinctness）的程度，以及軍人涉及文人政治的程度──用杭廷頓的用語，即軍隊專業主義的程度。當變數在連續譜上從主觀統制一端向委任統制端移動時，軍官團的專業主義程度提高，各機構間的差別性也增加。無論如何，當變數接近專斷統制時，兩團體間的衝突程度提高，而跨過專斷統制向委任統制接近時，衝突即降低（Feavers 1995, 124-125）。

根據費弗的分析，美國文武關係演變的經驗，反映了人們對文人統制議題的理論上的好惡之情，以及專斷統制的盛行。美國所經歷的文武關係還算相當和諧，但長久以來，對於文人掌握軍隊一事卻感到憂慮；也儘管未發生過文武雙方爭奪掌控政府的嚴重衝突，但對於文武關係性質的衝突卻由來已久，特別是在這兩方面：對作戰部隊自主權的尊重；武裝部隊角色與任務的劃分。

後冷戰時期柯林頓的文人統制危機，同樣是在文武雙方對於軍隊自主權和軍隊角色任務之劃分，認知和立場的差異而引起的衝突。而這些衝突是延續自冷戰時期的緊張關係，只不過更加惡化而已。費弗認為，冷戰時期出現的緊張對立，是在於以下的四個問題（ibid., 130）：

1. 武力的首要性。造成鷹派文人與鴿派軍人的不睦；
2. 用兵多寡。軍方一向主張迅速而決定性的用武，文人偏好經過評估和有限制的方式；
3. 作戰統制。軍方喜歡委任統制，文人喜歡專斷統制；
4. 任務透明度。軍方追求清楚的任務陳述，文人意在以模糊而開放性（open-ended）目標使用武力。

雙方衝突的一項關鍵因素，來自於軍方的追求使用武力的限制標準，使部隊在訴諸危險的軍事行動前能考量到代價，並且能符合上述四個問題中軍方所偏好的立場。如果要真正符合這些標準，則用兵的機會罕見，並且是決定性的，這對軍方有利。但問題是，文人傾向於審慎評估的有限度用兵──作為外交政策的輔助，有時作為進一步解決的信息，以及用於試探敵人的意圖。「文人希望專斷統制方式所

帶來的彈性，但軍方則喜歡委任統制的確定性——即確定以軍方的方式完成作戰任務」（Feaver 1995, 132）。軍方擔心發生另一次越戰，因而尋求提高兵力需求，以達到他們所評估的達成任務目標所需的最低限度的數額。如此一來，軍方要求提供的需求常超過白宮或國務院所許可的上限。這種緊張的關係一再地重演，出現在美國對波士尼亞、索馬利亞、海地、朝鮮和盧安達的用兵政策上的爭執。此外，在準則的改革方面，也有類似的對立（ibid., 132, 144）。

(四) 次系統的「鬆散結合」論點

布雷肯（Paul Bracken）在1995年的〈重新思考文武關係〉一文中，提出了這樣的觀點。他首先批評以「專業化」為主要論點來檢視文武關係並不周延，忽略了文武關係的多元性、其背景因素以及軍隊的複雜性（Bracken 1995, 145-146）；過分強調尋求文武關係類型的好與壞，而忽視了各因素「諧調」（congruence）的重要性，例如文人和軍人的組織之與戰略、任務結構、技術及軍政文化的諧調（ibid., 148）。

布雷肯主張應從文武次系統（subsystem）及其間的協調來重新思考美國的文武關係及其協調。他認為，作為文武關係的本質的軍隊與國家的關係，迄至現代是如此廣泛和複雜，需要加以分離以便理解二者之間的動能關係。以美國而言，即將此一關係看作是由多種大型系統所構成，才易於討論統制、政策和方向。最重要的文武關係次系統包括：(1)國會預算和基地問題；(2)工業基礎及其與軍方的關係；(3)軍隊本身，含軍士官；(4)文人領導階層。冷戰期間這些次系統間互動的關係，是靠國家最高權威規則——法律，及其軍事、經濟和文人領導的有效運作所指引，但因各為其利，仍不免關係緊張。後冷戰時期的關鍵問題，則在於這些次系統在新環境中能再整合的程度。布雷肯指出，思考美國文武關係方式之一，可以將它作為一種理論設計而非文人統制的問題來處理。也就是考慮軍事武力在迥異於當前的未來環境中應該扮演什麼角色。換言之，良好的文武關係，需要文人與軍方合作才能達成，其途徑則是在上述各次系統間建立某種程度的「鬆散結合」，也就是說，當某些矛盾因為基於戰略理由而被忽略，反而能使美國的安全得到最好的保障（ibid., 163-164）。

(五) 國際秩序變遷的觀點

斯奈德和卡爾敦（Snider & Carlton-Carew）則從美國國內外環境的變遷和軍

隊本身對社會變遷的因應趨勢來分析（1995, 8-14）（Snider & Carlton-Carew 1995, 8-14）。首先，是國際體系的變遷和美國的戰略性因應。第二次世界大戰結束以來，美軍首次面臨其所據以獲得政治正當性的全球戰略的根本性、動能性變遷。共黨威脅的消失，迫使美國文武領導者不得不重新評估冷戰時期的戰略計畫。原來用於備戰的大規模部隊，必須調整任務為致力於維持和平和支援處理國內問題。在此趨勢下，文武決策者如何建構一套和種族暴力環境中，能保障美國的利益，不僅為美國人民所關注，也成為文武雙方集團利益角逐中，引起互動關係緊張的原因。基本上，美國決策者的考量是：除非人民確信國家安全所受威脅足以導致嚴重的人員傷亡和龐大的經費支出，否則軍隊的行動將受到很大的限制（ibid., 9）。

　　其次，軍隊的急速縮編。冷戰後，美軍規模的持續裁減與國防預算的日益縮減之事實，迫使美國必須重新建構其海內外軍事基地，也對文武關係產生重大影響。第一，國防預算的爭執，原本就是文武雙方根深蒂固的緊張關係來源，文人當局總希望將更多的國防資源轉移給國內需求，但軍方則擔心因此而影響到軍事戰備和部署的能力。第二，軍事基地的重建和關閉、採購補給政策以及管理改革等問題，對軍事效能影響的深遠，也能持續造成文武關係的緊張（Bracken 1995, 155）。第三，武裝力量的急速縮減和復員，以及美國的後冷戰外交政策，也是造成文武關係緊張的另一趨勢。國際社會期盼美國協助解決世界各地——如索馬利亞、海地、盧安達和波士尼亞——的衝突，但美軍卻常缺乏滿足這些需求的預算、兵力結構和政治授權（Snider & Corlton-Carew 1995, 10）。

　　再次，國內對軍隊的需求和社會的文化迫力（cultural imperative）。軍隊與社會的互動影響到文武關係的發展。學者指出，軍事基地的關閉和合併，以及國防相關支出用於地方工業與大學的減少，使得軍人及其眷屬與社區和居民生活日漸疏遠，軍隊逐漸退出社會，更加孤立（ibid., 46）。基地的關閉與縮減也可能導致美國青年投效軍旅比率的降低。一方面，由於社會變遷，年輕人投效軍中意願原已不高，另一方面，規模縮小，招募人數隨之減少，使年輕人感覺投入軍中前途有限，軍旅生涯對其失去誘因。

　　最後，軍隊非傳統性任務之角色的增加。美國大眾自1980年代起至波灣戰爭止，對全志願役部隊一直給予高度的支持。但由於今天的國際環境已大幅改變，國家安全未受到外來直接的威脅，人民和民意代表期望軍方多擔任「非傳統性」任

務，諸如災難救援和支持其他國內需求。此外，如和平維持及其他形式的「非戰爭性行動」，也持續成爲後冷戰時期的軍隊的重要任務。軍隊由於參與這些非傳統性或非軍事性的任務日益頻繁，在所需預算問題及文武雙方領導者對這類任務重要性的不同觀點這兩方面，遂導致文武關係的緊張。

德奇（Michael C. Desch）在1995年的〈變動國際秩序中的美國文武關係〉一文中，探討國際環境對美國文武關係的影響，其主要論點如下：第一，國際安全環境對文武關係的影響方面，他認爲，一國軍隊以對外爲主要取向，則能產生穩定的文武關係。當國家面臨外來威脅時，文人領導階層本身就會團結起來，並促進國家與民間社會的團結，軍方會服從文人權威的領導。此外，文人統制軍隊最大的危險來自於高度外在威脅消除之後，國家保留大規模軍隊卻無國外任務，必導致文、武雙方之內部及彼此間團結力的減弱，增加緊張與衝突的可能性，危害了文武關係的穩定（Desch 1995）。[5]

第二，在威脅環境改變對文武關係的影響方面，德希認爲，不同的結構性威脅環境對文武關係的影響，出現在不同威脅環境中文武關係模式的改變上。例如，第二次世界大戰是處於高度威脅環境，美國雖大肆擴張軍備而使軍方影響大增，但文人主政者羅斯福總統當局卻能在各種軍事決策上主導其事，這段時期的美國可說是典型的軍人服從文人當局領導的模式。再看冷戰時期，仍然處於威脅程度相當高的環境，但文武關係大致良好，這由以下幾件案例可看出文武關係雖出現衝突，但並未對文人統制造成眞正的威脅：(1)杜魯門總統不顧軍方反對，堅持終止軍中種族（黑人）隔離措施；(2)麥克阿瑟有違軍人服從文人領導倫理而被解職；(3)文人領袖能讓軍方接受其逐漸緊縮國防預算的要求；(4)越戰期間文人對有限戰爭戰略的主張勝過軍方對大規模作戰的意見。至於後冷戰時期的環境，其威脅程度可說相當低，但文武關係反而相當不良。

德奇認爲，柯林頓個人的領袖特質與經驗，以及機構改變的因素都不足以解釋後冷戰時期的文武關係變化。他認爲最能解釋當前美國文武關係「危機」的因素，是如上述的國際安全因素的改變。至於如何解除這一危機，他主張，文人決策者應該避免引人注目和權宜的抉擇——保有一支規模相當大的軍隊且賦予其更多國內、非軍事性任務；而應就軍事效力和文人統制軍隊方面來考量，推動進一步在裁軍上維持軍隊之專注於傳統的、國外的軍事任務（ibid., 178）。

三、美國文武關係發展趨勢的觀察

美國的武裝力量和文人決策者之間的關係是複雜而流動的，但是基本原則只有一個：文人統制。文武關係的所有面向都是這一原則的反映，或是用來確保這一原則。古典的文人政府統制軍隊的概念來自克勞塞維茲（Carl von Clausewitz）關於戰爭從屬於政治的論點。他認為戰爭的目標和武裝力量的任何使用，必須由文人政府決定，但指揮官在軍隊內部運作上也必須維持其政策自主性。戰爭只具有工具性的功能，軍隊指揮官應服從文人政府的權威（Clausewitz 1943）。克勞塞維茲的論點，具體反映在杭廷頓的文武關係論中。

杭廷頓認為，理想上平衡的文武關係需要客觀的文人統制：政治家應該認知軍事專業和它管理暴力的完整性；軍官們應該保持政治上的中立並接受政治家的政治指導（Huntington 1957）。不過，簡諾維茲雖同意杭廷頓所主張的，以提高軍人的專業主義倫理來實現文人統制，但並不認為軍人可置身於政治社會的影響力之外（Janowitz 1960）。換言之，軍方必須納入社會價值體系，熟悉民主政治的運作過程與機制。在文武互動關係的長期爭端中，儘管論點不同，但對於文武關係的核心原則──文人統制，則是學者和決策者的共識。至於如何來落實文人統制，除了既有憲政制度上的設計與運作（洪陸訓 民88b），美國學者也積極地提供具體建言。

針對美國後冷戰時期文武關係的緊張情勢或甚至是「危機」狀態，學者認為必須採取積極的步驟來扭轉已發生的對適當行為的損害。柯恩認為文人國防部長和他的團隊必須採取共同一致的行動來恢復文人統制，以及採取一系列具有創意的措施，不要將自己侷限在對政策問題權力或對管理和行政新程序之設立權力上作堅持。他們不僅需要改革武器的獲得程序，而且還必須重估軍隊的角色和任務，以及在現代軍隊的戰備和以昂貴的新武器系統為基礎的現代化之間作出痛苦的選擇。更重要的是，他們必須重建軍官團的多樣性，特別是對於盛行的態度和看法的尊重。他們必須帶著新的敏感度和成熟的理解力向軍隊各層次的軍官團灌輸適當的文人統制理念，以扭轉當前的「危機」趨勢，並進一步建立良性的文武關係（Kohn 1994, 17）。

來自軍中的學者也對文人總統和國防部長提出了具體的政策建議，希望持續改善文武關係。他們認為，首先，應鼓勵軍方繼續將其最有潛力的軍官送到最好的大學中接受培訓，包括到民間研究所進修，接受人文社會科學教育，並與未來可能

從事國防事務研究和獲選為國防部文官的教授保持接觸。這不僅能增加軍官的專業知識與技能，更可增加其對政治民主的認識和社會價值的認同（Vitas 1999）。其次，需致力於解決長期以來即存在的結構問題，即國防部文職官員在軍事專長和影響力的下降，以及可供遴聘或派任國防單位服務人數的減少，這些趨勢必須加以扭轉。具體的作法包括：在接訓的一流大學中為國家安全研究領域的優秀新成員重新規劃有關國防事務的研討項目；透過國會協助，恢復國防部內從事安全研究的有發展前途的年輕成員的專案工作獎金；敦促白宮重新考察高階行政主管職位（Senior Executive Service）；變更國防大學文職學生與軍職學生人數的1與3之比，改為3與1之比，提高有關戰略研究系所的重要性；鼓勵新一代學者重視國防領域的理論與實踐的結合（Gibson & Snider 1997, 23）。再次，應恢復在著名優秀大學內推展後備軍官訓練團（ROTC）計畫，這些大學退出後備軍官訓練團計畫，特別是常春藤大學盟校，造成美國社會優秀的精英未能加入軍隊，軍隊無法獲得美國最優秀的學生。若是恢復的話，將可提昇美軍的素質。他們也提議擴大軍官就讀研究所教育的計畫，以提昇軍官素質（Holsti 1998/99 38-42; Ricks 1997, 74-78; Collins & Holsti 1999, 203）。

　　從對於美國後冷戰時期文武關係演變的觀察分析中，可以發現到幾項關鍵性的改變趨勢，並因之影響到未來文武關係的發展。這些趨勢包括：文武界線越加模糊；文人機構的改變；軍人非傳統任務角色的加重；社會文化價值的變遷；軍工複合體的發展；軍事科技的發展（洪陸訓 民89, 55-56）；以及裁減軍備的影響。詳細而言，第一，冷戰期間文武關係所反映出的那種軍事與非軍事思維、態度和行為區分的一套假設，在冷戰結束後，可能隨著武裝衝突性質的改變，以及軍事事務革命的發展，而被放棄；文武之間，以及軍事與非軍事之間，其區別將可能越趨模糊（Metz & Kievit 1994, 20-21）。第二，國會和行政部門文人官員組成的改變也可能影響文武關係。這種改變表現在文人政治領導者越來越缺乏服役經驗，並且有強調性別和種族的傾向。第三，武裝部隊非戰爭性任務的持續，不管是和平維持、救災或緝毒行動，都可能導致軍方的反對而觸發文武關係危機（Advant 20-26）。1999年有一個調查就顯示出，美國軍人對非戰爭性任務會影響戰備並造成軍隊作戰焦點的不確定感（Dorn et al 2000）。第四，美國社會文化和規範的改變，亦即社會文化的日益多樣化，可能進一步隔離了軍隊和美國文化的主流價值。第五，以往常因國防預算縮減而導致各軍種為互爭資源而起衝突情況可能重現，又如「軍工複合

體」漸趨沒落時，也可能影響了軍方對國會的影響力。第六，隨著資訊科技發展，文人領導者可藉由資訊網路來指導前線軍事指揮官的作戰，使前線、後方界線難於區分，文武間政治、軍事責任不易分明（Mattews 1998）。第七，關閉軍事基地和裁減後備部隊，將減少軍人與民間社區直接接觸的機會，也將會影響到文武關係的互動。

　　雖然，目前還沒有足夠的資料檢證上述來自民間和軍中學者建言的成效，或預測美國文武關係未來演變的結果，但已經可以看出，美國後冷戰時期的文武關係已大不同於冷戰時期，甚至可能是其歷史的轉捩點。除了整個國內外安全環境的變化外，恰逢一位曾逃避兵役的總統，又有著越戰和1973年以來的志願役制度影響，服役經驗不見得能再成為一種榮耀，民間社會與軍隊之間的隔閡又日漸擴大（Ricks 1997），整個發展趨勢看似是個危機，也引發學者熱烈討論；但另一方面，由於波灣戰爭美軍的優越表現和海外出兵維和行動的成功（如波士尼亞、科索沃等維和任務的執行），也使美軍和美國社會恢復了相當程度的信心。儘管文武雙方在涉及國防與軍事決策上以及彼此間互動關係上意見不一，甚至起過衝突，但實際上，文人統制的原則仍是屹立不搖，儘管會產生挑戰或危機，卻也往往呈現出新的轉機。

　　就以2000年美國總統大選過程中所透露的訊息來觀察，不管是共和黨小布希（George W. Bush）或民主黨高爾（Al Gore），雙方都注意到了軍方對其未來新政府施政以及國家安全的重要性。除了都強調其個人的軍事（服役）經驗以外，均提出其強化國防政策的具體主張，例如增加國防預算、發展新武器系統、佈署全國飛彈防衛系統（NMD）、執行維和任務、提高並改善軍人待遇與生活、改善文武關係，以及恢復軍隊士氣等等，雙方這些主張儘管在重點和程度上有所不同，[6] 但如能在執政時落實執行，勢將有助於避免文武關係的緊張或衝突。此外，在美國民主政治體制下，軍人可以透過投票、個人意見表達等方式行使公民參政權，但不介入或干預選舉（洪陸訓 民88, 527-540）。因此，在這次總統的競選、引起的選舉訴訟，以及小布希新政府的籌組過程中，看不出軍方有何越軌或有礙於其與文人政府或民間互動關係的言行。

　　再就以2001年「911事件」以後的反恐行動來觀察，美國的文武關係再度面臨某些新的挑戰，但也同時帶來機會（Ulrich & Crane 2002）。

　　第一，柯林頓時期由鮑威爾僭越文人外交決策過程等因素所引起的權力失衡

「危機」，到了小布希執政時，頭數月曾試圖矯正文武關係的不平衡，但仍受到一些軍人的抵制。例如，國防部長倫斯菲的戰略觀點和決策時之忽視軍方意見，即引起他與參謀首長會議的摩擦。對於未來的國家安全戰略和軍隊的結構與轉型之爭議也導致國會的介入。

「911事件」後，反恐戰爭再次提高了美國軍方的影響力，但也導致了文武關係再度摩擦的傾向，權力不平衡的陰霾仍然揮之不去。例如，政府在反恐行動中依賴軍方的全力支持與執行，不僅使軍方意見備受重視，同時各軍種的預算原來受到的限制也被解除，國會與行政部門空前地一致支持軍方的預算需求。然而，軍方能否謹守軍事專業顧問的角色，不使軍種的機構利益違背甚至傷害國家利益，是有待軍方發揮其軍事專業倫理和文人發揮其監督機制。

第二，文－武間的隔閡問題。實施多年的全自願役部隊，其規模受到大幅度裁減，以及最近一些基地關閉，使得軍隊逐漸地疏離了它所處的社會。文人領導者的缺乏軍事經驗，以及高級將領不尊重不合格國會議員的監督，也是令人關切的現象。

「911事件」後，反恐行動中，有關國會對祕密行動的監督也面臨挑戰。反恐戰爭的主要目標之一，是此一行動不能傷及美國的民主制度和民主價值。反恐戰爭中軍方能見度增高，扮演國家安全上的重要角色，應與行政部門向人民負責，並接受國會必要的監督。然而，國防部卻試圖藉反恐行動需要，擺脫國會的許多監督。[7]

第三，黨派性問題。「911事件」前文武間另一種緊張來源，是軍中逐漸滋長的政治黨派意識，使美國軍隊顯現對政治中立化倫理正在消退中。學者批評說是軍事體制企圖對美國政治過程施加不當壓力。「911事件」之後，面臨的挑戰是，即將來臨的2002年的期中選舉和2004年總統選舉，軍方能否不受黨派候選人的競選影響而能維持其非黨派的專業倫理，值得觀察。

第四，本土安全（homeland security）問題。「911事件」前，美國軍方對於本土安全較不願意將它看作是最優先的任務，認為應當委由警察，最好是由國民兵來擔任本土安全工作，各軍種能持續專注於作戰任務。面臨的挑戰之一，也是軍方如何能在不危及市民自由的國內環境中維持本土的安全。

「911事件」後，反恐行動也成為本土安全的重要任務；例如，本土安全委員會（Homeland Security Council）的建立和首長里奇（Ridge）的任命。這項廣泛的任務，軍方特別是陸軍，實責無旁貸，但如何能使軍方對任務優先順序的認知上調整過來，以及將來是否會導致文武關係，特別是作為國防部負責本土安全事務的執行機構的陸軍部長與本土安全室（Office of Homeland Security）首長里奇之間的關係，再度產生摩擦，仍有待觀察。

結　語

40年以前，杭廷頓描述先天存在於文武關係功能的和社會的必然性（imperatives）之間的衝突，他指稱：

當代更為基本和明顯的事實之一，是科技和國際政治的變遷已結合起來，使安全成為最終的政策目的，而非它開始時的假設。（文武關係）功能的必要條件不能再被忽視。先前的主要問題是：何種文武關係模式最能符合美國的自由民主價值？現在這個問題已被更重要的課題所取代，這個新課題是：何種文武關係將最能維持美國的安全（Huntington 1957, 3）？

這一段簡短的話，的確道出了美國冷戰時期文武關係的特點，然而在冷戰時期結束，後冷戰時期開始，議題似乎產生了反轉。美國文武關係的功能已不再以維持國家安全為優先課題，而是要能符合美國的自由民主價值。在上述的論述中，我們可以發現學者在論述美國後冷戰文武關係時，皆是以美國的自由民主價值，特別是文人統制，作為論斷是否有「危機」的基礎。就像詹森和米茲（Douglas Johnson and Steven Metz）在1995年的判斷，美國文武關係尚未發生危機，但當冷戰的心理影響完全消退時，美國文武關係的基本假定才會再次公開地辯論。

觀諸柯林頓主政時期的文武關係演變，我們可以理解到，即使產生衝突，甚至可能導致危機，身為三軍統帥的文人總統，仍能運用民主政治所賦予他的權力進行文人統制。誠如布羅爾（J. Michael Brower）所說的，柯林頓已經靈巧地運用武裝力量，作為外交政策的工具而重新定義了文人統制，使他沒有軍事經驗的缺點轉為

他的政治資產（Brower 1999, 72-73）。即使是在他發生「性醜聞」之後，軍隊依然服從他的領導。並未如學者所擔心的是個「危機」，反而可能是個轉機。這樣的轉機或許會隨著2000年的政權輪替而出現新的面貌。新政府如能針對舊政府所造成的衝突或「危機」加以檢討，並參考類似上述學者專家的建議，則對於文武關係的改善必定有其正面的效果。

無論如何，美國文武關係的演變，猶如其民主政治的運作，不論政治集團間的競爭或社會價值上的衝突如何激烈，最終都能在制度化的軌道上運行無礙，不至於導致整個政治、社會體系的崩潰（洪陸訓 民88b）；同樣地，無論文武之間的關係如何衝突，甚至潛伏危機，最終都能在文人統制的機制中獲得改善，長久以來維持了動態的平衡穩定關係。基於此一認知，則觀察未來美國文武關係的發展，我們固然可以預期會有不斷改善的結果，但也難以排除，在文武雙方因其不同的行為者（actor）的操作和複雜環境的影響下，仍然會再起衝突或可能導致危機，「911事件」以後的文武關係發展，就是一個很好的觀察點。

註　釋

【1】本章發表於《問題與研究》第39卷第12期（民89年12月）。原篇名：〈美國後冷戰時期文武關係的演變〉。

【2】Goldwater-Nichols Department of Defense Reorganization Act of 1986 (*Public Law* 99-443) (Washington D.C.: Government Printing Office, 1987), 100 STAT. pp.992-1075.

「高—尼法案」是美國繼1947年與1958年兩次國防組織改革後的另一次更重大的改革。當時是雷根任總統，溫柏格為國防部長，瓊斯（David Jones）任JCS主席，案由參議員努恩（Sam Nunn）和高華德（Barry Goldwater）、眾議員亞斯平（Les Aspin）和尼可斯（Bill Nichols）的提出。改革的動機是由於80年代初，美國海外出兵的失利；1983年的採購弊案；瓊斯的公開批評，以及國會希望取得對國防的管轄權（jurisdiction）。改革案主要目標則在於藉由建立一個強有力且自動自發的組織，以增進軍種聯合。在具體規畫上，增加了參謀首長聯席會議主席對各軍種參謀首長的掌控權；並可直接向國防部長和總統表達個人的意見，聯席會議和聯合暨特種指揮部指揮官（CINCS）對各軍種的掌控權也大為提昇。本案產生的影響，主要表現在參謀首長聯席主席成為總統和國防部長的主要軍事顧問，權力大增；改變了以往國會藉操縱各軍種的相互競爭和牽制以收監督之方式，變成行政部門可透過對聯席會主席的掌控，以收文人統制之效；有助於各軍種的合作與聯合作戰；有助

於國防事務的整合；提高國防部長的權位；使文人無法得知有關軍方替代方案的資訊以及國防部內的決策過程；造成軍方所形成的決策易於超過其法定的權責。詳見Sharon K. Weiner, "The Changing of the Guard: The Role of Congress in Defence Organization and Reorganization in the Cold War," Projest on U.S. Post Cold-War Civil-Military Relations, John M. Olin Institute for Strategic Studies, Harvard University, June 1997.

【3】Helms後來在CNN新聞中澄清是媒體的斷章取義。

【4】根據國內中央研究院歐美所在2000年3月24日舉辦的一次「後冷戰時期美國海外出兵案例研究學術研討會」中，幾位學者分別對美國出兵波斯灣（周熙）、索馬利亞（裘兆琳）、波士尼亞（鄒念祖）、科索沃（劉必榮）和台海（林正義）的個案分析中，發現同掌軍權決策的國會和總統對於各案出兵用兵之權力雖有爭執，但主導權主要是在於總統，國會居次。換言之，為何出兵，如何用兵，軍方即使有意見，主導權仍操之於包括府會在內的文人政府（裘兆琳編 民90）。

【5】Desch後來以此文發展成他所謂「文武關係結構論」（a structural theory of civil-military relations），作為一種文武關係的比較架構，探討美國、俄羅斯、拉丁美洲與日本等國的文武關係，參閱Michael C. Desch, *Civilian Control of the Military: The Changing Security Environment* (Baltimore: The John Hopkins University Press, 1999).

【6】例如，在預算方面：高爾承諾未來10年內增加1,000億美元，小布希則主張增加450億美元；NMD方面：小布希主張全面發展，高爾認為只需有限度發展；武器研發上：高爾支持進行中三軍新型戰機的研發，小布希為因應新世紀軍事挑戰，主張「跳越一世代」（skipping ahead to new generations technology），保留武器採購預算的20%給新世代；維和任務方面：小布希要重新評估，高爾持續支持；個人軍事經驗方面：小布希在德州國家空中防衛隊服役，駕駛F-102戰機，高爾自願從軍，參加過越戰。"Al Gore and Joe Lieberman: Fighting to Keep America's Military the Strongest in the world." http//www.algore.com/defense/def-book.pdf; "George Bush and Richard B. Cheney 2000." www.georgew bush.com/defense htwal.

【7】根據美國洛杉磯時報91年7月15日報導，美國國防部部長倫斯斐正推動一系列提案，企圖削弱國會監督權。其中包括取消國會要求國防部每年針對該部活動提出數以百計的報告；取消聯邦政府對該部非軍職員工的保障及規避國會環保人士的壓力，禁止國防部合約工人罷工；以及准許國防部提案不經其他單位的審核，直接送交國會（聯合報 91/7/16: 11）。

一、路瓦克論政變的先決條件

路瓦克（Edward Luttwak）在《政變——實用手冊》一書中，歸納出三個先決條件作為測量一個國家是否會發生政變[1]的指標。由這三個先決條件的解釋中，可以間接看出政變的原因，在於：(1)經濟落後；(2)政治獨立；(3)有機組織體。

首先，就經濟因素而言，在一個凸顯疾病、文盲、高生死率和循環性飢餓的經濟落後國家，人民幾乎與外界廣大社會隔絕。他們侷居於本身村落和部族，難於獲得外界資訊，既不瞭解政府的政策，也不知政府執政的良窳，人民對政治的缺乏反應，或冷漠態度，正是政變者所需要的情境。因此，路瓦克所提出的政變的第一個先決條件是：政變目標國家（the target country），其社會和經濟條件必須是人民的政治參與只限於少部分人。

路瓦克解釋，所謂政治參與，並不表示在國家政治中扮演積極和顯著的角色，只是指在經濟已開發的社會的群眾中，共同發現的對政治生活之基礎的一般性瞭解。此一先決條件也暗示，除最高階層之外，官僚政治的運作，因其幕僚教育水準低落而表現的反應遲鈍和機械性。

根據他的研究，經濟發展與政變之間有著明顯的關係。1945-1978年間，在亞非、拉丁美洲等地區的127個國家中，發生政變的有78個，未發生的有49個。再進一步分析，這些發生政變的78國家中，GNP在US$400以下的國家即占44個；反之，未發生政變的49個國家中，GNP在US$400以下的國家只有11個。顯示經濟落後的國家較容易發生政變，經濟發達國家則政變次數較少（1979, 190-195）。當然，路瓦克也指出，並非所有落後國家都容易發生政變，也並非已開發國家不會發

生政變（ibid.）。

其次，就政治獨立因素而言，如果無法掌握主要的政治權力資源，就不可能奪取權力。1956年的匈牙利革命能成功的發動，其革命領袖也迅速掌控了所有傳統的權力工具——武裝力量、警察、廣播和傳播機構，但是遭致蘇聯紅軍的入侵而無法完全成功，也就是未掌控權力來源——統制紅軍的莫斯科政治中樞。越南對美國的依賴，同樣也影響其政變的成敗。例如，1963年越南的政變，就是在美國同意之下，透過CIA的策劃而推翻吳廷琰（Ngo Dinh Diem）和吳廷瑈（Ngo Dinh Nhu）家族（Luttwak 1979, 39-40）。

因此，要想獲得成功的政變，「目標國家必須是實質上獨立，外國勢力對其國內政治生活的影響必須相當地受到限制」（Luttwak 1979, 44）。這就是路瓦克所觀察到的，政變的第二先決條件。不過，在國防政治現實上，國與國間相互依存而非各自獨立。經濟、文化和軍事的關係使國與國間，不管強或弱，都或多或少相互影響。因此，「(1)如果有強權的軍事力量介入，則不值得嘗試政變。……(2)如果強權有大量人員在國內擔任軍事或文官的『顧問』，則政變必須尋求此一強權的贊成」（ibid., 44-45）。

最後，就有機組織體而言，在經濟落後國家中，所有權力集中於少數精英之手；反之，在一個複雜的政治體制中，權力分散，因而難於在政變中掌握到。此外，政變的障礙，也可能來自於集團性利益（sectional interests）和地域性利益（regional interests）。就前者而言，不論經濟先進國家或落後國家，都會出現龐大的企業組織而介入政治，甚至統制政治。就後者而言，有些國家的地區性武力強大到足以統制政治中心，在此情況之下，將使政變成為不可能。因此，政變的第三個先決條件是：政變「目標國家必須有一政治中心。如有幾個中心，則必須是可以確認的，且必須是政治性的而非民族性的結構。如果這個國家是由非政治性組織機構所統制，則政變只能在其贊同或保持中立的情況下進行」（Luttwak 1979, 55）。

二、巴西和菲律賓軍人干政的原因——多因素的分析途徑

有關第三世界軍人干政的原因，還可以從部分學者對巴西和菲律賓兩個國家

軍人干政的研究中獲得瞭解。卡斯帕爾（Gretchen Casper）在〈第三世界軍人干政理論：菲律賓的教訓〉一文中，即嘗試從菲律賓1986年的政變和巴西1964年的政變之比較研究，建構多因素分析的途徑。發現兩次政變都涉及政治、經濟和制度的因素。但卻只有將各種因素綜合起來觀察才足以較完整地解釋政變發生的原因而不失於偏。

(一) 巴西軍人干政的原因

以巴西而言，例如，斯提潘（Stepan 1971）、歐當諾（O'Donnell 1979）和科恩（Cohen 1987）三位學者，即先後從分析1964年巴西軍隊推翻古拉持（Goulart）政府的事件中，發現導致軍人干政現象的變數即有機構變化、經濟困難和政治兩極化。因此分別發展出解釋軍人干政原因的三種重要理論：斯提潘的機構理論（institutional theory）、歐當諾的經濟理論（economic theory）和科恩的政治理論（political theory）。

首先，就斯提潘的機構理論而言，他認為軍隊干政的原因是由於對較廣義的機構角色的合法性之認知有所改變，特別是在對共產主義威脅作出反應之時；同時還由於「新專業主義」（new professionalism）的發展。在他1971年所著《政治中的軍隊──變遷中的巴西模式》一書中指出，巴西軍隊在1964年的行動，源於軍隊信念和訓練的變化。他認為，在1964年之前，軍隊扮演的角色是仲裁者（moderator）。在若干情況下，軍隊充當「政權改變者」（regime changer），但卻從未成為「政權統治者」（regime ruler），換言之，雖然軍隊發動過多次反文人政府的政變，但每次政變之後，軍隊卻從未安排軍人政府上台。發生這種情況的部分原因是，雖然民眾支持政變，但卻不贊成軍人執政（Stepan 1974, 57-121）。不過，軍隊之充當仲裁者角色，還是因為「軍官們普遍相信，他們的統治合法性比起文人來，相當地低」（Stepan 1974, 172）。斯提潘認為，軍隊之所以成為政治統治者，主要原因是「新式專業主義」的興起。按照它的原則，軍隊在所採取的傳統專業訓練中，加進了社會經濟和政治技能。這種新式專業主義產生於軍隊對共產主義的恐懼（特別是它對正規軍的威脅）。為了對付共產主義的威脅，軍隊拓寬了對鎮壓反叛亂戰術的界定，使之包括了經濟發展和政治領導等因素。如此一來，軍隊對於政治、社會問題越加關心。軍隊技能的擴展影響軍隊的信念，使它將自己看成是一個潛在的合法統治者，因為它現在訓練與政客和官僚的訓練已相似。在這方面，

斯提潘指出每個國家的「高級戰爭學院」（Superior War Colleges）（例如：巴西的ESG，祕魯的CAEM和阿根廷的JENG）扮演了重要的角色，以巴西的ESG而言，除了對軍官們進行傳統軍事科目的訓練之外，還為他們開設國家建設、公共行政和管理等課程。接受這種訓練之後，畢業生比過去的軍人更加認為軍隊具有管理國家事務的潛在合法性，軍官們由於具有新管理技能，遂認為他們能勝任愉快地擔當國家領導人的職務，而且肯定會比現任的領導人做得更好。正如斯提潘所說的：「相當多的軍官開始感覺到，他們有使國家獲得發展的最適當、最現實的戰略，而且他們是實施這個戰略最夠資格的技術精英人選。」（Stepan 1974, 174）

根據這種理論，巴西軍隊推翻古拉特政變之所以爆發，是因為軍隊擔心這位總統不但沒有防止國家受到革命的威脅，實際上反而使國家更容易受到暴亂的傷害。因此，到了1964年，軍隊已經有了可以干政的若干理由：(1)有一批軍官接受過解決國家建設問題的訓練；(2)這批軍官相信他們掌握了解決問題的方法和技能；(3)軍官們認為他們執政可以更正文人政府的一些缺點。由此可見，軍隊內部的機構變化導致了干政（ibid., 186-187）。

其次，就以歐當諾為代表的經濟理論而言，他指出，在巴西一旦中等水平的現代化接近完成，軍隊就會聯合技術官僚和工業專家進行干政，以促進經濟變革。他認為民粹主義（populist）政府在實行進口替代（import-substitution）政策時之所以能夠保持權力，是因為他們得到了以國內市場為主的工業家和工人的支持（O'Donnell 1979, 54）。工業家受惠於保護主義的關稅，這種關係確保了他們在國內市場上的競爭實力。工業家並且因工人是他們產品的顧客而接受政府制定的有利於工人的政策。

導致民粹主義聯盟結束的是「『輕易的』橫向工業成長可能性的耗盡」（O'Donnell 1979, 75）。要使工業超越輕型製成品階段繼續發展，就需要大量資金，作出積累資本的決策，意味著對政府支持的聯合陣線會發生變化——從以國內取向的工業家和工人，轉向以出口為主的工業家和外國投資者。出口工業家、技術精英和軍隊組成了聯合陣線，以確保工業以出口為主，確保國內市場向外國投資者開放，並確保「群眾型禁衛軍主義」（mass praetorianism）受到遏制。工業家和技術精英參加聯盟的目的是為獲得對經濟領域的統制，可以有能力對付群眾的騷亂，增加它所獲得的政府資源的份額。因此，歐當諾認為，在巴西，未獲解決的問題，例如：通貨膨脹、起伏不定的經濟增長、社會資源分配不公、社會結構長期僵化、

對外國的依賴雖有所改變，但在許多方面這種依賴都有所增加，使許多政治參與者認爲有必要對社會結構作出重大調整：一個民粹主義的制度無法產生所需要的變革（ibid., 75）。

根據這種理論，軍隊推翻政府是因爲軍隊要與工業家和技術精英結盟，以建立一個排斥性（exclusionary）威權政權。文人政府原來支持的經濟政策，被軍人改變爲支持一個新的工業化計畫，民間機構被拒絕進入政治範圍，軍隊成爲政治舞台上的主要演員。

第三種軍人干政原因的理論，是以科恩爲代表的政治理論。科恩認爲，軍隊在巴西干政的原因，主要是由於精英集團內部的競爭給軍隊提供了一個政治開放的空間。他反對以經濟理論解釋巴西案例的有效性：

> 軍事政權可能沒有必要實施經濟穩定政策和其他市場取向政策。如果僅是穩定經濟的問題，軍隊可能不會干政，經濟危機如果有何重要性，乃是因爲這種危機使政治危機惡化，進而導致政變（Cohen 1987, 37）。

科恩認爲舊領導精英試圖繼續透過選舉方法統制國家。其投票成功的保障，在於領導精英統制了國家資源。但問題是隨著時間的推移，選民中的不同團體會要求領導精英專門照顧他們團體的利益。由於這些團體的兩極化，領導精英在照顧各方利益時難免顧此失彼，因而很難維持原有的民眾支持。當每一方看到另一方獲利，都會增加對精英集團的壓力，使得精英集團權力和可信度降低，而施加壓力的各方都可得到更大的權力和可信度。不過左派和右派的活動，因其攻擊精英集團，也攻擊政府，不但弱化精英集團，也降低了政府機構的合法性。由此可見，政治兩極化的結果，製造軍隊干政的機會。科恩指出，巴西政變的發生，就是因爲政治體制無法解決奎德羅（Quadros）的辭職所引起的問題。這個政治體制允許極端派系主宰政治進程，造成對民主政治的致命打擊（Cohen 1987, 45）。

例如，古拉特對於左派的時而支持時而不支持的搖擺立場，導致左派和右派雙方均全力以赴地爭取各自利益，左派堅持要求總統支持激進派的改革，右派則要求總統保持現狀。這種兩極化情況，自然爲軍隊干預政治提供了理由和機會。政府允許極端派系主宰政治進程，是對民主政治的致命打擊（Cohen 1987, 45）。

(二) 菲律賓軍人干政的原因

菲律賓1986年的軍事政變，導致馬可仕（Ferdinan E. Marcos）總統的下台和阿奎諾（Benigno Aquino）夫人的執政。政變的軍人團體是成立於1982年的「武裝力量改革運動」（Reform the Armed Forces Movement, RAM）。該團體由菲律賓陸軍學院1971屆的五名上校所創立，至1986年已發展至4千餘人（Wise 1987, 438, in Casper 1991, 196）。這個團體因其創始會員中，有幾個人是當時國防部長恩萊爾（Juam Ponce Enrile）的幕僚，因而與他的關係十分密切。恩萊爾和RAM策劃政變的原意，是想建立一個文武合一的軍政府（a civilian-military junta），成為政權統治者而非只是仲裁者或政權改變者。但由於馬可仕於1986年呼籲進行總統選舉，使政變計畫延至選後，並因RAM發現需要依靠民眾支持才能免於遭受忠於馬可仕部隊的反擊，以致政變團體中，時任副參謀總長的拉莫斯（Fidel V. Ramos）在政治上支持阿奎諾，因此使原來政變計畫變成了阿奎諾的文人政府。

1. 機構變化

菲律賓1986年軍人干政的主要原因，與巴西大致相似。首先，在機構變化方面，1971年宣布實行戒嚴之前，馬可仕統治下的菲律賓軍隊在經驗、信仰和訓練方面都發生了機構性變化。軍隊自1960年代以後，為了反暴亂，對付國內Huks的農村游擊隊運動，使其角色擴大到社會經濟領域。工程兵部隊投入基礎設施建設，軍事單位參加地方的農業和教育發展。1972年之後，軍隊擔負保衛國家安全的使命，不但使它在國家發展中發揮作用，而且其角色開始擴展到行政和司法領域。軍人被授權實施戒嚴法，並負責審判涉嫌顛覆罪犯（Hernandez 1979, 185-186, in Casper 1991, 197）。

軍隊在訓練方面的變化，可以由國防學院（National Defense College）和指揮參謀學院（Command and General Staff College）所開設的有關國家建設的課程看出來。課程重點是政治、經濟、心理和軍事等課題中與國家安全有關方面。此外，管理技能課程也受到重視，軍人甚至受鼓勵到民間學院攻讀商業管理碩士學位（MBA）。由於戒嚴法的實行和軍隊訓練重點的變化，軍隊不但開始管理建設發展計畫，而且也掌控了大型商業公司，包括統制全國的媒體和所有公共事業單位（Hernandez, 187）。這種經驗建立了軍官們覺得能與文人領導者一樣，具有經驗管理能力的自信心。並且認為本身是維護權力的必要力量，不從屬於文人的權力。

軍事機構自我感覺的這種變化，增加了它干政的可能性。

　　馬可仕的經濟政策造成菲律賓的貧困，1983年的農村家庭收入73%處於貧困線下，此導致共黨武裝力量「新人民軍」（New People's Army）的壯大。70年代的一小批烏合之衆，擴大到1985年的3萬正規軍和游擊隊，活動範圍擴及73個省份。此外，馬可仕使軍人的晉升政治化，用人以對其個人的忠誠度爲取捨，而不以專業爲取向。馬可仕的這些作爲，使軍隊心懷不滿，將他視爲是將軍隊引向腐敗，喪失對付共黨暴亂的能力，甚至連擔負國家建設的任務也力不從心。總之，1980年代中期的菲律賓，一方面，軍隊被要求擊敗新人民軍而獲得訓練和經驗，另一方面，馬可仕的經濟政策增加民衆對新人民軍的支持，壯大新人民軍的力量。在此情況之下，RAM的成立和發動政變，自非意外。

2. 經濟困難

　　菲律賓的經濟，自1970年初期起，即開始衰退。1972年，馬可仕實施戒嚴法，試圖振興經濟，鼓勵建立在以出口爲主的工業和以農爲主的商業之基礎上的經濟精英階層，其支持的方式，是禁止罷工、降低最低工資限制、減少關稅和鼓勵外國投資。使出口工業化計畫在戒嚴法下完全實施（Hawes 1987, 52, in Casper 1991, 200）。經濟的成功一度提高人民的希望。然而，70年代末期以後，經濟轉而衰退，終至1980年代出現嚴重的經濟危機，1984年的狀況是，通貨膨脹超過50%，國民生產總值年增率成負數，投資下降30%（Villegus 1986, 145-146, in Casper 1991, 201）。菲律賓1970年代初期的經濟衰退，在某種程度上是由於石油價格的大幅上漲和隨之而來的世界範圍的經濟蕭條，但其經濟崩潰的主要原因，應是馬可仕一些具體發展政策的失敗。出口工業的失敗，是當面對經濟利益和政治忠誠兩種選擇時，馬可仕總是選擇後者。例如，馬可仕讓他的密友們獲得經濟優惠──諸如壟斷、免徵進口稅、優先貨款等。商業貸款的標準不是根據經理的能力，而是根據與馬可仕家庭的親密程度來決定。這種心態使國內商人感到極大不滿。1972年聯合起來支持馬可仕建立威權政權的商人、技術人員和軍人，看清馬可仕因政治目標取代了經濟目標之錯誤政策（Hawes 1987, 183），到1986年都最終加入反對他的陣營。這些原來的盟友再次聯合起來，以圖對那些阻礙經濟發展的政治機構進行改造，由於前車之鑑，大衆看到威權主義並不能保證出口業化的成功，因此，都主張回歸到1972年以前的民主制度，並支持出身於精英家庭的、保守的非政客型人物阿奎諾掌權。

3. 政治兩極化

馬可仕是出身於一個以個人忠誠而非以意識形態爲基礎的政治黨派體制下的一位政客。以政治化爲取向的政治環境影響了他的行事作風，他的作爲也助長了這種風氣。其結果導致菲律賓的政治兩極化，製造了軍隊干政的機會。

在馬可仕連任兩屆總統之後，爲了繼續保住權力而於1972年實行戒嚴法，並且爲了使他的行動具有合法性而辯稱說，是爲了對付迫在眉睫的共黨革命和創造一個以社會正義和經濟發展爲基礎的新社會，並堅稱其政權是「立憲威權制」（constitutional authoritarianism）。爲了確保政權改變和個人繼續執政，馬可仕試圖許諾改革，以滿足左右兩派的利益。對於右派而言，馬可仕保證要制定有利於商業的法律，降低犯罪水平，結果激進政治、回教徒叛亂和新人民軍的威脅。具體作法是，禁止罷工、放寬外人持有財產、要求守法、壓制異議、解散國會，以及在外力援助下，投入更多部隊和物質鎮壓回教徒和打擊共黨游擊隊。對於左派而言，馬可仕保證要實行土地改革和社會正義，並掃除腐敗現象。具體措施是，公布土改綱領、支持農業價格、提高最低工資標準，以及實施鄉村發展計畫（Rosenberg 1979, 58, 113 in Casper 1991, 203）。

然而，馬可仕的改革諾言並無法一一兌現，反而使情況更爲惡化，導致兩派均對其不滿和反對，特別是因其較傾向於右派而遭致左派的公開反對。反勞工的立法和在對付政治囚犯時違反人權的現象，增加了工會、學生團體和記者的反對行動，而馬可任的態度卻是對所有反對者施以無情的鎮壓。

軍隊干政的機會，在於政治兩極化所導致的權力眞空。這是由於若干事件的發生所演變而成。首先，是馬可仕在1980年代初期，健康出現了嚴重問題，因無明確的繼承人，使政治不確定因素開始上升。其次，阿奎諾參議員在機場被暗殺的事件觸發了大規模的反馬可仕政權活動，包括美國在內也開始與反對派談判。第三，原定在1986年2月的總統大選，因馬可仕健康問題和政權合法性問題始終未獲解決，使他被迫提前舉行大選，然而，馬可仕雖慣於暗中操縱選舉，此次卻未能成功（Overholt 1986, 1161 in Casper 1991, 205），隨著競爭對手阿奎諾夫人和她數以百萬支持者的抗議，使選舉的不同政見變成公開的挑戰，馬可仕終致無法恢復政治秩序，造成政治眞空，而由軍隊的干政來加以填補（Casper 1991, 205）。

(三) 多因素的分析途徑

　　任何政治事件的發生，往往不只一種因素所造成。因此，解釋某種政治現象，多面向的分析，往往是更爲可行的途徑。阿利森（Graham Allison）在談到方法論時，就主張不同的理論可以解釋同一事件的不同方面（1971, 258-59）。此一論點可以由探討1964年的巴西政變和1986年的菲律賓軍人干政之原因獲得印證。首先，從機構化理論來解釋，軍隊引進管理技能改變了軍人的角色認知，從而自認爲是潛在的合成的統治者，在巴西和菲律賓，軍事院校都引進或推擴了國家建設和行政管理的課程。這種教育和訓練改變了軍官們以往對於非軍事領域敬而遠之的心態，自視爲與文人官僚和政客平等而具有管理國家的能力。這種理論解釋了軍人如何獲得政變的動機，也就是范納爾認爲的，軍人干政必須要有意向。其次，從經濟壓力理論來看，軍隊會與工業家和技術官僚共同行動，以創造一個排斥性的威權政權來實現以出口爲主的工業化。在巴西和菲律賓，軍隊正是如此聯合並推翻了政府。這一理論解釋軍人將與什麼樣的人結盟，指出軍隊可以動員起來進行政變的資源，亦即強調軍隊進行政變並非單獨行動。經濟困難爲軍隊和其他活動者（如以出口爲主的工業家、技術官僚）創造了條件，使他們基於共同利益和目標而聯合行動。最後，從政治兩極化理論來看，當軍隊看到政治角逐者已兩極化，而且政府無法保持他們的支持時，就會推翻政府。在巴西和菲律賓，政治危機不斷升高，左派和右派卻撤回對政府的支持，並且呼籲政變的更迭。此一理論解釋了軍隊決定奪權的時機，也正如范納爾所強調的，軍人干政必須有適當的時機。這種時機，是當文人政權最脆弱和反對派最分裂的時候，在權力眞空情況下，是軍人干政阻力最小的時機，政變成功的最佳機會。

　　就巴西和菲律賓的兩次政變來看，這三種因素都是導致事件發生的因素。分開來看，各個因素均能解釋政變的某一方面，但要較周延地解釋整個政變的發生，則需要綜合起來加以分析。

三、非洲軍事政變的解釋模式

　　在第三世界中，非洲地區的國家相當不穩定。軍事政變和政治統制的相關問題，成爲其經濟和社會發展的主要障礙。在1960年和1982年之間，45個獨立的非

洲國家,幾乎90%發生過軍事政變、企圖政變或政變陰謀(an attempted coup, or a plot)(Johnson, Slater, and McGowan 1984, 646)。在115次合法的政府變遷中,有52次成功的政變,56次企圖政變和102次政變陰謀,使軍事政變成為非洲後殖民時代「權力繼承的制度化的機制」(Young 1988, 57)。

如此頻繁的政變,對其原因的探討,便成為許多學者的注意焦點。詹克斯和柯波索瓦(以下簡稱「詹─柯」,J&K)(Jenkins & Kposowa 1990)曾將有關非洲軍事政變之原因的研究加以歸納,並進一步據以建立一個軍事政變的綜合性理論。他們所歸納的涉及非洲軍事政變之原因的理論,有「政治發展理論」(political development theory)、「軍人中心性理論」(military centrality theory)、種族對立主義(ethnic antagonisms)和「經濟依賴理論」(economic dependent theory)四種。他們運用1957年和1984年間33個非洲國家的軍人干政資料,進行一項軍事政變結構性傾向的LISREL分析。發現有力支持了有關種族對立主義的現代化和競爭理論、軍人中心理論和依賴理論的觀點。政治發展理論則未獲支持。種族差異和競爭、軍人中心、債務依賴和政治派系主義,是政變活動的重要指標。軍人中心植根於相同基礎的結構。種族優勢是促進社會整合和削弱對抗的穩定力量。根源於種族競爭和經濟依賴的棘手的衝突,製造了軍事政變和類似不穩定的結構網絡(1990, 861)。

(一)「政治發展理論」(political development theory)

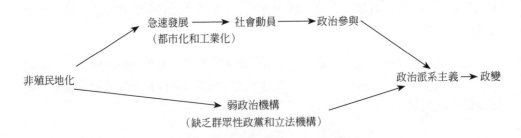

此一理論著重於「新興國家」的政治問題。它自結構面分析,其基本假定是:弱勢的社會和政治制度較可能造成軍人干政。基本的論辯是,政治制度建構無法配合經濟發展和它所引起的社會動員和政治參與的高潮。亦即,這些「新興國家」遭遇到漸增的民眾社會動員和弱勢的政治制度之間的緊張所引起的政治參與危機

（Huntington 1968; Deutch 1961, 1969; Binderet Finer 1988）。社會動員促進了政治覺悟和政治活動的能力，進而增進人民的政治參與和政治需求。非洲後殖民時代國家並未能有效反映這些需求。正如前殖民地時代，他們繼承了世襲的和顧客關係的（clientelistic）行政機構，這種行政機構缺乏充分的「自主性、複雜性、凝聚力和適應性」以進行有效的統治（Huntington 1968, 194）。殖民地統治削弱了傳統的威權結構和創立了排他性的政權，遺留下廣泛的不信任和弱勢的精英或群眾結合。軍事專業主義的衰弱，鼓勵了軍人的干政。新文人領導者並未建立穩定的有包容性的政權。多數國家採取憲政體制，建立功能化的多黨政權，但卻產生了政治僵化和反應遲緩的政府。當這些政權無法回應興起的大眾需求，軍隊即會干預和採取排他性或「不合作」（departicipation）措施，以致引發進一步的政變和政治的不穩定（Jenkins & Kposowa 1990, 862）。

詹金斯和柯波索瓦對此一理論作了簡要的總結：第一，國家的建設和工業化加強了社會動員，與此同時，也促進了更廣的群眾參與和對政治系統更大的需求。第二，這些「新國家」缺乏強力的政治制度，特別是缺少群眾型政黨和立法機構，以便擁有足夠的力量去引導和規範這種興起的參與要求。多黨體制易導致政府的派系化和運作停滯，造成無效力的統治。第三，所產生的政治參與之過度負荷，導致群眾性的政治動亂，並因而激發軍事領袖們的直接干預政治。

受挫折的人民轉向政府抗爭甚至攻擊，導致軍人干政，而軍事領袖們則因其理解到文人政府的腐敗和無能而興起挫折感（1993, 129）。

在解釋軍事政變原因的學說中，政治發展理論是頗受爭議的一個模式。例如，有幾位學者雖支持社會動員假設，但卻主張社會動員所引起的參與並不是干政的因素。其中，傑克門（Jackman 1978）認為，動員雖引起政變，但獨立前選舉的高投票率卻抑制了政變。柯立爾（Collier 1983）認為，此高票率來自種族優勢，因種族優勢造成較強的一黨政權，具有充分的合法性和凝聚力以抑制軍人干政。麥高文（McGowan 1975）發現，動員導致群眾動亂，但此動亂並未激發政變，反而阻止其發生。主要的問題是群眾參與的干預角色，特別是在抗爭和武裝攻擊國家的政治動亂事件中的參與。增強的動員也應會製造群眾性種族不穩定，因而激起政變。如果群眾參與無關於政變，即無參與的過度負荷。第二個問題有關動員，如果動員是適當的，則是由於較高的群眾參與，或是因為它直接促進了政變活動？最後，是薄

弱政權的問題。某項研究已發現多黨政權更易於發生政變（Jackman 1978; Collier 1983; Johnson et al 1984; Jenkins & Kposowa 1990, 1992），不過他們不知道是否是因為政治動亂或單純地由於派系化的政權的弱點（Jenkins 1993, 129）。

　　根據詹—柯的檢證，政治發展理論有關政治過度負荷的爭辯並未獲得支持。在幾項結構性的變項中，結構能力（structural capacity）直接導致政變，但政治覺悟（political awareness）和政治派系（political factionalism）卻能制止政變的發生。他們和傑克門（1978）同樣地發現，具有較高教育程度和政治資訊的人民，會打消干政的念頭。此外，干政過程亦不生效，動員增強不會導致群眾不穩而引發政變。詹—柯檢證的結果如下圖：

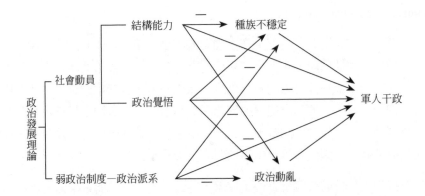

(二)「軍人中心性理論」（military centrality theory）

非殖民地化 ⟶ 軍人中心性 ⟶ 政變

　　此一理論置重點於較狹義的有關軍隊的集團利益（the corporate interests）和資源，以及文武關係。其中心理念是，擁有資源和凝聚力的軍隊易於傾向干政（Andreski 1968; Janowity 1977; Finer 1988）。在低度開發國家中，軍隊常是最有力量的機構，比文人政府擁有更多的資源和組織凝聚力。共同的訓練和民族意識，通常使軍官們成為最具有凝聚力的精英團體（Kennedy 1974）。殖民主義也遺留下以軍事訓練作為內部統制的經驗，鼓勵了重視國內政治的取向。在若干非洲國家中，軍官團在獨立後立即非洲化，激勵了軍隊的政治熱望，也象徵著國家主權。所

謂非洲化，意指以更具強烈種族忠誠的土著軍官，取代受過專業訓練的殖民地的軍官。此一傾向造就了種族性的派系化的軍隊（Smaldone 1974, 209-11）。

在後殖民地國家中，由於軍隊經常是最現代的機構，有受過專業訓練的領導者，具有先進的技藝和組織資源，軍官團懷有堅強的團隊精神。所以，一旦面臨到文人政府執政失敗，軍事領袖們即易於干預政治。然而，一些學者則辯稱，派系化的軍隊較易於干政。軍種間的對抗、軍校培養的忠誠和殖民地用人政策所激發的種族緊張，製造了軍隊內的衝突，因而引起干政（Smaldone 1974; Mazrui 1975; Janowitz 1977; Nordlinger 1977）。這兩種觀點看似矛盾，實則可以相容，簡諾維茲就指出，派系化的軍隊較易於進行政變陰謀和企圖政變，而凝聚力強的軍官團則較易發動成功的奪取權（Janowitz 1964, 40）。

另有一些學者發現，軍隊的數量和預算越大，越可能干政（Wells 1974; Johnson et al 1984; Wells & Pollnac 1982; Jenkins & Kposowa 1990, 1992）。軍人對於其群體利益非常重視，其利益一旦遭受威脅，特別是文人領導者企圖減少軍隊預算和軍人特權時，即可能引起軍人干政（Nordlinger 1977; Thompson 1980）。

在詹一柯的同一檢證中，對於軍人中心論的假設，獲得肯定結論。認為此一理論有關軍官團所擁有的資源和派系化對於軍人干政具有正相關（如下圖）。至於軍隊凝聚力對干政的影響，則並未提到有所發現（1993, 141）。

(三) 種族對抗主義理論（ethnic antagonisms theory）

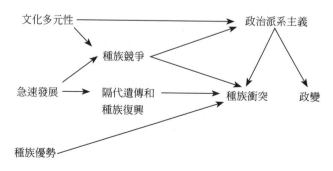

種族對抗理論對於軍人干政的解釋根據詹—柯的歸納主要有三種：種族多元理論（ethnic plurality theory）、種族優勢論點（the ethnic dominance thesis），以及種族競爭理論（ethnic competition theory）（1993, 131-132）。[2]

1. 種族多元論

所持觀點是，群體越多而且其文化異質性越大，則種族的緊張度越高，因而政治聯盟的結構之穩定性越低（RabushKa and Shepsle 1972; in Jenkins & Kposowa 1993, 131）。有些學者發現種族多元性製造群眾不穩定和精英不穩定（Morrison & Stevenson 1972a, 1972b; McGowan 1975），不過，有的卻發現多元性抑制了政變，認為它減少了種族專制的可能性（Jackman, 1978）。

2. 種族優勢論

所持論點與上述相反。認為一個規模大和政治霸權性的群體會挑起衝突，進一步引發政變。傑克門（Jackman）（1978）即根據多數專制理論，認為擁有政治勢力的大型群體能藉由排除較少群體的政治勢力而激發政變。布拉斯（Brass）則發現，如果勢力強的群體獨占了諸如內閣職位、高層軍事任命或主要企業所有權的特權地位，這種優勢力量將會動員所屬群體與這些獨占勢力競爭，其結果是激起種族絕對衝突和精英不穩，以致引發政變（1985, 29-30）。

3. 種族競爭理論

這一派論點，以人類生態和資源動員理論為基礎，其中心論點主張：國家建設和經濟發展同時強化了群體間的競爭，並且提供更多的資源（Melson & Wolpe 1970; Bates 1974, 1983; Young 1976; Olzak 1983; Olzak & Nagel 1986）。依薩克（Izak 1983）指出：「當群體進入同一勞動市場從事競爭並且增加他們進入同樣的政治、經濟和社會資源的管道時，種族的動員就會產生」（p.362）。此一理論的起點是植基於殖民地時代的文化上的勞力分工。

現代化被看成是以增進群體間的競爭和政治資源而製造衝突。例如，經濟發展打破了傳統文化的勞力分工，並且在提供擴大的資源的同時，也將以前分離的團體帶入同一勞動市場中從事競爭；同樣地，都市化在促進群體動員之時，也推動了對諸如學校和服務方面的住屋和都市式的舒適的競爭。國家建設匯集了政治競爭論點，也提供種族動員的場所。都市化和工業化經常帶給群體更多的競爭，同時也促

成生態上的親密關係，亦因而促進政治動員。一個集權式國家的建立，加強了對公共機構的工作、執照和契約的競爭以及象徵性的認可，特別是，當一個政權在提供不同群體的領導和組織的機會時，也提供了組織次級群體或地區性認同的誘因（Young 1976; Brass 1985; Horowitz 1985）。借用寇比（Korpi 1974）的衝突的權力平衡理論來看，激烈競爭的群體越爭奪同樣資源，越增加衝突的強度，因而種族性的競爭增加了軍事政變的可能性。詹金斯和柯波索瓦也發現，當兩個最大的群體在總人口和政府的統制上越接近時，政變即越可能發生（1992）。

　　詹─柯對於種族對抗論的檢證結論，發現此一理論中的多元性和內閣競爭與軍人干政的正面關係獲得支持。亦即，種族多元和種族競爭直接導致政變，而種族優勢則促進政治穩定和政治動亂而間接引起軍人干政；種族對抗（種族結構變項）雖也會經由引起政治動亂而導致干政，但卻不會造成種族不穩定（如下圖）。此外，種族結構向量（vector）和內閣競爭對干政的直接關係大於二者透過政治動亂而引起干政的間接關係。

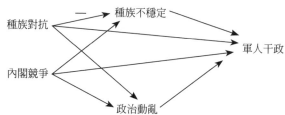

資料來源：J & K 1993, 141.

(四) 世界體系 / 依賴理論（world system / dependence theory）

此一理論的焦點在於出口依賴和外資滲透的「新殖民地主義」。出口依賴論題置重點於殖民地貿易模式的持續，特別是出口的集中和持續的依賴初級產品的出

口。出口依賴造成獲利低而不穩定、經濟不景氣、貪圖和因之而起的政治動亂。它也常觀察到強制性的勞工體系，此一體系需要一支強大的軍隊和種族的勞力分工（Paige 1975; Hechter 1978; Wallerstein 1979）。

由於受過教育的中產階級少有經濟機會，經濟競爭遂集中於國家本身，因而鼓勵了政變手段的使用和以貪污爲向上流動的手段（Thomas 1984）。也有學者發現，出口特性化越大，軍人干政可能性越大（O'Kane 1981, 1983; Johnson et al 1984）或是認爲出口依賴因造就強大的軍隊而間接導致政變（Jenkins and Kposowa 1990, 1992）。

外資滲透論點強調依賴或「協同」（associated）發展所造成的經濟緊張（Cardoso and Faletto 1979; O'Donnell 1979; Evans 1979; Neuhouser 1992）。布雷蕭（Bradshaw 1985）就指稱，非洲即經驗過多國投資、政府保障的銀行貸款、高科技的輸入和政府保護下的聯合企業與企業，這類以外資爲基礎的經濟發展只是資本的集中，破壞了傳統上勞力密集的工業，因而造成失業、過度都市化和增強的不平等（Delacroix and Ragin 1981; Timberlake 1985; Bornchier and Chase-Dunn 1985）。這些因素引起國內政治動亂，以致引發軍人干政，產生官僚體制的威權政體（O'Donnell 1979）。外人投資也因討好特定群體而引起種族不穩定，造成種族的勞力分工。詹—柯也發現債務依賴造就強大的軍隊，直接間接地導致政變，但外人投資則與干政無關（1990）。

詹—柯的檢證結果，發現依賴理論對於軍人的干政只是間接的影響作用。債務依賴經過軍人中心而引起政變，同樣地，債務依賴與出口依賴二者先引起政治動亂而出現干政。出口依賴和外資依賴與軍事勢力無關；外資對政治動亂和種族不穩無關；出口和債務依賴會刺激種族不穩，但不會影響政變。其相關如下圖：

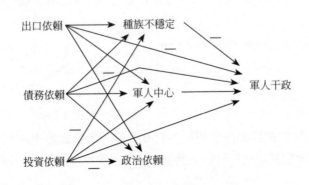

(五) 軍事政變的綜合解釋模型

　　詹金斯和柯波索瓦有鑑於在過去的研究中，上述四種理論均被當作單一的命題，而非一個複雜的因果論證的一部分。分析家甚而典型地檢證他們所愛好的假設而未考慮綜合性或代替解釋的可能觀點。事實上這些假設中有其共同點：例如，政治發展和種族競爭理論二者均辯稱，經濟發展加速了社會動員和政治派系化，只是引發政變時，其介入的過程有所不同（亦即，興起的參與對種族衝突）。同樣地，經濟依賴和政治發展理論辯稱，威權政權分別植基於出口特區（enclave）的勞力統制和後殖民地國家的弱勢制度。種族緊張常以武力統制，且很可能產生強勢的軍事體制。簡言之，這些假設需要以作為更複雜的軍事政變之綜合模型的一部分來加以檢證。

　　詹—柯對於上述四種有關非洲國家軍事政變原因的解釋，逐項加以檢證，其目的在於建立一個較為宏觀的綜合解釋模型。首先，他們對於原有的四種解釋模式，逐項加以檢驗和分析、並提出修正意見，前已個別述及。其次，根據這些檢驗的發現，加以整體考量，因而得出整合性的模型。此一模型的架構顯示如下圖，主要論點也說明如下：

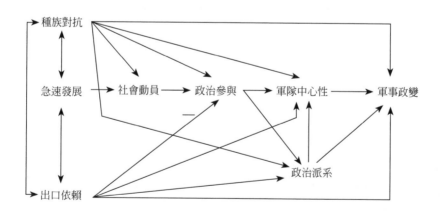

1. 軍隊中心性是軍人干政的主要力量

　　軍隊擁有強大的國家資源和軍官團的派系化，易於導致軍人干政。所指資源為部隊數量和國防預算；軍官派系之爭的產生，則是指軍官團非洲化過程中，因消除

了殖民地軍官的抑制，以及來自不同的軍事學校、軍事單位和種族背景的軍官間所產生的競爭性對抗（1993, 137）。此一解釋可涵蓋各不同時期的所有政變事件（陰謀未遂和已遂）類型。強大的軍隊則特別易於發動成功的政變，在他們的國家建立政治中心地位。軍官團的非洲化固然是國家獨立主權的有力象徵，卻也是產生種族不穩定的根源。由於非洲化除去殖民地軍官的監督並在軍隊中造成內部抗爭和派系，因而製造了軍人干政的環境。

此外，詹—柯的證據顯示，經濟依賴、種族差異和政治派系主義，皆有助於大規模和自主性的軍隊之形成。受到較強外國資本滲透的出口依賴的特區和國家，似乎較有強大的軍事體制，支持了依賴理論的主張。種族對立意識也可能製造較大的統制問題，因而產生較強的軍隊。也可能是強大的軍事體制源自殖民地經驗，諸如獨立的常備軍的規模。

2. 種族多元性和種族競爭是發生政變的第二大因素，特別是兩個最大族群間對於資源的競爭，更易於導致其干政

種族多元性和種族競爭對於不同時期和不同類型的干政都有顯著的影響。種族多元性使種族的政治聯盟難於成形；種族競爭，特別是在政府內的競爭，會導致精英的對抗。這些種族的對抗，大部分是精英層面的現象。

在種族對抗三個面向中的種族優勢，並非軍人干政的原因。一個獨大群體的優勢或支配，反而有助於政治穩定，因它產生較高的社會同質性和減低較小群體的抗爭能力。此一發現否定了有關種族優勢會導致政局不穩的論點（Jackman 1978; Johnson et al 1984）。

種族優勢大致可透過較大的社會整合以促進穩定和減少對資源的競爭。它也促進了選舉的舉行，幫助初期文人政權的合法化。種族優勢似乎會在初期文人精英中製造輕微的派系主義，但還不清楚。一般而言，在內閣中擁有強大優勢的霸權種族團體的國家可抑制挑戰者，而具有廣泛種族歧異和強烈競爭團體的國家，則較易傾向政變。這些具有種族性差異和競爭的國家也較易於動員民眾和強大的軍事體制，因而間接地增加了政變的可能性。

湯普森（Thompson 1973）在一項全球性的軍事政變分析中，發現種族、語言差異和潛在的分離運動不是政變的體系性根源。但是，詹金斯和柯波索瓦認為，就

非洲地區而言，他們的分析和許多個案研究顯示，種族對抗是非洲國家政變的主要因素。不過，他們認爲湯普森的結論，其基礎建立在對大規模分離運動的分析上，類此群衆性的挑戰在非洲軍事政變中，除了奈及利亞和薩伊之外，已很少見，且普遍不合適。並且，在大多數非洲國家中的宗教分裂與種族分離並不重疊。事實上，麥高文（McGowan 1975）發現在非洲的群衆性不穩定與精英的不穩定並無強烈相關。非洲政變典型地興起於特定的軍事單位或軍人派系之爲種族特權而爭鬥，或對一個文人政府或另一派系軍官的要求（Kennedy 1974）。部落（communal）暴亂和種族政客的操縱可能有助於激起種族情緒，因而加速政變，以群衆爲基礎的種族動員與軍事政變可能只有疏鬆的關係。非洲軍事政變中的種族鬥爭，較傾向於是以爭奪政治統治的精英爲基礎的衝突，而非對領土彊界和國家政策的群衆性鬥爭。在強調種族結構在創造這些環境的重要性上，精英群體是主要的行動者。

3. 依賴理論的綜合評估

首先，在出口依賴的分析上，依賴理論有關執著於殖民地貿易模式會造成經濟挫折和高壓政權的主張獲得某些支持。出口依賴在1970年代時，造就了強大軍隊和政治動亂，導致軍人的干政圖謀。不過，在1960年代卻由於原料和農產品的國際性出口景氣而充滿了這些問題，並未引發政變。1970年代的情況是，出口的集中所產生的經濟不景氣，在受過教育的中產階級間和軍隊間，飽受到經濟上的挫折，因而引發軍人干政。

其次，外資滲透通常是穩定的來源。直接的外來投資和債務並不會產生群衆性的政治失控和引起軍事政變，反而強化這些國家，抗拒這些亂象。

最後，所有三種經濟依賴類型強烈助長了軍事中心取向和間接助長政變。借貸依賴是政變的直接原因，此可能由於它和軍事採購與外來援助有關。然而，這些依賴也與經濟發展有關，至少在後獨立初期。詹－柯認爲，由於他們急速發展的測量，強調工業化而非實際的成長，故成長和效果不清楚，不過它顯示依賴並未製造不穩定的經濟問題而導致軍事政變和軍事政府。

有一項爭論，詹－柯並未探討到的，是軍事中心取向基於非洲國家之國際的政治－軍事關係，特別是軍事援助和軍事裝備的購入。不過，他們有關債務依賴的證據支持了這一觀點。1970年代，幾個非洲國家進行快速現代化，建立強大的軍事體制和向已開發國家採購軍備。這些軍事體制主要被用於內部統制而非保衛領土彊

界，建立了幾個警備國家（garrison state）（Mullins 1987, 875）。

詹金斯和柯波索瓦在文中，也略爲提到軍事政變的類型：有些政變基本上是軍人爲改善薪資和生活條件而叛亂（例如：1963年的肯亞、坦尙尼亞和烏干達的政變）；其他政變出自於軍事領袖個人的激發和文人政府的軟弱（例如，薩伊的Mobutu）；某些政變是保守份子，企圖比可能的左派運動先一步行動（例如，在奈及利亞的反對Buhari將軍）。其他的是主張改革的政變，爲推行新民粹主義（neo-populist）計畫開路（如迦納的Lt. Rawlings）。有些政變來自外力（如推翻中非共和國的Bokassa）（J & K 1990, 873）。

4. 政治發展理論難於解釋軍人干政

詹—柯的綜合模型分析中，並未發現證據能支持政治「過度負荷」（overload）的論點。此一論點植基於弱化的政治制度和漸增的動員化市民，政治派系主義會影響政變群眾參與和政治動亂所引起的過度負荷論點則不然。早期文獻即認爲較高的選舉參與可藉由強勢的一黨政權之擁有較高的合法性而阻止政變（Coelier 1983）。詹—柯也發現，較受過教育和具有政治覺悟的市民可抑止政變。結構上的能力是助長干政的唯一動員因素，特別是干政企圖，而群眾動亂或種族不穩定則不然。換言之，結構能力只營造出組織政變的企圖的有利環境。政治發展理論最有用的觀念是：政治制度的力量存在派系化立法機構的多黨政權和沒有明顯的領導權，更易於引起政變。他們不易經驗群眾不穩定，但易於使政府陷於困難，終至引發軍人干政。軍官們自視爲掌控著現代的、有效率的制度，卻眼見文人政府的無能而感受挫折，即可能企圖直接將政權取而代之（1993, 157-158）。

詹金斯和柯波索瓦結論指出，結構途徑強調種族性的軍隊的中心性，顯然能成功地解釋非洲的軍事政變。雖然個別的陰謀策劃者可能受個人的抗爭和心理的需求所鼓動，但他們是在結構網絡中行動，這使得政變或多或少的可能發生（ibid., 159）。

註　釋

【1】路瓦克對政變的定義頗具代表性。他認爲，「政變」一詞雖已成被使用了不只三百年，其

可能性還是比較近期的發展，亦即由於具有專業官僚體制和常規武裝力量的國家之興起。「軍事政變」（coup d'etat）涉及所有不同奪取權力的方法的一些要素，不過「政變」（coup）卻不如此，既不需要群眾介入的支持，也不需要軍事武力的大量使用。因為，群眾的宣傳和組織在政府統制下不易掌握，而軍事力量有助於奪取權力，但卻不一定可適時用於策動政變。

第二個政變的特徵是，它並不意味著任何特定的政治取向。革命經常是「左派份子」發動，而「騷亂」（putsch）和軍事革命（prounciamiento）通常由右翼武力發起。不過，政變都保持政治上中立，沒有預定奪取權力後會採取任何特定政策。

換言之，能奪取統制國家的權力工具，不是靠運用群眾或訴諸戰爭，而是依賴國家體系本身的力量。因此，路瓦克對政變的功能性定義是：「政變是由國家體系中一個小而重要的部門的滲入，以取代政府統制其他的部門」（Luttwak 1979, 27）。

詹金斯和柯波索瓦也對軍事政變下過具體的定義：「正規武裝部隊或國內安全部隊透過使用（或威脅使用）武力，非法地取代一國的首要行政機構」（Jenkins & Kposowa 1990, 861）。

【2】詹金斯和柯波索瓦在1990年一篇題旨相同的經驗性研究中，亦將種族對抗理論歸納為三種，除種族競爭理論和種族優勢理論以外，另一種為現代化理論（modernization theory）（Deutsch 1969; Smesler 1968）。它的基本論點是，急遽的經濟發展促使種族性政治再度活絡，這是由於對快速工業化和都市化所造成的社會脫序的隔代遺傳的（atavistic）反應。快速的發展造成社會會脫序，產生社會疏離和尋求一種穩定認同，以致使群體易於接受種族動員。當同化（共同的學校教育、語言標準化凸顯現代價值觀）的力量落後於這些「根絕」（uprooting）的進程，且留下廣泛的文化多元性和強烈的隔代遺傳傾向、種族的群體動員，以及要求政治權力（包括分離份子的鬥爭）之爭時，就會引發軍事政變（Jenkins & Kposowa 1990, 863）。

參考書目

一、中文部分

丁仁方。民88。《威權統合主義——理論、發展與轉型》。台北：時英出版社。

中國人民解放軍總政治部。1995。《中國人民解放軍政治工作條例》（節選本）。北京：解放軍文藝出版社。

中國人民解放軍編委會編。1994。《中國人民解放軍》（上）。北京：當代中國出版社。

《中華人民共和國國防法》。1997年3月14日，中共第八屆全國人大第五次會議通過。

太平善梧、田上穰治主編。1987。《世界各國國防制度》。北京：解放軍出版社。

王桑。1994。《軍權鬥爭——台灣化vs國家化》。台北：雍尚國際文化有限公司。

王普豐主編。1990。《現代軍事學》。重慶：重慶出版社。

王厚卿主編。1991。《現代軍事學學科手冊》。北京：中國社會科學出版社。

王志毅編。1991。《武裝力量體制概論》。北京：軍事科學出版社。

王振軒、趙哲一。民89。〈兩岸建立軍事互信機制可行性之研究〉。政戰學校專案研究論文。

王聖寶。民83。《政變論》。台北：風雲時代出版社。

孔令晟。民84。《大戰略通論——理論體系與實際作為》。台北：好聯出版社。

文馨瑩。1990。《經濟奇蹟的背後——台灣美援經驗的政經分析（1951-1965）》。台北：自立晚報社。

毛澤東。1964。〈戰爭和戰略問題〉。《毛澤東選集》（一卷本）。北京：人民出版社。

石明主編。1991。《軍隊政治工作學教程》。北京：國防大學出版社。

尼洛。民84。《王昇——險夷原不滯胸中》。台北：世界文物出版社。

朱文德。民82。《我國憲法上國會與軍隊間之關係》。台北：永然文化出版公司。

朱堅章等編著。民81。《社會科學概論》（上、下）。台北：國立空中大學。

朱榮智等著。民87。《社會科學概論》。台北：五南。

行政院研究二二八事件小組。民83。《二二八事件研究報告》。台北：時報出版公司。

列寧。1959（1913）。〈維・查蘇利奇在怎樣傷害取消主義〉。《列寧全集》。第19卷。北京：人民出版社。

列寧。1959（1905）。〈革命軍隊和革命政府〉。《列寧全集》。第8卷。北京：人民出版社。

江炳倫。民64。〈談軍人與政治發展〉。江炳倫著。《政治學論叢》。台北：華欣文化事業公司。

_____。民77。〈從歷史觀點看軍政關係的混淆與對策〉。《自由時報》12/1：2。

余起芬主編。1998。《國際戰略論》。北京：軍事科學出版社。

呂亞力。民84。《政治發展》。台北：黎明文化公司。

呂敬正、傅尚逵、宋恩民主編。1994。《當代戰略指南》。北京：國防大學出版社。

李眞。1989。〈武裝力量〉。《中國大百科全書》。北京：中國大百科全書出版社。

李承訓。民82。《憲政體制中國防組織與軍隊角色之研究》。台北：永然文化出版公司。

李守孔。民78。《中國現代史》。台北：三民書局。

李東明。〈我國軍事院校通識教育之現況與前瞻〉。《通識教育季刊》5(4)：12。

李巨廉。1999。《戰爭與和平——時代主旋律的變動》。上海：學林出版社。

李德新。1989。〈「雙長制」與「一長制」之比較〉。《政工導刊》23：21-22：25。

李鴻禧。1985。〈軍隊之動態憲法底法理之分析〉。《憲法與人權》。《台大法學叢書》第39冊。

金達凱。民70。〈共軍政工制度之研析〉。《東亞季刊》元月號：1-25。

金榮勇。民89。《東南亞國家的軍方轉型》。台北：志一出版社。

沈明室。民84。〈影響中共黨軍關係因素之探討〉。《東亞季刊》26(4)：146-168。

若林正丈著。洪金珠、許佩賢譯。民83。《台灣：分裂國家與民主化》。台北：月旦出版社。

林正義。民88。〈台海兩岸信心建立措施〉。《國策專刊》第11期。

林長盛主編。1993。《解放軍的現狀與未來》。台北：桂冠圖書公司。

季世慶、張信興主編。1990。《軍事社會學》。北京：軍事科學出版社。

吳玉山。2000。〈政治與知識的互動：台灣的政治學在九〇年代的發展〉。何思因、

吳玉山主編。《邁入廿一世紀的政治學》。台北：中國政治學會。

施治。民79。《中外軍制和指揮參謀體系的演進》。台北：中央文物供應社。

洪秀菊。民84。〈低衝突戰略〉。《中華戰略學刊》春季刊(3)：168-188。

洪陸訓。民65。〈無產階級專政論批判〉。碩士論文。政戰學校政研所國際共黨研究組。

＿＿＿＿。民83a。〈文武關係之理論、研究途徑與類型學〉。《東亞季刊》26(1)：57-93。

＿＿＿＿。民83b。〈共黨國家文武（黨軍）關係的理論與研究途徑〉。《共黨問題研究》20(8)：28-41。

＿＿＿＿。民84。〈中共文武關係研究途徑之探討〉。《東亞季刊》26(4)：82-109。

＿＿＿＿。民85a。〈文武關係理論：西方民主國家的「軍事專業主義模型」〉。《復興崗論文集》18：1-62。

＿＿＿＿。民85b。〈軍事專業主義之興起及其內涵——杭廷頓的軍事專業主義論〉。《復興崗學報》57：31-61。

＿＿＿＿。民86a。〈第三世界國家文武關係的理論——軍人干政因素之探討〉。《復興崗學報》60：1-60。

＿＿＿＿。民86b。〈軍事政權的運作〉。《復興崗學報》62：1-26。

＿＿＿＿。民87。〈軍人脫離政治的探討〉。《問題與研究》37(1)：57-72。

＿＿＿＿。民88a。《武裝力量與社會》。台北：麥田出版社。

＿＿＿＿。民88b。〈民主政體中的文人統制〉。《戰略與國際研究》2(2)：61-84。

＿＿＿＿。民89。〈後冷戰時期美國文武關係的演變〉。《問題與研究》39(12)：41-64。

＿＿＿＿。民90。〈我國國防兩法通過後文人領軍的觀察〉。《國防政策評論》1(2)：7-38。

＿＿＿＿。民91。〈兩岸建立軍事信任措施可行性之探討〉。「2002年台灣政局與兩岸關係」學術研討會論文。南京大學國際關係學院台研所‧淡江大學國際與戰略研究所合辦（南京）。4月1日。

＿＿＿＿、莫大華、段復初。2000a。〈國軍與社會關係的演變〉。《台灣國防政策與軍事戰略的未來展望》學術研討會論文。《國防政策評論》與淡江大學戰略研究所合辦。

＿＿＿＿、莫大華、段復初。2000b。〈國軍「軍隊與社會」學門的發展〉。《國軍九十

年度軍事教育研討會》論文。國防部人次室軍教處舉辦。

胡鞍鋼、楊帆等著。1999。《大國戰略——中國利益與使命》。瀋陽：遼寧出版社。

胡光正。1999。《中外軍事組織體制比較教程》。北京：軍事科學出版社。

姚延進、賴銘傳、王亞民主編。1987。《軍事組織體制研究》。北京：國防大學出版社。

俞雨霖。民75。〈中共軍人政治角色之研究：比較的觀點〉（上，下）。《中國大陸研究》9(3, 4)：8-16；54-61。

軍事科學院外國軍事研究部譯。美國西點軍校編。1991。《軍事領導藝術》（*Leadership in Organizations*, 1985）。北京：軍事科學出版社。

軍事科學院軍制研究部編。1987。《國家軍制學》。北京：軍事科學出版社。

孫哲。1995。《獨裁政治學》。台北：揚智文化公司。

郝克強主編。1985。《軍隊政治工作學教程》。海軍政治學校第一政治工作教研室。

寇健文。民85。〈共黨國家國內政治中的武力使用——初探和平轉移、革命和有效鎮壓發生的原因〉。《軍事社會學學術論文集》。中壢：中正理工學院。

姜思毅。1986。《中國人民解放軍政治工作教程》。北京：國防大學出版社。

浦興祖。1992。《當代中國政治制度》。上海：上海人民出版社。

唐炎主編。1987。《國家軍制學概說》。北京：解放軍出版社。

高金細主編。2001。《國際戰略學概論》。北京：國防大學出版社。

高恆主編。2000。《大國戰略》。石家莊：河北人民出版社。

郭華倫。民58。《中國史論》（1-4冊）。台北：中華民國國際關係研究所。

席來旺。1996。《國防安全戰略》。北京：紅旗出版社。

馬克思、恩格斯。1963（1871）。〈1871年9月17日至23日在倫敦舉行的國際工人協會代表會議的決議〉。《馬克思恩格斯全集》。第17卷。北京：人民出版社。

馬克思。1966（1871）。〈紀念國際成立七週年〉。《馬克思恩格斯全集》。第17卷。北京：人民出版社。

馬紹章譯。Ian Roxborough著。民77。《發展理論》。台北：聯經出版社。

陳水扁、柯承亨。民82，再版。《國防黑盒子與白皮書》。台北：福爾摩沙基金會。

陳佩修。民86。〈泰國軍人與文人關係之演變〉。《東南亞季刊》2(3)：65-87。

_____。民88。〈軍事政變的成因、結果與影響：泰國個案研究〉。《問題與研究》39(1)：35-63。

陳新民。民83。《軍事憲法論》。台北：三民書局。

陳燕波主編。2001。《黨對軍隊絕對領導的理論與實踐》。北京：國防大學出版社。

陳鴻瑜。1995。《政治發展理論》。台北：桂冠圖書公司。

＿＿＿。民82。〈泰國的軍人與政治變遷〉。《東亞季刊》24(3)：1-35。

＿＿＿。民84。〈印尼的軍人與政治變遷〉。《東亞季刊》26(4)：23-41。

秦孝儀主編。民73。《總統蔣公思想言論總集》。第25卷。台北：中國國民黨中央委員會黨史委員會。

莫大華。民85。〈美國軍中同性戀政策之探討〉。《美歐月刊》11(2)：45-57。

＿＿＿。民86。〈中華民國戰略研究之回顧與展望〉。《問題與研究》36(1)：43-60。

＿＿＿。民88。〈中共對建立「軍事互信機制」之立場：分析與檢視〉。《中國大陸研究》42(7)：27-38。

＿＿＿。民90。〈平民防衛與台澎防衛作戰：台灣主戰場的經營〉。「全民國防與國家安全」學術研討會論文。《台灣國家和平安全研究協會》主辦。

許江瑞、方寧。2000。《國防法概論》。北京：軍事科學出版社。

許福明。民75。《中國國民黨的改造1950-1952——兼論其對中華民國政治發展的影響》。台北：正中書局。

張友驊。民83。《李登輝軍權革命》。台北：新高地文化事業公司。

張秀楓、張惠誠主編。民83。《政變全紀錄》（上、中、下）。台北：風雲時代出版社。

張哲銘、李鐵生。民89。〈推動兩岸軍事「信心建設措施」芻議〉。《中華戰略學刊》春季刊(4)：47-70。

張瑞德策劃。民77。〈歷史上的軍隊與社會〉專輯。《歷史月刊》8：54-90。

國防部總政治部編。民49《國軍政工史稿》（中）。台北：國防部總政治部。

國防部總政戰部編。民82a。《國軍政戰制度研析與探討》。台北：編者印。

＿＿＿。民82b。《國軍政戰制度研究》。台北：編者印。

＿＿＿。民84。《國軍政戰制度之調適與工作精進之研究》。台北：編者印。

國防部國防報告書編纂小組。民89。《中華民國八十九年國防報告書》。台北：黎明文化出版公司。

國防部編。民80。《軍制學》。台北：國防部。

黃正杰譯。1997。Felipe Aguero著。〈轉型後的十年：南美的民主與軍隊〉。田弘茂、朱雲漢、Larry Diamond、Marc Plattner主編。《鞏固第三波民主》。台北：國家政策研究中心。

湯世鑄。民85。《拉丁美洲軍人政權之研究》。台北：知書房出版社。

鄧小平。1993。〈會見參加中央軍委擴大會議全體同志時的講話〉。《鄧小平文選》。
　　第三卷。北京：人民出版社。

鄧小平。1999。〈在接見首都戒嚴部隊軍以上幹部時的講話〉。《鄧小平文選》。第
　　三卷。北京：人民出版社。

當代中國叢書編委會。1990。《當代中國軍隊的政治工作》（下）。北京：當代中國
　　出版社。

賀德芬。民86。〈軍訓教育總體檢〉。蘇進強編。《軍隊與社會》。台北：業強出
　　版。

裘克人。1993。《軍隊政治工作學理論新探》。北京：軍事科學出版社。

裘兆琳主編。民90。《後冷戰時期美國海外出兵案例研究》。台北：中央研究院歐美
　　研究所。

趙明義。民87。《國際政治論叢》。台北：華泰文化事業公司。

趙國材。民90。〈論美國出兵海外之法律依據與實踐〉。裘兆琳主編。《後冷戰時期
　　美國海外出兵案例研究》。台北：中央研究院歐美研究所。

趙叢主編。1998（1993）。《中國人民解放軍政治工作學》。北京：國防大學出版
　　社。

齊茂吉。民86。《毛澤東和彭德懷、林彪的合作與衝突》。台北：新新聞文化事業有
　　限公司。

楊亮功。民81。〈二二八事件調查報告〉。《二二八事件資料選》（二）。台北：中
　　央研究院近史所。

廖天美編譯，柯威恩、帕特森（Edward S. Corwin & J. W. Peltason）著。民81。《美國
　　憲法釋義》（*Understanding the Constitution*, 1979）。台北：結構群。

蔣緯國。民62。《軍事論叢》。台北：三軍大學。

　　　　。民70。《國防體制概論》。台北：中央文物供社。

蔣金流、陳砰主編。1989。《各國國防概觀》。北京：國防大學出版社。

鄭曉時。民77。〈軍人參政與軍隊國家化〉。《中國論壇》27(5)：50-53。

　　　　。民81。〈政體與軍隊：台灣文武關係（1950-1987）的一個分析架構〉。《人
　　文及社會科學集刊》5(1)：129-172。

　　　　。民83。〈春秋時期的政軍關係〉。《人文及社會科學集刊》。6(2)：167-
　　198。

鄭念群。1990。〈評「軍隊非政治化」的謬論〉。《解放軍報》8/10：3。

鄭群。1991。〈「軍隊非政治化」思潮剖析〉。《求是雜誌》2：18-21。

閻世奎。1993。《黨對軍隊絕對領導理論與實踐》。北京：軍事科學出版社。

蔡玲、馬若孟（Ramon H. Myers）著。民87。《中國第一個民主體系》。台北：三民書局。

謝力譯。1982。《蘇聯武裝力量的黨政工作》。北京：戰士出版社。

蘇志榮。1999。《國防體制教程》。北京：軍事科學出版社。

蘇進強、沈明室。民89。〈國軍國會聯絡室之研究〉。《第三屆國軍軍事社會科學學術研討會論文集》。台北：政戰學校。

鍾慶安、高培譯。太平善梧、田上穰治主編。1987。《世界各國國防制度》。北京：解放軍出版社。

羅添斌。民84。《軍事強人李登輝》。台北：福爾摩沙出版社。

二、英文部分

Abrahamsson, Bengt. 1972. *Military Professionalization and Political Power*. Beverly Hills, CA: Sage.

Acharya, Amitav. 1996. "Preventive Diplomacy: Concept, Theory and Strategy." Paper presented for the International Conference on Preventive Diplomacy for Peace and Security in the Western Pacific. 9-31 Aug. Taipei.

Adams, Gordon. 1981. *The Iron Triangle: The Politics of Military Contracting*. New York: Council on Economic Priorities.

_____. 1982. "Toward A Typology of Communist Civil-Military Relations." In *Communist Armies in Politics*, ed. Jonathan A. Adelman. Bulder, CO: Westview.

Albright, David E. 1978. "Civil-Military Relations: Developmental Contingencies." *Studies in Comparative Communism* 11(3): 292-309.

_____. 1980. "A Comparative Conceptualization of Civil-Military Relations." *World Politics* 32: 553-576.

Allen, Kenneth W. 1999. "Military Confidence-Building Measures Across the Taiwan Strait." In *Investigating Confidence-Building Measures in the Asia-Pacific Region*, ed. Ranjed K. Singh. Washington, D.C.: The Henry L. Stimson Center.

Allison, Graham T. 1971. *Essence of Decision*. Boston: Little Brown.

Almond, Gabriel A. 1996. "Political Science: The History of the Discipline." In *A New Handbook of Political Science*, eds. Robert E. Goodin & Hans-Dieter Klingemann. Oxford: Oxford University Press.

Andreski, Stanislav. 1971(1968/1954). *Military Organization and Society*. Berkeley, CA: University of California Press.

Avant, Deborah, & James Lebovic. 2000. " U.S. Military Attitudes Toward Post-Cold War Mission." *Armed Forces & Society* 27: 37-56.

Avant, Deborah D. 1996. "Military Reluctance to Intervene in Low-Level Conflicts: A "Crisis?" In *Civil-Military Relations and Non-Quite Wars of the Present and Future*, ed. Vincent Davis. Strategy Studies Institute, U.S. Army War College.

Avidar, Yosef. 1983. *The Party and the Army in the Soviet Union*. University Park, PA: The Pennsylvania State University Press.

Bachman, Jerald G. et al. 1987. "Self-Selection, Socialization, and Distinctive Value: Attitudes of High School Seniors." *Armed Forces & Society* 13: 169-187.

Ball, Desmond, & Amitav Acharya. 1999. *The Next Stage: Preventive Diplomacy and Security Cooperation in the Asia-Pacific Region*. Canberra: The Australian National University.

Barkey, Henri J. 1990. "Why Military Regimes Fail: The Perils of Transition." *Armed Forces & Society* 16: 169-192.

Barylski, Robert V. 1998. *The Soldier in Russian Politics: Duty, Dictatorship, and Democracy under Gorbachev and Yeltsin*. New Brunswich: Transaction.

Bath, Ronald J. et al. 1994. *Roads to New Strategy: Preparing Leaders for Military Operations Other than War*. National Security Program Policy Paper 94-92. Harvard University.

Battistelli, Fabrizio. 1997. "Peacekeeping and the Postmodern Soldier." *Armed Forces & Society* 23(3): 467-84.

_____, ed. 1997. *"Civil-Military Relation in Post-Communist States: Central and Eastern Europe in Transition."* Westport: Pralger.

Beaufre, Andre. 1963. *Introduction to Strategy*. Paris: Librairie Armand Colin.

Bebler, Anton. 1989. "On Military Sociology in Yugoslavia." In Kuhlmann, ed.

_____, ed. 1997. *Civil-Military Relations in Post-Communist States: Central and Eastern Europe in Transition*. Westport: Praeger.

Ben-Eliezer, Uri. 1997. "Rethinking the Civil-Military Relations Paradigm: The Inverse Relation Between Militarism and Praetorianism Through the Example of Israel." *Comparative Political Studies* 30: 356-374.

Berghahn, Volker R. 1982. *Militarism: The History of an International Debate, 1861-1979*. New York: St Martin's Press.

Betts, Richard K. 1996. "Power, Prospects, and Priorities: Choices for Strategic Change." *Naval War College Review* 50(Winter): 16.

Bickford, Thomas J. 1999. "A Retrospective on the Study of Chinese Civil-Military Relations Since 1979: What Have We Learn? Where do We Go?" Paper Prepare for CAPS/RAND Conference. Washington D. C. July.

Bland, Douglas L. 1999. "A Unified Theory of Civil-Military Relation." *Armed Forces & Society* 26: 7-25.

Blondel, Jean. 1972. *Comparing Political Systems*. New York: Praeger Publishers, Inc.

Bogdanor, Vernon, ed. 1987. *The Blackwell Encyclopedia of Political Institutions*. New York: Basil Blackwell Inc.

Bonn International Center for Conversion. 1998. *Conversion Survey 1998*. Oxford: Oxford University Press.

Boutros-Ghali, Boutros. 1992. *An Agenda for Peace: Preventive Diplomacy, Peacemaking and Peacekeeping*. New York: United Nations.

Bracken, Paul. 1995. "Reconsidering Civil-Military Relations." In *U.S. Civil-Military Relations*, eds. Don M. Snider & Miranda A. Carlton-Carew.

Brands, H. W., ed. et al. 2000. *The Use of Force After the Cold War*. College Station,TX: Texas A & M University Press.

Bredow, Welfried von. 1985. "Military Sociology." In *The Social Science Encyclopedia*, eds. Thomas S. Kuper & Jessica Kuper. London: Routhedge & Kegan Paul.

Brower, J. Michael. 1999. "Civil-Military Conflict at the Pentagon? Let's Hope So..." *Military Review* Nov-Dec: 72-73.

Bullard, Monte R. 1985. *China's Political-Military Evolution: The Party and the Military in the PRC, 1960-1984*. Boulder, CO: Westview.

_____. 1997. *The Soldier and the Citizen: The Role of the Military in Taiwan Development*. New York: M. G. Sharpe.

Burk, James, ed. 1998. *The Adaptive Military: Armed Forces in a Turbulent World*, 2nd ed. New Brunswick: Transaction Publishers.

Caparini, Marina. 1997. " The Challenge of Establishing Democratic Civilian Control over the Armed Forces of Central and Eastern Europe." *Canada Defense Quarterly* Winter: 16-24.

Casper, Gretchen. 1991. "Theories of Military Intervention in the Third World: Lessons from the Philippines." *Armed Forces & Society* 60: 37-45.

Cassidy, Kevin J., & George A. Bischak, eds. 1993. *Real Security: Converting the Defense Economy and Building Peace*. Albany: State University of New York Press.

Center for Peace, & Reconciliation. 1996. *Comparative Civil-Military Relations: Understanding the Mechanisms of Civilian Control in Small Democracies*. San Jose, Costa Rica: The Center for Peace and Reconciliation of the Arias Foundation for Peace and Human Progress.

Chalmers, Douglas A. 1985. "Corporatism and Comparative Politics." In *New Directions in Comparative Politics*, ed. Howard Wiarda. Boulder, CO: Westview Press.

Chang, Parris H. 1972. "The Changing Pattern of Military Participation in Chinese Politics." *Orbis* 16: 780-802.

_____. 1981. "Chinese Politics: Deng's Turbulent Quest." *Problem of Communism* Jan-Feb: 1-21.

Cheng, Hsiao-Shih. 1990. *Party-Military Relations in the PRC and Taiwan: Paradoxes of Control*. Boulder, CO: Westview.

Chilcoat, Richard A. 1995. *Strategic Art: The New Descipline for 21st Century Leaders*. Carlisle Barracks, PA: Strategic Studies Institute, U. S. Army War College.

Chorley, Katharine. 1943. *Armies and the Art of Revolution*. London: Faber.

Cilliers, Jakkie. 1996. "Security and Transition in South Africa." In Diamond & Plattner.

CJCSI 1800.01. Chairman of the Joint Chiefs of Staff Instruction. 1996. *Officer Professional Military Education Policy*. 1 March. A-B-K.

Clausewitz, Karl von. 1943. *On War,* ed. & trans. Michael Howord & Peter Paret. Princeton, NJ: Princeton University Press.

Clinton, William J. 1996. *A National Security Strategy of Engagement and Enlargement*. Washington, D.C.: The White House.

Coates, Charles H., & Roland J. Pellegrin, eds. 1965. *Military Sociology: A Study of American Military Institutions and Military Life*. University Park, MA: The Social Science Press.

Cohen, Eliot A. 1995. "Playing Powell Politics." *Foreign Affairs* 19: 108.

Cohen, Youssef. 1987. "Democracy from Above: The Political Origins of Military Dictatorship in Brazil." *World Politics* 60: 37-45.

Collins, Edward M. 1962. "Introduction." In *War, Politics, and Power* (Selections from *On War*, and *I Believe and Profess*). Karl Von Clausewitz. Translated and edited with an introduction by Edward M. Collins. South Bend, IN: Regnery/Gateway, Inc.

Collins, Joseph J., & Ole R. Holsti. 1999. "Correspondence: Civil-Military Relations: How Wide is the Gap?" *International Security* 24: 203.

Colton, Timothy J. 1978. "The Party-Military Connection: A Participatory Model." In *Civil-Military Relations in Communist Systems*, ed. Dale R. Herspring & Ivan Volgyes. Boulder, CO: Westview.

_____. 1979. *Commissars, Commanders, and Civlian Authority: The Structure of Soviet Military Politics*. Cambridge: Harvard University Press.

_____. 1990. "Perspectives on Civil-Military Relations in the Soviet Union." In Colton & Gustafson, eds.

_____, & Thane Gustafson, eds. 1990. *Soldier and Soviet State: Civil- Military Relations From Blezhnev to Gorbachev*. Princeton, NJ: Princeton University Press.

Connel, F. J. 1967. "Morality, System of " *New Catholic Encyclopedia*. vol 9. New York: MeGraw-Hill.

Connor, Robert E., Jr. 1999. *The US Military Profesion into the Twenty-First Century: War, Peace, and Politics*. London: Frank Cass.

Conteh-Morgan, Earl. 2000. "The Military and Democratization in West Africa: Issues, Problems, and Anomalies." *Journal of Political and Military Sociology* 38: 341-355.

Copeland, Thomas E. 1999. "Please, Impeach my Commander in Chief: Article 88 and the U.S. Military." *Ridgway Viewpoints* 99: 1-19.

Crabb, Cecil V., Jr. & Pat M. Holt. 1992. *Invitation to Strategy: Congress, the Resident, and*

Foreign Poliy, 4th ed. Washington, D.C.: CQ Press.

Dabat, Alejandro. 1982. *Argentina: The Malvinas and the End of Military Rule*. Translated by Ralph Johnstone. London: Verso.

Dandeker, Christopher. 1994. "New Times for the Military: Some Sociological Remarks on the Changing Role and Structure of the Armed Forces of the Advanced Societies." *British Journal of Sociology* 45(4): 637-54.

Danopoulos, Constantine P. 1988a. *Military Disengagement from Politics*. New York: Routledge.

＿＿＿. 1988b. "Military Dictatorships in Retreat: Problems and Perspectives." In *The Decline of Military Regimes,* ed. Constantine Danopoulos. Boulder, CO: Westview.

＿＿＿, ed. 1992a. *From Military Rule to Civilian Rule*. New York: Routledge.

＿＿＿. 1992b. "Civilian Supremacy in Changing Societies: Comparative Perspectives." In *Civilian Rule in the Developing World: Democracy on the March?* ed. Boulder: Westview.

＿＿＿. 1992c. "Intervention and Withdrawal: Notes and Perspectives." In *From Military Rule to Civilian Rule,* ed. Constantine P. Danopoulos. New York: Routledge.

＿＿＿, & Cynthia Watson. 1996(1966). *The Political Role of the Military: An International Handbook*. Westport: Greenwood Press.

＿＿＿, & Daniel Zirker, eds. 1996. *Civil-Military Relations in Soviet and Yugoslav Successor States*. Boulder: Westview.

David, Steven R. 1987. *Third World Coups d'Etat and International Security*. Baltimore, MD: The Johns Hopkins University Press.

Deane, Michael J. 1977. "The Main Political Administration as a Factor in Communist Party Control over the Military in the Soviet Union." *Armed Forces & Society* 3: 295-323.

＿＿＿. 1997. *Political Control of the Soveit Armed Forces*. New York: Crane, Russak.

Decalo, Samuel. 1998. *The Stable Minority: Civilian Rule in Africa, 1960-1990*. Gainesville: Academic Press.

Deibel, Terry L. 1993. "Strategy, National Security." In Trevor N. Dupuy, eds. et al. vol.5.

Derouen, Karl Jr. & UK Heo. 2000. "Defense Contracting and Domestic Politics." *Political Research Quarterly* 53(4): 753-769.

Desch, Michael C. 1995a. "U.S. Civil-Military Relations in a Changing International Order." In Snider & Carlton-Carew.

_____. 1995b. " Losing Control? The End of the Cold War and Changing U. S. Civil-Military Relations." Paper presented at the 1995 Annual Meeting of the American Political Science Association.

_____. 1996. "Threat Environment and Military Missions." In Diamond & Plattner.

Dewar, Helen, & Roberto Suro. 1999. "Senate Conservatives to Demand Vote on Test Ban Treaty." *Washington Post* 7/10:A-9.

Diamond, Larry, & Marc F. Plattner. 1996. *Civil-Military Relations and Democracy.* Baltimore: Johns Hopkins University Press.

_____. 1996 "Introduction." In Diamond & Plattner.

Diller, Janelle M. 1993. "Constitutional Reform in a Repressive State: the Case of Burma." *Asian Survey* 33: 393-407.

Dix, Robert H. 1994. "Military Coups and Military Rule in Latin America." *Armed Forces & Societ* 20: 439-455.

Dogan, Mattei. 1996. "Political Science and the Other Social Sciences." In *A New Handbook of Political Science,* eds. Robert E. Goodm & Hans-Dieter Klingemann.

Domes, Jrgen. 1970. "The Role of the Military in the Formation of Revolutionary Committees, 1967-68." *The China Quarterly* 44: 112-145.

_____. 1985. *The Government and Politics of the PRC: A Time for Transition.*" Boulder, CO: Westview.

Dorn, Edwin. et al. 2000. *American Military Culture in the Twenty-First Century: A Report of the CSIS International Security Program.* Washington D.C.: The Center for Strategic and International Studies.

Dreyer, June T. 1972. "Military Continuities: The PLA and Imperial China." In *The Military and Political Power in China in the 1970,* ed. William W. Whitson. New York: Praeger.

_____. 1985. "Civil-Military Relations in the People's Republic of China." *Comparative Strategy* 5: 27-49.

_____. 1989. "The PLA and the Power Struggle." *Problems of Communism* 38(5): 41-48.

_____. 1996. "The New Officer Corps: Implications for the Future." *The China Quarterly* 146.

Dubois, Victor. 1973. "Iaire under President Sese Seko Mobutu: The Return to Authenticity." Armercan Universities Fieldstaff Report, Central and Southern Africa Series, XV(1).

Dupuy, Trevor, eds. et al. 1993. *International Military and Defense Encyclopedia*. 5 vols. Washington DC: Brassey's.

Easton, David. 1965. *A Framework for Political Analysis*. Englewood Cliff, NJ: Prentice-Hall.

Eccles, Henry. 1965. *Military Concepts and Philosophy*. N.J.: Rutges University Press.

Edmonds, Martin. 1988. *Armed Services and Society.* Leicester: Leicester University Presss.

Eisenhower, Dwight D. 1961. " Farewell to the Nation." U.S. Department of State Bulletin 44(1128): 179-182.

Eitelbery, Mark. J., & Roger D. Little. 1995. "Influential Elites and the American Military after the Cold War." In Don M. Snider & Miranda A. Carlton-Carew, eds.

Ekirch, Arthur A., Jr. 1956. *The Civilian and the Military*. London: Oxford University Press.

Elron, B., B. Shamir, & E. Ben-Ari. 1999. "Why Don't They Fight Each Other? Cultural Diversity and Operational Unity in Multinational Forces." *Armed Forces & Society* 26: 73-97.

Ensalaco, Mark. 1995. "Military Prerogatives and the Stalemate of Chilean Civil-Military Relations." *Armed Forces & Society* 21: 255-270.

"Excerpts from Acheson's Speech To the National Press Club," Jan. 12, 1950. https://web. viu.ca/davies/H102/Acheson.speech1950/htm. accessed 2016/3/24.

Fainsod, Mene. 1963. *How Russia is Ruled*. Cambridge, MA: Harvard University Press.

Fairbank, John K. 1974. "Introduction: Varieties of the Chinese Military Experience." In *Chinese Ways in Warfare*, eds. Frank A. Kierman Jr. & John K. Fairbank. Cambridge, MA: Harvard University Press.

Farcau, Bruce W. 1994. *The Coup: Tactics in the Seizure of Power*. Westport, CT: Praeger.

_____. 1996. *The Transition to Democracy in Latin America: The Role of Military*. Westport, CT: Praeger.

Feaver, Peter Douglas. 1992. *Guarding the Guardians: Civilian Control of Nuclear Weapons in the United States*. Ithaca: Cornell University Press.

_____. 1995. "Civil-Military Conflict and the Use of Forces." In Don M. Snider and Miranda A. Carlton-Carew, eds.

_____. 1996a. "The Civil-Military Problematique: Huntington, Janowitz, and Question of Civilian Control." *Armed Forces & Society* 23: 149-178.

_____. 1996b. "An American Crisis in Civilian Control and Civil-Military Relations? Historical and Conceptual Roots." *The Tocqueville Review* 17: 159-184.

Feigon, Lee. 1990. *China Rising: The Meaning of Tiananmen.* Chicago: Ivan R. Dee.

Feld, M. D. 1958. "A Typology of Military Organization." *Public Policy* 8: 3-40.

_____. 1975. "Military Professionalism and the Mass Army." *Armed Forces & Society* 1: 191-214.

Finer, Samuel E. 1988(1962). *The Man on Horseback: The Role of the Military in Politics.* Baltimore: Penguin Books.

_____. 1970. *Comparative Government.* London: Allen Lane the Penguin Press.

_____. 1974. "The Man on Horseback-1974." *Armed Forces & Society* 1: 5-27.

_____. 1982. "The Morphology of Military Regimes." In *Soldiers, Peasants, and Bureauceats: Civil-Military Relations in Communist and Modernizing Societies*, eds. Roman Kolkowicz & Andrzej Korbonski. London: George Allen & Unwin.

_____. 1987. "Civil-Military Relations." In *The Blackwell Encyclopedia of Political Science*, ed. Vernon Bogdanor. New York: Basil Blackwell Ltd.

Finkle, Jason L., & Richard W. Gable. 1971. *Political Development & Social Science.* New York: John Wiley & Sons,Inc.

Fitch, J. Samuel. 1998. *The Armed Forces and Democracy in Latin America.* Baltimore: John Hopkins University Press.

Fossum, Egil 1967. "Factors Influencing the Occurrence of Military Coups d'Etat in Latin America." *Journal of Peace Research* 3: 236-237.

Foster, H. 1913. *Organization: How Armies are Forced in War.* London: Rees.

Fox, William T. R. 1954. "Civil-Military Relations Research: The SSRC Committee and Its Research Survey." *World Politics* 6: 278-288.

Franke, Volker. 1999. *Preparing for Peace: Militray Identity, Value Orientations, and Professional Military Education.* Westport: Praeger Publishers.

Fravel, Taylor M. 2002. "Civil Military Relaitons and the Consolidation of Taiwan's Democracy." Paper presented for the Conference on "Challenges for Taiwan's Democratic Consolidation in the Post-Hegemonic Era" June: 7-8.

Ganofano, John. 2000. "Deciding on Military Intervention: What is the Role of Senior Military Leaders?" *Naval War College Review* 13: 40-64.

Gansler, Jacques. 1995. *Defense Conversion.* Cambridge: MIT Press.

Garthoff, Raymond L. 1958. *Soviet Strategy in the Nuclear Age.* New York: Praeger.

_____. 1966. *Soviet Military Policy.* New York: Praege.

Garver, John W. 1996. "The PLA an Interest Group in Chinese Foreign Policy." In *Chinese Military Modernization*, eds. C. Dennison Lane, Mark Weisenbloom, & Dimon Lin. London: Kegan Paul International.

Gellman, Barton. 1993. "Powell Resumes Civilian Life after 35 Years." *Washington Post* 1/10: 21.

Germani, Gino, & Kalman Silvert. 1967. "Politics, Social Structure and Intervention in Latin America." In Wilson MacWilliams, ed.

Gholz, Eugene, & Harvey M. Sapolsky. 1999/2000. "Restructuring the U.S. Defense Industry." *International Security* 24: 5-51.

Gibson, Christopher P., & Don M. Snider. 1997. "Explaining Post-Cold War on Civil-Military Relations: A New Institutionalist Approach." Project on US Post Cold-War Civil-Military Relations. John M. Olin Institute for Strategic Studies. Harvard University.

Gillis, John, ed. 1989. *The Militarization of the Western World.* New Brunswick: Rutgers University Press.

Gilroy, Curtis L. 1995. "Civil-Military Operations and Military Mission: Difference between Military and Influential Elites." In *U.S. Civil-Military Relations*, eds. Don M. Snider & Miranda A. Carlton-Carew. Washington, DC: The Certer for Strategic & International Studies.

Gitting, John. 1967. *The Role of the Chinese Army.* London: Oxford University Press.

Godwin, Paul H., ed. 1983. *The Chinese Defense Establishment: Continuity and Change in the 1980s.* Boulder, CO: Westview.

_____. 1978. "Professionism and Politics in the Chinese Armed Forces: A Reconceptualization." In Herspring and Volgyes, eds.

_____. 1988. *The Chinese Communist Armed Forces.* Maxwell Air Forces Base, Alabama: Air Forces University Press.

Goldhammer, Herbert. 1975. *The Soviet Soldier.* New York: Crane, Russak.

Goldstein, Lyle J. 2000. "General John Shalikashvili and the Civil-Military Relations of Peacekeeping." *Armed Forces & Society* 26: 387-411.

Goodin, Robert E., & Hans-Dieter Klingemann, eds. 1996. *A New Handbook of Political Science*. Oxford: Oxford University Press.

Goodman, Louis W. 1996. "Military Roles Past and Present." In Diamond & Plattner.

Graham, Bradley. 1998. "Military Leaders Worry Privately About Impact: Some Troops Offended by Double." *The Washington Post* 9/19: 10.

Graves, Howard D. 1993. "West Point 2002 and Beyond: Strategic Guidance for the United States Military Academy." West Point, NY.

Gutteridge, William. 1962. Armed Forces in New States. Oxford University Press.

_____. 1965. *Military Institutions and Power in the New States*. London: Pall Mall Press.

_____. 1969. *The Military in African Politics*. London: Methuen.

_____. 1975. *The Military Regimes in Africa*. London: Methuen.

Haass, Richard N. 1994. *Intervention: The Use of American Military Force in the Post-Cold War World*. Washington D.C.: Carnegie Endowment.

Hague, Rod, & Martin Harrop. 1982. *Comparative Government: An Introduction*. London: The Macmillan Press Ltd.

Hahn, Robert F. 1997. "Politics for Warriors: The Political Education of Professional Military Officers." Project on U.S. Post Cold-Wor Civil-Military Relations. John M. Olin Institute for Strategic Studies. Harvard University.

Halpern, M. 1962. "Middle East Armies and The New Middle Class." In *The Role of the Military in Underdeveloped Countries*, ed. Princeton, NJ: Princeton University Press.

_____. 1963. *The Politics of Social Change in the Middle East and North Africa*. Princeton, NJ: Princetion University Press.

Haoss, Richard N. 1994. *Intervention: The Use of American Military Forces in the Post-Cold War World*. Washington, D.C.: Carnegie Endowment.

Harding, Harry. 1984. "Competing Models of the Chinese Communist Policy Process: Toward a Sorting and Evaluating." *Issues & Studies* 20(2): 13-36.

Harries-Jenkins, Gwyn. 1977. *The Army in Victorian Society*. London: Routledge and Kegan Paul.

_____, & C. C. Moskos. 1991. "Armed Forces And Society." *Current Sociology* 29: 1-170.

_____. 1993. "Armed Forces and Society." In Trevor Dupuy, eds. et al.

Hawes, Gary. 1987. *The Philippine State and the Marcos Regime: The Politics of Export.* Ithaca, NY: Cornell University Press.

Headquarters Department of the Army and the Air Forres(HDAA). 1990. *Military Operations in Low Intensity Conflict.* Washington, DC: HDAA.

Hernandez, Garolina G. 1985. "The Philippines." In *Military-Civilian Relations in South-East Asia*, ed. Zakaria Haji Ahmad & Harold Crouch. Singapore: Oxford University Press.

Henry L. Stimson Center. 2002. "Confidence-Building Measures in South Asia." http://www.stimson.org/cbm.

Herspring, Dale R. 1978. "Introduction" and "Concluding Thoughts." *Studies in Comparative Communism* 11(3): 207-212, 325-331.

_____, & Ivan Volgyes, eds. 1978. *Civil-Military Relations in Communist System.* Boulder, CO: Westview.

_____. 1992. "Civil-Military Relations in Post-Communist Eastern Europe: The Potential for Praetorianism. *Studies in Comparative Communism* 25: 99-122.

_____. 1999. "Samuel Huntington and the Communist Civil-Militatry Relations." *Armed Forces & Society* 25: 568.

Hicks, George, ed. 1990. *The Broken Mirror: China After Tiananmen.* London: London Current Affairs.

Hoagland, Jim. 2000. "The Wrong Debate on the Military." *Washington Post* 8/24: A25.

Hobkirk, Michael D. 1983. *The Politics of Budgeting.* London: The Macmillan Press Ltd.

Holst, John Jorgen. 1983. "Confidence-Building Measures: A Concept Framework." *Survival* 25: 1.

Holsti, Ole R. 1998/99. "A Widening Gap between the Military and Civilian Society? Some Evidence, 1976-96." *International Security* 23: 5-42.

Howard, Michael. 1957. *Soldiers and Government: Nine Studies in Civil-Military Relations.* London: Eyre & Spottiswoode.

Hsieh, Chiao Chiao. 1985. *China Strategy for Survival: The Foreign Policy and External Relations of the Republic of on Taiwan, 1949-1979.* London: The Sherwood Press.

Hung, Lu-hsun. 1991a. "Party-Military Relations in the PRC after Mao,1976-1990." Ph.D.

diss. University of North Texas, Denton, Texas.

_____. 1991b. "Review of the Literature on Civil(Party)-Military Relations." *Fu Hsing Kang Academic Journal* 46: 43-78.

Hunter, Wendy. 1994. "Contradictions of Civilian Control: Argentina, Brazil, and Chile in the 1990s." *Third World Quarterly* 15: 635-53.

_____. 1996. *State and Soldier in Latin America: Redefining the Military's Role in Argentina, Brazil, and Chile.* Washington D.C.: United States Institute of Peace.

_____. 1997. Eroding Military Influence in Brazil: Politicians Against Soldiers. Dame: The University of North Carolina Press.

Huntington, Samuel P. 1956. "Civil Control of the Military: A Theoretical Statement." In *Political Behavior: A Reader In Theory and Research*, eds. Heinz Eulau, Samuel J. Eldersveld & Morris Janowitz. Glencoe, IL: The Free Press.

_____. 1957. *The Soldier and the State: The Theory and Politics of Civil-Military Relations.* Cambridge, MA: Harvard University Press.

_____. 1961. "Interservice Competition and the Political Roles of the Armed Services." *American Political Science Review* 55: 40-52.

_____, ed. 1962a. *Changing Patterns of Military Politics.* New York: The Free Press of Glencoe.

_____. 1962b. "Recent Writing in Military-Politics and Corpora." In *Changing Patterns of Military Politics*, ed. Samuel P. Huntington.

_____. 1965. "Political Development and Political Decay." *World Politics* 17: 386-430.

_____. 1968a. *Political Order in Changing Societies.* New Haven: Yale University Press.

_____. 1968b. "Civil-Military Relations." In *International Encyclopedia of the Social Science*, ed. David S. Sills. New York: The Macmillan Company & the Free Press.

_____. 1991. *The Third Wave: Democratization in Late Twentieth Century.* Norman, OK: University of Oklahoma Press.

_____. 1995. "Reforming Civil-Military Relions." *Journal of Democrcy* 6: 9-17.

Hsieh, Alice L. 1962. *Communist China's Strategy in the Nuclear Era.* Englewood Cliffs, NJ: Prentice Hall, Inc.

Isaacs, Anita. 1993. *Military Rule and Transition in Ecuador, 1972-1992.* Pittsburgh: University of Pittsburgh Press.

Jackman, Robert W. 1976. "Politician in Uniform: Military Governments and Social Change in the Third World." *Americal Political Science Review* 70: 1078-1097.

Jane's Information Group, eds. 1989. *China in Crisis: The Role of the Military.* Lodon: Jane's Defense Data.

Janowitz, Morris. 1959. "Changing Patterns of Authority: The Military Establishment." *Administrative Science Quarterly* 3: 480-481.

_____. 1964. *The Military in the Political Development of New Nations.* Chicago: University of Chicago Press.

_____, 1969. *The New Military: Changing Patterns of Organization.* New Youk: W. W. Norton.

_____. 1971(1960). *The Professional Soldier: A Social and Political Portrait.* New York: Free Press.

_____. 1971b. "Military Organization." In *Handbook of Military Institutions*, ed. Roger W. Little. Beverly Hills, CA: sage.

_____. 1977. *Military Institutions and Coercion in the Development Nations.* Chicago: University of Chicago Press.

_____, & Stephan D. Wesbrook, eds. 1983. *The Political Education of Soldiers.* Beverly Hills, CA: Sage.

Jencks, Harlan W. 1982. *From Muskets to Missiles: Politics and Professionalism in the Chinese Army, 1945-1981.* Boulder, CO: Westview.

_____. 1989. "The Military in China." *Current History* Sep.: 265-268.

_____. 1990. "Party Authority and *Military Power: Communist China's Continuing Crisis.*" *Issues & Studies* July: 11-39.

_____. 1991. "Civil-Military Relations in China: Tiananmen and After." *Problems of Communism* May-June: 14-29.

Jenkings, J. Craig, & Augustine Kposowa. 1990. "Explaining Military Coups d'Etat: Black Africa, 1957-1984." *American Sociological Review* 55: 861-75.

_____. 1992. "The Political Origins of African Military Coups." *International Studies Quarterly* 36: 271-92.

_____. 1993. "The Structural Sources of Military Coups in Postcolonical Africa, 1957-1984." *American Journal of Sociology* 99: 126-63.

Joffe, Ellis. 1965. *Party and Army: Professionalism and Political Control in the Chinese Officer Corps, 1949-1964*. Cambridge, MA: Harvard University Press.

_____. 1979. "The Military as a Political Actor in China." Conference on Civil-Military Relations. Santa Barbara, CA: May.

_____. 1985. "The Political Role of the Chinese Army: Overview and Evaluation." In *Power and Policy in the PRC*, ed. Yu-min Shaw. Boulder, CO: Westview.

_____. 1987. *The Chinese Army After Mao*. Cambridge, MA: Harvard University Press.

_____. 1991. "The Tiananmen Crisis and the Politics of PLA." In *China's Military: The PLA in 1990/1991,* ed. Richard Yang.

_____. 1996. "Party-Army Relations in China: Retrospect and Prospect." In *The China Quarterly* 146: 300-310.

_____. 1997. "Party-Army Relations in China: Retrospect and Prospect." In *China's Military in Transition,* eds. David Shambaugh & Richard H. Yang. Oxford: Clarendon Press.

_____. 1999a. "The Military and China's New Politics: Trends and Counter-Trends." In *The People's Liberation Army in the Information Age,* eds. James C. Mulvenon & Richard H. Yang. Santa Monica, CA: Rand.

_____. 1999b. "Concluding Comment: The Political Angle-New Phenomena in Party-Army Relations." In *The Chinese Armed Forces in the 21st Century,* ed. Larry M. Wortzel. Strategic Studies Institute, U.S. army War College, Carlisle, PA.

Johnson, Chalmers. 1966. "Lin Piao's Army and Its Role in Chinese Society." *Current Scene* 4: 1-10; 1-11.

Johnson, David E. 1996. "Wielding the Terrible Swift Sword: the American Military Paradigm and Civil-Military Relations." John M. Olin Institute for Strategic Studies. Harvard University.

Johnson, Douglas, & Steven Metz. 1995a. *American Civil-Military Relations: New Issues, Enduring Problems*. Carlisle: Strategic Studies Institute.

_____. 1995b. "American Civil-Military Relations: A Review of the Recent Literature." In *U.S. Civil-Military Relations: In Crisis or Transition?* eds. Don M. Snider & Miranda A. Carlton-Carew. Washington D. C.: The Center for Strategic and International Studies.

Johnson, L. Celeste. 1999. "Military Confidence Building Measures between Taiwan and the People's Republic of China." Policy analysis exercise. John F. Kennedy School of Government. Harvard University. April 6.

Johnsen, J. 1964. *The Role of the Military in Underdeveloped Countries*. Princeton, NJ: Princeton University Press.

Johnson, Edgar M. 1993. "Social Science Research and Development, Military." In *International Military and Defense Encyclopedia*. vol.5. eds. Trevor Dupuy. Washington, DC: Brassey's (US).

Johnson, John J., ed. 1962. *The Role of the Military in Underdeveloped Countries*. Princeton, NJ: Princeton University Press.

Johnson, John. 1964. *The Military and Society in Latin America*. Stanford University Press.

Jordan, Amos A., & William J. Taylor, Jr. 1973. "The Military Man in Academia." *Annals* 406: 129-145.

Kabir, Bhuian Monoar. 1995. "Politico-Economic Limitations and the Fall of the Military-Authoritarian Government in Bangladesh." *Armed Forces & Society* 21: 553-572.

Kamrava, Mehran. 2000. " Military Professionalization and Civil-Military Relations in the Middle East." *Political Science Quarterly* 115: 67-92.

Kanter, Arnold. 1983. *Defense Politics: A Budgetary Perspective*. Chicago: The University of Chicago Press.

Kara, Nihal. 1989. "Military Related Social Research in Turkey: A Critical Review." In Kuhlmann.

Kaufman, Daniel J., Jeffrey S. McKitrick, & Thomas J. Leney, eds. 1985. *U.S. National Security: A Framework for Analysis*. 3rd. D.C. Health and Company, MA: Lexington Books.

Kau, Ying-Mao. 1973. *The People's Liberation Army and China's Nation-Building*. White Plains, NY: International Arts and Science.

Kelley, Jay W. 1996. "Brilliant Warriors." *Joint Force Quarterly* Spring: 104-110.

Kemp, Kenneth W. & Charles Hudlin. 1992. "Civil Supremacy over the Military: Its Nature and Limits." *Armed Forces & Society* 19: 7-26.

Kissinger, H. A. 1961. *The Necessity for Choice, Projects of American Foreign Policy*. New York: Herper.

_____. 1979. *White House*. Boston: Little, Brown.

Koistinen, Paul A. C. 1980. *The Military-Industrial Complex: A Historical Perspective.* New York: Praeger.

Kolkowicz, Roman. 1967. *The Soviet Military and the Communist Party.* Princeton, NJ: Princeton University Press.

_____. 1971. "The Military." In *Interest Groups in Soviet Politics,* eds. H. Gordon Skilling & Franklyn Griffiths. Princeton: Princeton University Press.

_____. 1978. "Interest Groups in Soviet Politics: The Case of the Military." In *Civil-military Relations in Communist Systems*, eds. Dale R. Herspring & Ivan Volgyes. Boulder, CO: Westview.

_____. 1982. "Toward a Theory of Civil-Military Relations in Communist (Hegemonial) Systemes." In Kolkowicz & Korbonski.

_____, & Andrzej Korbonski, eds. 1982. *Peasants, Soldiers,and Bureaucrats: Civil-Military Relations in Communist and Modernizing Societies.* London: George Allen & Unwin.

Kohn, Richard H. 1994. "Out of Control: The Crisis in Civil-Military Relations." *National Interest* 35: 3-17.

_____ 1997a. "The Forgotten Fundamentals of Civilian Control of the Military in Democratic Government." Project on U.S. Post Cold-War Civil-Military Relations. John M. Olin Institute for Strategic Studies. Harvard University.

_____ 1997b. "How Democracies Control the Military?" *Journal of Democracy* 8: 140-153.

Kourvetaris, George A., & Betty A. Dobratz. 1973. "Social Recruitment and Political Orientations of the Officer Corps in a Comparative Perspective." *Pacific Sociological Review* 16: 228-254.

_____. 1977. "The State and Development of Sociology of the Military." In *World Perspectives in the Sociology of the Military*, eds. George A. Kourvetaris & Betty A, Dobratz. New Brunswick, NJ: Transcation Books.

Krepon, Michael, ed. 1995. *A Handbook of Confidence-Building Measures for Regional Security.* 2nd ed. Washington, D.C.: The Henry L. Stimson Center.

_____. 1998. "The Decade Confidence-Building Measures." Sept.15. http://206.65.85.116/cbm/decade/htm.

_____. 1987. *Strategy: The Logic of War and Peace.* Cambridge, MA: Harvard University Press.

Kuhlmann, Jurgen, ed. 1989. *Military Related Social Research: An International Review.* Munchen/Munich: Sozialwissenschaftliches Institute der Bundeswehr/SOWI.

Larson, Arthur D. 1977. "Military Professionalism and Civil Control: A Comparative Analysis of Two Interpretations." In *World Perspectives in the Sociology of the Military,* eds. George A. Kourvetaris & Betty A. Dobratz. New Brunswick, NJ: Transaction Books.

Lasswell, Harold D. 1941. "The Garrison-State." *American Journal of Sociology* 46: 455-468.

_____. 1962. "The Garrison-State Hypothesis Today." In *Changing Patterns of Military Politics*, ed. Samuel P. Huntington. New York: Free Press.

Lathan, Richard J. 1991. "China's Party-Army Relations After June 1989: A Case for Miles' Law." In *China's Military: The PLA in 1990/1991,* ed. Richard H. Yang. SCPS Yearbook, National Sun Yat-Sen University, Kausiung, Taiwan.

Ledeen, Michael A. 1989. *Perilous Stagecraft: An Insider's Account of Iran-Contra Affair.* New York: Charles Seribner's Sons.

LeoGrande, William M. 1977. "The Revolutionary Development: Civil-Military in China." *Journal of Strategic Studies* 1: 260-95.

Levy, Marison J., Jr. 1966. *Modernization and the Structure of Society*. Princeton, NJ: Princeton University Press.

Li, Cheng, & Lynn White. 1993. "The Army in the Succession to Deng Xiaoping: Familiar Fealties and Technocratic Trends." *Asian Survey* 33: 757-786.

Liddell Hart, B. H. 1942. *The Way to Win Wars: Strategy of Indirect Approach*. Lond: Faber and Faber.

Lieuwen, Edwin. 1964. *Generals vs. Presidents*. New York: Praeger.

Li, Nan. 1993. "Changing Functions of the Party and Political Work System in the PLA and Civil-Military Relations in China." *Armed Forces & Society* 19: 393-409.

Linz, Juan J. 1973. "The Future of An Authoritarian Situation." In *Authoritarian Brazil: Origs, Policies and Future*, ed. Alfred Stepan. New Haven: Yale University Press.

_____. 1978. The *Breakdown of Democratic Regimes: Crisis, Breakdown, and Reequilibrium*. Baltimore, MA: Johns Hopkins University Press.

_____, & Alfred Stepan. 1996. *Problems of Democratic Transition and Consolidation*. Baltimore: The Johns Hopkins University Press.

Lissak, Moshe. 1976. *Military Roles in Modernization: Civil-Military Relations in Thailand and Burma*. Beverly Hills: Sage.

Lister, Sara E. 2000. "Gender and the Civil-Military Gap." *Proceedings* Vol.126. http://www.usni.org/Ptoceedings/Articles00/PROlister.htm.

Little, Roger W., ed. 1971. *Handbook of Military Institutions*. Beverly Hills, CA: Sage.

Loveman, Brian. 1994. "'Protected Democracies' and Military Guardianship: Political Transitions in Latin America,1978-1993." *Journal of Interamerican Studies and World Affairs* 36: 105.

Lowell, John, ed. 1997. *The Sheathe and the Sword: Civil-Military Relations in the Quest for Democracy*. Westport: Greenwood Press.

Luckham, A. R. 1971. "A Comparative Typology of Civil-Military Relations." *Government and Opposition* 6: 5-35.

Luttwak, Edward N. 1979(1968). *Coup d'Etat: A Practical Handbook*. Cambridge, MA: Harvard University Press.

_____. 1987. Strategy: The Logic of War and Peace. Cambridge, MA: Harvard University Press.

_____. 1993. "If Bosnians Were Dolphins..." *Commentary* 96: 29.

Macridis, Roy C. 1986. *Modern Political Regimes: Patterns and Institutions*. Boston: Little, Brown & Company.

MacWilliams, Wilson, ed. 1967. *Garrisons and Governments*. San Francisco.

Mares, David R. 1998. "Conclusion: Civil-Military Relations, Democracy, and Regional Security in Comparative Perspective." In *Civil-Military Relations: Building Democracy and Regional Security in Latin America, Southern Asia, and Central Europe*, ed. David R. Mares. Boulder: Westview Press.

Matthews, Lloyd J. 1998. *The Political-Military Rivalry for Operational Control in U.S. Military Actions: A Soldier's Perspective*. Carlisle: Strategic Studies Institute.

Matthews, Williams. 1992. "Generals Side with Colinton." *Army Times* 26: 19.

McKinlay, R. D., & A. S. Cohan. 1976. "Performance and Instability in Military and Non-military Regime Systems." *American Political Science Review* 70: 850-864.

Means, Woward. 1992. *Colin Powell: Soldier/Statesman, Statesman/Soldier*. New York: Donald I. Fine.

Meernik, James. 1994. "Precidential Decision Making and the Political Use of Military Forces." *International Studies Quarterly* 38: 121-138.

Merton, Robert K., & Paul S. Lazarsfeld, eds. 1950. *Continuities in Social Research: Studies in the Scope and Method of "The American Soldier."* Glencoe, IL: The Free Press.

Messas, Kostas. 1992. "Democratization of Military Regimes: Contending Explanations." *Journal of Political and Military Sociology* 20: 243-255.

Metz, Steven, & James Kievit. 1994. *The Revolution in Military Affairs and Conflict Short of War*. Carlisle: Strategic Studies Institute.

Mieward, Robert D. 1970. "Weberian Bureaucracy and the Military Model." *Public Administration* 30(2): 129-33.

Miller, Steren E. 2001. "International Security at Twenty-five." *International Security* 26: 5-39.

Mills, C. Wright. 1956. *The Power Elite*. New York: Oxford University Press.

Millis, Water. 1973. "Truman and MacArthur." In *American Defense Policy*, eds. 3rd ed. Richard G. Head & Ervln J. Rokk. Baltimore, MD: John Hopkins University Press.

Millis, W. 1958. *Arms and Men*. New York.

Mills, William Del. 1983. "Generational Change in China." *Problems of Communism* Nov-Dec: 16-35.

Mintz, Alex, ed. 1992. *The Political Economy of Military Spending in the United State*. London: Routledge.

Moskos, Charles C. 1970. *The American Enlisted Man*. New York: Russell Sage Foundation.

_____. 1977. "From Institution to Occupation: Trends in Military Organization." *Armed Forces & Society* 4: 41-50.

_____. 1983. "The All-Volunteer Force." In *The Political Education of Soldiers*, eds. Morris Janowitz, & Stephan D. Wesbrook. Beverly Hills: Sage.

_____. 1986. "Institutional/Occupational Trends in Armed Forces: An Update." *Armed Forces & Society* 4: 41-50.

_____, & John Whiteclay Chambers II, eds. 1993. *The New Conscientious: From Sacred to Secular Resistance*. Oxford: Oxford University Press.

_____, Jay Williams, & David R. Segal. 2000. *The Postmodern Military: Armed Forces Af-*

ter the Cold War. New York: Oxford University Press.

Mulvenon, James C. 1997. *Professionalization of the Senior Chinese Officer Corps: Trends and Implications.* Santa Monica: Rand.

_____. 2001. *Soldiers of Fortune: the Rise And Fall of the Chinese Military-Business Complex.* New York: M. E. Sharpe.

Murray, Douglas J., & Paul R. Viotti, eds. 1994. *The Defense Policies of Nations: A Comparative Study,* 3rd ed. Baltimore, MA: The Johns Hopkins University Press.

Needler, Martin C. 1966. "Political Development and Military Intervention in Latin America." *American Political Science Review* 60(3): 617-621.

_____. 1968. *Political Development in Latin America: Instability, Violence, Evolutionary Changed.* New York: Random House.

Nelsen, Harver W. 1972. "Military Forces in the Cultural Revolution." *The China Quarterly* 51: 444-474.

_____. 1981. *The Chinese Military System: An Organizational Study of the Chinese People's Liberation Army,* 2nd. ed. Bould, CO: Westview.

Nordlinger, Eric A. 1970. "Soldiers in Mufti: The Impact of Military Rule Upon Economic and Social Changes in the Non Western States." *American Political Science Review* 64: 1131-1148.

_____. 1977. *Soldiers in Politics: Military Coups and Governments.* Englewood Cliffs, NJ: Prentice-hall.

Odetola, Theophilus O. 1978. *Military Politics in Nigeria: Economic Development and Political Stability.* New Brunswick: Transaction Books.

Odom, William E. 1973. "The Soviet Military: The Party-Military Connections." *Problems of Communism* 22(5): 12-26.

_____. 1978. "The Party-Military Connection: A Critique." In *Civil-Military Relations in Communist Systems,* eds. Dale R. Herspring & Ivan Volgyes. Boulder, CO: Westview.

_____. 1998. *The Collapse of the Soviet Military.* New Haven: Yale University Press.

O'Donnell, Guillermo. 1979. "Tensions in the Bureaucratic- Authoritarian State." In *The New Authoritarianism in Latin America,* ed. David Collier. Princeton, NJ: Princeton University Press.

_____. 1979. *Modernization and Bureaucratic- Authoritarianism.* Berkeley: Institute of InternationalStudies, University of California.

_____, & Philippe C. Schmitter. 1986. *Transition from Authoritarian Rule: Tentative Conclusions about Democracies*. Baltimore: Johns Hopkins University Press.

Oer, Adrian Freiherr von. 1993. " Policy, Defense" In Trevor N. Dupuy, eds. et al.

O'Hanlon, Michael. 1997. *Saving Lives with Force: Military Criteria for Humanitarian Intervention*. Washington D.C.: The Brookings Institution Press.

Oksenberg, Michel C. 1971. "Policy Making Under Mao,1949-1968: An Overview." In *China: Management of a Revolutionary Society,* ed. John Lindbeck, Seattle: University of Washington Press.

Overholt, William H. 1986. "The Rise and Fall of Ferdinand Marcos." *Asian Survey* 26: 11-61

Paltiel, Jeremy T. 1995. "PLA Allegiance on Parade: Civil-Military Relations in Transition." *The China Quarterly*.

Parish, William. 1973. "Factions in Chinese Military Politics." *The China Quarterly* 56: 667-699.

Pederson, M. Susan, & Stanley Weeks. 1995. "A Survey of Confidence and Security Building Measures." In *Asia Pacific Confidence and Security Building Measures*, ed. Ralph A Cossa. Washington, D.C.: The Center for Strategic & International Studies.

Perlez, Jane. 2000. "A Soldier-Statesman Who Has Advocated a Blend of Strength and Caution." *The New York Times* 12/17. http://www.nytimes.com/2000/12/7politics/17 POLI. html.

Perlmutter, Amos. 1969. "The Praetorian State and the Praetorian Army: A Taxonomy of Civil-Military Relations in Developing Polities." *Comparative Politics* April: 382-404.

_____. 1977. *The Military and Politics in Modern Times: On Professionals, Praetorians,and Revolutionary Soldiers*. New Haven: Yale University Press.

_____. 1980. "A Comparative Analysis of Military Regimes." *World Politics* 33: 96-120.

_____. 1981a. *Modern Authoritarianism: A Comparative Institutional Analysis*. New Haven: Yale University Press.

_____. 1981b. *Political Roles and Military Rulers*. London: Frank Cass & Company.

_____. 1982. "Civil-Military Relations in Soviet Authoritarian and Praetorian States: Prospects and Retrospects." In *Soldiers, Peasants, and Bureaucrats: Civil-Military Rela-*

tions in Communist and Modernizing Societies, eds. Roman Kolkowicz, & Andrzej Korbonski. London: George Allen & Unwin.

_____, & William M. LeoGrande. 1982. "The Party in Uniform: Toward a Theory of Civil-Military Relations in Communist Political Systems." *American Political Science Review* 76: 778-789.

_____. 1986. "The Military and Politics in Modern Times: A Decade Later." *The Journal of Strategic Studies* 9: 5-15.

Pine, Art. 1995. "Deployment Take Toll on U.S. Military." *Los Angels Time* 3/19: 1.

PLA Wachter. 1990. "China's Party Army Relations After June 1989: A Case for Miles' Law?" Presented at the SCPS Workshop on PLA Affairs, Sun Yat-sen Center for Policy Studies, National Sun Yat-sen University, Kaohsiung, Taiwan.

Posen, Barry R. 2001/02. "The Struggle Against Terrorism: Grand Strategy, Strategy, and Tactics." *International Security* 26: 39-55.

Powell, Colin L. 1992. "Why Generals Get Nervous." *New York Times* 9/10: A-35.

_____. 1992/93. "U.S. Challenges Ahead." *Foreign Affairs* 20: 432-45.

_____. et al. 1994. "Exchange on Civil-Military Relations." *National Interest* 35: 23-31.

Powell, Ralph C. 1963. *Politics-Military Relations in Communist China.* Washington, DC: External Research Staff, Bureau of Intelligence and Research, U.S. Department of State.

_____. 1970. "The Party, the Government and the Gun." *Asian Survey* 10: 441-471.

Pursell, C.W. Jr., ed. 1972. *The Military-Industrial Complex.* New York.

Putnam, R. 1967. "Toward Explaining Military Intervention in Latin American Politics." *World Politics* 20: 87-106.

Pye, Lucian W. 1962. "Armies in the Process of Political Modernization." In *The Role of the Military in Development Countries*, ed. John J. Johson. Princeton, NJ: Princeton University Press.

Rabil, Daniel. 1998. "Please, Impeach My Commander-in-Chief." *The Washington Times* 10/23: 1.

Rapoport, David C. 1962. "A Comparative Theory of Military and Political Type." In *Changing Patterns of Military Politics*, ed. Samuel P. Huntington. Glencoe, Ill: The Free Press.

Reppy, Judith, ed. 2000. "The Place of the Defense Industry in National Systems of Innovation." Occasional paper, No.25. Ithaca: Peace Studies Program, Cornell University.

Reynolds, P.A. 1971. *An Introduction to International Relations*. Cambridge, MA: Schenkman Pablishing Company, Inc.

Ricks, Thomas E. 1997. "The Widening Gap between the Military and Sociey." *Atlantic Monthly* July: 67-78.

_____. 2001. "Rumsfeld Impresses Armed Services Panel." *Washington Post* 1/12: A16.

Roberts, Adam. 1991. "Civil Resistance in the East European and Soviet Revolution." Monograph Series No.4. The Albert Einstein Institution.

Roberts, Steven B. & Bruce B. Huster. 1993. "Colin Powell Superstar: From the Pentagon to the White House?" *U.S. News and World Report* 9/20: 51.

Rosen, S., ed. 1973. *Testing the Theory of the Military-Industrial Complex*. Teakfield.

Rosenberg, David A., ed. 1979. *Marcos and Martial Law in Philippines*. Ithaca, NY: Cornell University Press.

Rouquie, Alain. 1986. "Demilitarization and the Institutionalization of Military- Dominated Polities in Latin America." In *Transitions from Authoritarian Rule*: *Comparative Perspectives*, eds. G. O'Donnell, P. Schmitter, & L. Whitehead. Baltimore, MD: Johns Hopkins University Press.

Rustow, Dankwart. 1970. "Transitions to Democracy: Toward a Dynamic Model." *Comparative Politics*, 2: 401.

Sandschneider, Eberhard. 1989. "Military and Politics in the PRC." In *Chinese Defense and Foreign Policy*, ed. June T. Dreyer. New York: Paragon House.

_____. 1990. "The Chinese Army After Tiananmen." *The Pacific Review* 3: 113-123.

Sapin, B. M. & R. C. Snyder. 1954. *The Role of the Military in American Foreign Policy*. New York: Free Press.

Sarkesian, Sam C. 1981a. *Beyond the Battlefield: The New Military Professionalism*. New York: Pergamon Press.

_____. 1981b. "Military Professionalism and Civil-Military Relations in the West." *International Political Science Review* 2: 283-297.

_____, John Allen Williams, & Fred B. Bryant. 1995. *Soldiers, Society, and National Security*. Boulder, CO: Lynne, Rienner Publisher, Inc.

_____, & Robert E. Conner, Jr. 1999. *The US Military Profession into the Twenty-First Century: War, Peace and Politics.* London: Frank Cass.

Scarborough, Rowan. 1998. "Army Liaison Accused of Pressuring on Vote." *Washington Times* 8/31: A-1.

_____. 1999. "General Raises Ire of GOP Leaders." *Washington Times* 8/11: A-1.

Schellendorf, B. von. 1905. *The Duties of the General Staff.* London: Her Majesty Stationery Office.

Schiff, Rebecca L. 1995. "Civil-Military Relations Reconsidered: A Theory of Concordance." *Armed Forces & Society* 22: 7-24.

Schmidt, Briam C. 1998. *The Political Discourse of Anarchy: A History of International Relations.* Albany: State University of New York.

Schmidt, Helmat. 1986. *A Grand Strategy for the West.* New Haven, CT: Yale Univeristy Press.

Schmitter, Philippe C., & Robert E. Conner, Jr. 1999. *The US Military Profession into the Twenty-First Century: War, Peace and Politics.* London: Frank Cass.

Scobell, Andrew. 1992. "Why the People's Army Fired on the People: The Chinese Military and Tiananmen." *Armed Forces & Society* 18: 199-209.

Scott, Harriet F., & William F. Scott, 3rd ed. 1984(1979). *The Armed Forces of the USSR.* Boulder, CO: Westview.

Scranton, Margaret E. 1995. "Panama's First Post-Transition Election." *Journal of Interamerican Studies and World Affairs* 37: 69-100.

Scroggs, Stephen K. 2000. *Army Relations with Congress: Thick Armor, Dull Sword, Slow Horse.* Westport: Prager Publisher.

Segal, David R., & Mady W. Segal. 1993. "Sociology, Military" In Trevor Dupuy, eds. et al.

Segal, Gerald. 1984. "The Military as a Group in Chinese Politics." In *Group and Politics in the People's Republic of China*, ed. David S. Goodman. New York: M. E. Charpe.

Segell, Glen. 2000. "Civil-Military Relations from Westphalia to the European Union." In *Handbook of Global International Policy,* ed. Stuart S. Nagel. New York: Marcel Dekker, Inc.

Sellers, Shane. 1998. "Time to Send Clinton to the Showers." *Navy Times* 10/19: 70.

Shambaugh, David. 1991."The Soldier and the State in China: The Political Work System in the People's Liberation Army." *The China Quarterly* 127: 527-568.

_____. 1996a. "China's Military in Transition." *The China Quarterly* 146: 272.

_____. 1996b. "China's Commander-In-Chief: Juang Zemin and the PLA." In *Chinese Military Modernization,* eds. C. Dennison Lane. et al. Washington, D.C.: The AEI Press.

Sharp, Gene. 1973. *The Politics of Nonviolent Action: Power and Struggle*. Boston: Porter Sargent.

Shaw, Martin. 1991. *Post-Military Society: Militarism, Demilitarization and War at the End of the Twentieth Century*. Cambridge, UK: Polity Pres.

Shils, Edward. 1962. *Political Development in the New States*. The Hague: Mouton.

Shulman, Marshall. 1969. *Stalin's Foreign Policy Reappraised*. New York: Atheneum.

Siebold, Guy L. 2001. "Core Issues and Theory in Military Sociology." *Journal of Political and Military Sociology* 29: 140-159.

Simon, Jeffery. 1996. *NATO Enlargement & Central Europe: A Study in Civil-Military Relations*. Washington, D.C.: National Defense University Press.

Skinner, J. H. 1993. "Military Organization." In Trevor N. Dupuy, eds. et al.

Snider, Don M., & Miranda A. Carlton-Carew. 1995a. "The Current State of U.S. Civil-Military Relations: An Introduction." In Snider and Carlton-Carew.

_____, & Miranda A. Carlton-Carew, eds. 1995b. *U S. Civil-Military Relations: In Crisis or Thansition?* Washington D. C.: The Center for Strategic and International Studies.

_____. 1996. "U.S. Civil-Military Relations and Operations Other Than War." In *Civil-Military Relations and Non-Quite Wars of the Present and Future*, ed. Vincent Davis. Carlisle: Strategic Studies Institute.

Snow, Donald M. 2000. *When America Fights: The Uses of U.S. Military Force*. Washington D.C.: Congressional Quarterly Inc.

Sokolowski, V. D. 1975. *Soviet Military Strategy*, ed. trans. H. F. Scott. New York: Crane, Russak.

Sondrol, Paul C. 1992. "The Paraguayan Military in Transition and the Evolution of Civil-Military Relations." *Armed Forces & Society* 19: 105-122.

Suro, Roberto. 2000. "Bush on Defense: Defails to Come." *Washington Post* 9/21: A01.

Steinberg, David I. 1981. *Burma's Road Toward Development: Growth and Ideology under Military Rule*. Boulder, CO: Westview.

Stepan, Alfred. 1974(1971). *The Military in Politics: Changing Patterns in Brazil.* Princeton, NJ: Princeton University Press.

_____. 1988. *Rethinking Military Politics: Brazil and the Southern Cone.* Princeton, NJ: Princeton University Press.

Stockton, Paul. 1995. "Beyond Micromanagement: Congressional Budgeting for a Post-Cold War Military." *Political Science Quarterly* 110: 234-251.

Stouffer, Samuel A. et al. 1949. *The American Soldier: Combat and Aftermath. Vol.1-3.* Princeton, NJ: Princeton University Press.

Stover, William J. 1981. *Military Politics in Finland: the Development of Governmental Control over The Armed Forces.* Washington D. C.: University Press of America.

Sude, Gertmann. 1993. "Strategy." In Trevor N. Dupuy, eds. et al. vol.5.

Swaine, Michael D. 1992. *The Military and Political Succession in China: Leadership, Institutions, Beliefs.* Santa Monica: Rand.

_____. 1995. *China Domestic Change & Foreign Policy.* Santa Monica, CA: Rand.

_____. 1996a. "The PLA in China's National Security Policy: Leadership, Structures, Process." *The China Quarterly* 146(June).

_____. 1996b. *The Role of the Chinese Military in National Security Policymaking.* Santa Monica, CA: Rand.

Szemerkenyi, Reka. 1996. *Central European Civil-Military Relations at Risk.* Adelphi Paper 306. London: Institute for International Strategic Studies.

Tahi, Mohand Salah. 1995. "Algeria's Democratization Process: A Frustrated Hope." *The Third World Quartery* 16: 197-220.

Tannahill, Neal R. 1976. "The Performance of Military and Civilian Governments in South America, 1948-1967." *Journal of Political and Military Sociology* 4: 233-244.

Taylor, Charles L., & Michael C. Hudson. 1972. *World Handbook of Political and Social Indicators.* 2nd ed. New Haven: Yale University.

Teiwes, Frederrick C. 1974. "Chinese Politics, 1949-1965: A Changing Mao." *Current Science* 22(1, 2): 1-15, 1-18.

Thompson, William R. 1973. *The Grievances of Military Coup-Makers.* Beverly Hills: Sage Publications.

_____. 1984. *Leadership, Legitimacy, and Conflict in China: From a Charismatic Mao to* the Politics of Succession. Armonk, NY: M. E. Shary Inc.

Toner, James H. 1992. *The American Military Ethic: A Mediation.* New York: Praeger.

Tsang, Steve. 1993. "Chiang Kai-shek and the Kuomintang's Policy to Reconquer the Chinese Mainland, 1949-1958." In *In the Shadow of China: Political Development in Taiwan, Since 1949*, ed. Steve Tsang. Honolulu: University Hawaii Press.

Ulrich, Marybeth P. 2000. *Democratizing Communist Militaries: The Cases of the Czech and Russian Armed Forces.* Ann Arbnor: The University of Michigan Press.

_____, & Conrad C. Crane. 2002. "Potential Changes in U.S. Civil-Military Relations." In *DefeatingTerrorism: Strategic Issue Analyses,* ed. John R. Martin. Carlisle, PA: U.S. Army War College.

U.S. Army Training and Doctrine Command. 1986. U.S. Army Operational Concept for Low Intensity Conflict(TRADOC pamphlet NO. 525-44). Fort Monroe,VA.

U.S. Department of Defense. 1989. *Department of Defense Dictionary of Military and Associated Terms.* Washington, D.C.: Office of the Chairman, the Joint Chiefs of Staff.

Vagts, Alfred, revised ed. 1959(1937). *The History of Militarism.* New York: Meridian Books.

Van Aller, Christopher D. 2001. *The Culture of Defense.* Lanham: Lexington Books.

Van Doorn, Jacques. 1968. "Armed Forces and Society: Patterns and Trends." In *Armed Forces and Society: Sociological Essays*, ed. Jacques van Doorn. The Hague: Mouton.

Vatiokitis, P. J. 1961. *The Egyptian Army in Politics.* Bloomington: Indiana University Press.

_____. 1975. *The Soldier and Social Change.* Sage.

Villegas, Bernardo. 1987. "The Economic Crisis." In *Crisis in the Philippines*, ed. John Bresnan. Princeton, NJ: Princeton University Press.

Vitas, Robert A. 1999. "Civilian Graduate Education and the professional Officer."

Vollmer, Howard M., & Donald L. Mills. 1966. *Professionalization.* Englewood Cliffs: Prentice Hall.

Waldo, Dwight. 1975. "Political Science: Traditions, Discipline, Profession, Science, Enterprise." In *Political Science: Scope and Theory.* vol.5 of *Handbook of Political Science*, eds. Fred I. Greenstein & Nelson W. Polsby. Menlo Park, CA: Addison-Wesley Publishing Company.

Walker, Gregg B., David A. Bella, & Steven J. Sprecher, eds. 1992. *The Military-Industrial Complex*. New York: Peter Lang Publishing, Inc.

Wallensteen, Peter, John Galtung, & Carlos Portales, eds. 1985. *Global Militarization*. Boulder: Westview Press.

Walt, Stephen M. 2001/02. "Begond bin Laden: Reshaping U.S. Foreign Policy." *International Security* 26: 56-78.

Walter, Knut, & Philp J. Williams. 1993. "The Military and Democratization in El Salvador." *Journal of Interamerican Studies and World Affairs* 35: 39-88.

Walter, Paul., Jr. 1958. "Military Sociology." In *Contemporary Sociology*, ed. Joseph S. Roucek. New York: Philosophical Library.

Warner, Edward L., III. 1977. *The Military in Contemporary Soviet Politics*. New York: Praeger.

Warner, W. Lloyd. et al. 1963. *The American Federal Executive: A Study of the Social and Personal Characteristics of the Civilian and Military Leaders of the United States*. New Haven: Yale University Press.

Washington Post 1994. 11/19: A-8.

Watson, Bruce W. 1993. "Policy, Military" In *International Military and Defense Encyclopedia,* eds. et al. Trevor N. Dupuy.

Watson, Cynthia, & Constantine Danopoulos. 1996. "Introduction." In *The Political Role of the Military: An International Handbook,* eds. Cynthia Watson & Constantine Danopoulos. Westport: Greenwood Publishing.

Weber, Rachel Nicole. 2001. *Swords into Dow Shares: Governing the Decline of the Military-Industrial Complex*. Boulder: Westview Press.

Weigley, Russell F. 1993. "The American Military and the Principle of Civilian Control from McClellan to Powell." *Journal of Military History* 57: 29-30.

Weinberger, Caspar W. 1986. "U. S. Defense Strategy." *Foreign Affairs* 46: 686-687.

Weiner, Sharon K. 1997. "The Changing of the Guard: the Role of Congress in Defense Organization and Reorganization in the Cold War." Project on Post Cold-War Civil-Military Relations. John M. Olin Institute for Strategic Studies, Harward University.

Welch, Claude E., Jr. 1970. *Soldier and State in Africa*. Evanston, Ill: Northwestern University Press.

_____. 1974. "The Dilemmas of Military Withdrawal From Politics: Some Considerations from Tropical Africa." *African Studies Review* 17: 213-27.

_____, ed. 1976a. *Civilian Control of the Military: Theory and Cases From Developing Countries*. Albany, N.Y.: State University of New York Press.

_____. 1976b. "Tow Strategies of Civilian Control: Some Concluding Observation." In Welch, Jr., ed.

_____. 1985. "Civil-Military Relations: Perspectives from the Third World." *Armed Forces & Society* 11: 183-198.

_____. 1987. *No Farewell to Arms*. Boulder, CO: Westview.

_____. 1991. "Trend in Civil-Military Relations." Presented at the Graduate School of Political Science, Fu Hsing-Kang College, Teipai, Taiwan. August 22.

_____. 1993. "Civil-Military Relations." In *International Military and Defense Encyclopedia*, eds. et al. Trevor Dupuy. Washington, D.C.: Brassey's(US).

_____. 1995. "Civil-Military Agonies in Nigeria: Pains of an Unaccomplished Transition." *Armed Forces & Society* 21: 593-614.

_____, & Arthur K. Smith. 1974. *Military Role and Rule: Perspectives on Civil-Military Relations*. Nowth Scituate: Puxbury.

Wells, Richard S. 1996. "The Theory of Concordance in Civil-Military Relations: A Commentary." *Armed Forces & Society* 23: 269-275.

Welty, Gordon. 1990. "A Critique of the Theory of Praetorian."

Westerman, Edward B. 1993. "Contemporary Civil-Military Relations: Is the Republic in Danger?" *Time* 2/15: 32.

Whitson, William W. 1969. "The Field Army in Chinese Communist Military Politics." *The China Quarterly* 37: 1-30.

_____. 1973. *The Chinese High Command: A History of Communist Military Politics. 1927-71*. New York: Praeger.

Williams, Michael C. 1998. *Civil-Military Relations and Peacekeeping*. New York: Oxford University Press.

William, Philip J., & Kunt Walter. 1997. *Militarization and Demilitarization in El Salvador's Transition to Democracy*. Pittsburgh: University of Pittsburgh Press.

Wiseman, John A. 1996. "Military Rule in The Gambia: An Interim Assessment." *The Third

World Quarterly 17: 917-940.

Wise, William M. 1987. "The Philippine Military After Marcos. " In *Rebuilding a Nation,* ed. Carl H. Lande. Washington D.C.: Washington Institute for Values in Public Policy.

Woodward, Bod. 1991. *The Commanders*. New York: Simon and Schuster.

Wright, Quincy. 1942. *A Study of War*. Chicago: The University of Chicago Press.

Wright, Walter E. 1995. "Civil Affairs Support to Domestic Operations." *Military Review* Sept.-Oct.: 69

Wu, Nai- the. 1987."The Politics of a Regime Patronage System: Mobilization and Control within an Authoritarian Regime." Ph. D. diss. Chicago University.

Yu, Kien-hong P., ed. 1996. The Chinese PLA's Perception of An Invasion of Taiwan. New York: Contemporary U.S.-Asia Research Institute, New York University.

_____. 1999. "The Party and the Army in Mainland China: Describing and Explaining Their Dialectical relationship. Forthcoming article.

Yu, Yu-lin. 1990. "Reshuffle of Regional Military Leaders on the Mainland." *Issues & Studies* June: 1-4.

Zisk, Kimberly Marten. 1993. *Civil-Military Relations in the New Russia*. Columbus: Ohio State University Press.

人名、名詞英中對照與索引

E

F

G

國家圖書館出版品預行編目資料

軍事政治學—文武關係理論/洪陸訓著.
— 二版. — 臺北市：五南，2016.09
　　　面；　　公分.
ISBN 978-957-11-8772-3（平裝）

1.軍事政治學

590.16　　　　　　　　105014834

1P11

軍事政治學——文武關係理論

作　　者－ 洪陸訓(166.4)

發 行 人－ 楊榮川

總 編 輯－ 王翠華

主　　編－ 劉靜芬

責任編輯－ 吳肇恩　楊芳綾

封面設計－ P. Design視覺企劃

出 版 者－ 五南圖書出版股份有限公司

地　　址：106台北市大安區和平東路二段339號4樓

電　　話：(02)2705-5066　　傳　真：(02)2706-6100

網　　址：http://www.wunan.com.tw

電子郵件：wunan@wunan.com.tw

劃撥帳號：01068953

戶　　名：五南圖書出版股份有限公司

法律顧問　林勝安律師事務所　林勝安律師

出版日期　2002年 9 月初版一刷

　　　　　2016年 9 月二版一刷

定　　價　新臺幣500元